史學研究叢書・歷史文化叢刊

先公庶後私家
——宋朝賑災措施及其官民關係

楊宇勛　著

目次

緒論 …………………………………………………………… 1

　一　宋朝荒政內容 …………………………………………… 1

　二　研究說明 ………………………………………………… 5

　三　論旨 ……………………………………………………… 8

第一章　百姓訴災 …………………………………………… 1

　一　前言 ……………………………………………………… 1

　二　時限規定 ………………………………………………… 2

　三　訴災傷狀與自訴災情 …………………………………… 7

　四　地方官不聽訴災 ………………………………………… 15

　五　妄訴災情 ………………………………………………… 24

　六　小結 ……………………………………………………… 27

第二章　災傷檢放 …………………………………………… 29

　一　前言 ……………………………………………………… 29

　二　檢放流程 ………………………………………………… 31

　三　檢放分數與待檢改種 …………………………………… 44

　四　檢放不實與官員心態 …………………………………… 51

　五　小結 ……………………………………………………… 61

第三章　災傷蠲減與恤民仁政 ································ 63

一　蠲減類別 ·· 63

二　蠲減內容 ·· 67

三　恤民仁政的意義 ·· 80

四　小結 ·· 92

第四章　救荒抄劄給曆 ·· 95

一　前言 ·· 95

二　抄劄流程：以富弼青州賑災為中心 ················ 98

三　抄劄內容與對象 ··· 106

四　五個面相 ·· 112

五　弊端與防弊 ··· 122

六　小結 ··· 130

第五章　災傷賑貸 ··· 133

一　前言 ··· 133

二　官方賑貸的內容 ··· 133

三　官方賑貸的歸還 ··· 143

四　勸諭賑貸與官為理索 ····································· 145

五　小結 ··· 154

附論　賑給、賑糶、賑貸的定位 ····························· 155

一　賑災方式多元化 ··· 155

二　定位及功能 ··· 156

三　三賑統計 ·· 158

第六章　勸分與敷配 …………………………………… 161

   一　前言 ……………………………………………… 161

   二　鼓勵勸誘 ………………………………………… 163

   三　強制勸分 ………………………………………… 173

   四　勸分科配 ………………………………………… 183

   五　貧富相資 ………………………………………… 187

   六　小結 ……………………………………………… 193

第七章　勇於任事或持法守常 ………………………… 197

   一　強幹弱枝 ………………………………………… 197

   二　朝廷的態度 ……………………………………… 200

   三　臣僚的態度 ……………………………………… 203

   四　救荒與軍用的財政排擠性 ……………………… 206

   五　小結 ……………………………………………… 209

第八章　恤民與國用的對話 …………………………… 213

   一　狀況描述 ………………………………………… 213

   二　賑災錢米來源 …………………………………… 223

   三　儒臣官僚與才吏官僚的對立 …………………… 230

   四　憂國恤民或沽名釣譽 …………………………… 240

   五　賑災下的官民關係 ……………………………… 249

   六　小結：救災恤民與資源分配 …………………… 253

第九章　民間對於救荒榜的正負反應 ………………… 257

   一　前言 ……………………………………………… 257

二　富民群體的反應 ……………………………………… 260

三　一般災民的反應 ……………………………………… 274

四　小結 …………………………………………………… 284

第十章　民資社倉 ……………………………………… 287

一　前言 …………………………………………………… 287

二　家資社倉 ……………………………………………… 290

三　眾資社倉 ……………………………………………… 295

四　利潤與侵佔 …………………………………………… 300

五　都保填賠與義田代納 ………………………………… 307

六　小結 …………………………………………………… 310

第十一章　百姓陳訴及越訴賑災弊病 ………………… 327

一　前言 …………………………………………………… 327

二　陳訴賑災不力 ………………………………………… 329

三　越訴災情 ……………………………………………… 330

四　擊登聞鼓院與上御史臺 ……………………………… 335

五　小結 …………………………………………………… 338

第十二章　災荒下的抗議、騷動及民變 ……………… 341

一　前言 …………………………………………………… 341

二　緩刑與嚴刑之議 ……………………………………… 344

三　安撫或鎮壓的選擇 …………………………………… 350

四　災民騷動的分類 ……………………………………… 353

五　小結 …………………………………………………… 357

結束語⋯⋯⋯⋯⋯⋯⋯⋯⋯⋯⋯⋯⋯⋯⋯⋯⋯⋯⋯⋯ 367

　一　歷史意義⋯⋯⋯⋯⋯⋯⋯⋯⋯⋯⋯⋯⋯⋯⋯⋯ 367

　二　核心根幹⋯⋯⋯⋯⋯⋯⋯⋯⋯⋯⋯⋯⋯⋯⋯⋯ 373

　三　紅花綠葉⋯⋯⋯⋯⋯⋯⋯⋯⋯⋯⋯⋯⋯⋯⋯⋯ 380

參考文獻⋯⋯⋯⋯⋯⋯⋯⋯⋯⋯⋯⋯⋯⋯⋯⋯⋯⋯ 383

附表目錄

表1-1：宋朝懲處地方官不聽訴災或檢放不實例舉表 ………… 16

表2-1：宋初檢放分數表 …………………………………… 45

表2-2：宋朝二稅檢放分數簡表 …………………………… 47

表3-1：宋朝皇帝救荒仁政例舉表 ………………………… 89

表4-1：宋朝抄劄內容簡表 ………………………………… 107

表5-1：《宋會要》〈賑貸〉內容表 ……………………… 135

表5-2：《宋史》〈本紀〉賑災方式統計簡表 …………… 159

表5-3：《救荒活民書》卷3賑荒方式統計表 …………… 159

表7-1：宋廷處置地方官擅權賑災簡表 ………………… 202

表7-2：宋朝反對擅權賑災的官員簡表 ………………… 205

表7-3：宋朝地方官擅權賑災簡表 ……………………… 209

表8-1：嘉定八年賑災江南東路真德秀請求朝廷調撥錢糧表 … 223

表8-2：嘉定八年朝廷允撥江南東路賑災錢糧表 ……… 228

表8-3：嘉定八年江南東路各郡賑災財源分配表 ……… 230

表8-4：南宋賑災財源舉例表 …………………………… 241

表8-5：嘉定八年江南東路倚閣減放稅賦表 ………… 252

表10-1：南宋民資社倉倉本簡表 ……………………… 289

表10-2：南宋家資型社倉倡辦人身份簡表 …………… 291

表10-3：南宋眾資型社倉倡率募資身份簡表 ………… 295

表10-4：南宋社倉表 …………………………………… 313

表11-1：宋廷允許百姓陳訴及越訴賑災弊病例舉表 … 339

表12-1：《歷代名臣奏議》〈荒政〉的凶歲常起盜賊說表 … 342

表12-2：宋臣主張災荒盜賊輕處重懲觀點例舉表 …… 347

表12-3：宋朝饑民抗議、騷動及民變表 ……………… 358

附圖目錄

圖8-1：嘉定八年江南東路災傷輕重圖⋯⋯⋯⋯⋯⋯⋯⋯⋯⋯⋯⋯ 220

緒論

一 宋朝荒政內容

《周禮》〈地官司徒〉提到十二項荒政措施，可以聚萬民：

> 以荒政十有二聚萬民。一曰散利，二曰薄征，三曰緩刑，四曰
> 弛力，五曰舍禁，六曰去幾，七曰眚禮，八曰殺哀，九曰蕃
> 樂，十曰多昏，十有一曰索鬼神，十有二曰除盜賊。

十二項荒政措施當中，散利是發放救濟物資，屬於賑災行為。薄征是
減征田賦，弛力是減少役使百姓，舍禁是允許漁獵山澤，去幾是免除
關市之征，屬於寬恤災民。其餘屬於象徵性措施，形式重於實際，其
與賑災並無直接的關係，如緩刑、眚禮（減少吉禮禮儀）、殺哀（減
少凶禮禮儀）、蕃樂（撤樂）、多昏（多婚）、索鬼神（向鬼神祈禱）、
除盜賊等七種。直接而具體的賑災措施，僅有散利、薄征、弛力、舍
禁、去幾等五種。

南宋中晚期董煟提到：

> 救荒之法不一，而大致有五：常平以賑糶，義倉以賑濟，不足
> 則勸分於有力之家，又遏糶有禁，抑價有禁，能行五者，則亦
> 庶乎其可矣！至於檢旱也、減租也、貸種也、遣使也、弛禁
> 也、鬻爵也、度僧也、優農也、治盜也、捕蝗也、和糶也、存
> 恤流民、勸種二麥、通融有無、借貸內庫之類，又在隨宜而施

行焉。[1]

他認為宋朝救荒之法，除了常平賑糶、義倉賑濟、勸分富室、遏糴有禁、抑價有禁等五種之外，還有另外十五種，總計二十種。這是董煟的心血結晶，不過分類有些凌亂，本書重新整理，將宋朝荒政分為九大類：倉儲制度、錢糧調度、賑災方式、社會救助、蠲減稅課、糧食買賣、生產復員、刑罰寬仁、天人感應等。▢▢者為董煟原有的項目，無記號者為本書額外加入，共計五十項：[2]

一是倉儲制度，常平倉、義倉、社倉、廣惠倉、惠民倉等五種。二是錢糧調度：鬻爵（撥賜官告或勸分補官）、度僧（撥賜度牒）、借貸內庫、通融有無（調借他司錢糧）等四種。三是賑災方式：無償賑濟（即賑給，給糧、給酒糟、給錢）、有償賑糶、有償賑貸（貸種、貸糧、貸錢）、勸分於有力之家、以工代賑、施粥造飯[3]等六種。四是社會救助：照顧鰥寡孤獨（居養）、施藥醫治（安濟）、瘞葬暴骸（漏澤）、收養棄嬰（慈幼）、救助乞丐[4]等五種。五是蠲減稅課：訴災、檢旱、抄劄、緩徵（展限、住催、倚閣）、減租、專賣弛禁等六種。六是糧食買賣：遏糴有禁、抑價有禁、抑低糧價[5]、和糴、通商免稅等五種。七是生產復員，遣使、治盜、興修水利、優農、勸種二麥、捕蝗、存恤流民（授田墾荒、復員返鄉）、募饑民為

1　《救荒活民書》卷中，頁1。

2　戶田裕司認為荒政的範圍有五：（1）饑饉之際的穀物調度及驅除蝗蟲，（2）饑饉後的復興，（3）倉儲政策，（4）更新水利、灌溉設施，（5）祈禱神祇。〈救荒·荒政研究と宋代在地社會への視角〉，頁1。

3　施粥造飯可併入無償賑給，鑑於性質特殊，故單獨另列。

4　廣義的居養包括慈幼、乞丐，鑑於二者具有時代性，故另列項目。

5　抑價有禁、抑低糧價是兩組相左理念，地方官吏大多採取壓抑糧價的手段，僅有少數人主張抑價有禁，如范仲淹、包拯、孟庾、章誼、董煟等人，《救荒活民書》卷中〈不抑價〉，頁15-17。

兵等八種。八是刑罰寬仁，理冤獄（決繫囚）、赦罪（赦死罪、釋杖以下）、釋遷謫、還沒產等四種。九是天人感應：祈禱晴雨（祈禱天地、宗廟、社稷、名山大川）、易服、避正殿、減常膳（進蔬食）、撤樂、求直言、放宮人等七種。天人感應措施以「答天戒」為核心，稟承傳統的天人感應之說，皇帝代表天下，以順天理應人事的象徵儀式回應天意。[6]

　　據學者研究，宋朝以後災害日趨嚴重，兩宋災害的頻率雖與唐代相當，卻其強度及廣度則更甚之。[7]兩宋災害頻繁的原因大致可歸納成五說：一是氣候說，季風氣候區夏冬雨量不平均，發生災荒機率較高。二是黃河氾濫說，黃河自宋仁宗時改道後，河床長期不穩定，經常氾濫成災，增加災害頻率。三是貪官污吏說，官吏魚肉鄉民，地主剝削佃農，使得小民生活不易，抵抗災害的能力降低。四是戰爭及民變頻繁，兩宋外患不斷，中小型民變頗多，人民安居樂業不易。五是自然環境破壞說，人口增加，農地開發加速，與水爭利、與山爭地，造成森林、湖泊日益減少。[8]

　　宋朝文獻經常將官方賑荒概稱之「賑濟」或「發廩賑之」，有些文獻也稱呼無償賑給為賑濟，令人無法判斷其確切的指涉內容，究竟是無償的賑給，還是有償的賑糶或賑貸？[9]「賑濟」有兩種意義，閱

6　如《宋會要》瑞異 2 之 20，天聖五年、慶曆五年二月。

7　鄧拓：《中國救荒史》，頁 26-43。

8　歸納自鄧拓：《中國救荒史》，頁 63-127。

9　以「發廩賑之」而言，《宋會要》食貨 57 之 1，〈賑貸上〉，便有十例：(1)「建隆元年……十一月，振揚州城中民，人米一斛，十歲以下者半之」；(2)「建隆二年三月，以金、商、延州鼠食苗，民饑，遣使賑之」；(3)「六月，詔宿州發廩賑饑民」；(4)「十二月，蒲、晉、慈、隰、相、衛六州饑，詔所在發廩賑之」；(5)「乾德二年二月，陝州言民饑，遣給事中劉載往賑之」；(6)「四月，……又靈武言饑殍者甚眾，命以涇州官廩穀三萬石賑之」；(7)「四年三月，淮南諸郡言江南饑民數千人來歸，詔所在長吏發廩賑之」；(8)「六年正月，詔陝州集津鎮、絳州垣曲縣、懷

讀文獻必須小心。下面舉例說明：

　　一是賑濟是賑荒的泛稱，如高宗紹興五年（1135）十二月，江西
轉運司提到：

> 奉朝旨措置賑濟事件：……比市價減錢十分之三，零細出糶。
> 仍令州縣勸諭有力之家……。並賑貸為種，更不取息。……接
> 濟闕食之民，雖放稅不及七分州縣，亦許賑給。[10]

此文依序提到賑糶、勸分、賑貸糧種、賑給四種，均是賑濟事件。

　　二是賑濟就是賑給，如徽宗政和八年（1118）五月，提舉京東常
平等事王子獻提到：「其貸者二十萬四百餘戶，給者十萬八千六百餘
戶，糶者二十九萬五百餘石」。[11]孝宗乾道元年（1165）四月，尚書
度支員外郎曾惇說：

> 賑濟者，即是給與；賑糶者，姑損其直；賑貸者，責認其償。[12]

明確指出賑濟即是賑給。淳熙九年（1182）二月，臣僚奏言：「朝廷
給米於州郡，或賑濟以周急，或賑糶以減價，皆以為民也。」[13]又如
董煟說：「常平以賑糶，義倉以賑濟」。[14]亦說賑濟即是賑給。為了避
免不必要誤解，本書論述無償性賑恤一律用「賑給」一詞，而不用
「賑濟」。

州武陟縣民饑，發廩賑之」；（9）「六年二月，曹州言民饑，詔運太倉米二萬石往賑
　　之」；（10）「七年……六月，詔河中府發廩粟三萬石賑饑民」。
10　《要錄》卷96紹興五年十二月乙巳，頁1584-1585。
11　《宋會要》食貨68之117，政和八年五月二十一日。
12　《宋會要》食貨58之4（59之42、68之64），乾道元年四月十三日。
13　《宋會要》食貨68之78，淳熙九年二月十三日。
14　《救荒活民書》卷中，頁1。

二 研究說明

　　史學存在著古今對話的特質，近年以來宋朝荒政研究，亦與時事有所互動。臺灣於一九九九年發生九二一大地震，二〇〇九年又有八八水災，造成重大的災難，災害研究受到學界重視。一九七六年唐山大地震、二〇〇八年汶川大地震之後，中國大陸學者也開始關懷災害研究，部分成為國家科研項目的重大計畫。以社會史的角度，救濟災荒處於非常時期，比起平常的靜態社會，更能彰顯出社會階級和群體的互助協調與緊張對立，讓我們更能深入瞭解宋朝社會的本質。

　　大致而言，社會福利（Social welfare）範圍頗為廣泛，包括政府及民間補助資源不足的個人或團體。政府方面的社會福利，包括社會救濟、社會保險、社會津貼、社會福利服務（兒童及少年、婦女、老人、身心障礙、失業等等）。[15]政府的社會救濟，又可分為災荒救濟、弱勢救濟兩大類。依災害的性質，災荒救濟又分為自然、人為、戰爭等災害。本書稱為災荒救濟、賑荒或救荒，大致以自然災害賑濟為討論範圍，特別是水旱災傷，以急難救助為主，而非濟貧。

　　鄧拓《中國救荒史》（鄧書，1937年出版）與王德毅《宋代災荒的救濟政策》（王書，1970年出版）兩本專著，影響學界的宋朝荒政研究頗為深遠。一是全面性研究模式，張文《宋朝社會救濟研究》（2001年出版）、郭文佳《宋代社會保障研究》（2005年出版）、邱雲飛《中國災害通史・宋代卷》（2008年出版），雖各有其學術貢獻，但論其結構大致脫離不了王書所開創的範疇。二是災荒資料整理及統計，鄧書是第一本中國現代完整而系統性的荒政通史，強調社會剝削

---

15 蔡漢賢、李明政：《社會福利新論》，頁 2-7。

對災荒的影響，其中的災害統計部分尤為此類編纂書籍的先行者，諸
如陳高傭等編《中國歷代天災人禍表》（1939年出版）、宋正海編《中
國古代重大自然災害和異常年表總集》（1992年出版）、李向軍《中國
救災史》（1996年出版）、高文學編《中國自然災害史》（1997年出
版）、馬宗晉和鄭功成主編《中國災害研究叢書》（1998年出版）等。
前列諸書撰述在前，本書不應該也不需要再對宋朝災荒救濟活動作全
面性的論述，故筆者挑選所關注的官民關係做些討論，論述方向及範
疇與前列論著不盡相同。

中國荒政史上，宋朝對災荒救濟活動的推展建樹頗多，學者陸續
提到募兵於饑民流民、寬減饑民強盜死罪、勸分富民賑荒、哲宗朝確
立以賑給為主的義倉、徽宗大力建置及推廣多項社會救濟制度（居養
院、安濟坊、漏澤園）、孝宗朝朱熹創立社倉、傳統的倉儲制度漸趨
完備（常平倉賑糶、義倉賑給、社倉賑貸）。[16]

走出傳統荒政研究以來，筆者認為當前的宋朝災荒救濟有六種研
究取徑值得注意：一是官方的救荒程序，陳明光〈唐宋田賦的「損
免」與「災傷檢放」論稿〉、徐東升〈展限、住催和倚閣——宋代賦
稅緩征析論〉、李華瑞〈宋朝的訴災制度〉、〈宋代救荒中的檢田、檢
放制度〉及〈抄劄救荒與宋代賑災戶口的調查統計〉、萬國平〈宋代
救災文化研究〉、幸宜珍〈北宋救災執行的研究〉等。二是官僚體系
如何應對災荒，如大崎富士夫〈富弼の流民救濟法〉、近藤一成〈知
杭州蘇軾の救荒策—宋代文人官僚政策考—〉、趙冬梅〈試述北宋前
期士大夫對待災害信息的態度〉、鄭銘德〈南宋地方荒政中朝廷、監
司與州軍的關係——以朱熹、陳宓、黃震為例〉、劉川豪〈從《西山
文集》看救荒物資的籌措〉。石濤《北宋時期自然災害與政府管理體

---

16 綜合諸家所論，如李華瑞：〈北宋荒政的發展與變化〉，頁 59-68。

系研究》一書以此為主題，並運用現代災害管理學進行分析。三是從官員救荒個案考察地方社會，如赤城隆治〈宋末撫州救荒始末〉、斯波義信〈荒政の地域史—漢陽軍（一二一三～四年）の事例—〉、戶田裕司系列論文[17]、李瑾明〈南宋時期荒政的運用和地方社會——以淳熙七年（1180）南康軍之饑饉為中心〉。四是勸分富民與動員民間資源，如劉子健〈劉宰和賑饑〉、林文勛〈宋代「富民」與災荒救濟〉、祁志浩〈宋朝「富民」與鄉村慈善活動〉、〈勸分與宋代救荒〉、鄭銘德〈宋代地方官員災荒救濟的勸分之道——以黃震在撫州為例〉。五是血緣家族與地緣組織的賑濟活動，如蔡惠如〈南宋的家族與賑濟：以建寧地區為中心的考察〉、邱佳慧〈從社倉法的推行考察南宋金華潘氏家族發展〉。關於民間慈善事業研究，明清史學界從事較早，其中梁其姿、夫馬進著力頗深；宋史學界起步稍晚，張文於二○○二年出版《宋朝民間慈善活動研究》，最具系統。六是災荒與信仰的關係，如小島毅〈宋代天遣論的政治理念〉論及敬天修德與以天制君的概念；車錫倫和周正良〈驅蝗神劉猛將的來歷和流變〉、吳滔和周中建〈劉猛將信仰與吳中稻作文化〉、李華瑞〈宋代的捕蝗與祭蝗〉、張志強〈驅蝗避災：宋代禳蝗對象的形塑與轉變〉等四篇，均圍繞著蝗災和蝗神信仰，前二篇為通論性。以上論著只提及直接相關者，省略通史性或間接者，至於細部的研究概況請參考各章的前言，或相關的研究回顧，茲不再贅言。[18]

---

17 如〈黃震の廣德軍社倉改革——南宋社倉制度の再檢討—〉、〈救荒・荒政研究と宋代在地社會への視角〉、〈朱熹と南康軍の富家・上戶〉等篇。

18 宋朝災荒救濟與社會福利研究回顧，可參考高明士主編：《中國史研究指南Ⅲ：宋史・遼金元史》，頁 43-46（梁庚堯撰）、145-146（柳田節子、伊原弘撰）；王明蓀、韓桂華編：《戰後臺灣歷史學研究 1945~2000 第四冊：宋遼金元史》，頁 96-98（韓桂華撰）；朱瑞熙、程郁：《宋史研究》，頁 234-236、245-246；張文：《宋朝社

過去的研究多站在統治者的角度，視野集中於統治力的控制及穩定。或者著眼於荒政的制度層面，較少觸及賑災中官方和災民的依賴、緊張的關係，災民的形象令人模糊。本書各章所述，或多或少涉及前五種研究取向，第一至四章論及救荒程序，第七至八章論及官僚體系，第五至六、九至十二章論及地方社會或民間資源。以官民互動關係貫穿諸章，作為宏旨。開展的議題方向與論述內容，大致以略人所詳，詳人所略。

三　論旨

宋太祖即位當月，建隆元年（960）正月，便遣使往諸州賑貸。[19]兩年後，建隆三年（962）正月，戶部郎中沈義倫有鑑於揚、泗人民多饑死，議請太祖：「郡中軍儲尚百餘萬可貸，至秋乃收新粟。」相關機構反對說：「若歲洊饑，將無所取償，孰當執其咎者？」太祖以此詢問義倫，他回答說：「國家方行仁政，自宜感召和氣，立致豐稔，寧復憂水旱耶？」[20]立國之初，以政府資源投入災荒賑貸。

黃震知撫州，於赴任前發生饑荒，途中便預先勸誘富人糶糧，親自煮粥給饑民。黃震一開始便注意到糧食流通問題，勸誘富人糶糧。此時政府缺糧，轉運司下令該州糶米七萬石，黃震靈機一動，用沒官田三莊所入來支應。[21]

前條為北宋開國之初，後條為南宋覆亡之前，兩相對照，前者救

會救濟研究》緒論，頁 9-15；郭文佳：《宋代社會保障研究》緒論，頁 9-17；石濤：《北宋時期自然災害與政府管理體系研究》緒論，頁 5-20。

19　《宋會要》食貨 68 之 28，建隆元年正月；《長編》卷 1 建隆元年正月乙卯，頁 7。

20　《長編》卷 3 建隆三年正月己巳，頁 60。

21　《宋史》卷 438〈黃震傳〉，頁 12993。

濟以官方物資為主，後者則動員民間物資。兩條史料可彰顯本書的宏旨，所以取名「先公庾後私家」，有兩層意義。南宋晚年王柏曾說：「賑荒之體，先公庾而後私家；賑荒之要，抑有餘而補不足。」賑荒之道，「先發官庾，如常平、義倉、社倉、廣惠倉之類，盍盡數散之。官庾竭，然後及於私家。」[22]動用賑荒資源的順序，先動用官方資源，不足時才動員民間資源。其實王柏還有另一層深意，他感慨南宋晚年不遵守此一原則，有時甚至是先私家後公庾，所以才強調先官後民。賑恤的理念與實際總有些出入，甚至矛盾，特別在官方資源不足之時。本書名源自於此，亦包含上述二意。

作者從撰述博士論文以來，便關注官民關係的課題，百姓和官方的互動關係。[23]「互動」並非單方面的，而是雙方面的，甚至是多方面的，若是單方面便不是互動。先以個人和個人互動而言，互動未必只限於平等的關係，也適用於尊卑或上下的關係。譬如在尊長面前多聽少言，有耳無嘴，表面看來是單向行為，雙方並無互動，實際卻是是雙向行為，互動在其中，彼此均已默認兩方的尊卑關係。舉例來說，南韓人喝酒，幼者必須側身飲酒，表達尊敬長者之意，長者和幼

---

22 《魯齋集》卷 7〈賑濟利害書〉，頁 26-27。若以倉庾性質而言，義倉、社倉可稱為公庾，原本並非官倉，特別是社倉。義倉糧粟雖出自百姓，但官方視之為官倉官物，移作他用的情況頗多，用於救荒減少，幾乎成為另一種附加稅。見汪聖鐸：《兩宋財政史》，頁 514；楊博淳：〈損有餘補不足：宋朝義倉研究〉，頁 134-135。不少官員也有先官後民的觀念，如胡太初提到：「水火挺災人民離散者，當粜白州郡，借貸錢米。……不贍，則各目遍白，不被害上戶，量物力借貸，併與貸給齊民。……蓋田主資貸佃戶，此理當然，不為科擾，且亦免費官司區處。」《畫簾緒論》卷 11〈賑恤篇〉，頁 20-21。

23 拙著：《取民與養民：南宋的財政收支與官民互動》，〈自序〉、〈導言〉、〈結論〉，頁 1-3、11-19、661-682。社會學理論所謂的「社會互動」（Social interaction），較關注於人和人、人和社會的交流互動過程，較不著重組織及運作方面，此與本書所論關係不深。

者互動在此身體儀式當中，雙方均接受此一長幼尊卑的倫理順序觀。互動是一種彼此的身份認定，或角色扮演，雙方若有共識，則按原先既有的模式互動下去；反之，一方不認定如此，雙方沒有共識，將會發展出另一種互動模式。

個人和組織的互動，經常出現「不對稱性互動」。面對這些不對稱的權力秩序，在政治、文化、社會層面會呈現上下及尊卑的關係。譬如官民關係，官方在互動過程中佔盡優勢，掌控局面；百姓多半處於劣勢，無力反擊。原因很簡單，雙方實力不對稱使致，組織力量較大而集中，個人力量薄弱而分散。[24]特別是中下戶等百姓，既無知識，也無資源，何談權力之有。

官民互動關係研究的意義在於：避免論述靜態化，甚至將研究對象無生命化，或者只見官不見民。其研究範疇頗為廣泛，大致包括：納稅、差役、政府採購、任官制度、社會組織、教化勸諭、法令制定、社會救濟及福利、官民訊息溝通、向官方抗爭（騷動到民變）……種種面相。依統治秩序而言，亦可分四類：一是資源的分配及再分配，從納稅差役、財政支出到社會福利。二是政治的合作及參與，如納稅、差役、科考、納粟補官等。三是政治的對話及交流，由上而下者，如詔令、張榜、勸諭等；由下而上者，如訴災、越訴、擊登聞鼓院、上書等。四是政治對抗，從抗議、騷動到民變。在互動流向上，有上而下的，也有下而上的。在互動深淺上，有官民之間的直接互動，也有經由中間人士或團體的間接互動。在互動效應上，有正面互動及負面互動。

以官領民通常是地方政治運作的常態，但也會試圖以民輔官，人民抵制政府亦非新鮮事。當政府推行新政策之時，人民基於利益考

---

24 張苙雲：《組織社會學》，頁 23。

量，從而產生合作、不配合或衝突等不同反應。在人民作出反應後，
官方如何因應，堅持執行呢？或者調整政策呢？本書便以此種思考模
式來討論議題，試圖鉤勒出其間官方和人民的互動關係。

每當荒害發生，往往會擴大官民互動的效應，突顯出平時所不注
意的矛盾及負面情緒。對於官方而言，雖然多數是由上而下的情況，
但先秦經典也告誡為政者傾聽民意與體恤百姓的重要，如《尚書》
〈泰誓〉：「天視自我民視，天聽自我民聽」。《孟子》〈盡心〉提到：
「民為貴，社稷次之，君為輕。」倘若官方一意孤行，而沒有適時調
整錯誤的話，釀成大禍是遲早的事。對於大多數百姓而言，在納稅服
役之外，平時並不需要和官方互動，甚至畏懼與官方打交道。可是發
生饑荒，無法維持基本生活，選擇硬撐渡過，或是求助於田主或雇
主，還是等待政府賑濟呢？

災害學包括災前預防、災時控制、災後救濟三大方面[25]，本書論
旨以後二者為主，由災荒發生後檢災開始，一直討論到騷動及民變，
以官民關係貫穿其中。本書構思於四年前，第一、三、四、六、八、
九、十等七章於二〇一〇至二〇一三年陸續完成，發表或宣讀於各處
（詳見各章末段）；第二、五、七、十一、十二等五章則未曾發表，
均未向國立中正大學申請獎勵補助。付梓之前，為了融為一體，大幅
改寫原先發表的各章。敬請王明蓀、黃繁光、林煌達、李華瑞、曹家
齊、張文諸位教授指正，以及兩位匿名教授細心審查，並依據他們所
提出的卓見修改之。還有萬卷樓圖書公司的副總和吳家嘉編輯盡心協
助出版。特此表達感謝之意！

---

25 鄭功成：《災害經濟學》，頁 8。

第一章
百姓訴災

一　前言

　　災民向官方陳訴災情，宋人稱為訴災、披訴、陳訴或投訴。許多文獻將「披訴」誤書成「被訴」。[1]北宋中期，韓絳曾提及宋廷水旱蠲減稅賦的三步驟：「使民投訴，差官檢覆，然後蠲除」。[2]投訴即是訴災，檢覆則是檢放的流程之一，再據此蠲減稅賦。本書認為宋朝官方災荒救助的五大步驟是：一是災民訴災，二是官方檢放，三是朝廷蠲減，四是抄劄登錄，五是錢糧救助。

　　訴災，係宋朝政府允許百姓的少許法定權利之一。如學者郭文佳所說：「百姓遭受災害後，只有迅速及時地向官府訴災，才能確保政府在較短的時間內，了解災情，實施救助」[3]，藉以維護自己的權利。大致上，宋朝百姓訴災分為三種：一是陳訴災傷；二是陳訴官方救災不力；三是陳訴民間富室違背救荒法令或政策。第一種為本章的論旨，第二、三種則留至第十一章討論。

　　宋朝訴災的研究，王德毅《宋代災荒的救濟政策》、張文《宋朝社會救濟研究》、邱雲飛《中國災害通史·宋代卷》等書雖曾論及，但並未深入討論訴災的相關議題。張文〈中國古代報災檢災制度述論〉，雖系統介紹中國報災檢災制度歷史，但涉獵宋代有限。郭文佳

1　如《宋會要》食貨 59 之 9，政和五年正月二十二日、政和三年正月二十日。

2　《長編》卷 252 熙寧七年四月壬午，頁 6158。

3　郭文佳：《宋代社會保障研究》，頁 66。

《宋代社會保障研究》、石濤《北宋時期自然災害與政府管理體系研究》兩本專書部分涉及，而陳明光〈唐宋田賦的「損免」與「災傷檢放」論稿〉、幸宜珍〈北宋的救災程序與方法〉兩篇討論較為深入。李華瑞〈宋朝的訴災制度〉，論及宋朝訴災制度的相關議題，譬如訴災的時限、訴狀格式、弊病、謊報災情、災情圖等。本章宣讀於二〇一一年十一月，為了避免與前引論著重複，刪修部份內容。

二 時限規定

北宋初年，「民間訴水旱，舊無限制，或秋而訴夏旱，或冬而訴秋旱。往往於收割之後，欺罔官吏，無從覈實，拒之則不可，聽之則難信。」[4]由於訴災沒有時間限制，造成官府疲於奔命，認定災情分數也倍加困難。有鑑於此，太祖開寶三年（970）七月，宋廷規範了百姓訴災期限，其詔曰：

> 民訴水旱災傷者，夏不得過四月，秋不得過七月。[5]

這是針對「水旱災傷」的時限規定。其後，由於宋朝疆域逐漸擴大，針對南方的新附地區，太宗淳化二年（991）正月更動如下：

> 荊湖、淮南、江南、兩浙、西川、嶺南管內諸州，民訴水旱害

4　《燕翼詒謀錄》卷4，頁42。

5　《長編》卷11開寶三年七月壬寅，頁247。同處，李燾自註說：「《食貨志》便於此載荊湖、淮南、兩浙、川陝、廣南月限，蓋誤也。時浙、廣皆未歸朝，今從《新錄》。」梁太濟和包偉民反而以此作反向推論，「《國史》舊文亦是有月限的」，《宋史食貨志補正》，頁55。《宋史》卷173〈食貨志上一〉，頁4162-4163，統合宋初檢放時限規定如下：「先是，民訴水旱者，夏以四月，秋以七月，荊湖、淮南、江浙、川峽、廣南水田不得過期，過期者吏勿受。」

田稼，自今夏以四月三十日，秋以八月三十日，違限者更不得
受。[6]

可能鑑於南方地區的農業生產日期較長，不同於北方地區，特將秋季
訴災延至八月底。[7]《燕翼詒謀錄》亦提及此詔，雖言淳化令「自此
遂為定制」[8]，但日後仍有局部的修改。

　　大中祥符九年（1016）九月，真宗下詔：「諸州縣七月已後訴災
者，準格例不許，今歲蝗旱，特聽受其牒訴。」[9]對比太宗朝的淳化
詔令「秋以八月三十日」，此詔縮短至七月。何以如此？疑為水田、
旱田有別之故，此為旱田的規定，而非水田。若是如此，訴災三限至
此成形，即是夏田四月終、旱田七月終，水田八月終。

　　南宋初年，葉夢得提到秋季水旱田的規定，他說：「民戶披訴災
傷，陸田以七月終，水田以八月終。」[10]王之望《漢濱集》節錄高宗
紹興令的部分條文，也說：

　　檢準紹興令節文：諸官、私田災傷，夏苗以四月，秋苗以七
　　月，水田以八月，聽經陳訴，至月終止。訴在限外，不得受
　　理。[11]

董煟《救荒活民書》保留更完整的孝宗淳熙令〈旱傷敕令格式〉，此
與紹興令有少許的差異。茲引如下：

6　《宋會要》刑法 3 之 43，淳化二年正月二十六日。
7　《燕翼詒謀錄》卷 4，頁 42，該書認為「欺罔官吏，無從核實，拒之則不可，聽之
　　則難信」是其原因。
8　《燕翼詒謀錄》卷 4，頁 42。
9　《長編》卷 88 大中祥符九年九月己未，頁 2018。
10　《歷代名臣奏議》卷 246〈荒政〉，頁 4-5。同處又載：「今八月將終，披訴限滿；九
　　月初，即當檢放」。
11　《漢濱集》卷 5〈潼川路放稅利害狀〉，頁 21。

淳熙令：諸官、私田灾傷，夏田以四月，秋田以七月，水田以
八月，聽經縣陳訴，至月終止。若應訴月，并次兩月過閏者，
各展半月。訴在限外，不得受理。〔非時灾傷者，不拘月分，
自被灾傷後，限一月止。〕其所訴狀，縣錄式曉示，又具二
本，不得連名。如未檢覆而改種者，并量留根查，以備檢視。
〔不願作灾傷者聽。〕[12]

兩個敕令的精神一致，只是孝宗淳熙令更為詳細，甚至還記錄閏月展
延的規定。「若應訴月，并次兩月過閏者，各展半月」；夾註亦有非時
灾傷的規定，「非時灾傷者，不拘月分，自被灾傷後，限一月止」。朱
熹上奏皇帝和朝廷公文書，如〈奏南康軍旱傷狀〉、〈施行旱傷委官驗
視〉等，亦曾提及淳熙令節文。[13]他將訴災「夏田四月，秋田七月，
水田八月」，稱為「三限」。[14]不過，訴災時限仍有彈性，如前面提到
閏月展限的規定，還有地方官得考量災傷輕重或災民需求，進而稍寬
時限，詳見於下。

　　後世元代的發展，據《通制條格》記載，江南地區的三限規定較
之宋朝來得寬鬆。元成宗大德元年（1297）五月，中書省江浙行省
咨：「江南天氣風土，與腹裏俱各不同，⋯⋯秋田不過玖月。非時災
傷，依舊壹月為限。」[15]都省同意。從「秋田不過玖月」來看，比南
宋的三限規定更為寬限。到了元順帝至元四年（1338）六月，規定：

12　《救荒活民書》卷中〈今具旱傷敕令格式下項・淳熙令〉，頁 34；節文亦見同卷
　　〈檢旱〉，頁 17。珠叢別錄本，「其所」作「諸所」，「錄式」誤作「錄或」，「檢覆」
　　誤作「檢後」，「改種」誤作「即種」，舛誤頗多。

13　《朱文公文集》卷 16〈奏南康軍旱傷狀〉，頁 2，「今檢準淳熙令：諸官、私田災
　　傷，秋田以七月，聽經縣陳訴，至月終止。」同書別集卷 9〈施行旱傷委官驗視〉，
　　頁 9。

14　《朱文公文集》卷 17〈奏捄荒畫一事件狀〉，頁 16。

15　《通制條格》卷 17〈賦役・田禾災傷〉，頁 216-217。

「今後田禾如被旱澇災傷，河南至洺衛等路，夏田四月，秋田捌月；其餘路分，夏田伍月，秋田、水田並以捌月為限。人戶經本處陳訴。」[16]將夏田訴災時限由四月延至五月，較為寬放，但仍離不開三限的規定。

　　上述為季節性的「水旱災傷」規定。至於非季節性的「非時災傷」[17]，如地震、火災等，[18]其時限規定，雖然「不拘月分」均可訴災，但必須「自被災傷後，限一月止。」[19]一個月訴災的規定，可能基於行政成本的考量。

　　以上大體鉤勒宋朝訴災的時限規定，然而在廣大的疆域實行整齊劃一的制度，談何容易？學者郭文佳意識到這個問題，他說：「一方面由於災情有時緊急，救助災民要緊，另一方面，有些災民不知具體規定，因而在救災過程中，根據實際情況，還是有所變通的。」[20]

　　皇帝或朝廷主動方面。為了避免被法令制度綁死，鑑於全國各地的多元情況，中央經常因地制宜，彈性處置時限。百姓失於訴災，或者訴災不及，亦見皇帝主動下詔，展延時限、寬宏訴災或直接賑濟。仁宗嘉祐五年（1060）九月，下詔梓州路：「今春饑，夏秋閔雨，其人戶訴災傷者，令轉運使速遣官體量，蠲其賦租，仍勿檢覆。」[21]又如神宗熙寧六年（1073）十一月，德音云：「應諸路災傷民戶，本名稅物失訴違省限，不該檢放者，監司體量檢放。」[22]熙寧七年（1074）八月，下詔河北東路轉運司：「災傷之民失於披訴者，特於

16　《通制條格》卷17〈賦役・田禾災傷〉，頁216。

17　《救荒活民書》卷中〈今具旱傷敕令格式下項・淳熙令〉，頁34。

18　幸宜珍曾注意到「非時災傷者」時限的討論，〈北宋的救災程序與方法〉，頁56。

19　《救荒活民書》卷中〈今具旱傷敕令格式下項・淳熙令〉，頁34。

20　郭文佳：《宋代社會保障研究》，頁67。

21　《長編》卷192嘉祐五年九月戊戌，頁4645。

22　《長編》卷248熙寧六年十一月癸丑，頁6045。

限外接狀檢放。」[23]元祐元年（1086）三月，哲宗下詔曰：「府界并諸路提點刑獄司體訪州縣災傷，即不限放稅分數及有無披訴，以義倉及常平米斛速行賑濟，無致流移。」展現了彈性處理的一面。崇寧三年（1104）十月，徽宗下詔：「兩浙杭、越、溫、婺州秋苗不收，人戶失於披訴，并量與檢放。」[24]政和三年（1113）正月，尚書省言：「檢會近降赦恩，訪聞開德府清豐縣去年六月七日曾被旱傷人戶，其間有不知條限，致（被）〔披〕訴不及，可令所司勘會詣實，特與依檢放災傷人戶減免均糴指揮施行。」[25]幸宜珍提到，訴災期限之彈性規定，既是宋朝人性化的一面，也是恤民的表現。[26]

地方官主動方面。有學者認為「訴災是宋代災害救助的第一道程序」[27]，大致正確，但地方官有主動訴災的權力，得視情況向朝廷奏請展延訴災期限，至於允許與否，則權歸朝廷。地方官主動訴災及檢放，既是職權所在，也是恤民的舉動，宋廷的詔令再三叮嚀地方官荒政恤民的重要，必須主動檢放。神宗熙寧七年（1074）四月，知大名府韓絳上奏：「本路旱災已及四月旬，若使民投訴，差官檢覆，然後蠲除，恐艱食之民有所不能。欲乞河北路二麥不收者，不俟差官檢覆，悉免夏稅。」由於此次河北路旱災嚴重，流民日多，朝中深懼流民久留京師附近。於是神宗御批曰：「速如絳所奏行之。仍詔開封府界、諸路準此。」[28]在災民尚未訴災之前，韓絳主動蒐集災情，並懇乞朝廷免去差官檢覆的例行手續，積極救助災民。又如熙寧七年八

---

23 《長編》卷 255 熙寧七年八月癸巳，頁 6243。

24 《宋會要》食貨 57 之 13（68 之 49），崇寧三年十月十四日。

25 《宋會要》食貨 59 之 9，政和三年正月二十日。

26 幸宜珍：〈北宋的救災程序與方法〉，頁 56。

27 郭文佳：《宋代社會保障研究》，頁 66。

28 《長編》卷 252 熙寧七年四月壬午，頁 6158。

月，「永興軍路安撫使言：乞展限一月收訴災傷狀」，朝廷從之。[29]又如哲宗元祐元年（1086）三月，夔州路提舉常平官傅傳正提到：「州軍去年災傷，放稅分數不多，亦有全不申訴者。臣見民間困急，不敢坐視，已依災傷及七分以上賑濟。」哲宗並未追究，反而下詔：「特放罪，仍候到闕日，優與差遣。」[30]又如董熺提到：「乞寬期限，得旨展半月」。[31]另外，有擔當的地方長官還可保明切結，奏請重新處理百姓失於訴災的遺憾。南宋初年，王之望提到：

> 檢準〈紹興重修常平免役令〉：諸災傷計一縣放稅不及七分，或失于披訴，第四等已下闕食戶，當職官保明，申提舉司審度，依放稅七分法賑給借貸訖，奏本司。[32]

此雖檢準紹興令，但有「重修」字眼，相關法令的制定當在高宗紹興之前。又如孝宗乾道十二年（1176）知秀州嘉興縣黃度，「州縣每以八月聽民訴旱，及按視之，刈穫已竟，不可復考。公請於郡，先一月受詞。不旬日，即遣官巡行。」[33]不可諱言，這種地方官主動訴災的情況不多見，百姓訴災仍是官方賑荒行動的啟動機制。

三　訴災傷狀與自訴災情

前面提到，陳訴災情是宋朝賦予百姓的少許法定權利之一，百姓必須積極訴災，否則便是放棄自己的權利，因為法令規定「不願作災

29　《長編》卷 255 熙寧七年八月癸巳，頁 6244。

30　《宋會要》食貨 57 之 9（68 之 42），元祐元年三月二十六日。

31　《救荒活民書》卷中〈檢旱〉，頁 17。

32　《漢濱集》卷 5〈論賑濟災傷去處狀〉，頁 22。

33　《絜齋集》卷 13〈黃度行狀〉，頁 210。

傷者聽」。前引高宗紹興令提到：

> 如未檢覆而改種者，并量留根查，以備檢視。不願作災傷者
> 聽。[34]

《救荒活民書》記載孝宗淳熙令的〈旱傷敕令格式〉，最為詳盡：

> 其所訴狀，縣錄式曉示，又具二本，不得連名。如未檢覆而改
> 種者，并量留根查，以備檢視。〔不願作災傷者聽。〕[35]

災傷發生後，縣衙必須主動張榜告示〈訴災傷狀〉格式。此處所謂
「二本」，似指「訴狀」簿冊抄錄成兩本。[36]

為了避免口說無憑，訴災真偽難辨，故必須透過文字化的〈訴災
傷狀〉來進行。仁宗天聖八年（1030）十二月詔：

> 人戶限一月日，各仰自陳手狀，具本戶地土頃畝都數及逐段四
> 止、夏秋合納稅物色數，各別開坐，每五戶至七戶相保，所供
> 地畝、稅數別無隱漏。如有欺隱，許人陳告，並據所隱田土給
> 與告人充賞，犯人科斷。[37]

日後的淳熙〈旱傷敕令格式〉大致承襲於此。不過到神宗朝，災民不
按規定填寫〈訴災傷狀〉，以致點檢不實，仍時有所聞。元豐四年

34　《漢濱集》卷5〈潼川路放稅利害狀〉，頁21。

35　《救荒活民書》卷中〈今具旱傷敕令格式下項‧淳熙令〉，頁34。

36　真宗天禧二年（1018）十月詔文提到：「自今差官檢勘逃戶并災傷民田，今三司寫
　　造奏帳式二本，一付檢校田官，一送諸道州府軍監。」此處云：差官檢勘災傷民田
　　後，中央三司寫造「奏帳式」兩本，一本送付檢校田官，一本送付地方政府存查。
　　一為災民的訴狀，一是三司的帳式，兩者自為二事。《宋會要》，食貨1之2（61之
　　71同）。

37　《宋會要》食貨70之163，天聖八年十二月。

（1081）七月，前河北轉運判官呂大忠提到：

> 天下二稅，有司檢放災傷執守謬例，每歲僥倖而免者，無慮三
> 二百萬，其餘水旱蠲閣類多失實。民披訴災傷狀，多不依公
> 式，諸縣不點檢。所差官不依編敕起離月日程限，託故辭避。
> 乞詳定立法。[38]

此處的「公式」當指〈訴災傷狀〉，早已有之，故云「多不依公式」。
於是，中書省提到：「熙寧編敕約束詳盡，欲申明行下。」神宗從
之。[39]孝宗淳熙年間的〈訴災傷狀〉，雖未必與北宋一致，但仍保留於
董煟《救荒活民書》之中，十分珍貴。詳錄於下：

> 某縣某鄉村，姓名，今具本戶災傷如後：
> 一・戶內元管田若干頃畝，某都計夏秋稅若干：
> 　　夏稅某色若干。秋稅某色若干。〔非己業田依此別為開
> 　　拆。〕
> 一・今種到夏或秋某色田若干頃，計：
> 　　某色若干田係旱傷損。〔或損餘災傷處，隨狀言之。〕
> 　　某色若干田苗色見存。〔如全損，亦言災傷及見存田，
> 　　並每段開拆。〕
> 右所訴田段，各立土塿牌子。如經差官檢量，卻與今狀不同，
> 先甘虛妄之罪，復此額不詢。謹狀。
> 年月日，姓名。[40]

---

38 《宋會要》食貨 1 之 4，元豐四年七月七日，食貨 61 之 72「三二百萬」作「二三百萬」。《長編》卷 314 元豐四年七月壬辰，頁 7603。

39 同前註。《長編》卷 255 熙寧七年八月癸巳，頁 6244，亦曾提及〈訴災傷狀〉。

40 《救荒活民書》卷中〈今具旱傷敕令格式下項・淳熙令〉，頁 37。珠叢別錄本，「如後」作「於後」，「土塿」作「土塋」，「復此額」作「後此額」。

〈訴災傷狀〉的內容主要有五點：（1）訴災以戶為單位，而非個人；
（2）田畝多寡及二稅輸納數額；（3）陳訴災傷及未傷田畝的面積多
寡；（4）立牌子，藉以標明災傷田畝；（5）立下切結保明。根據《救
荒活民書》記載，災民訴災後，州郡委派檢視官員限一日起發，「仍
同令、佐同詣田所，躬親先檢見存苗畝，次檢災傷田（改）〔畝〕，具
所詣田所，檢村及姓名、應放分數注籍。」[41]〈訴災傷狀〉的內容與
第二章檢災過程大致相符。

　　針對〈訴災傷狀〉不符合規定者，〈淳熙令〉提到：「諸〈訴災傷
狀〉不依全式者，即時籍記退換，理元下狀日月，不得出違申州日
限。」[42]〈訴災傷狀〉可以登記退換，但不得違反時限規定。

　　北宋最初規定，二十畝以下的災傷田畝，官府不予以檢勘。何以
做此規定呢？原因不明。合理的推測是：倘若接受二十畝以下的話，
將有過多的〈訴災傷狀〉，造成州縣政府的龐大行政負擔。無論如
何，這項規定顯然對中下戶不盡公平。果然，到了太平天國九年
（984，雍熙元年）正月，太宗便下詔：「蓋欲惠貧下之民，豈復以多
少為限？自今諸州民訴水旱二十畝以下者，皆令檢勘。」[43]

　　令人疑惑的是，究竟由災民本人親自向縣衙訴災呢？還是透過差
役系統（里正、保正長或甲頭）代為訴災呢？這點必須弄清楚。

　　上引〈訴災傷狀〉的最後，災民必須具名，由此推知，災民必須
親自訴災。然而，該狀文字頗多，在文盲率頗高的宋代，似非一般人
能夠輕易填寫的，他人代填的可能性很高。[44]況且，百姓自行填寫

41　《救荒活民書》卷中〈今具旱傷敕令格式下項‧淳熙令〉，頁 35。
42　《救荒活民書》卷中〈今具旱傷敕令格式下項‧淳熙令〉，頁 35。
43　《太宗皇帝實錄校注》卷 28，頁 121；《宋會要》，食貨 1 之 1（61 之 71 同），太平
　　興國九年正月。
44　宋代的識字率研究，參見包偉民：〈中國九到十三世紀社會識字率提高的幾個問
　　題〉，頁 79-87。

〈訴災傷狀〉將會帶給地方政府龐大而複雜的行政作業，光是匯集各地呈報的狀冊，便是浩大的工程。此外，災民們本身也為自訴災情而疲於奔命。

　　究竟真相為何？《宋刑統》的訴災規定承襲自唐律，其云：

> （有旱澇、霜雹、蟲蝗為害）里正須言於縣，縣申州，州申省，多者奏聞。[45]

此處所言災荒呈報的行政流程，似由里正開始啟動，而非災民訴災。然而，這是唐朝的規定，就算宋初承襲此制，也不代表日後一直如此。南宋中晚期，董煟說：「今之守令專辦財賦，貪豐熟之美名，諱聞荒歉之事，不受災傷之狀，責令里正伏熟。」[46]乍看之下，里正仍有訴災之責，細讀則不然，里正只是向縣衙回報災傷，並非代民訴災。里正在訴災、檢放程序中仍有其角色，據李華瑞指出：里正協助州縣檢放工作，如繪製災傷圖、執行守令命令等，甚至包括妄稱伏熟等不法情弊。[47]

　　群覽宋朝文獻，災民自訴的史例不少。學者石濤亦持此說，「北宋初期，由里正之類鄉里吏人（役人）負責上報災情，北宋中後期以後，由於鄉里吏人（役人）往往虛報，以貪贓枉法、騙取財物，這種制度逐漸廢除，民間訴災必須由災傷人戶自訴」。[48]所論大致正確，北宋初年仍是里正負責，故反映在《宋刑統》之中。災民自訴的制度建立何時？無法斷定。這種災民自訴的模式，亦見於二稅輸納方式，法

45　《宋刑統》卷 13〈戶婚律・旱澇雙雹蟲蝗〉疏議曰，頁 208；《唐律疏議箋解》，卷 13〈戶婚律〉，頁 985。

46　《救荒活民書》卷中〈檢旱〉，頁 17。

47　李華瑞：〈宋朝的訴災制度〉，頁 204-205。

48　石濤：《北宋時期自然災害與政府管理體系研究》，頁 245。

令鼓勵稅戶自行輸納夏秋二稅於受納場，並抑制攬納戶代輸，兩者的精神相當一致。[49] 本書認為此一設計恐與強幹弱枝國策有關，宋廷欲讓百姓直接接觸官方，不需要透過差役體系，避免政令扭曲變調。

高宗紹興二年（1132）十一月，江、浙、荊湖、廣南、福建路都轉運使張公濟提到：「小有水旱，人戶實無災傷，未敢披訴，多是被本縣〔鄉〕書手、貼司先將稅簿出外，雇人將逐戶頃畝一面寫災傷狀，依限隨眾赴縣陳過。其檢災官又不曾親行檢視，一例將省稅蠲減，卻於人戶處斂掠錢物不貲。」於是，他乞請朝廷立法禁止代訴行為，戶部檢坐到〈紹興敕〉，如下：

> 諸攬狀，為人赴官訴事、及知訴事不實、若不應陳述而為書寫者，各杖一百。因而受財贓重，坐贓論，加一等。詔依。告獲每名支賞錢五十貫。[50]

此一敕令可以確定，宋廷希望災民能夠親自訴災，並禁止役人、公吏或不相干等人代訴災情，否則以坐贓論。這項規定的制定可能更早些，在紹興二年之前。《救荒活民書》所載〈淳熙敕〉的內容，亦大同小異。其云：

> 諸鄉書手、貼司代人戶訴災傷者，各杖一百；因而受乞財物贓重者，坐贓論，加一等。許人告。[51]

其中的許人告賞格，〈淳熙格〉記載更為詳細：

49 楊宇勛：《取民與養民：南宋的財政收支與官民互動》，頁303。
50 《宋會要》食貨61之74，紹興二年十一月十二日，食貨1之6-7「詔依」作「照依」。
51 《救荒活民書》卷中〈今具旱傷敕令格式下項・淳熙敕〉，頁36。

告獲鄉書手、貼司代人戶訴災傷狀者，每名錢五十貫。〔三百貫止。〕[52]

百姓雖有訴災的權利，但也必遵守相關的法令規定，不得詐稱災傷，妄圖減免稅賦。綜而言之，災民必須親自訴災，禁止役人、吏人和攬戶代訴。

還有個疑問，〈訴災傷狀〉是一人一狀呢？或是多人一狀呢？根據前引仁宗天聖八年（1030）十二月詔，從「每五戶至七戶相保」推知，此時已為集體訴災。哲宗紹聖四年（1097）十二月，御史蔡蹈也提到：

臣竊見本臺近日節次接過開封府東明縣百姓六百九十八狀，計一千八百五十九戶，為陳論今歲夏旱，依條披訴災傷。本縣不為收受，內一百十七狀，計二百七十六戶，稱係（涇）〔經〕縣，不押；不顯官員名位，外五百八十一狀，計一千五百八十三戶，稱主簿權，不押。[53]

前類有一百一十七狀，計有二百七十六戶，平均每狀二點三六戶；後類有五百八十一狀，計有一千五百八十三戶，平均每狀二點七二戶。顯示多人一狀，但不排除其中也有一人一狀。

集體訴災的史例，又如哲宗紹聖元年（1094），「深州武彊縣民二千餘戶訴災」[54]。孝宗淳熙七年（1180），朱熹提到南康軍「稅戶陳德祥等狀披訴，所布田禾緣雨水失時，旱禾多有乾槁，不通收刈，申乞委官檢視。」[55]從「稅戶等狀」字眼判斷，疑為集體訴災。又如寧宗

---

52 《救荒活民書》卷中〈今具旱傷敕令格式下項・淳熙令〉，頁 36。
53 《長編》卷 493 紹聖四年十二月癸卯，頁 11718。
54 《宋會要》食貨 59 之 5（68 之 114），紹聖元年十一月十一日。
55 《朱文公文集》卷 16〈奏南康軍旱傷狀〉，頁 2；同卷〈再奏南康軍旱傷狀〉，頁

嘉定八年（1215），江東路轉運副使真德秀提到：

> 臣近居太平州，百姓王經等一百六名狀稱：自去冬以來，並無雨雪，麥苗先已乾死。……欲乞備申朝廷，權閣今年夏稅。[56]

此處所言「狀」疑為〈訴災傷狀〉。真德秀又說：

> 累據諸處人戶陳訴，并州縣備申旱荒之狀，……休寧縣數百人入令、丞廳求糴濟。[57]
>
> 據休寧縣申，民戶金十八等數百人突入丞、令廳，求糴官米，令、丞開倉給之，不足以繼。[58]

徽州休寧縣金十八等數百人訴災，直接要求縣衙糴濟官米，這是一種具有脅迫性的訴災行動。該縣令、丞低頭妥協，立刻開倉給糧。災民抗議訴災或檢放不公，宋人稱為「鬧訴」，第十二章還將討論。

從上推測，災戶們集體共寫一份〈訴災傷狀〉是被官方所容許的，不必一人一狀。災民集體訴災至少有四項優點：首先，官方藉此減少行政業務量；其次，眾戶之中必有識字之人，白丁不必擔心訴災不易；其三，可避免繁瑣的訴災程序困擾災民；其四，避免地方官吏和役人敷衍了事，虛報「伏熟」（後將詳述）。

訴災後的檢放及賑濟流程將於他章介紹，茲僅討論訴災及檢放之間的行政措施。據《救荒活民書》記載：

4；別集卷9〈施行旱傷委官驗視〉，頁9。
56 《西山先生真文忠公文集》卷6〈奏乞蠲閣夏稅秋苗〉，頁7。
57 《西山先生真文忠公文集》卷6〈奏乞撥米賑濟〉，頁11-12。
58 《西山先生真文忠公文集》卷 6〈奏乞分州措置荒政等事〉，頁 21。此處的「給之」，本應是有償性的糴濟，但縣令和縣丞在驚恐之餘，亦不排除讓步為無償性的賑給。

　　諸受訴災傷狀，限當日量傷災多少。以元狀差通判或幕職官，
　　〔本州缺官，即申轉運司差。〕州給籍用印，限一日起發。……
　　州以狀對籍點檢，自往受訴狀復，通限四十日，具應放稅租色
　　額外分數榜示。[59]

此處有四點要說明：（1）州郡受理〈訴災傷狀〉後，估量災傷的程
度，立即委派檢視官員，限一日出發。（2）檢官由通判、幕職官擔
任，或由漕司委派。（3）州郡對照〈訴災傷狀〉與「檢放籍簿」後，
榜示減放稅租分數。（4）自受狀到榜示，通限四十日內完成。《救荒
活民書》又云：

　　諸官、私田災傷而訴狀多者，令、佐分受，置籍（其）〔具〕
　　載，以稅租簿勘同受狀，五日內繳申州。本州限一日以聞。[60]

若遇大批訴災的情形，縣邑令佐必須主動申州，未必由災民們零星訴
災。

四　地方官不聽訴災

　　宋朝不少的地方長官忌諱訴災及檢放，甚至抑阻百姓訴災。哲宗
元祐時，蘇軾曾言：「吏不喜言災者，蓋十人而九，不可不察也。」[61]
元符二年（1099）正月，右正言鄒浩提到：「開封府界郭時亮自到本
任，不務宣導朝廷德澤，惟以掊克凌暴為事。去年積雨，……凡人戶
以水訴者，時亮一切痛抑之。諸縣順承，惟恐不及。間有官吏不忍百

59　《救荒活民書》卷中〈今具旱傷敕令格式下項‧淳熙令〉，頁 34-35。此與珠叢別錄
　　本有出入，請另行參照。
60　《救荒活民書》卷中〈今具旱傷敕令格式下項‧淳熙令〉，頁 35。
61　《蘇東坡全集》《續集》卷 11〈上呂僕射論浙西災傷書〉，頁 353。

姓實無所出，力為檢放，即怒罵挌摭，無所不至。民人怨嗟，聞者感動。」[62]徽宗崇寧二年（1103）十月十四日詔提到：「兩浙杭、越、溫、婺等州秋田不收，人戶失於披訴，官司憚於閣放，又將積年欠負一例併行催納」[63]史例甚多，茲將訴災或檢放不實者整理成簡表：

表1-1：宋朝懲處地方官不聽訴災或檢放不實例舉表

	時間	地點	懲處的官吏	出處
1	仁宗天聖十年（1032）四月		知州王涉	《宋會要》刑法6/14
2	皇祐五年（1053）八月		轉運司	《長編》175/4227
3	嘉祐中期	霸州文水縣	主簿趙師錫、司戶晁舜之、錄事參軍周約、判官馮泌、通判王嘉錫、知縣雷守臣	《救荒活民書》上/28
4	神宗熙寧七年（1074）七月	開封府陳留等縣	縣官	《長編》254/6226
5	元豐元年（1078）五月	徐、沂州	轉運司	《長編》326/7849
6	哲宗元祐五年（1090）八月	杭州	上下官吏	《長編》451/10835
7	元祐、紹聖	秀州	胥吏	《蘇東坡全集》續集11/353
8	紹聖元年（1094）十二月	深州武彊縣	轉運司張景先、知深州吳安行	《宋會要》食貨59/5（68/114）
9	紹聖二年（1095）十月	開封府酸棗、封邱縣	縣官	《宋會要》食貨1/4、61/72

---

62 《長編》卷 505 元符二年正月庚戌，頁 12027。

63 《宋會要》食貨 59 之 7，崇寧二年十月十四日。

10	紹聖四年（1097）十二月	開封府東明縣	知縣李升、主簿何夷	《長編》493/11718
11	元符二年（1099）正月	開封府	提點開封府界刑獄郭時亮	《長編》505/12027
12	北宋中晚期	江西	郡官柳庭俊、漕司	《隨手雜錄》頁15
13	徽宗建中靖國元年（1101）八月	江淮、兩浙、福建	諸轉運使	《宋會要》食貨59/6
14	崇寧二年（1103）七月			《宋會要》食貨59/7
15	政和、宣和	房、均州	知房州李惺、簽書官	《容齋隨筆》14/128；《夷堅志》支丁5/1009
16	孝宗淳熙八年（1181）	衢州	知州李嶧、監戶部贍軍酒庫張大聲、龍遊縣丞孫孜	《朱文公文集》17/1-3
17	淳熙八年（1181）	紹興府上虞縣		《朱文公文集》17/23
18	理宗左右	信州	知州虞某	《後村先生大全集》192/5

上表只是冰山一角。針對地方官吏不願申報災情，甚至虛報災情，宋廷自有懲治之道。太祖建隆四年（966）八月頒行的《宋刑統》規定如下：[64]

> 諸部內有旱澇、霜雹、蟲蝗為害之處，主司應言而不言及妄言者，杖七十。覆檢不以實者，與同罪。若致枉有所徵免，贓重者坐贓論。[65]

此條襲自唐律，完全一致。學者劉俊文認為此律的淵源，似可上溯至

64　《宋會要》刑法 1 之 1，建隆四年二月五日。

65　《宋刑統》卷 13〈戶婚律〉，頁 208。

秦漢時代，由睡虎地秦簡秦律十八種的〈田律〉可窺知。[66]

在災害發生之時，民間若未有訴災行動，地方官必須主動向上級申報災情，否則將遭懲處，擔負連帶責任。如太宗淳化元年（990）二月，京東轉運使何士宗言：「登州歲飢，文登、牟平兩縣民四百一十九人餓死。」於是，太宗下詔：「遣使發（食）〔倉〕粟賑貸，死者官為藏瘞，以錢五百千分給之。其逐州官吏不早具奏，仍劾罪以聞。」[67]面對饑荒四百一十九人餓死的慘劇，太宗徹查這些荒政失職的地方官。仁宗天聖十年（1032）四月，知州王涉「有不容佃戶訴災，輸物估贓五十匹，法應加役流，除名。特矜之。」[68]皇祐五年（1053）八月，詔文提到：「災傷之民訴於轉運司而不受，聽逐州軍繳其狀以聞。」[69]神宗元豐四年（1081）七月，前河北轉運判官呂大忠說：「民披訴災傷狀，多不依公式，諸縣不點檢，所差官不依編敕起離月日程限，託故辭避。乞詳定立法。」中書省戶房說：「〈熙寧編敕〉約束詳盡，欲申明行下。」[70]由是可知，神宗〈熙寧編敕〉懲處檢放不實官員的規定，確實有影響力。如哲宗紹聖元年（1094）十二月，懲處「知深州吳安行（生）〔坐〕不受民訴災傷，特衝替。」[71]政和七年（1117）十二月，徽宗下詔：「河北西路提舉常平官不奏本路災傷，特降兩官，衝替。令本路提刑司具合降官姓名申尚書省，今後不即時聞奏，重寘于法」。[72]這是宋廷懲處地方官不奏災傷的史例。另外，災民超過時限而無法披訴災傷，仍可向地方官陳訴災情，提供災

66　《唐律疏議箋解》卷 13〈戶婚律〉，頁 987。

67　《宋會要》食貨 57 之 1（68 之 29），淳化元年二月九日。

68　《宋會要》刑法 6 之 14，天聖十年四月十八日。

69　《長編》卷 175 皇祐五年八月丁酉，頁 4227。

70　《宋會要》食貨 1 之 4（61 之 72），元豐四年七月七日。

71　《宋會要》食貨 59 之 5（68 之 114），紹聖元年十二月十一日。

72　《宋會要》食貨 59 之 10，政和七年十二月十六日。

荒的資訊及建議，亦可控訴官吏阻抑披訴及其不法行徑。《救荒活民書》所載孝宗〈淳熙令〉，規定上司必須監察下屬，其云：「蟲蝗水旱，州申監司，各具施行次第以聞。如本州隱蔽，或所申不盡不實，監司體訪奏聞。」[73]

地方官所以不願聽訴，大致有四種原因：州縣財計、監司財權、州縣承望、供軍壓力。詳述如後：

先論州縣財計。州縣長官通常重視徵收財賦的行政績效，小規模的荒災之時，若是積極呈報災傷，造成日後歲入短收，恐將影響其考課，所以才會阻抑百姓訴災。甚至有些州縣長官為求表現、搶功績，提前上奏豐年情報，事後卻突然發生災異，因而無法改口。如真宗天禧三年（1019）七月，屯田員外郎鍾離瑾提到：「竊見諸州長吏，才境內雨足苗長，即奏豐稔，其後霜旱蝗螟災沴，皆隱而不言，上罔朝廷，下抑氓俗。」他建議真宗：「請自今諸州有災傷處，即時騰奏，命官檢視。如所部豐登，亦須俟夏秋成日乃奏。如奏後災傷者，聽別上言。隱而不言，則論其罪。」[74]這些地方官深怕自己的技倆被拆穿，被懲處瀆職或欺君之罪，只好繼續隱瞞下去，並極力阻止災民訴災。從鍾離瑾的語氣來看，這些現象不在少數。又如徽宗政和元年（1111）十二月，官僚提到：「官司利於租賦，莫肯蠲除。」[75]州縣長官徵收財賦的壓力，南宋亦有，董煟說得好：

> 災傷水旱而告之官，豈民間之得已。今之守令專辦財賦，貪豐熟之美名，諱聞荒歉之事，不受災傷之狀，責令里正伏熟。[76]

73　《救荒活民書》卷中〈今具旱傷救令格式下項‧淳熙令〉，頁38。

74　《長編》卷94天禧三年七月庚辰，頁2162。

75　《宋會要》食貨1之5（61之73），政和元年十二月二十七日。

76　《救荒活民書》卷中〈檢旱〉，頁17。

地方官考量自己的仕途，催收財賦重於恤民救荒。江東路提刑劉克莊提到：「諸郡率謂旱傷不至於甚，如信州虞守謂晚禾倍熟，與百姓爭較蠲放分寸，如割身肉，至於先移文脅制諸村諸邑不得申旱。」[77]劉克莊形容得好，有些地方官計較蠲放分數「如割身肉」，好像要他命一樣。

　　監司財權與州縣承望兩方面，有其前後因果的關係。如董煟提到，有些州縣官員抑制民眾訴災，檢視官員謊報災情分數，實與諸司征權壓力有關。他說：

> 今之郡縣專促辦財賦而諱言灾傷，州縣之官有抑民告訴者，檢
> 視之官有不敢保明分數者。……顧亦迫於諸司之征權，有所不
> 暇計慮耳。[78]

誠如所言。

　　監司財權方面。為何轉運使不肯依法接受訴災呢？其實不難理解，轉運使不願流失稅收，避免不利於日後財賦運作。轉運使既主管一路財賦收入，又執掌荒政支出，兩者職能本為牴觸。催理積欠可以增加歲入，調撥錢糧賑災則是增加支出。再者，救荒工作繁重猥多，吃力不討好，故不願接受訴災。南宋中期，朱熹亦提到南康軍的例子，其云：「目今旱勢如此，而漕司差人在此催發舊欠，夫催欠之與抹災，事體各別，不可雙行。」[79]

　　對此流弊，皇祐五年（1053）八月，仁宗下詔：

> 災傷之民訴於轉運司而不受，聽逐州軍繳其狀以聞。[80]

77　《後村先生大全集》卷 192〈徽州韓知郡申蠲放旱傷事〉，頁 5。

78　《救荒活民書》卷上，頁 2。

79　《朱文公文集》卷 26〈與陳帥畫一劄子〉，頁 16。

80　《長編》卷 175 皇祐五年八月丁酉，頁 4227。《宋史》卷 12〈仁宗本紀四〉，頁

仁宗將百姓訴災視為大事，監司倘若刻意隱瞞，特別是漕司，下屬郡守得以越級繳狀上奏。

　　州縣承望方面。州縣官吏所以望風承旨，實來自上級監司的壓力，因而必須揣摩監司心意。如北宋中期，劉敞提到陳耿的例子，茲引如下：

> 閬中歲大旱，郡守希轉運使意，不聽民訴災。民遮君（陳耿）自言，君即詣府請之，猶不許，因趨出，悉取民所訴狀屬吏，以令蠲其租。而公文上轉運使，轉運使初不悅，後無如之何。文（彥博）丞相守成都，聞而嘉之。[81]

文彥博知益州，係於仁宗慶曆四年（1044）十二月甲辰[82]，當在此之前。閬州郡守和利州路轉運使「不聽民訴災」，陳耿知閬中縣，低層小官，不顧長官意願，而「蠲其租」。哲宗紹聖元年（1094）十二月，監察御史提到：「郡縣承望轉運司張景先風旨，遇訴災傷，曲有沮抑，使民無告。」徽宗建中靖國元年（1101）八月，臣僚提到：「其監司、郡守或不以聞，或雖聞而不敢盡以實告，州縣承望轉運司意旨，不肯依法受接人戶訴狀。」[83]

　　供軍壓力方面。地方官員除了科催稅賦的壓力之外，朱熹還提到他們面對餉軍的困擾，即是賑荒與軍用之間具有財政排擠性。他說：「蓋嘗竊謂有軍則糧決不可以不足，既旱則稅決不可以不放，……今州縣之吏，不過且救目前，……掩蔽災傷，阻遏披訴，務以餉軍不闕

233。
81　《公是集》卷53〈陳耿墓誌銘〉，頁645-646。
82　《長編》卷153慶曆四年十二月甲辰，頁3725。吳廷燮：《北宋經撫年表・南宋制撫年表》，頁366，誤作十一月。
83　《宋會要》食貨59之6，建中靖國元年八月二十一日。

為先務。至於民不堪命而流殍死亡，皆不暇恤。」[84]這段文句當中，
可看出州縣長官供輸軍糧的壓力。寧宗嘉定十年（1217），陳宓時任
知南康軍，「適承大旱，三邑通放七分有奇，軍食無所得。」檢放二
稅，確實造成南康軍財政的排擠效應，特別是軍糧供應。[85]南宋末
年，權知長洲縣黃震也提到：「常（言）〔年〕全收，猶且支遣不敷，
今更放多，則郡計豈不愈見狼狽。兼之軍食、民食兩事適併，別無措
置之方。」[86]

　　災民訴災不成而發生慘案者，如哲宗元祐五年（1090），「八月之
末，秀州數千人訴風災，吏以為法有訴水旱，而無訴風，拒閉不納，
老幼相騰踐死者十一人。」[87]蘇軾於稍後補充說：「今年災傷實倍去
年，但官吏上下皆不樂檢放，諱言災傷。只如近日秀州嘉興縣因不受

---

84 《朱文公文集》卷 20〈乞撥兩年苗稅劄子〉，頁 28-29。
85 《復齋先生龍圖陳公文集》卷 12〈與江州丁大監焴劄〉，頁 400。同書卷 14〈南康
　　到任與三府劄〉，頁 440，更詳細提到：「都昌一縣幾二萬石，六鄉粒米不收全放，
　　餘鄉通放九分，所收不及千石。星子一縣通放七分七釐，所收亦僅千餘石。建昌
　　（建）〔二〕萬二千餘石，已放四分六釐，……軍儲歲計茫然無備」。同卷〈與趙石
　　司劄〉，頁 442，「星子放七分三釐，都昌所放八分一釐，建昌放五分九釐。一歲苗
　　米通四萬七千餘石，所放已三萬三千，軍儲缺十餘月之備」。同卷〈與江東譙提刑
　　劄令憲〉，頁 443，「是以三邑蠲放幾十之七八，公帑循常所積無幾，軍儲枵然不
　　兌」。同卷〈與江東俞運使劄〉，頁 447，「都昌一縣幾二萬石，六鄉粒米不收，已行
　　全放，餘鄉皆放九分。星子一邑五千餘石，已放七分七釐。建昌二萬二千餘石，高
　　下通收五分。軍儲只有一月半之備」。同卷〈與江東李安撫劄〉，頁 451，「三邑通計
　　苗米四萬八千，今年蠲放三萬三千餘石，軍糧歲計二萬餘石，當此月支遣外，倉無
　　儲粟」。同卷〈與江州俞侍郎劄〉，頁 452，「適值歉荒，若為救藥，三邑通計苗米四
　　萬八千斛，蠲放者三萬三千餘斛，軍儲民食無所措手。」同卷〈與撫州趙司直
　　劄〉，頁 452，「適值去冬旱歉，三邑減放十幾七八，軍餉既缺」。同卷〈與真西
　　山〉，頁 453，「星子放七分三釐，都昌八分一釐，建昌五分九釐，通放七分以上。
　　廩無兼月之積，田里嗷嗷。」
86 《黃氏日抄》卷 71〈權長洲縣申平江府乞添放水傷狀〉，頁 3。
87 《蘇東坡全集》續集卷 11〈上呂僕射論浙西災傷書〉，頁 353。

訴災傷詞狀，致踏死四十餘人。」[88]地方官過於拘泥法令，以風災無由陳訴為理由，拒絕接受秀州百姓的「訴災傷狀」。又如徽宗重和元年（1118），房州災傷，百姓數百人向州府陳訴，知州李悝將狀首劉均等人科斷，派遣公人監勒。七十三歲的劉均受不了折磨，生病身故。隔年，朝廷下詔李悝除名勒停。[89]相信這些並非個案，還有更多案例未被記錄下來。

　　所謂天高皇帝遠，訴災也存在這種情形。如仁宗慶曆三年（1043），諫官余靖提到：

> 今天府之民，九重不遠，其訴旱者，尚未半得申明，半遭抑退。況遠方之人，其無告必矣！陝關已西，尤須撫之。[90]

此處「天府」係指近畿之地，深受皇恩庇護，訴旱都一半遭到拒絕，更何況偏遠地區。訴災不力的現象，可能以四川地區最為嚴重。高宗紹興六年（1136）三月，知成都府席益奏稱：「蜀民自來不曉陳訴災傷，是致州郡、漕司不曾依條減放。間雖有檢放去處，並不以實。」[91]孝宗乾道三年（1167）八月，起居舍人黃鈞說法和席益類似：「四川阻遠，自來循例，不申災傷，不行檢放。」所以，「欲望行下四路帥臣、監司，從實體量，稍加存恤。」[92]兩人異口同聲，可見是事實，四川雖有訴災之法，卻無訴災之實。為何如此呢？陳明光認為百姓無法順利訴災係因沒有文化書寫能力的緣故，但無法解釋為何南宋川陝地區特別明顯？黃鈞提供了參考答案：一是地理偏遠，二是訴災未成

88　《蘇東坡全集》奏議集卷 9〈相度準備賑濟第二狀〉貼黃，頁 499；《長編》卷 451 元祐五年九月戊寅，頁 10835。

89　《宋會要》食貨 1 之 5（61 之 73），宣和元年三月二十六日。

90　《長編》卷 141 慶曆三年五月己丑，頁 3380。

91　《宋會要》食貨 63 之 6，紹興六年三月二十五日。

92　《宋會要》食貨 1 之 12，乾道三年八月十六日。

為當地官方的慣例，故州郡和監司未曾循例檢放。可見宋朝荒政措施有其地方慣例，全國未必一致。

五 妄訴災情

訴災，既有官吏阻抑陳訴，也有百姓妄訴之事。法令既然懲處阻礙訴災的官吏，自然也會防範百姓隨意或妄詐訴災，降低國家資源的浪費。《救荒活民書》提到孝宗〈淳熙敕〉：

> 諸詐稱災傷減免稅租者，論迴避詐匿不論律。許人告。[93]

既然許人告，自然有賞格。乾道六年（1170）六月，戶部尚書曾懷提到：

> 僥倖減免，許人陳告，依條斷罪。仍將妄訴田畝並拘沒入官，以一半給告人充賞。

孝宗下詔依此施行。[94]懲處重點在於，將妄訴田畝沒官，一半充賞。上引〈淳熙格〉記載：

> 告獲詐稱災傷減免稅租者：杖罪，錢一十貫；徒罪，錢二十貫；流罪，錢三十貫。[95]

百姓雖有訴災的權利，但亦須遵守相關法令，不得詐稱災傷，意圖欺騙減稅。

百姓所以訴災誇大，無非是貪小便宜。哲宗元祐六年（1091）七

---

93 《救荒活民書》卷中〈今具旱傷敕令格式下項・淳熙敕〉，頁36。
94 《宋會要》食貨1之12（61之77），乾道六年六月二十七日。
95 《救荒活民書》卷中〈今具旱傷敕令格式下項・淳熙令〉，頁36。

月，侍御史賈易疏論「浙災傷不實」。對於百姓妄訴災情一事，賈易呼籲哲宗宜加細究，他說：「二浙佃民習為驕虛，以少為多，其弊已久。……徐考其虛實，而懲責其尤甚者。」在詞語中，隱約感覺賈易對兩浙佃民驕虛的敵意。為了避免浪費賑災物資，所以必須嚴懲虛報災情之人。他又說：「若不預行申敕，竊恐部使者意懷觀望，專以支散數多，邀求賞擢，……果能盡其誠心為朝廷責實，則所賜錢斛或遂有餘，因可以備預不虞，其利甚大。」[96]此事尚未了結，據《宋史》記載：

> 吳中大水，詔出米百萬斛、緡錢二十萬振救。諫官（賈易）謂訴災者為妄，乞加驗考。（范）祖禹封還其章，云：「國家根本，仰給東南。今一方赤子，呼天赴愬，開口仰哺，以脫朝夕之急。奏災雖小過實，正當略而不問。若稍施懲譴，恐後無復敢言者矣。」[97]

范祖禹考量的是，就算「細民習為矯虛，以少為多」確有其事，一旦嚴懲，恐怕將產生寒蟬效應，反而「將坐視百姓之死而不救矣」。[98]

　　儘管法令森嚴，仍有民眾貪小便宜，妄訴災情時有所聞。徽宗政和八年（1118）二月，臣僚言：「民田披訴河潦積水災傷，雖十分收成，亦妄有破放，並遇非泛旱（勞）〔澇〕，亦多夾帶豐熟地段在內。縣不體究其實，一槩受狀申州。……一槩依傲年例，約度分數除破。虧損財計，最為大害。」[99]倘若百姓都詐騙政府蠲減稅賦，勢必影響

---

96 《長編》卷 462 元祐六年七月辛未，頁 11032-11033；亦見范祖禹：〈上哲宗封還臣寮論浙西賑濟事〉，收於《宋朝諸臣奏議》卷 106〈財賦門・荒政〉，頁 1144。

97 《宋史》卷 337〈范祖禹傳〉，頁 10796。

98 范祖禹：〈上哲宗封還臣僚論浙西賑濟事〉，收於《宋朝諸臣奏議》卷 106，頁 1144；《長編》卷 462 元祐六年七月辛未，頁 11038。

99 《宋會要》食貨 1 之 5，政和八年二月十七日。

國家財計。朱熹提到，有些頑民耕種早熟稻，利用訴災三限的時間差，趁機向政府訛詐檢放。「早禾已刈，至八九月不復可（辦）〔辨〕豐凶，官司但欲罔民多取，而不知僥倖姦民反乘此以欺有司也。」[100] 又如寧宗嘉泰元年（1201），嘉興府德化鄉鈕七「種早禾八十畝，悉以成就收割，囤穀於柴稭之側，遮隱無蹤，依然入官訴傷……。壬戌（二年）歲秋，其弟鈕十二亦種早稻八十畝，藏穀於家」。[101]

《夷堅志》有件個案頗為詳細，孝宗「淳熙十年（1183），南康建昌縣旱。民告於軍司戶張玘子溫，受牒檢視。清泉鄉人李氏名田數百畝，皆成熟，不肯陳詞。閭社交徧責之，謂之立異。」這位大地主李氏回答鄉民說：「投訴當以實，我家田不旱，豈應欺天欺人且自欺乎！必不可。」表明不願配合。鄉民桀惡者對他威脅說：「今一鄉稱旱，而君獨否，官司必以它人為妄。是獨善其身而貽害百室也。」李氏不聽。於是，眾惡少「夜拋磚石，擊其扉及屋瓦，呼譟徹旦。」李氏仍不屈服，惡少再對他恐嚇說：「先焚爾廬，次戕爾族。事到有司，不過推一人償命耳。」李氏不得已，只好隨眾列名訴災，「得以分數蠲租，為錢六萬。」[102]清泉鄉旱傷，唯獨李氏田畝成熟，為了避免檢覆風險，其餘鄉民希望訴災一致。依理而論，檢覆官以李氏田畝成熟為例，不予減免稅租，這是可能的，不然鄉民也不必那麼生氣李氏不肯配合。其次，透過此個案，亦可判斷宋人集體訴災當有一定的普遍性。

100　《朱文公文集》續集卷 5〈與王尚書佐〉，頁 2。

101　《閒窗括異志》，頁 20。

102　《夷堅志》支庚卷 1〈清泉鄉民〉，頁 1139。

六　小結

訴災，係宋朝政府賦予百姓的少許法定權利之一，百姓必須積極訴災，否則便是放棄自己的權利，因為「不願作災傷者聽」。

「水旱災傷」的訴災時限規定，始於太祖開寶三年（970），「夏不得過四月，秋不得過七月」，其後屢有修改。太宗淳化二年（991），鑑於南方地區的農業生產日期較長，特將秋季訴災延至八月底。水旱災傷的訴災三限大致確定於真宗朝，即夏田四月終，旱田七月終，水田八月終。至於「非時災傷」的訴災時限規定，「不拘月分，自被災傷後，限一月止。」宋朝的訴災期限並非絕對的規定，有擔當的地方長官可透過保明切結，主動乞請展延期限或重新訴災，核准權力則在朝廷。

為了避免口說無憑，百姓訴災必須透過文字化的〈訴災傷狀〉來進行。訴災內容主要有四：一是田畝多寡及二稅輸納數額，二是陳訴災傷及未傷田畝的面積多寡，三是立牌子標明災傷田畝，四是立下切結保明。災民必須親自訴災，禁止役人、吏人和攬戶代訴。另外，為了縮減行政業務量、繁瑣擾民與避免官吏抑訴，宋廷允許人戶集體共寫一份訴災傷狀，不必每戶一狀。

地方官員抑制民眾訴災，檢災官員也會謊報災情分數，其原因主要是地方政府有徵收財賦的壓力。可再細分為州縣財計、監司財權、州縣承望、供軍壓力等四種原因。法令既然懲處官吏阻礙訴災，自然也防範百姓妄詐訴災，避免浪費資源。

宋朝百姓訴災存在著三個側面：對朝廷而言，訴災是朝廷監控地方官吏的方式之一，讓百姓得以訴災，使民情得以上達，避免地方官一手遮天。訴災雖是百姓的權利之一，有機會下情上達，避免面臨死

於溝壑。但地方官員們普遍存著濃厚的官尊民卑思維，他們視訴災並非保護人民權利，而是施予百姓恩惠，申報災情的主動權操之在他們的手上，既可以如實申報災情，也可誇大或縮小災情。

　　——原名〈宋朝災荒下的百姓訴災行為〉，宣讀於〔2011年區域社會史學術研討會〕，臺北：淡江大學歷史學系，2011年11月18日。

第二章
災傷檢放

一　前言

　　宋朝檢放的研究，王德毅、郭文佳、邱雲飛和幸宜珍等學者雖曾討論，但著墨不深。[1]張文對於檢放分數，石濤對於檢放流程，討論較為深入。[2]陳明光概括性介紹唐宋兩朝的災傷檢放，從唐宋制度變遷、地方政府財政職能的角度加以探討。[3]趙冬梅〈試述北宋前期士大夫對待災害信息的態度〉，從災害訊息的角度論及官抑民訴的現象。[4]李華瑞則有宋朝檢放之專論，討論地方官的檢視職掌、放稅的標準、檢放數量的估計、檢放不實等議題。他認為地方官檢放不實的現象層出不窮，根源於宋廷對於大量財稅的追逐。[5]本章動筆於二〇一一年五月，而李華瑞新作發表於二〇一一年九月，二文互有異同，為求學術創新，此次付梓增刪初稿，著重李氏未盡之處。

　　檢放[6]，又稱檢旱[7]，又謂檢視[8]、覆檢[9]、檢覆[10]、檢踏[11]、檢勘[12]、

1　王德毅：《宋代災荒的救濟政策》，頁 132-133；郭文佳：《宋代社會保障研究》，頁 69-71；邱雲飛：《中國災害通史・宋代卷》，頁 225；幸宜珍：〈北宋的救災程序與方法〉，頁 58-60。

2　張文：《宋朝社會救濟研究》，頁 96-103；石濤：《北宋時期自然災害與政府管理體系研究》，頁 241-245。

3　陳明光：〈唐宋田賦的「損免」與「災傷檢放」論稿〉，頁 99-116。

4　趙冬梅：〈試述北宋前期士大夫對待災害信息的態度〉，頁 376-391。

5　李華瑞：〈宋代救荒中的檢田、檢放制度〉，頁 213-235。

6　《宋會要》，食貨 1 之 1-14（61 之 71-78）〈檢田雜錄〉，如景祐二年十月、熙寧三年五月二十八日、熙寧六年七月十九日、元豐四年七月七日、紹聖二年十月十九

檢田[13]、檢校[14]。筆者認為各個詞彙的本意稍有差異，檢旱表示檢災以旱災為主，檢視、檢踏、檢田為官員必須親身檢災，檢勘、檢校則為覈實檢災之意，檢放為檢災及放稅的合稱，覆檢、檢覆為檢災及覈實的合稱。張文認為檢放包括兩個部分：「一為檢災，二為放稅」。[15]

日、大觀三年九月六日、宣和元年四月二日、宣和六年三月二十四日、紹興四年九月十五日、紹興四年十一月二十六日、同日、紹興十五年六月二十一日、紹興十六年二月二十五日、紹興十七年十一月二日、紹興十八年十月二十八日、紹興十八年十二月二十二日、紹興二十四年十月三日、紹興二十五年十一月十九日、紹興二十六年二月五日、紹興二十七年十月六日、紹興二十七年十一月四日、紹興二十八年八月二日、紹興三十年十月四日、隆興元年八月二十日、乾道三年八月十六日、乾道四年七月二十五日、乾道六年六月二十七日、乾道六年八月二十八日、乾道七年八月七日、乾道七年十一月十四日、乾道九年八月九日、乾道九年九月二十六日，「檢放」共計三十二例。

7　李華瑞：〈宋代救荒中的檢田、檢放制度〉，頁 213。

8　《宋會要》食貨 1 之 1-14（61 之 71-78）〈檢田雜錄〉，如乾德二年四月、太平興國九年正月、紹聖二年十月十九日、政和八年二月十七日、紹興二年十一月十二日、紹興四年十一月二十六日、紹興五年八月十一日、紹興五年八月二十四日、紹興六年二月八日、紹興十八年十一月二十七日、乾道三年九月十三日、乾道九年八月九日、乾道九年十二月十四日，檢視共計十三例。

9　《宋會要》食貨 1 之 1-14（61 之 71-78）〈檢田雜錄〉，如天禧四年八月、乾興元年二月、至和三年六月、紹興十八年十一月二十七日，覆檢共計四例。

10　《宋會要》食貨 1 之 1-14（61 之 71-78）〈檢田雜錄〉，如景祐二年十月、元豐元年八月六日、政和八年二月十七日，檢覆共計三例。

11　《宋會要》食貨 1 之 1-14（61 之 71-78）〈檢田雜錄〉，如宣和三年二月七日、紹興六年二月八日、紹興十三年三月二十三日，檢踏共計三例。

12　《宋會要》食貨 1 之 1-14（61 之 71-78）〈檢田雜錄〉，如太平興國九年正月、至道元年九月、天禧二年十月，檢勘共計三例。

13　《宋會要》食貨 1 之 1-14（61 之 71-78）〈檢田雜錄〉，如建隆二年四月、至道二年四月，檢田共計二例。

14　《宋會要》食貨 1 之 1-14（61 之 71-78）〈檢田雜錄〉，如元祐元年四月四日，檢校共計一例。

15　張文：《宋朝社會救濟研究》，頁 97。邱雲飛亦持相同見解，《中國災害通史·宋代卷》，頁 225。

郭佳文亦持相似的說法：「一是檢查災傷，二是確定放稅分數。」[16]筆者統計《宋會要》〈檢田雜錄〉詞彙，其中以「檢放」最多，共計三十二例，常見於北宋中晚期之後。另外，檢索《長編》「檢放」詞彙，共計二十五條，始見於仁宗天聖七年（1029）七月，神宗朝以後使用漸趨頻繁，亦可佐證〈檢田雜錄〉的統計。何以如此？可能與當時相關法令稱作「災傷檢放」[17]，此後「依條檢放」成為荒政的慣用術語，常見於公文書。[18]

　　以下討論三個主軸：一是檢放流程：檢放的分數與期限、如何執行檢踏、待檢改種規定。二是災傷及蠲減分數：以災傷七分為主，特例為五分，檢放單位逐縣逐鄉逐都的爭議。三是檢放流弊：地方官壓抑或不受理放稅，檢放不實，以多報少或以少報多。

二　檢放流程

　　除了百姓訴災之外，檢放為官方賑荒至為關鍵的先期步驟，朱熹一語道破：「救荒之務，檢放為先。」檢放的功能，在於讓災民安心。朱熹又說：「行之及早，則民知有所恃賴，未便逃移。放之稍寬，則民間留得禾米，未便闕乏。」[19]每當災情發生，災民訴災之

16　郭文佳：《宋代社會保障研究》，頁 69。

17　《西山先生真文忠公文集》卷 6〈奏乞蠲閣夏稅秋苗〉，頁 8-9，提到「著為〈災傷檢放之令〉」；《歷代名臣奏議》卷 247〈荒政〉，頁 3。

18　「依條檢放」之詞，如《宋會要》食貨 1 之 9-14（61 之 75-78），紹興十八年十月二十八日、紹興二十四年十月三日、紹興二十七年十月六日、紹興二十七年十一月四日、紹興三十年十月四日、隆興元年八月二十日、乾道七年八月七日、乾道九年八月九日。

19　兩條引文俱見《朱文公文集》卷 13〈延和奏劄三〉，頁 11；亦見《歷代名臣奏議》卷 246〈荒政〉，頁 18。

後，檢放便成為政府決定蠲減二稅分數的必要工作。

然而，兩宋的檢放流程並非一成不變，仍有所更張。《宋史》記
載：

> 天禧初，……先是，民訴水旱者，……令、佐受訴，即分行檢
> 視，白州遣官覆檢，三司定分數蠲稅，亦有朝旨特增免數及應
> 輸者許其倚格，京畿則特遣官覆檢。……至是（天禧初），又以
> 覆檢煩擾，止遣官就田所閱視，即定蠲數。[20]

北宋初年基於中央財政集權，由三司決定最後的蠲減分數，行政位階
甚高，難免緩不濟急。到了真宗天禧元年（1017），為了減少不必要
的行政流程，避免檢覆煩擾，改由州郡派遣檢覆官，加上縣令、佐，
協同親檢災傷田所。以下為詳論：

北宋初年，地方政府無權決定最終的檢放工作，有時委派使臣檢
視，上奏三司，決定災傷分數。朝廷派遣使臣撫慰，多在大災荒或傳
出弊病之時，並非遇到災荒便行遣使。如《宋史》記載：「太祖時，
亦或遣官往外州檢視，不為常制」。[21]使臣身份有三類：一為朝廷大
員，如太祖建隆三年（962）七月詔，「命給事中劉載等十人分檢見
苗」[22]。二為宮中內臣，如真宗大中祥符九年（1016）七月，分遣中
使任守忠等人按視周悉[23]。以上兩者於《長編》記載頗多，不再贅
述。三為委派當地官員檢覆，如太祖乾德二年（965）四月詔：「委在
處長吏檢視民田」。[24]

---

20 《宋史》卷 173〈食貨志上一〉，頁 4162-4163。
21 《宋史》卷 173〈食貨志上一〉，頁 4163。
22 《宋會要》食貨 1 之 1（61 之 71），建隆三年七月。
23 《長編》卷 87 大中祥符九年七月己巳，頁 2002。
24 《宋會要》食貨 1 之 1（61 之 71），乾德二年四月。

　　單就行政效率而言，毫無疑問，由縣令、佐就近檢視最為方便。
為何宋廷不信任州縣官員呢？這是宋初的政治大氣候使然，鑑於唐末
五代藩鎮割據，力行強幹弱枝國策。當時宋廷的觀點，中央派遣使臣
象徵皇帝重視恤民仁政，藉此監控地方，監督賑災，甚至得以臨機專
斷，增加救荒的效率。

　　然而，等待朝廷頒布檢田使臣的人事命令，曠日廢時，延宕救荒
工作。就算委派地方長吏，從上到下也是多道行政程序。遣使檢田撫
卹的負面意義亦多，除了檢災效率問題之外，更有招待檢田使臣而勞
師動眾的問題，特別是服侍內臣近習之類。譬如仁宗皇祐四年
（1052），知梓州何郯上奏說：

> 近日累差內臣往諸路監督州郡官吏捕蝗，緣內臣是出入宮掖親
> 信之人，以事勢量之，州縣必過有迎奉往來，行李亦須要
> 人。……如去歲遣內臣入蜀祈雨，所至差百姓五七十人擔擎行
> 李。蓋外方不知朝廷恤民本意，苟見貴近之臣，即嚮風承迎，
> 不顧勞擾。[25]

何郯的觀察頗為正確。

　　無論如何，太宗朝已出現中央委派使臣遲留不至的問題，太平興
國八年（983）九月詔曰：

> 自來水旱災傷，畫時差官檢括，救其艱苦。惟恐後時，頗聞差
> 出使臣遲留不進。州縣之吏日行鞭朴，懼收賦之違限，罹有司
> 之殿罰，且令耕者改種失期，甚無謂也。自今應差檢田使臣，
> 宜令中書量地里遠近及公事大小，責與往來日限，違者科罪。[26]

25　《歷代名臣奏議》卷 243〈荒政〉，頁 20。
26　《宋會要》食貨 1 之 1（61 之 71），太平興國八年九月。

使臣遲留不至，地方出現兩大後遺症，一是稅賦照徵，二是改種失
期，對災民困擾極大。原本立意良善的恤民德政，因為強幹弱枝的緣
故，反而成為效率極低的苛政。太宗試圖透過地理遠近、事情大小與
違者科罪等規定，解決此一問題。但因疆域遼闊，徒勞而無功，這種
中央使臣模式倘若不改，多少還是耽擱救災。石濤曾討論北宋京畿地
區的檢放，從諸縣申報開封府，再申報朝廷，頗為繁瑣，也會耽擱救
荒。京畿地帶雖然少了監司羈絆，卻有朝廷介入，情況變得複雜。[27]
所以，真宗天禧元年（1017）改由檢覆官檢視災田，便可初步確定蠲
減分數，減少行政流程，確有其必要。

回到天禧元年州縣協同檢放制。州郡決定檢覆官人選，包括哪些
人員呢？徽宗政和八年（1118）二月，臣僚提到：

> 民田披訴河濼積水災傷，……州（下）〔不〕依條，委通判、司
> 錄同縣令檢覆，而差曹（樣）〔掾〕、簿、尉前去。[28]

從引文推析，檢覆官的最佳人選雖是通判、司錄，然分身乏術，故可
派遣其他現任官，如州郡幕職官、曹官、縣丞、主簿、縣尉、巡檢，
亦可委差監當官、寄居官。如南宋中期，江州湖口縣時歲歉收，州委
縣尉「偕德安簿視荒」。[29]嚴格來說，檢覆有檢視、覈實兩層意義，由
兩位官員共同負責，一位檢視，一位覈實，相互牽制。[30]雖然檢覆官
的身份有不少為縣邑官員，但既由州郡委派，也就符合州縣協同檢覆
制的精神。

---

27 石濤：《北宋時期自然災害與政府管理體系研究》，頁 241-242。

28 《宋會要》食貨1之5，政和八年二月十七日。

29 《慈湖先生遺書》續集卷1〈王鎬墓誌銘〉，頁 33。

30 《朱文公文集》卷 17〈奏張大聲孫孜檢放旱傷不實狀〉，頁 3，「本州元差監戶部贍
   軍酒庫，成忠郎張大聲前去檢視，及差龍遊縣丞，從政郎孫孜覈實。」

　　日後大致承襲州縣協同制，如《宋會要》仁宗景祐二年（1035）提到「州、縣檢覆官」字眼，顯然是州、縣協同檢覆。又如哲宗元祐七年（1092）蘇軾提到：「準條檢放災傷稅租，只是本州差官計會，令、佐同檢」。[31]孝宗淳熙九年（1182），朱熹也提到：浙東「今歲適當旱歉，州、縣合差官遍往鄉村檢視。」[32]《救荒活民書》記載：「差通判或幕職官，州給籍用印，限一日起發。仍同令、佐同詣田所，躬親先檢見存苗畝，次檢災傷田（改）〔畝〕。」[33]同書〈檢覆災傷狀〉記載：「檢覆官具位，……據某鄉申人戶（被）〔披〕訴災傷，某等尋與本縣某官姓名詣所訴田段，檢覆到合放稅租數」[34]。以上均是州、縣協同檢覆的史例，無庸置疑。

　　州縣協同檢覆雖無疑慮，但縣令佐是否必須先行檢視災情呢？由於時效之限，縣令佐初步檢視災區並非必要的流程，端視情況而定；匯集百姓訴災狀，將之呈報州郡，才是縣令佐的主要職責。不過，仍有些縣令佐不辭辛勞，先行視察災區。[35]董煟卻認為：「今時州、縣或遇災傷，兩次差官檢覆，使生民先被騷擾之苦，然後量減租入之數，所得幾不償所費矣。」[36]他對縣、郡兩次檢覆朝向負面解釋，災民或許會被騷擾兩次。

　　州郡派遣檢覆官，協同縣令佐到災田勘災，確定災傷分數。因為要勘驗訴災狀真偽、縣令佐呈報是否屬實，故曰檢覆、覆檢或檢按；又必須實地勘災，故曰檢踏或檢視；因為州縣協同檢視，檢視與減放

31　《長編》卷 473 元祐七年五月壬子，頁 11295。

32　《朱文公文集》卷 99〈約束檢旱〉，頁 27。

33　《救荒活民書》卷中〈今具旱傷敕令格式下項‧淳熙令〉，頁 34-35。

34　《救荒活民書》卷中〈檢覆災傷狀〉，頁 37。

35　《夷堅志》支癸卷 4〈琴高先生〉，頁 1249，「林錞學士，……至乾道末，為寧國府涇縣宰，因檢按水潦，遍行鄉疃。」

36　《救荒活民書》卷上，頁 23。

一併完成，故合稱檢放。

高宗紹興十八年（1148）十一月，戶部提到：「依法，以元狀差通判或職官，同令、佐詣田所，躬親檢視，申州具放稅租色額分數牓示，及申所屬監司檢察。即有不當，監司選差鄰州官覆檢。」[37]州縣協同檢視之後，將檢視結果申報州郡，並牓示檢放分數。監司若是心存疑慮，則派遣鄰州官員覆檢。此處似說覆檢之責權在監司，前引《宋史》卻說覆檢官「即定讞數」。兩者相左，何者為是？本文判斷，此處的「覆檢」為再次檢視之意，與州郡檢覆官無涉。此為監司監察州郡的設計，除非懷疑有弊端，不是非得再次檢覆不可。

接著討論檢放分數如何確定。上述真宗天禧元年將檢放流程制式化，《救荒活民書》所載孝宗淳熙令更為詳細：

> 諸受訴災傷狀，限當日量傷災多少。以元狀差通判或幕職官，〔本州缺官，即申轉運司差。〕州給籍用印，限一日起發。仍同令、佐同詣田所，躬親先檢見存苗畝，次檢災傷田（改）〔畝〕。具所詣田所，檢村及姓名、應放分數注籍，每五日一申州，其籍候檢畢繳申州。州以狀對籍點檢，自往受訴狀（復）〔後〕，通限四十日，具應放稅租色額外分數牓示。元不曾布種者，不在放限。仍報縣申州，州自受狀及檢放畢，申所屬監司檢察。即檢放有不當，監司選差鄰州官覆檢。〔若非親檢，次第照依州委官法。〕失檢察者，提舉刑獄司覺察究治。以上被差官不許辭避。[38]

這是孝宗淳熙的檢放SOP標準作業流程，簡示如下：①災民訴災傷狀

---

37 《宋會要》食貨1之9，紹興十八年十一月二十七日。

38 《救荒活民書》卷中〈今具旱傷敕令格式下項·淳熙令〉，頁 34-35。此與珠叢別錄本少許出入，請另行參照。

→②縣邑 受訴狀 →③州郡差檢覆官（限一日出發）→④檢覆官協同縣令佐親自 檢覆 →⑤每五日將應放分數 申州 →⑥州郡 對籍點檢 訴災傷狀→⑦州郡 榜示 應放分數→⑧ 申監司 →⑨監司察覺不當差鄰州官 覆檢 。上面 ☐ 者，可作為檢放各個流程的簡稱。從②受訴狀到⑦榜示，限定四十日內榜示蠲減分數，以確保檢放的行政效率。

　　路、郡、縣三級地方政府在檢放所扮演的角色，州郡尤具核心。縣邑部分，《宋史》記載縣令職掌：「振濟……掌之，……有水旱則有災傷之訴，以分數蠲免；民以水旱流亡，則撫存安集之，無使失業。」[39]縣令佐作為檢放的第一線，負責初步檢視，並受理訴災狀，將之申州，並協助檢覆官檢踏。[40]

　　州郡方面，朱熹（1130-1200）提到：「州郡……所差官承望風指，已是不敢從實檢定分數。及至申到帳狀，州郡又加裁減，不肯依數分明除放。」[41]檢覆官仰望州郡的指示，決定檢放的緊鬆。包偉民提到：「宋代的地方行政分州縣兩級，州是一個完整的地方財政管理級別，是地方財政的基本核算單位，而縣級行政卻沒有形成一個相應的、完全意義上的地方財政管理級別，縣財政上很大程度上由本州直接管理。」[42]石濤也提到：「知州（知府）通判……可以根據具體情況，一面上報，一面直接實施賑救管理。」[43]從檢災、點檢狀籍到榜示分數，州郡位居檢放程序的運作核心，檢覆、對籍點檢、榜示。為了爭取時效，州郡受狀後，當天決定檢覆官人選，分配好災區，授予簿籍及官印。檢覆官受命後，限一日內前往災區。檢覆官為檢放執行

39　《宋史》卷167〈職官志七〉，頁3977。

40　陳明光亦同，〈唐宋田賦的「損免」與「災傷檢放」論稿〉，頁106。

41　《朱文公文集》卷13〈延和奏劄三〉，頁11。

42　包偉民：《宋代地方財政史研究》，頁65。

43　石濤：《北宋時期自然災害與政府管理體系研究》，頁242。

的關鍵，角色至為重要，倘若檢覆不實，一切都是白搭。

監司者，前引淳熙令提到：「州以狀對籍點檢，……州自受狀及檢放畢，申所屬監司檢察。即檢放有不當，監司選差鄰州官覆檢。失檢察者，提舉刑獄司覺察究治。」[44]檢覆官初步確定災傷分數，州郡長官權衡災情，得以適度調整，並榜示分數，監司則有監察之權。監司是州郡的上級監察單位，遇有不當，得下令覆檢。究竟哪個監司負責檢覆呢？應為轉運司的職權，如朱熹說：「在法，檢視、鬮閱隸轉運司」。[45]不過，轉運司職掌帳籍及賦稅，基於本位立場，難免惜金吝施。如蘇軾提到：「臣在潁州見逐州檢放之後，轉運司更隔州差官覆按虛實，顯是於法外施行，使官吏畏憚，不敢盡實檢放。」[46]轉運使不允許州郡檢放分數，州郡倘若不服，亦可直接上疏朝廷。例如仁宗時，雨水害民，通判陝府事張唐卿「親按屬縣，得民可蠲其賦者十九，遂以狀白轉運使。而轉運使尚欲裒取，不肯如君言，君即抗疏陳其事。詔如之。」[47]監司雖可監察州郡檢放，但州郡也可控訴監司，將轉運司惰怠或違法情事上聞。又如皇祐五年（1053）詔曰：「災傷之民訴於轉運司而不受，聽逐州軍繳其狀以聞。」[48]在行政倫理上，州郡反控監司的機會雖不高，但潛在來說，仍對監司具有一些牽制作用。鄭銘德指出，儘管監司擁有按劾權及舉薦權，但它對州縣的命令並無絕對性，皇帝和朝廷的態度才最為關鍵。[49]監司、州郡各司其職，各上其奏，屬於宋朝地方政治分權制衡的特色之一。

---

44 《救荒活民書》卷中〈今具旱傷敕令格式下項·淳熙令〉，頁 35。

45 《朱文公文集》卷 17〈奏捄荒畫一事件狀〉，頁 19。

46 《長編》卷 473 元祐七年五月壬子，頁 11295。

47 《安陽集編年箋注》卷 47〈張唐卿墓誌銘〉，頁 1500。

48 《長編》卷 175 皇祐五年八月丁酉，頁 4227。

49 氏著：〈南宋地方荒政中朝廷、路與州軍的關係——以朱熹、陳宓、黃震為例〉，頁 21-29，稍改其詞。

　　孝宗乾道七年（1171）九月，某臣僚言：「將本路檢放、展（閣）〔閣〕之事，則責之轉運司；糶給借貸，則責之常平司；覺察妄濫，則責之提刑司；體量措置，則責之安撫司。」朝廷依之。[50]這是理想的規劃，實際上未必都是如此運作。本書第八章論及，寧宗嘉定八年（1215）真德秀於江東路賑荒，監司分工並非用行政職權來劃分，而以行政空間來劃分責任區，各有其賑濟州郡。

　　檢放災傷蠲減分數，究竟確定於何道程序之中？陳明光認為：「裁奪檢放分數的權力，實際更多地是在監司所派出的檢覆官或朝廷（戶部、三司使、皇帝等）的手中，州官的主要職責實際上在於差官檢覆災傷。」[51]此說可再作補充，詳述於下：

　　北宋初年，確實由三司使作最後確定。前引《宋史》記載：「先是，民訴水旱者，……三司定分數蠲稅」。太祖乾德二年（964）四月，詔文曰：「屬自春夏，時雨尚愆，……應諸道所徵今年夏租，委在處長吏，視民田無見青苗者與放免。」[52]《救荒活民書》誤將此詔繫於乾德元年（963）四月，實為二年四月。[53]《宋史》亦載：「太祖時，……又以覆檢煩擾，止遣官就田所閱視，即定蠲數。」[54]不過這

50　《宋會要》食貨 59 之 49 乾道七年九月二十五日。《文獻通考》卷 26〈國用考四・賑恤〉，頁 256；《宋史》卷 178〈食貨志上六〉，頁 4343。李華瑞：〈宋代救荒中的檢田、檢放制度〉，頁 217。

51　陳明光：〈唐宋田賦的「損免」與「災傷檢放」論稿〉，頁 106。

52　《宋大詔令集》卷 185〈政事三十八・蠲復上・免夏租詔〉，頁 674。

53　《救荒活民書》卷上，頁 22，載：「乾德元年夏四月詔：諸州長吏視民田旱甚者，則蠲其租，不俟報。」恐為誤繫。何以證明？其一，《宋大詔令集》繫於乾德二年四月己酉，《長編》卷 5 乾德二年四月戊申，頁 125，二書繫日相差一天。《長編》與《救荒活民書》所載內容，僅一字之差，可能抄自同一文獻。其二，劉安世〈歲旱乞講荒政疏〉曾提及此詔，僅差一字，亦繫於乾德二年，《歷代名臣奏議》卷 245〈荒政〉，頁 15。其三，真德秀亦繫於乾德二年四月，《西山先生真文忠公文集》卷 6〈奏乞蠲閣夏稅秋苗〉，頁 9；《歷代名臣奏議》卷 247〈荒政〉，頁 3。

54　《宋史》卷 173〈食貨志上一〉，頁 4163。

只是臨時措施，不是常制。前引《宋史》記載，真宗天禧元年
（1017），才改由檢覆官先決定災傷分數。上引訴災狀有「檢覆到合
放稅租數」字眼，可推知初步決定災傷分數權在檢覆官，應無疑義。
調整的原因，誠如王德毅說：「如果遇水旱層層上報，延誤時機，必
使民心惶惶，……反不如責成地方官全權處理之為愈。」[55]簡而言
之，檢覆官初步確定檢放災傷分數，倘若州郡、監司、朝廷都沒有異
議，即可確定。

　　檢放流程四十日時限的由來，太宗首先訂定檢放時限，他對宰相
說：「自今遣使檢覆災旱，量其地之遠近、事之大小，立限以遣
之。」[56]檢放時限，端視地理遠近、事情大小而彈性規定。到了哲宗
元符元年（1098）二月，戶部言：「州縣遇有災傷，差官檢放，乞自
任受狀至出榜，共不得過四十日。」哲宗從之，並同步更改「紹聖元
年（1094）十月二十日條內，限三日內差定檢官作當日。」[57]四十日之
限首見於此。由此推之，《救荒活民書》所見檢放流程，大致完成於
哲宗朝。其後，高宗紹興十八年（1148）十一月戶部所言「依法」[58]，
即是依據哲宗元符之法。

　　檢放流程的「⑤每五日將應放分數申州」，檢覆官申奏帳狀稱為
〈檢覆災傷狀〉，孝宗淳熙年間的〈檢覆災傷狀〉仍完整保留在《救
荒活民書》中，如下：[59]

---

55 王德毅：《宋代災荒的救濟政策》，頁 132。
56 《長編》卷 24 太平興國八年九月乙丑，頁 553。
57 《長編》卷 494 元符元年二月壬午，頁 11744。
58 《宋會要》食貨 1 之 9（61 之 75），紹興十八年十一月二十七日，戶部言：「依法，
　　以元狀差通判或職官，同令佐詣田所，躬親檢視，申州具放稅租色額分數牓示。及
　　申所屬監司檢察。即有不當，監司選差鄰州官覆檢。失檢察者，提舉刑獄司覺察，
　　取勘具案以聞。」
59 《救荒活民書》卷中〈今具旱傷敕令格式下項・淳熙令〉，頁 37-38。珠叢別錄本，
　　「檢覆」作「檢後」。

檢覆官具位。准某處牒帖，據某鄉申人戶（被）〔披〕訴灾傷。
某等尋與本縣某官姓名，詣所訴田段，檢覆到合放稅租數，
取責村鄉，又結罪保證狀入案，如後：

　　某縣據某人等若干戶，某月終以前，〔兩縣以上，各依此
例。〕披訴狀為某色災傷。〔如限外非時灾傷，則別具某（日
月）〔月日〕至某月日投披訴之（非）〔外〕。〕

　　正色共若干，合放每色若干，租課作正稅。

　　右件狀如前所檢覆，只是權放某年夏或秋一料內租，即
無夾帶，種時不敷。及無狀披訴，并不係灾傷，妄破稅租，
保明是實，如後（具）〔異〕同，甘俟朝典。謹具申某處。謹
狀。

　　年　月　日，依常式。

檢覆官承擔保明責任，如果申報不實，必須甘受朝廷刑典。監司和御
史臺亦可奏劾之，如高宗紹興二十七年（1157）十一月，朝廷下令：
「如檢放不實，監司按劾；如監司容縱，令御史臺彈糾。」[60]

　　州郡檢放榜文的內容，各地未必皆同。茲引孝宗淳熙八年（1181）
南康軍朱熹〈再放苗米分數榜〉為例：

（原文未言檢放鄉分）

　　右今將本路州縣人戶苗米，元檢放五分已上鄉分，全戶
五斗已下全放；元檢放四分以上鄉分，全戶四斗以下全放；
元檢放三分以上鄉分，全戶三斗以下全放；元檢放二分以上
鄉分，全戶二斗以下全放；元檢放一分以上鄉分，全戶一斗

---

60 《宋會要》食貨 1 之 11（61 之 76），紹興二十七年十一月四日。

> 以下全放。其紹興府人戶須有丁之家，方得蠲放。其湖田
> 米，亦依例蠲放施行。今印榜曉示人戶知委，如州縣再行催
> 理，仰經本司陳訴，切待追究，按劾施行。[61]

此份檢放榜文的內容，大致包括檢放地區、分數、對象（戶等）。

如同訴災一樣，檢覆雖是常例，但檢放程序並非毫無彈性，遭遇大災荒之時，皇帝可下詔免去檢覆程序，直接蠲免賦稅或開倉賑恤。《宋史》載：「太祖時，……傷甚，有免覆檢者。」[62]又如真宗咸平五年（1002）七月，詔：「水災州軍伺候檢覆，慮有勞擾，宜令轉運司體量，即予蠲放，仍遣使齎詔驅往。」[63]天禧四年（1020）八月，下詔：「京東、西、河北諸州軍經水田苗，蠲減稅賦，更不覆檢。」[64]乾興元年（1022）二月，真宗下詔：開封等十六縣災區「特免覆檢，今後不得為例。」[65]仁宗至和三年（嘉祐元年，1056）六月，下詔：「京東、西、荊湖等路被水災處，速差官體量減放稅賦或倚閣，更不覆檢。」[66]嘉祐五年（1060）九月，下詔：梓州路「今春饑，夏秋閔雨，其人戶訴災傷者，令轉運使速遣官體量，蠲其賦租，仍勿檢覆。」[67]哲宗元祐元年（1086）五月，下詔：「淮南災傷，令轉運、提刑獄官、諸州、縣體量，不俟檢覆披訴，苗稅直蠲之。」[68]類似的詔令不少，不再贅引。這些詔令的作用，遭遇自然大災害之時，可彈性

---

61 《朱文公文集》卷 99〈再放苗米分數榜〉，頁 27。

62 《宋史》卷 173〈食貨志上一〉，頁 4163。

63 《宋會要》食貨 70 之 160，咸平五年七月。

64 《宋會要》食貨 1 之 2（61 之 71），天禧四年八月。

65 《宋會要》食貨 1 之 2（61 之 71-72），乾興元年二月。

66 《宋會要》食貨 1 之 3，至和三年（嘉祐元年）六月。

67 《長編》卷 192 嘉祐五年九月戊戌，頁 4645。

68 《長編》卷 377 元祐元年五月戊午，頁 9149。《皇朝編年綱目備要》卷 22 元祐元年四月，頁 535，「詔旱傷即蠲其租，勿檢覆，仍勿問限內外曾未披訴。」

處理訴災、檢放到賑濟等流程，不致被強幹弱枝國策過度牽絆，並象徵皇恩浩蕩，彰顯皇帝和災民的直接關係。

　　免去覆檢詔令多由皇帝直接下詔，如仁宗嘉祐元年（1056），河北轉運使周沆提到：「民罹水災，皆結廬隄冢，糧乏可哀，臣欲輒發近倉賑之，顧大恩當自上出，顧亟遣使者案視收邱。」[69]「顧大恩當自上出」字眼，透露出這種皇權恩澤意識。檢放榜書也刻意用黃紙書寫，以示皇恩浩蕩，藉此區別賦稅催課所用的白紙。[70]譬如寧宗嘉定九年（1216），真德秀於江東路賑濟，曾言：「昨蒙聖恩，再賜民粟，即勒手牓遍諭田里，使知獲免飢餓流移之苦，盡出聖上仁恩，飲一食，宜知感戴。」[71]宋朝恤民仁政的建構，第三章還將詳論。

　　檢放分數尚未確定之前，地方官得向朝廷奏請暫時住催稅賦。如仁宗慶曆三年（1043）七月，范仲淹和韓琦聯合上奏陝西發生旱災，「乞朝廷速降指揮，委本路都轉運使孫沔，速相度上件州軍向去救濟饑民及辦給軍食有何次第」。[72]州縣官員為了爭取賑荒的時效性，也可「自乞蠲免」[73]。高宗初年，葉夢得建議朝廷「便宜減降」，其云：「契勘自來災傷放稅七分以上，……近降指揮，復須經提刑司詳覆，然後敢奏，亦恐有司觀望，不敢開陳。」於是，他建議：「欲乞應轉運司奏到災傷七分地分，合降便宜，不候申請。朝廷徑以故事密切行下逐州，其他犯有因災歉情理可憫者，權令徑具聞奏。」[74]孝宗淳熙八年（1181），朱熹向孝宗奏請：「將本路被災縣分人戶夏稅權行住催，卻俟檢放秋苗分數定日，卻將夏稅亦依分數蠲減，一併催

69　《長編》卷 182 嘉祐元年六月戊寅，頁 4415。

70　《全宋文》冊 343 卷 7916 程元鳳〈救災表〉，頁 79，「黃放白催」。

71　《西山先生真文忠公文集》卷 7〈第二奏乞待旱〉，頁 21。

72　《長編》卷 142 慶曆三年七月辛未，頁 3397。

73　《要錄》卷 82 紹興四年十一月丙午，頁 1343。

74　《歷代名臣奏議》卷 246〈荒政〉，頁 8。

理。……乞令被災州縣人戶苗米五斗以下，不候檢踏，先次蠲放，以絕下戶細民奔走供億、計囑陪費之擾。」[75]不過，這種「奏請權」是「得」而非「必」，地方官得以積極主動奏請，也得以消極被動因應，全在其一念之間。只有勇於任事的官員方敢奏請，朝廷才可能下旨；倘若沒有奏請，什麼都沒有。[76]

三 檢放分數與待檢改種

西漢便有災傷分數的規定，漢成帝鴻嘉四年（17 B.C.），關東水旱成災，朝廷「遣使者循行郡國，被災害什四以上，民貲不滿三萬，勿出租賦。」[77]受災面積達十分之四以上者，得蠲免租賦，可謂四分蠲減法，比起後世宋朝「災傷七分賑貸下戶免息法」，更形寬恤。究竟這是常制呢？還是特例呢？一時無法分辨。[78]唐朝時，據《大唐六典》記載：

> 凡水旱蟲霜為災害，則有分數：十分損四已上免租，損六已上免租、調，損七分已上課、役俱免。[79]

---

75 《朱文公文集》卷 17〈奏捄荒事宜畫一狀〉，頁 28-29。同書卷 18〈再乞給降錢物及減放住催水利狀〉，頁 4。同書卷 13〈延和奏劄四〉，頁 17，朱熹還奏請「特詔有司定著為令，自今水旱約及三分以上，第五等戶并免檢踏具帳，先與全戶蠲放。如及五分以上，即并第四等戶依此施行。」

76 英宗時曾炳便是一例，由於地方缺糧乏食，他積極作為，甚至直奔丞相府請求賑濟，民賴以生存，但不久他卻病故。《安陽集編年箋注》卷 48〈曾炳墓誌銘〉，頁 1505。

77 《漢書》卷 10〈成帝紀〉，頁 318。

78 王文濤認為四分法是「最常見的標準」，《秦漢社會保障研究——以災害救助為中心的考察》，頁 256。

79 《大唐六典》卷 3〈戶部郎中員外郎〉，頁 37；亦見《唐律疏議箋解》卷 13〈戶婚律〉，頁 985；《舊唐書》卷 48〈食貨志上〉，頁 2089，作「損六已上免調」。

唐代制度，四分免租、六分免租調、七分俱免，上承漢代遺風，下啟宋朝體制。

宋朝的「檢放分數」呢？最初並未固定，七分、六分、五分、三分均有，如下表所示：

表2-1：宋初檢放分數表

年代	內容
太宗淳化元年（990）七月	六分：開封府五縣旱傷夏苗，開封縣全放，已耕犁改種者免六分，其餘四縣各放夏稅六分
同年八月	六分：以旱，許、滄、單、汝州民其稅十之六
同年十月	五分：除旱損全放外，其合納今夏正稅並緣納，乾州十分中特減五分
同年十一月	三分：大名府旱損，權放今年夏稅，已耕種合輸納者，特於十分中放三分
淳化二年（991）十月	七分：許州三縣依例於元額內，減放七分正苗子及緣納等，除三分依限催納
真宗大中祥符二年（1009）十一月	三分：徐州、淮陽軍不訴水災戶，今年田租特放十之三
大中祥符四年（1011）七月	三分：濱、棣州水潦為患，比降赦命免其租十之三
同年十一月	七分：免雄、霸、莫州、信安、乾寧、保定軍今年夏稅十之七，水潦故也
大中祥符九年（1016）十一月	三分：放果州今年秋稅十之三，以水災故也
同年十二月	三分：利州民為水壞者，免今年秋稅十之三

附註：出處均為《宋會要》食貨70。

何謂災傷分數呢？太宗淳化三年（992）十月詔：「許州檢到……三縣共二千十七戶，依例于元額內減放七分正苗子及緣納等，除三分依限

催納。」[80]據此得知，災傷分數即是放稅比例，有幾分便放幾分，譬如七分災傷，放稅七分，只輸納三分賦稅。真宗大中祥符四年（1011）七月，「詔濱、(根)〔棣〕州水潦為患，比降赦命，免其租十之三，(今)〔令〕納七分」。[81]這條資料更是具體，無庸置疑。哲宗元祐時，臣僚提到：「去年檢放不盡秋稅，元只收二三分以下者，係本戶已是七八分災傷」。[82]又如高宗紹興時，江東帥司葉夢得提到：「放稅分數」，「一縣放稅不及七分」。[83]災傷分數即是放稅比例，實為確論。減放分數，還可細分為分、釐、毫、絲。[84]理論上，公文書所寫災傷多少便放稅多少；實際上，地方官吏執行結果未必如此。[85]如知定州蘇軾提到：「勘會元祐八年河北諸路並係災傷，……其實亦及五分以上。只緣有司出納之吝，不與盡實檢放秋稅，內定州只放二分。」[86]

災傷分數的輕重，隨著戶等高低而有不同。孝宗淳熙八年（1181），朱熹奏請：「乞將五斗以下苗米人戶免檢全放，……特詔有司定著為令，自今水旱約及三分以上，第五等戶并免檢踏具帳，先與全戶蠲放。如及五分以上，即并第四等戶依此施行。」[87]孝宗同意之。[88]此詔不僅簡化災荒檢放及蠲減稅賦的流程，也寬恤於災民，可

80　《宋會要》食貨 70 之 157，淳化三年十月。

81　《宋會要》食貨 70 之 161，大中祥符四年七月。又如同處 162，天禧四年十月，「已放九分止納一分」。

82　《長編》卷 473 元祐七年五月壬子，頁 11294。

83　《歷代名臣奏議》卷 246〈荒政〉，頁 5。

84　《朱文公文集》卷 17〈奏抹荒畫一事件狀〉，頁 16、19，提到「所放分數」，「通府所放秋苗不過六分三釐」。同書卷 16〈乞撥賜檢放合納苗米充軍糧狀〉，頁 10，「檢放通計八分四毫四絲」。

85　張文：《宋朝社會救濟研究》，頁 100。

86　《蘇東坡全集》奏議集卷 14〈乞減價糶常平米賑濟狀〉，頁 580-581。

87　《朱文公文集》卷 13〈延和奏劄四〉，頁 17。

88　《兩朝聖政》卷 19 淳熙八年十一月，頁 12。

謂宋朝荒政法令的代表作品之一。

表2-2：宋朝二稅檢放分數簡表

	災傷分數	檢放內容	出處
1	五分以上	賑濟保丁四等以下災傷及五分以上	《宋會要》食貨68之41熙寧七年六月一日
2	七分以上	賑貸第四等以下免息（元豐新法）	《宋會要》食貨68之44元祐元年十一月二十八日
3	七分已上	賑救第四等	《宋會要》食貨68之45元祐五年二月七日
	五分已上	賑救第五等	
4		第四等以下戶比附災傷七分法賑貸	《宋會要》食貨68之60紹興十五年七月三日
5	七分以上		《朱文公文集》卷13
	五分以上	四、五等戶蠲減	
	三分以上	五等戶蠲減	
6	七分以上	四、五等戶住催	《朱文公文集》卷17、21
	五分以上	五等戶住催	

檢放分數並非指單一受災戶或田畝，而是以縣為單位，作一體適用的檢放減免範圍，以便於官方行政作業。宋朝的檢放範圍，原本規定「櫱縣分數比析通計」，即以縣級作為檢放分數通計紐算的行政單位。何謂通計一縣呢？哲宗元祐元年（1086）十一月，殿中侍御史呂陶提到：

> 郡縣自來檢視災傷，多是通計一縣所放，立為分數。如元管稅一千石，放及五百石，則為之五分，即非以逐戶所傷立定分數。[89]

---

[89] 《長編》卷392元祐元年十一月庚寅，頁9541。

其後，有些官員開始質疑以縣為檢放紐算單位的做法。高宗朝，葉夢得奏狀提到：

> 自來放稅，皆是以槩縣分數比析通計，雖有上條，多不施用。今以一縣論之，地勢未有高下一等，大水非例及高鄉，大旱非例及低鄉，放稅不能均一。只如今年歲旱，甲鄉高而十分旱，乙鄉低而僅及一二分，若將通計比折，方及五六分，不合賑濟，則是甲鄉災重，乃因乙鄉災輕而不蒙惠，豈法意哉！欲乞下經制常平官應放稅下及七分，而逐鄉逐戶有及七分闕食者，並依法與賑濟，其不及七分或七分以上，亦合以上條行之。[90]

不可諱言，「槩縣分數比析通計」便於縣官作業，只要總計全縣即可，不必分鄉再作統計，可以減少許多的行政作業。然而，一縣的面積並不小，災情不可能完全相同，其中誤差必定很大。葉夢得認為，為了適度反映災情，建議改逐縣為逐鄉，作為檢放紐算單位。

到了孝宗朝，「逐縣災傷紐籌分數」的做法仍未改變。中書舍人崔敦詩呼籲採取逐鄉為率，其云：「今後紐籌災傷分數，各以逐鄉為率。」他的理由是：「竊見州縣檢放，自來統以逐縣災傷紐籌分數。然一縣壤土高下不齊，此熟彼凶，有至懸絕。且如一鄉災傷有及十分，若使統計一縣不及七分，則十分被災之鄉，例與輕災鄉分一同不被厚卹。」[91]論析頗為中肯。淳熙八年（1181），浙西常平司提到：「今來逐縣各鄉都分有分數不等，若以統縣言之，則不該賑濟；若據各鄉都分，有旱至重去處，則理當存恤。」[92]日後，無論逐鄉或逐都紐算均並未形成政策，或許考量將會加重行政負擔。

90　《歷代名臣奏議》卷 246〈荒政〉，頁 5。
91　《歷代名臣奏議》卷 247〈荒政〉，頁 13。
92　《救荒活民書》拾遺，頁 14。

災民必須保留災田狀況，等待檢覆官檢視災田後，才能整地或改種。如朱熹所言：「人戶皆稱檢官未到見分數，不敢收割。」[93]北宋初年，規定比較嚴苛，災傷田畝在未檢覆之前，災民不得改種，否則不予蠲減。到了仁宗景祐二年（1035）十月，中書門下改變做法：

> 編敕：「人戶披訴災傷田段，各留苗色根槎，未經檢覆，不得耕犁改種。」慮妨人戶及時耕種，今後人戶訴災傷，只於逐段田頭留三兩步苗色根槎，準備檢覆，任便改種。故作弊倖州縣，檢覆官嚴切覺察，不在檢放之限。先是，訴災者未得改耕，待官檢定，方聽耕耨。民苦種蒔失時，重以失所，故詔革之。[94]

《長編》記載雖然簡略，卻相當明確：「詔民訴災傷者，聽留苗色根槎，以俟官司檢覆，餘即令改種。」[95]自此以後，災民只要留下田畝兩三步面積的根槎，以備檢視，便可自行改種，相當體恤災民，成為定制。前引《救荒活民書》〈淳熙令〉仍保留這種精神。災戶必須保留小部分根槎災田，等待檢覆官檢視。

災民若是沒有保留證據（苗色根槎），按理不准檢放。孝宗乾道時，王之望提到潼川路的例子：「限內無人戶陳訴，又已改種，無根查可驗，難以檢放。」[96]不少災民擔心檢放無據，不敢隨意改種或收割。淳熙八年（1181），朱熹提到：他「到田間看視蝗蟲，……當處多是（旱）〔早〕中禾稻，皆已成熟，多被喫損。人戶皆稱檢官未到見

93　《朱文公文集》卷 17〈奏巡歷沿路災傷事理狀〉，頁 23。

94　《宋會要》食貨 1 之 2-3，景祐二年十月十三日，食貨 61 之 72「待官」誤書為「得官」。

95　《長編》卷 117 景祐二年十月甲子，頁 2760。

96　《漢濱集》卷 5〈潼川路放稅利害狀〉，頁 21。

分數，不敢收割。」[97]

前述接待朝廷宣慰使臣，造成民間負擔，州郡檢覆官也有類似的情況。朱熹曾約束檢覆官：

> 今請同官當其任者，少帶人從，嚴切戒約，給與糧米錢物，不得縱容需索搔擾。又須不憚勞苦，逐一親到地頭，不可端坐寬涼去處，止憑鄉保撰成文字。又須依公檢定分數，切不可將荒作熟，亦不可將熟作荒。其間或有疑似去處，或有用力勤苦之人，寧可分明過加優恤，不可縱令隨行胥吏，受其計囑，別作情弊。[98]

檢覆官必須親自檢視，依公檢定，優恤從寬，並不得騷擾民間。其後，朱熹提到浙東路的例子：

> 今歲適當旱歉，州縣合差官遍往鄉村檢視。每見差出官員多是過數將帶人從，反行須索，搔動村落。以納圖冊為名，不論人戶高低，每畝科配頃畝頭性之類。又不親行田畝，從實檢校，反將訴荒人戶非理監繫，勒令服熟，殊失救荒卹民之意。[99]

他約束相關官吏：「每官一員止得帶廳子一名、吏貼一人、當直八名。」降低檢覆官下鄉的陣仗行頭，避免騷擾民間。董煟也提到：「為里正者，亦慮委官經過，所費不一，故妄行供認，以免目前陪費。」[100]有些里正認為，檢覆官吏下鄉勘災，還得負擔他們的食宿開銷，多一事不如少一事，便虛報「伏熟」。

97　《朱文公文集》卷 17〈奏巡歷沿路災傷事理狀〉，頁 23。
98　《朱文公文集》卷 26〈與星子諸縣議荒政書〉，頁 23。
99　《朱文公文集》卷 99〈約束檢旱〉，頁 27。
100　《救荒活民書》卷中〈檢旱〉，頁 17。

四　檢放不實與官員心態

太宗太平興國九年（雍熙元年，984）正月，澶州乞請：「民訴水旱二十畝以下求蠲稅者，所需孔多，請勿受其訴。」地方官考量財政需求與工作負擔，不願受理二十畝以下的訴災，此政策隱藏著階級的不公平，倘若朝廷果真實行的話，將不利於下戶。太宗意識到這點，他說：「若此，貧民田少者，恩常不及矣。災沴蠲稅，政為窮困，豈以多少為限耶？」於是下詔：「自今民訴水旱，勿擇田之多少，悉與檢視。」[101]無論田畝多寡，一律檢視。

然而檢閱文獻，檢放弊端屢見不鮮。譬如強迫荒田伏熟之事。孝宗乾道三年（1167）九月，臣僚提到：「檢視災傷雖有條法，官司玩習，未嘗遵依，每差州官到縣，隨行征求追取，皆有定例。然後，擇村疃中近年瘠薄不熟之田，先往視之，多為蠲放，名曰應破。又擇今歲偶然稍熟之處，再往視之，責以妄訴，名曰伏熟，重為民困。」[102]強迫災民改稱伏熟（服熟），如朱熹提到：「每見差出官員……不親行田畝，從實檢校，反將訴荒人戶非理監繫，勒令服熟」。[103]

亦有放而復催之事。其實災民相當關切自己的切身利益，對於檢放的訊息很敏感，除非州縣長官全面掩蓋，朝廷若有檢放指揮，很快傳入災民耳中。如宋末黃震提到：

> 今歲本縣被水，苗田先蒙朝廷全放，……其間一萬一千餘碩之

---

101 《長編》卷 25 雍熙元年正月乙丑、辛未，頁 572；《宋會要》食貨 1 之 1，太平興國九年正月。

102 《宋會要》食貨 1 之 12（61 之 76-77），乾道三年九月十三日；《兩朝聖政》卷 46 乾道三年九月丁丑，頁 13。

103 《朱文公文集》卷 99〈約束檢旱〉，頁 27。

米已放而復催。人戶素恃朝廷仁厚，不信有此前後牴牾之事，……雖朝省指揮區處至再決無又改之理，而人心癡望，更不肯將顆粒就縣道送納。[104]

然而，此次檢放案卻是「放而復催」，導致「轉運司以上官司處處陳乞」。百姓沒想到朝廷食言而肥，於是採取觀望態度，不肯輸納二稅，形同抗稅。在此一情況下，黃震說出縣邑官吏的無奈感：災民「惟有喧訴，使縣道官吏更無顏以對，無辭以答。」由此可見，蠲放訊息關係著災民的權益，地方官並不容易掩蓋訊息。當朝廷頒下蠲減詔令，地方長官遵守詔令張榜黃紙之後，朝廷倘若復催，反而引起災民的怒火。

宋廷懲處檢放不力的官員，早在太祖建隆四年（966）八月頒行的《宋刑統》便規定：

> 諸部內有旱澇、霜雹、蟲蝗為害之處，主司應言而不言及妄言者，杖七十。覆檢不以實者，與同罪。若致枉有所徵免，贓重者坐贓論。[105]

此條抄自唐律，完全一樣。劉俊文認為此律的淵源，似可上溯至秦漢，睡虎地秦簡《秦律十八種》〈田律〉有類似的規定。[106]仁宗嘉祐中，「河北蝗澇，時霸州文（水）〔安〕縣不依編敕告示災傷，百姓狀訴，及本州不以時差官檢視。……主簿趙師錫罰銅九斤，司戶晁舜之、錄事參軍周約、判官馮玼，各罰銅八斤，通判王嘉錫罰銅七斤，

---

104 《黃氏日抄》卷71〈權長洲縣申平江府乞添放水傷狀〉，頁2-3。
105 《宋刑統》卷13〈戶婚律〉，頁208。
106 《唐律疏議箋解》卷13〈戶婚律〉，頁987。

知縣雷守臣衝替。」[107]孝宗乾道六年（1170）閏五月，「詔江東諸郡多有被水去處，漕臣黃石不即躬親按視，止差縣官前去，顯是弛慢，可降兩官。」[108]

官員檢放不實的原因，大致有五種：一是財計困窘而不願檢放，以熟報荒，或以荒報熟，或放而復催，此為首要原因。二是未能親自檢視，虛應故事，甚至假造檢放資料。三是檢放標準過於寬鬆，以公器博得己譽。四是官吏貪贓枉法，索賄牟利。五是疏於法令，不曉法令背後的良意。陳明光特別指出，檢放弊端不宜簡單地以吏治腐敗一語帶過，其間牽涉到政治層面的客觀條件與制度規範，方可窺得全豹。[109]以下分別論述五點：

首先，因財計而不願申報或虛報災情。為何地方官不願檢放呢？究竟哪些層級的官員不願檢放呢？證諸史料，路、州、縣都有。監司之中，漕司因掌管財政的緣故，自然吝惜檢放。第一章曾論及漕司不願受理訴災的心態，吝嗇檢放也是基於同樣的道理。哲宗元祐六年（1091），范祖禹說：「轉運司主財，不欲多費，故祖宗以來，賑濟委提刑司，蓋恐轉運惜物也。」[110]高宗紹興四年（1134）九月十四日赦提到：「水旱災傷檢放官不能遍詣田所」的原因，其中之一為「或觀望漕司，吝於減放」。[111]晚宋，江東提刑劉克莊提到：「紹定三年（1230）、四年、五年、六年，袁提刑四次檢放十七萬八千餘石；嘉熙三年（1239），史提刑檢放八萬餘石；此三數年內，租稅十分之中失其七八。」劉憂心於前兩任多次檢放後的財政空缺，「今雖極力撙節，

107 《救荒活民書》卷上，頁 28。

108 《兩朝聖政》卷 48 乾道六年閏五月壬寅，頁 12。

109 陳明光：〈唐宋田賦的「損免」與「災傷檢放」論稿〉，頁 116。

110 《宋朝諸臣奏議》卷 106 范祖禹〈上哲宗封還臣僚論浙西賑濟事〉，頁 1146。

111 《宋會要》食貨 1 之 7（61 之 74），紹興四年九月十五日。

終是扶持不起。」[112]如何補足檢放的財源，確實會讓監司頭痛，進而降低檢放的意願，這是現實的問題。地方官吏應付朝廷供輸的壓力很大，綱運若是拖欠的話，「縣官常是放罷，縣吏常是決配」，懲處頗重。[113]如此叫地方官如何安心檢放稅賦呢？

州郡者。[114]高宗紹興二十六年（1159）二月，臣僚提到：「臣竊見民間……間有旱澇，自合減放分數，近來州縣多是利於所入，略不加恤。」[115]又如南宋中期，江州湖口縣時歲歉收，縣尉王鎬偕同德安縣主簿視荒，王鎬「不憚履畝，務寬下戶，簿趨郡上白，太守怒其減及縣額之半，擲於地。」[116]州縣官不願如實檢放，在於不利於所入。朱熹也認為檢放不實的原因，在於州郡吝惜財計，其云：

> 州郡多是吝惜財計，不以愛民為念。故所差官承望風指，已是不敢從實檢定分數。及至申到帳狀，州郡又加裁減，不肯依數分明除放。……檢踏後時，致有無根查者，乃是州郡差官遲緩之罪，而檢官反謂人戶違法，不為檢定。其有檢定申到者，州郡亦不為蠲放。[117]

部分州郡既不行減放，又拖延檢覆，在於：一可維持既有收入，二可減少賑荒支出。孝宗淳熙九年（1182），朱熹曾奏劾知衢州李嶧，「其於荒政全不留意，但知一味差人下縣督責財賦，急如星火。」「所差（檢覆）之官（張大聲、孫孜）受其風旨，早田之旱例不為檢，晚田又

---

112 《後村先生大全集》卷 79〈與都大司聯銜申省乞為饒州科降米狀〉，頁 6。

113 《勉齋集》卷 28〈新淦申轉運司乞賑卹縣道〉，頁 35。

114 錢時：〈楊簡行狀〉，《慈湖遺書》卷 18，頁 11，「今歲旱蝗，郡守不肯蠲稅」。

115 《宋會要》食貨 1 之 10，紹興二十六年二月五日。

116 《慈湖先生遺書》續集卷 1〈王鎬墓誌銘〉，頁 33。

117 《朱文公文集》卷 13〈延和奏劄三〉，頁 11。

不盡實。」[118]在李嶧心中，財賦位階遠高於荒政。寧宗嘉定十四年
（1221），江西路旱歉，贛州最為嚴重，減放分數卻最少。知州不肯
依規定檢放，企圖搪塞監司。提刑葉宰判詞提到：「漕、倉兩司節節
行下，而本州竟不肯實減本年苗數，僅以十二、十三年十縣殘苗塞
責，已非從實減放矣。」然而，贛州「諸縣催剝如故，惟信豐寧知縣
以撫字為心，不敢奉命。本州遂將縣吏李仲等一十四家抄估貲產，以
償其數。」[119]

縣邑者。南宋晚期，麇弇知丹徒縣，發現讕放不實的原因：

> 先是，縣之接送，令凡納堂日用百需皆出於吏，吏得並緣為
> 奸，名曰納錢，里正至破家不能支。……縣多山，田率苦旱，
> 每一体放，計會放價，或反多於納苗價，民以此重困……。公
> 至，首嚴納堂之禁，使縣吏不得擾民。[120]

所謂「納堂」，即是縣衙日用開支，由公吏來籌措供應，這是該縣不
成文慣例。為了納堂收入，就算朝廷黃榜讕放，公吏也會利用其他名
目「納錢」，讓百姓多納規費，甚至比讕減前的苗稅還多。麇弇到任
之後，下令嚴禁納堂，情況獲得改善。

根據麇弇知丹徒縣之例，州、縣長官不願檢放二稅，實與衍生性
規費有關。朝廷減放二稅後，衍生性規費將同步減少。孝宗朝趙汝愚

---

118 《朱文公文集》卷 17〈奏衢州守臣李嶧不留意荒政狀〉，頁 1。同卷〈奏張大聲孫
孜檢放旱傷不實狀〉，頁 3，提到兩位檢覆官，「本州元差監戶部贍軍酒庫・成忠郎
張大聲前去檢視，及差龍遊縣丞・從政郎孫孜覈實，……觀望本州守臣意指，不
以恤民為念，不曾逐一親詣田頭檢視」。

119 《名公書判清明集》卷 3 葉提刑〈已減放租不應抄估吏人貲產以償其數〉，頁
1636。據李之亮：《宋代路分長官通考》，頁 1636-1637，紹定二至三年江西提刑為
葉宰，疑即葉提刑。

120 《黃氏日抄》卷 96〈麇弇行狀〉，頁 2。

提到台州「凡利源所入，不過三事：酒、稅與折苗耳。」[121]可見折苗
對州郡財計的重要。理宗嘉熙四年（1240），饒州「正米僅足以支遣
本州軍粮，（觧）〔斛〕面、折價僅足以撐拄郡計」[122]，若因災荒減放
而少收，財政空缺如何填補呢？又如江東路提刑劉克莊提到：「諸郡
率謂旱傷不至於甚，如信州虞守謂晚禾倍熟，與百姓爭較蠲放分寸，
如割身肉，至於先移文脅制諸村諸邑不得申旱。」[123]劉克莊形容得
好，那位虞守計較蠲放分數「如割身肉」。

　　另外，在百姓訴災及檢放流程中，有些縣邑比照二稅，也另行徵
收規費。以致一面進行災荒蠲減稅賦，一面又新徵稅賦，發生弔詭
（悖論）的現象。孝宗淳熙七年（1180），朱熹談到南康軍星子、都
昌縣之事：

> 據學生馮椅劄子述，……星子見行委官檢踏，其在都昌舊來踏
> 旱之弊，名色非一，不敢不以告者。凡押旱狀，官中所收，則
> 謂之醋息錢；直日司乞覓，則謂之接狀錢；已下案，案吏乞
> 覓，則謂之買紙錢；及投旱帳，則謂之投帳錢；官員下鄉檢
> 踏、供帳，民戶著押，社司乞覓，則謂之著字錢；檢踏官員隨
> 從人吏於保正名下乞覓，則謂之俵付錢；官司行下蠲放所納米
> 斛，社司隨斗數數乞覓，則謂之苗頭錢。凡此之類，皆蠹民之
> 尤者。官中所放本以裕民，而民之糜費乃至於是，人戶既已困

121　《赤城集》卷2趙汝愚〈上宰執論台州財賦〉，頁2。

122　《後村先生大全集》卷79〈與都大司聯銜申省乞為饒州科降米狀〉，頁4。

123　《後村先生大全集》卷192〈徽州韓知郡申蠲放旱傷事〉，頁5。二稅衍生性規費，
　　見拙著：《取民與養民：南宋的財政收支與官民互動》，頁16-44。包偉民認為州縣
　　解決財政窘境的措施有五：附加稅、科敷、征榷、科罰、行政手續費，《宋代地方
　　財政史研究》，頁170-184。

窮，坐受其弊。[124]

從訴災、檢放到蠲減，規費名目眾多，依照都昌縣的舊有慣例便徵收：醋息錢、接狀錢、買紙錢、投帳錢、著字錢、俵付錢、苗頭錢等七種。只要麻煩到公吏或差役，無論納稅、服役、請領錢糧，甚至災荒救濟，無不徵收規費，作為官吏收入或地方經費。

宋廷雖然有心於蠲減，體恤災民，但執行到地方政府，往往名惠實不惠，主要原因還是基於地方財計。李華瑞曾指出，檢放不實的根源在於宋廷對於財稅的巨大追逐，地方財政利益與災傷放稅的矛盾密切相關。[125]實際上，不止是朝廷追逐財計而已，地方亦然，如上所論，路、州、縣級政府無不計較歲入。孝宗時丞相留正說：

> 縣慮蠲放之多而利源絕，賑救之急而官司煩，隱於州者多矣。州既赤立，惟縣倚辦，縣不告，州亦安知？幸賦斂之如初，憂備具之無出，隱於監司又多矣。設若監司復不經意，嗷嗷赤子顧將疇依？[126]

縣、州、監司各自盤算如何賑救，考量點多在財計上。

針對州縣官吏賑濟不力，朝廷的做法有二：透過監司來按劾、結局後比較戶口增減。每當災荒之際，朝廷屢屢重申，朝廷路級監司們必須巡歷或按察州縣檢放不實之事，如孝宗乾道九年（1173），「民間告訴，抑令伏熟者有之，必欲其無所陳而後已。……仍乞令逐路常平提舉官躬親巡歷，同帥、漕之臣覺察，按劾以聞」。[127]比較戶口增減方面，乾道七年（1171）九月，朝廷同意知隆興府龔茂良奏請：「明

---

124 《朱文公文集》別集卷 9〈施行人戶訴狀乞覓〉，頁 12-13。

125 李華瑞：〈宋代救荒中的檢田、檢放制度〉，頁 234。

126 《兩朝聖政》卷 48 乾道六年閏五月癸卯，頁 13。

127 《宋史全文》卷 25 乾道九年十月乙酉，頁 1767。

諭州縣，自今以始，至于來歲賑濟畢事之日，按籍比較戶口登耗。若
某縣措置有方，戶口仍舊，即審實保奏，優加遷擢。若某縣所行乖
戾，戶口減少，則按劾以聞，重行黜責。」[128]淳熙七年（1180）十一
月，知隆興府張子顏又奏請朝廷實行。[129]

其次，檢覆官未能親自檢視災區，以致弊端叢生。徽宗政和八年
（1118）二月，臣僚提到：

> 所委官亦不依條躬親檢視，止在寺院勾集人戶，縱公吏不以有
> 無災傷，或不曾布種田段，一槩依做年例，約度分數除
> 破。……欲令轉運司下所屬，繪逐縣諸村地形高下圖，遇非時
> 旱潦，專委縣令子細體度，具被災月日、傷稼穡去處，次第申
> 上，以備檢察。[130]

許多檢覆官便宜從事，並未依法躬親檢視災區，止在寺院集合災民，
由公吏承辦，依照往年慣例辦理。因此，該臣僚建議繪畫各縣各村的
地形等高圖，以備查驗旱潦輕重。高宗紹興二年（1132）十一月，如
江、浙、荊湖、廣南、福建路都轉運使張公濟提到：「其檢災官又不
曾親行檢視，一例將省稅蠲減，卻於人戶處斂掠錢物不貲。」[131]孝宗
淳熙九年（1182），浙東倉司朱熹奏劾知衢州李嶧：「加以病昏，不能
視履，百度廢弛。」[132]朱熹又提到：「被旱潦去處，所委官憚於往來
檢視，則貧乏下戶不得蠲減。」[133]朱熹還提到：「每見差出官員……

---

128 《宋會要》食貨 12 之 7（69 之 81、職官 59 之 27），乾道七年九月十六日。
129 《宋史全文》卷 26 淳熙七年十一月己未，頁 1857。
130 《宋會要》食貨 1 之 5，政和八年二月十七日。
131 《宋會要》食貨 1 之 6-7（61 之 74），紹興二年十一月十二日。
132 《朱文公文集》卷 17〈奏衢州守臣李嶧不留意荒政狀〉，頁 1。
133 《朱文公文集》別集卷 9〈檢坐乾道指揮檢視旱傷〉，頁 11。

不親行田畝，從實檢校，反將訴荒人戶非理監繫，勒令服熟」。[134]由
於檢覆官未去檢視，反而強迫災民改稱伏熟。

　　其三，檢放過於寬鬆，沽名釣譽，有損財計。太宗至道二年
（996），開封府判官楊徽之等三人奏報蠲免民租，參知政事寇準擔心
說：「其間貧下及新歸業者理當蠲免，內形勢戶慮成僥倖。」[135]這件
事並未了結，其後：

> 開封府以歲旱蠲十七縣民租，時有飛語聞上，言按田官司欲收
> 民情，所蠲放皆不實。太宗不悅，御史臺探帝（太宗）意，請
> 遣使覆實，乃詔東西諸州選官閱視。亳州當按太康、咸平二
> 縣，州遣（王）欽若行。欽若覆按甚詳，抗疏言田實旱，開封
> 止放七分，今乞全放。既而，他州所遣官並言諸縣放稅過多，
> 悉追收所放稅物，人皆為欽若危之。踰年而上（真宗）即位，
> 於是擢用欽若，因以其事語輔臣曰：「當此時，朕亦自懼。欽
> 若小官，獨敢為百姓伸理，此大臣節也。」[136]

流言蜚語說檢覆官寬鬆檢放，「欲收民情」，太宗起了疑心。太宗固然
在乎財計，更在乎臣下欺君罔上，於是下令徹查。覆按的意見南轅北
轍，多數以為放稅過多，王欽若卻認為並無不當，不知何者為真？無
論如何，太宗徹查的舉動，多少造成檢放趨嚴的寒蟬效應。哲宗元祐
元年（1086）四月，右諫議大夫孫覺建議朝廷：「遍下諸路轉運、提
刑司，災傷各以實言，不實者坐之。」他認為：「災傷雖小而言涉過
當者不問，如此，則諸路不敢不言。」[137]孫覺認為，朝廷應該鼓勵官

134　《朱文公文集》卷 99〈約束檢旱〉，頁 27。
135　《長編》卷 39 至道二年五月辛丑，頁 832。
136　《長編》卷 42 至道三年十一月丙寅，頁 888。
137　《宋會要》食貨 57 之 10（68 之 43），元祐元年四月四日。

員申報災情，就算誇大災情，事後無須太過計較，否則無人肯呈報實
情，災傷必定虛偽。儘管如此，仍有許多地方官不願申報，如《宋會
要》提到：「檢視災傷，觀望顧畏，不實不盡」。[138]

其四，官吏貪贓枉法。上引孝宗乾道三年臣僚言：「每差州官到
縣，隨行征求，追取皆有定例。」朱熹也提到：「每見差出官員，……
以納圖冊為名，不論人戶高低，每畝科配頃畝頭性之類。」[139]朱熹提
到：「豪戶計囑鄉司，將豐熟去處一例減放」。[140]劉克莊也提到：「每
見檢旱官吏所至，與豪富人交通，凡所蠲放，率及富強有力之家，而
貧民下戶鮮受其惠。」[141]

其五，疏於法令。陳明光指出，宋朝檢放程序雖詳盡，但失之繁
瑣，於官於民都有力不從心之處。[142]孝宗淳熙九年（1182），朱熹提到：

> 所以著令訴旱自有三限，夏田四月，秋田七月，水田八月，蓋
> 欲公私兩便。近來官吏不曾考究令文，但據傳聞云，訴旱至八
> 月三十日斷限，遂至九月方檢旱田，則非惟田中無稼之可觀，
> 至於根查亦不復可得而見矣。於是將旱損旱田一切不復檢踏蠲
> 放，窮民受苦，無所告訴；而其狡猾有錢賂吏者，則乘此暗
> 昧，以熟為荒，瞞官作弊，皆不可得而稽考。[143]

有的地方官不瞭解訴災時限的法令精神，從而發生舞弊現象。夏、
秋、水三類田畝狀況不一，訴災時限也各有不同，詳見第一章。官方
檢放必須及時，若是延遲檢踏，災民必定受累。

---

138 《宋會要》食貨59之10，政和八年五月二十一日。
139 《朱文公文集》卷99〈約束檢旱〉，頁27。
140 《朱文公文集》別集卷9〈檢坐乾道指揮檢視旱傷〉，頁11。
141 《後村先生大全集》卷192〈戶案呈委官檢踏旱傷事〉，頁6。
142 陳明光：〈唐宋田賦的「損免」與「災傷檢放」論稿〉，頁111。
143 《朱文公文集》卷17〈奏捄荒畫一事件狀〉，頁16。

五　小結

　　宋朝官方的災荒救濟，災民訴災之後，檢放是主要的步驟之一。災傷分數初步決定於州郡委派的檢覆官，決定緩徵（展限、住催、倚閣）、減降或蠲免，在申報州郡、監司檢核之後，若無疑慮，便呈報朝廷確定災傷分數。遭逢大災荒時，為了爭取時效，州縣可以直接自行乞奏蠲免。

　　北宋初年基於中央財政集權，由三司決定最後的蠲減分數，行政位階甚高，難免緩不濟急。到了真宗天禧元年，為了減少不必要的行政流程，避免檢覆的煩擾，改由州郡派遣檢覆官，協同縣令佐親檢災傷田所。日後大致承襲州縣協同制。北宋初年針對晚唐五代以來的歷史教訓，事為之防，曲為之制，這套過度中央集權的做法，到了北宋中期，真、仁宗朝開始進行細部的微調，避免緩不濟急的窘困，但仍未違背強幹弱枝的根本精神。即是說，北宋中晚期政治發展既受祖宗之法的約束，但並未完全僵化，失去彈性。

　　從受訴狀到榜示，哲宗朝限定四十日內榜示蠲減分數，確保檢放的行政效率。災傷分數即是蠲減分數，七分災傷放稅七分，只輸納三分賦稅。放減分數單位，還細分為分、釐、毫、絲。檢放分數多以縣為單位，作一體性適用減免的範圍，便於官方行政作業。其後，臣僚建議依鄉或依都，但並未形成全國政策。

　　檢放不實有五種原因：一是因惜財而不願檢放，或是選擇性檢放，以熟報荒，或以荒報熟，或催而復征。二是未能親自去災區檢視，虛應故事，甚至假造檢放資料。三是檢放過於寬鬆，沽名釣譽，有損財計。四是官吏貪贓枉法，索賄牟利。五是疏於法令，不曉法令背後的良意。

第三章
災傷蠲減與恤民仁政

一　蠲減類別

　　宋朝減免稅賦，包含了緩徵、減降、蠲免等三種。緩徵、減降或蠲免賦稅的原因，大致有九：自然災害程度、上供困難、無法催理（民戶逃移或戶絕）、輸納已達目標而緩徵餘稅、稅戶賦稅負擔能力不足、兵火或盜賊受創地區、獎勵服役有功者、彌補百姓因公損失（如乘輿經過）、鼓勵逃戶返鄉復業等等。[1]宋廷很少直接蠲免二稅，多半以緩徵或減降為主。緩徵是現代名詞，宋人稱為展限、住催或倚閣。以下說明緩徵的類別：

　　住催，停止催納。學者徐東升認為住催時間長短有三種情況：一是有明確的時限，短者一月，長者三年。二是視農業收成情況而定，彈性而不確定。三是等候朝廷或上司決定時限。[2]不過，大部分的詔令多未提及詳細的住催時限。如孝宗淳熙九年（1182）十二月詔：「江

1　徐東升：〈展限、住催和倚閣——宋代賦稅緩征析論〉，頁 96-98，提及前五種。本書根據《宋會要》食貨 63〈蠲放〉、食貨 70〈蠲放雜錄〉，補充後面四種。兵火或盜賊受創地區的史例甚多，可自行參看。為國家服役有功者，如食貨 70 之 161 大中祥符元年十月、食貨 70 之 167 至和元年二月、食貨 70 之 167 嘉祐二年五月、食貨 70 之 174 元豐六年八月二十三日諸條。彌補百姓因公損失，如食貨 70 之 164-165 慶曆六年十一月、食貨 70 之 168 治平四年九月十三日、食貨 63 之 1 建炎四年五月十八日、食貨 63 之 2 紹興元年九月九日等條。鼓勵逃戶返鄉復業，如食貨 70 之 179 宣和三年二月五日、食貨 63 之 3 紹興三年三月二十八日等條。

2　徐東升：〈展限、住催和倚閣——宋代賦稅緩征析論〉，頁 94。

渼、兩淮旱傷州縣，將第四、第五等戶今年以前應殘欠苗稅、丁錢並特住催」。[3]筆者從文獻發現，日後住催有一次或分期輸納的分別。[4]

展限，或稱寬限、寬展，意即延後輸納期限。學者徐東升認為展限的延長時間明確，短者一月，長者三年。[5]筆者認為許多展限史例並未提到切確的延長時間，如神宗元豐元年（1078）正月詔：「河北路轉運司檢放水災民戶秋稅欠負，展限輸納。」[6]又如寧宗嘉定九年（1216）六月詔：「行下兩渼諸司，……田畝旱秧損壞去處，今年夏稅、和買量與寬限。」[7]又如寧宗嘉定十五年（1222）七月詔：「下渼東漕、倉兩司，亟與委官抄劄被水之家，……目今合輸官賦權與寬展。」[8]另外，展限是相對「常限」或「依限」而言，並不專指納稅延後輸納一事，延後檢放或訴災截止時限，也稱作展限。如《慶元條法事類》載：「災傷放免不盡者，限外展三十日，所展月日亦通分三限。〔餘應展限准此。〕」[9]筆者從文獻發現，日後展延有一次或分期輸

3　《宋會要》食貨 58 之 15，淳熙九年十二月四日。

4　住催兩個月者，《宋會要》食貨 59 之 29，紹興七年二月十二日，尚書省言：「鎮江府、太平州居民遭火，……如被火人民見欠公私債負，權住催理兩月。」朝廷從之。住催一年者，同書食貨 70 之 75，淳熙十六年四月十五日，詔：「紹興府將第伍等以下戶和買二萬五千餘匹權住催一年」。住催至來年者，同書食貨 63 之 11，紹興二十三年七月五日，戶部言：「欲下轉運司，將平江府、湖、秀州寔被水貧乏下戶，未納夏稅並權住催理，候將來秋成日，卻令依舊輸納。」朝廷從之。同書食貨 68 之 109-110，嘉定十六年正月二十八日，詔：「江西、湖南近緣茶賊為擾，可令逐路轉運司將人戶積欠官、私債負並權住催，內私債候來春受理」。住催三年分期者，同書食貨 70 之 175，元祐元年閏二月二十八日，詔：「應內外見監理市易官錢，……權住催理。及今日已前積欠免役錢，……餘分限三年，隨夏稅帶納。」

5　徐東升：〈展限、住催和倚閣——宋代賦稅緩征析論〉，頁 93-94。

6　《長編》卷 287 元豐元年正月乙卯，頁 7012。

7　《宋會要》食貨 58 之 31，嘉定九年六月二十六日。

8　《宋會要》食貨 58 之 33，嘉定十五年七月十一日。

9　《慶元條法事類》卷 47〈賦役門・受納稅租・賦役令〉，頁 619。

納的分別。[10]

　　倚閣，稅賦暫時擱置於架閣上，即擱置輸納之意，故在公文書常稱之「權行倚閣」。如孝宗淳熙七年（1180）十月詔：「舒、蘄、黃、和州、無為軍，各將第四、第五等旱傷民戶見欠淳熙四年至六年終畸零稅賦、並七年未納畸零夏稅，並權倚閣。」[11]又如淳熙九年（1182）六月詔：「嚴州將被水漂壞屋宇第四等以下戶夏稅並與倚閣」。[12]徐東升認為倚閣時間有三種情況：一是有明確的時限，短者一月，長者十年[13]，其中以數月至一年最多。二是視農業收成情況而定，彈性而不確定。三是因稅戶逃絕而不確定。[14]宋朝公文書常用「倚閣候豐熟日」字眼，顯示倚閣的期限多半至豐年再行復徵。如哲宗紹聖元年（1094）十月詔：「河北東、西路被災，經放稅戶雖不及五分，所欠借貸錢斛並抵當牛錢等倚閣，候豐熟日，分十料輸。」[15]光宗紹熙四

---

10 展限一個月者，《長編》卷 429 元祐四年六月丁巳，頁 10374-10375，陳州「霖雨相繼，河流泛漲，今年夏稅請遞展限一月。」半年者，同書卷 297 元豐二年三月庚午，頁 7217，「兩浙路災傷民負戶絕田產價錢者，展限半年輸官。」展限一年者，《宋會要》食貨 70 之 75，淳熙十五年八月十一日，戶部言：「據人戶稱，乞依華亭縣仙山等鄉例，寬展年限」。詔特免一年。更展兩年者，同書食貨 68 之 110，嘉定十六年十月九日詔：台州折帛錢絹「至五年三月，又以旱傷、火災，更展二年。」展限三年者，《長編》卷 357 元豐八年六月癸未，頁 8538，「詔戶部提轄拘催市易錢物，……其合納本錢，特與展限三年」。展限三年分期者，《宋會要》食貨 37 之 34，崇寧二年四月十一日，戶部言：「蘇州人戶舊欠市易官本錢米，係熙寧、元豐年所逋欠錢物，元符元年赦教展限三年，分為十二季送納。」
11 《宋會要》食貨 58 之 14，淳熙七年十月九日。
12 《宋會要》食貨 58 之 15，淳熙九年六月二十二日。
13 十年者，如《宋會要》食貨 70 之 180，宣和四年二月十日：「詔大觀元年以前借貸過錢斛特予除放，大觀二年以後至政和元年以前數權行倚閣，仍限十年帶納，餘依舊催理。」對象為陝西、河東路沿邊熟戶及弓箭手，屬於優禮措施；其餘人戶，則依舊催理。
14 徐東升：〈展限、住催和倚閣──宋代賦稅緩征析論〉，頁 95。
15 《宋會要》食貨 68 之 47，紹聖元年十月二十一日。

年（1193）六月詔：「四川⋯⋯如旱荒州軍有未催稅賦及公私債負，與權行倚閣，候豐熟日帶還」。[16]復徵方式有二種：一是分期輸納，二是一次納足。分期輸納者，如前引「分十料輸」。又如乾道九年（1173）十一月南郊赦：「江東、西、浙東、西路乾道七年旱傷被水州軍，⋯⋯將合納夏稅物帛倚閣，分年限帶納。」[17]

筆者認為住催、展限、倚閣均是延後輸納之意，三者並無本質上的不同。如神宗元豐元年（1078）九月詔：「諸官戶欠常平錢物，第四等以上，雖經災傷，毋得展限、倚閣。」[18]高宗建炎元年（1127）五月一日赦：「應諸路人戶見欠稅租，並倚閣、展閣稅賦及緣納錢物，並予除放。」[19]孝宗淳熙八年（1181）八月詔：「戶部自今知有蠲減、倚閣及權住催指揮，稍虧經費，須據寔以聞，不得徑自差人督催州縣，非理苛取。」[20]由上引史料，倚閣、展限、住催經常並稱，三者似乎沒有區別。檢索《宋會要》食貨門，其中倚閣最多，遠比住催、展限來得多，住催最少。到了南宋尤為明顯，展限、住催逐漸不見，幾乎只見倚閣一詞。寬限時間差異頗大，一個月、一料、一年至數年都有。緩徵二稅的後續發展，有三種模式：一是名緩而實徵，表面緩徵，實際卻照常輸納。二是復徵，隨著下次二稅帶納。三是蠲免，恩賜不必輸納。

趙冬梅指出，朝廷允許災荒減稅的空間很小，徵稅通常是地方官的第一要務，有些為了謀求自身利害，不惜隱漏災情，不予檢放。[21]這個觀察大致正確，不妨補充一點：二稅之中，緩徵多過於蠲減，如

---

16 《宋會要》食貨 68 之 94，紹熙四年六月十九日。
17 《宋會要》食貨 63 之 33，乾道九年十一月九日。
18 《宋會要》食貨 53 之 12，元豐元年九月十四日。
19 《宋會要》食貨 63 之 1，建炎元年五月一日。
20 《宋會要》食貨 56 之 61，淳熙八年八月二十四日。
21 趙冬梅：〈試述北宋前期士大夫對待災害信息的態度〉，頁 377。

此可兼顧恤民與財計。

二　蠲減內容

　　從《宋會要》食貨70〈蠲放〉上、食貨63〈蠲放〉下，災荒蠲減稅課以二稅為大宗。如董煟提到：「水旱檢放，止免田租而已。」「田租」多數指二稅，少數指官田佃租。減免的年度，以災荒的去年或當年為主。二稅若要蠲減或緩徵，必須有皇帝的詔令或御批。宋朝最早的蠲免詔令，出現在太祖乾德四年（966），「華州言旱，詔令無出今年租。」[22]租即指二稅，蠲免年度為當年。又如乾德五年（967）七月詔：「夏秋以來，水旱作沴，言念民庶，恐致流離。委諸道州府長吏預告人民，有災傷處並放今年租賦。」[23]夏秋二稅未必合併蠲免，多數的時候是分開計算。如仁宗天聖六年（1028）八月詔：「河北水災州軍免今年秋稅」[24]，僅蠲免秋稅。倘若災情嚴重，才會一次蠲免夏秋二稅，如寧宗嘉定六年（1213）七月詔：紹興府被水，「差官覈實被水鄉分，將今年夏稅、秋苗特與蠲放。」[25]

　　蠲免部分二稅，稱為「減放」，即是減少輸納二稅的比例。如太祖開寶七年（974）十一月詔：「關西諸州特蠲其半，以災傷故也。」[26]

22　《宋會要》食貨 70 之 155，乾德四年。

23　《宋會要》食貨 70 之 155，乾德五年七月。

24　《長編》卷 106 天聖六年八月乙丑，頁 2478。夏租（夏苗）者，如《朱文公文集》卷 17〈乞將山陰等縣下戶夏稅和買役錢展限起催狀〉、〈乞住催被災州縣積年舊欠狀〉，頁 7，紹興府「五縣第四、第五等戶合納今年夏稅、和買、役錢與展限兩月起催」。秋租者，如《長編》卷 77 大中祥符五年正月癸酉，頁 1749；同卷同年正月己丑，頁 1751；同卷同年三月丁丑，頁 1759。

25　《宋會要》食貨 58 之 29，嘉定六年七月十九日。

26　《宋會要》食貨 70 之 155，開寶七年十一月。

蠲免二稅之半。太宗淳化元年（990）十月詔：「乾州、鄭州旱，損夏
苗，……除旱損全放外，其合納今夏正稅並緣納，乾州十分中特減五
分。」[27]其次，也有只蠲減剩餘未徵或畸零的稅賦，如仁宗景祐元年
（1034）二月，益州言：「餘緣納疋帛殘零並今年夏稅等未曾奏乞除
放，……特予除放。」[28]又如哲宗紹聖二年（1095）三月詔：「河北
東、西路並京東路淄、齊、鄆、濮、濟州災傷人戶，催去年秋料殘零
稅租，並行倚閣。」[29]再如徽宗宣和七年（1125）十一月南郊制：「應
第四等以下人戶宣和三年以前因災傷倚閣殘零二稅並諸般租課，並特
予除放。」[30]

　　二稅衍生性規費，諸如支移、折變、腳錢、斛面、大斗等，其中
以支移及折變為多。支移之類，如真宗天禧元年（1017）四月，「緣
歲蝗旱，望免夏稅一料支移。」[31]又如仁宗天聖二年（1024）九月，
河中府、同、華等三郡旱災，朝廷下詔量減支移稅賦。[32]又如神宗熙
寧九年（1076）十月，懷州武陟縣五等以上人戶，朝廷「仍令災傷及
五分以上者，與免支移。」[33]折變者，真宗天禧元年五月詔：「京東
西、河北、陝西、江南、兩浙遭旱戶今年夏稅免其折變，就便輸
送。」[34]仁宗天聖六年（1028）正月，「免河北州軍災傷人戶夏秋稅折
變一年。」[35]皇祐四年（1052）八月，「鄆州被水災人戶，特蠲今

27　《宋會要》食貨70之157，淳化元年十月。
28　《宋會要》食貨70之163，景祐元年二月五日。
29　《宋會要》食貨70之177，紹聖二年三月四日。
30　《宋會要》食貨70之181，宣和七年十一月十九日。
31　《宋會要》食貨70之162，天禧元年四月。
32　《長編》卷102天聖二年九月庚寅，頁2366。
33　《長編》卷278熙寧九年十月乙未，頁6799。
34　《長編》卷89天禧元年五月庚戌，頁2060。
35　《長編》卷106天聖六年正月癸亥，頁2463。

年……折變」。[36]支移加折變者，如仁宗明道二年（1033）九月詔：
「被災州縣今年秋稅，官毋得折變、支移。」[37]神宗元豐七年
（1084）九月詔：「西京被水漂溺之家及秋田災五分戶，並免來年夏
秋支移、折變。」[38]寧宗《慶元條法事類》記載：「諸戶放稅五分以上
及暴水漂溺之家，其檢放不盡稅數，應支移、折變者，聽免。」[39]「聽
免」支移及折變，是「得免」，而非「必免」，保持地方的彈性。就算
中央詔令蠲減二稅規費，地方政府卻未必執行，陽奉陰違者不在少
數，主要原因在於二稅規費事涉地方財源，這點已於前兩章討論過。

　　積年逋欠，如太祖開寶七年（974）十一月詔：「放蒲、晉、陝、
絳、同、解六州所欠租稅，……以災傷故也。」[40]太宗淳化四年
（993）十二月詔：「諸道州府軍監民被水災甚者，所欠稅物，遣使按
行，蠲其半。」[41]淳化五年（994）正月詔：「兩京及諸道州府（足）
〔民〕欠淳化三年租調及緣納他物……並除。」[42]仁宗嘉祐元年
（1056）正月赦書：「天下其災傷處，夏秋稅賦及見欠倚閣，並除
之。」[43]紹興二十八年（1158）九月，高宗曾說：「兩浙路被水災傷縣
分，其第四等以下人，已降指揮，將積欠稅苗權行倚閣，候豐熟年分
補發。尚慮細民無力可償，徒（褂）〔掛〕簿書，當議特予除放。」[44]

---

36 《宋會要》食貨 70 之 166，皇祐四年八月。

37 《長編》卷 113 明道二年九月己丑，頁 2637。

38 《宋會要》食貨 70 之 174，元豐七年九月十二日。

39 《慶元條法事類》卷 48〈賦役門二・支移折變〉，頁 658。為了鼓勵災傷流民歸鄉
　　復業，免除兩料的支移及折變，同處法條云：「諸因災傷而逃亡歸業者，免兩料催
　　科，不因災傷非避賦役者，免兩料支移、折變。」

40 《宋會要》食貨 70 之 155，開寶七年十一月。

41 《宋會要》食貨 70 之 157-158，淳化四年十二月。

42 《宋會要》食貨 70 之 158，淳化五年正月。

43 《宋會要》食貨 70 之 167，嘉祐元年正月。

44 《宋會要》食貨 63 之 15，紹興二十八年九月二十四日。

紹興二十九年（1159）三月詔：「可將二十六年、二十七年分第四等以下人戶違欠夏秋（歲）〔稅〕租、和買、丁產諸色官物，並予除放。」[45]積年逋欠接近呆帳，因為「細民無力可償」，徵收的機會也不太大，所以乾脆除放。積欠年數久了，通常不了了之，這在後世的清朝亦復如此。[46]

二稅之外，也會蠲減其他官方收入，如官田佃租。高宗紹興二十九年（1159）正月詔：「諸路沙田、蘆場已立定租課，緣去秋有風水損傷去處，其二十八年租課予減一半。」[47]又如賑貸者，屬於官方借貸收入的一種。如太宗淳化五年（994）四月詔：「開封府及諸道州府，欠淳化三年終已前夏秋稅物、振貸斛斗自來容限倚閣者，並予除放。」[48]真宗大中祥符七年（1014）詔：「江、淮、兩浙今來災傷民戶夏稅及承前倚閣、賑貸、逋欠者，並除之。」[49]倚閣、賑貸、逋欠等均是廣義的欠逋，此詔一次除免。

力役方面。職役是政府基層組織運作的根基，加上徵召上中等主戶從事，沒有苛刻的憂慮，加上賑荒還得仰賴職役協助，所以災荒沒有蠲減職役的必要。雜役與職役不同，會徵調一般百姓，因此災荒有蠲免雜役的可能。真宗景德元年（1004），「邢州言地連震不止，詔賜民租之半，免鄰道轉餉之役。」[50]仁宗皇祐四年（1052）八月，「鄜州被水災人戶，特蠲今年……諸差役」。[51]教閱者，如哲宗元祐元年

---

45 《宋會要》食貨 63 之 16，紹興二十九年三月二十二日；《要錄》卷 181 紹興二十九年三月丙子，頁 3009。
46 張小聰、黃志繁：〈清代江西水災及社會應對〉，頁 127。
47 《宋會要》食貨 63 之 16，紹興二十九年正月二十八日。
48 《宋會要》食貨 70 之 158，淳化五年四月。
49 《宋會要》食貨 70 之 161，大中祥符七年八月。
50 《長編》卷 56 景德元年五月己亥，頁 1237。
51 《宋會要》食貨 70 之 166，皇祐四年八月。

（1086），殿中侍御史呂陶提到：「若須候災傷及五分方與免教，亦恐德澤未廣。」即是說，災傷五分是免予冬令教閱的基準。[52]還有罷不急之務，如真宗景德二年（1005）詔：「京東水災，罷州縣不急之務。」[53]文獻未予細說「不急之務」的內容，推測可能包括：和買絹、和糴、配率、冬令教閱、雜役、公共工程等之類。

免役錢者。王安石新法中的募役錢是免去職役的代雇傭金，隨著募役法實行，從蠲免職役轉為蠲減免役錢及助役錢。熙寧七年（1074）三月詔：「災傷州縣，其四等以下戶應納役錢而飢貧無以輸者，委州縣保明，申提舉司體量詣實，於役剩錢內量分數或盡蠲之。」[54]熙寧八年（1075）正月詔：「蠲懷、惠州第四等以下戶去年秋稅、役錢，以民乏食故也。」[55]熙寧九年（1076）九月，張方平提到：「民〔田〕二稅，水旱檢放，自有常制；青苗之息，或遇災傷，猶暫倚閣；募役之錢，年雖大殺，無減免之理。」[56]他提到朝廷對減免免役錢的態度，基本是消極的。熙寧十年（1077）十二月詔：「開封府界、諸路累年災傷，積欠二稅、常平、免役錢權倚閣，及減放河北、京東路河決水災人戶役錢，以被災分數為差。」[57]又如元豐元年（1078）二月，江南西路提舉司言：「興國軍永興縣有熙寧六年至九年拖欠役錢萬二千餘緡。本縣民戶地薄稅重，累經災傷，又役錢稍重，乞特賜蠲免。」朝廷從之。[58]

52 《長編》卷 392 元祐元年十一月庚寅，頁 9541。

53 《長編》卷 61 景德二年十月丙戌，頁 1370。

54 《宋會要》食貨 70 之 170，熙寧七年三月六日。

55 《宋會要》食貨 70 之 170，熙寧八年正月九日。

56 《張方平集》卷 26〈論率錢募役事〉，頁 416-417；《長編》，卷 277 熙寧九年九月辛巳，頁 6790。

57 《宋會要》食貨 70 之 171，熙寧十年十二月十二日。

58 《長編》卷 288 元豐元年二月丁未，頁 7040-7041。

青苗錢者，則是農民借貸，因與募役錢關係密切，故於此一併討
論。神宗熙寧三年（1070）三月韓琦提到：「今官貸青苗錢則不然，
須夏秋（隋）〔隨〕稅送納，災傷及五分以上，方許次（科）〔料〕催
還。」[59]以災傷五分為延遲還款的基準。元豐元年（1078）八月詔：
「齊州章丘縣被水災，……見欠常平苗、役錢令提舉司展料次聞
奏。」[60]「常平苗」即是青苗錢。上述的免役錢及青苗錢在神宗朝蠲
減頻繁，為特殊時空背景下的產物。

二稅以外的苛捐雜稅、科敷及雜役，未必隨著二稅而蠲減，不少
仍照常輸納，除非朝廷特令蠲減。下列史例中，蠲減者，係朝廷特
允，不蠲減者，多為常態。

身丁錢物，真宗咸平二年（999），「免杭州中等戶今歲丁身錢，
旱故也。」[61]高宗紹興三十年（1160）八月詔：「臨安、於潛兩縣被
水，居民漂溺，……可予各免應戶應干苗稅、科敷及丁身錢等，甚者
與免四料，其次免三料，餘免兩（科）〔料〕。」[62]孝宗乾道元年
（1165）二月詔：「其浙東、西路災傷去（歲）〔處〕人戶合納乾道元
年身丁錢絹，臨安、紹興府、湖、（南）〔秀〕、常州，並與全免一年；
溫、台、明、處州、鎮江府，並各減放一半。」[63]乾道六年（1170）
閏五月，「建康府、太平州被水分縣四等五等人戶，今年身丁錢並與
放免一年」。[64]乾道九年（1173）十一月南郊赦：「台州被火居民，未

59　《長編本末》卷68熙寧三年三月壬戌，頁1198，今未見於《長編》。

60　《宋會要》食貨70之171，元豐元年八月十五日；《長編》卷291元豐元年八月丁
　　巳，頁7122。又如《宋會要》食貨70之173，元豐四年八月一日。

61　《長編》卷45咸平二年十月癸酉，頁967。

62　《宋會要》食貨63之18，紹興三十年八月三日。八日後，湖州安吉縣災民亦比照
　　兩縣做法，同處68之124，紹興三十年八月十一日。

63　《宋會要》食貨63之24，乾道元年二月二十四日。

64　《兩朝聖政》卷48乾道六年閏五月癸卯，頁13。

納身丁與免一年，仍將來年身丁更免一年。」[65]淳熙九年（1182）
詔：「嚴州將被水漂壞屋宇第四等以下戶……，其身丁錢絹更與蠲
免。」[66]

　　鹽酒課錢。鹽課者，仁宗天聖元年（1023）四月詔：「徐州仍歲
水災，民頗艱食，……罷散蠶鹽」。[67]酒課者，神宗熙寧二年七月，
「振恤被水州軍，仍蠲竹木稅及酒課。」[68]元豐元年（1078）十二月
詔：「大名府永濟鎮被水災槽戶，依酒場被水，蠲買名錢。」[69]

　　科配，又稱配率、科率、科敷、敷配、攤派等。如仁宗天聖七年
（1029）七月，河北大水「已檢放稅外，聽就近輸官，權停州縣配
率。」[70]同年十月詔：「京東、河北水災州軍，已減秋稅，聽即本處輸
見錢，仍停科率一年。」[71]高宗紹興五年（1135）六月，因旱降詔：
「應干科敷催驅等事，日下並罷。」[72]紹興三十年（1160）八月詔：
「臨安、於潛兩縣被水，居民漂溺，……可予各免應戶應干……科
敷……，甚者與免四料，其次免三料，餘免兩（科）〔料〕。」[73]科配廣
泛運用於課稅、和買、力役之中，下面的和買、和糴、和市、緣納等
都可能。

　　和買折帛錢者，高宗紹興五年（1135）六月詔：「稅租、和預買

---

65 《宋會要》食貨 63 之 33，乾道九年十一月九日。

66 《宋會要》食貨 58 之 15，淳熙九年六月二十二日。

67 《長編》卷 100 天聖元年四月壬寅，頁 2320。

68 《宋史》卷 14〈神宗本紀一〉，頁 271。

69 《宋會要》食貨 70 之 172，元豐元年十二月十四日。

70 《長編》卷 108 天聖七年七月戊午，頁 2518。

71 《長編》卷 108 天聖七年十月辛卯，頁 2524。

72 《要錄》卷 90 紹興五年六月癸丑，頁 1502；《宋會要》食貨 63 之 5，紹興五年六
　　月二十三日。

73 《宋會要》食貨 63 之 18，紹興三十年八月三日。

及應付大軍……日下並罷。」[74]紹興二十九年（1159）三月詔：「可將
二十六年、二十七年分第四等以下人戶違欠夏秋（歲）〔稅〕租、和
買、丁產諸色官物，並予除放。」[75]紹興三十一年（1161）七月，知
高郵軍呂令問言：「高郵縣稅戶訴霖雨連綿，衝決隄岸，乞將人戶殘
零積欠，並今夏折帛、當限稅役、酒店官錢，權行蠲免。」從之。[76]
孝宗淳熙八年（1181）八月詔：「紹興府諸縣夏稅、和市、折帛、身
丁錢絹之類，不以名色，截日並令住催。」[77]

　　和糴者，如仁宗景祐元年（1034）三月，「出內藏庫絹五十萬，
下發運司市糴軍儲。發運使李繹言百姓凶饑之餘，不宜重擾，詔止
之。」[78]同年四月，亦「出內藏絹三十萬，下河北轉運司市糴糧
草。」[79]同年五月，又「出布十萬端易錢，糴河北軍儲。」[80]同年六
月，「出內藏庫緡錢五十萬下三司，於瀕河州縣置場糴麥。先是京東
旱，麥不時種故也。」[81]是年災荒頗為嚴重，朝廷還下令和糴，不知
民間疾苦，幸賴有心的發運使力阻而止。哲宗元祐二年（1087），呂
惠卿提到：「夏秋災傷，乃執和糴之虛名，不得與正稅檢放，於是民
始病之。……雖有和糴之名，而人戶未嘗得錢，乃不得與災傷檢放倚
閣，及不得隨赦恩蠲。」[82]和糴原本是官方向民間購買糧食，此次人
戶未嘗得錢，成為災傷民怨所在。乾道三年（1167）六月，湖、秀、

74　《宋會要》食貨63之5，紹興五年六月二十三日。

75　《宋會要》食貨63之16，紹興二十九年三月二十二日。

76　《宋會要》食貨63之18，紹興三十一年七月二十六日。

77　《宋史》卷35〈孝宗紀三〉，頁676。

78　《長編》卷114景祐元年三月乙酉，頁2672。

79　《長編》卷114景祐元年四月丁未，頁2674。

80　《長編》卷114景祐元年五月辛酉，頁2675。

81　《長編》卷114景祐元年六月壬子，頁2680。

82　《長編》卷400元祐二年五月乙卯夾註，頁9746。

越三州雨水為害，孝宗說：「三（洲）〔州〕和糴，宜與免放。」[83]需要解釋的是，同樣是和糴，因為選擇時機、地點與付款多寡的不同，結果有天壤之別。選擇在災荒地區和糴，實為擾民之舉。在災荒期間免去和糴，既可起恤民的作用，也避免與救荒賑糧供應發生排擠效應。

和市物品者，如太宗淳化四年（993）詔：「開封府民被水災者，前詔除放苗子外，應見隨畝地錢稈草及和買正草，並蠲之。」[84]又如仁宗景祐元年（1034）閏六月，因歲饑，「權停登、萊二州科買上供物。」[85]

緣納之物者，《宋會要》最早的減放記載見於太祖乾德六年（968）六月詔：「應諸道州縣民田有經霖雨及河水損敗者，今年夏租及緣納物，並予放免。」[86]緣納又稱沿納、沿徵，內容為何？據同書記載太宗淳化四年（993）閏十月，詔令提到：「開封府民被水災者，前詔除放苗子外，應見隨畝地錢、稈草及和買正草，並蠲之。」[87]此處包括地錢、稈草及和買正草等。自晚唐經五代至北宋，緣納科目甚多，據周藤吉之研究，可分為七類：（1）鹽博紬絹、鹽博斛斗、鹽博綿、戶口鹽錢，（2）醞酒麴錢，（3）加耗絲綿、耗腳、斗面、紙筆錢、鋪襯、蘆蕟、腳錢，（4）析生望戶錢，（5）甲料絲、鞋錢，（6）公用錢米，（7）率分錢米。[88]

牛稅者，仁宗天聖四年（1026），「免京西被水災民牛稅」。[89]景祐

---

83 《宋會要》食貨 63 之 27，乾道三年六月七日。

84 《宋會要》食貨 70 之 157，淳化四年閏十月。

85 《長編》卷 114 景祐元年閏六月壬戌，頁 2682。歲饑記載，同卷二月丙申，頁 2668。

86 《宋會要》食貨 70 之 155，乾德六年六月。

87 《宋會要》食貨 70 之 157，淳化四年閏十月。

88 周藤吉之：〈南宋・北宋の沿徵〉，頁 559-571。

89 《長編》卷 104 天聖四年八月庚辰，頁 2415。

二年（1035）二月，「免江、浙、淮南三路災傷州軍牛稅。」[90]牛為農業生產工具，故於災傷之際蠲免牛稅，合情合理。

魚稅、果稅者，仁宗明道元年（1032）八月，「權免江南災傷州軍果稅」。[91]明道二年（1033）正月，「權免淮南災傷州縣魚果稅」。[92]

經、總制錢、月樁錢及版帳錢，皆為南宋創設的調撥性雜稅科目。如高宗紹興五年（1135）九月，因亢旱，尚書省言：「漕司雜稅及常平等增收頭子錢、鈔旁勘合錢、耆戶長顧錢、常平一分寬剩錢及正稅畸零剩稅，並乞一例罷。」詔依。[93]孝宗淳熙八年（1181）六月，「隨苗經總、頭子、勘合等錢計二十六萬六千餘貫，詔並與蠲放。」[94]孝宗雖令「可盡與之」，戶部卻嫌蠲減「錢數太多」，最後宰輔下令「戶部均認」。[95]由於經、總制錢屬於定額拘收，數額較為固定，不容易蠲減，若有蠲減，必須另尋其他錢額以補足差額，挖東牆補西牆。朱熹曾向孝宗提到：「甚至災傷檢放倚閣，錢米已無所入，而經總制錢獨不豁除，州縣之煎熬何日而少紓，斯民之愁歎何時而少息。」[96]何以如此？朱熹提到：「經、總制錢……乃為大農之經賦，有司不復敢有蠲除之議，……版曹、總所猶不肯與之蠲除」。[97]顯然，經總制錢等調撥性雜稅因為定額征收的緣故，蠲減頗為困難。月樁錢亦復如此，必須回補定額。淳熙七年（1180）九月，嚴格管控會子發行

---

90 《長編》卷 116 景祐二年二月丙寅，頁 2721。

91 《長編》卷 111 明道元年八月辛亥，頁 2585。

92 《長編》卷 112 明道二年正月壬午，頁 2603。

93 《宋會要》食貨 63 之 6，紹興五年九月一日。

94 《兩朝聖政》卷 59 淳熙八年六月戊午，頁 6；《宋史全文》卷 27 淳熙八年六月戊午，頁 1863。

95 《宋史全文》卷 27 淳熙八年六月庚申，頁 1864。

96 《勉齋集》卷 36〈朱熹行狀〉，頁 17。

97 《朱文公文集》卷 14〈延和奏劄三〉，頁 4。

量的孝宗，破例「詔印會子百萬緡，均給江浙，代納旱傷州縣月樁錢。」[98]

屋稅者，仁宗皇祐三年（1051）九月赦書：「有漂壞廬舍，予免屋稅一年」。[99]皇祐四年（1052）八月詔：「鄆州被水災人戶，特蠲今年屋稅」。[100]高宗建炎元年（1127）六月赦書：「應諸州縣有因潰散人兵及盜賊燒劫屋業之家，特與放免今年夏料、屋稅。」[101]紹興七年（1137）三月詔：「太平州應實曾被火居民戶，予放今年屋稅。」[102]政府蠲減屋稅的原因，多半因為水災、火災、雪災或兵災所造成民宅毀損，下面的官房廊白地錢、戶帖錢兩項也基於類似的理由。

官房廊白地錢者，如真宗大中祥符（1012），「令僦官舍民無出錢三日，以雪寒也。」[103]徽宗政和八年（重和元年，1118）九月詔：「東南被水州縣曾經潦浸人戶納官（司）〔私〕房錢，截自遷出日，並特予免納，候復業日依舊。」[104]

戶帖錢者，高宗紹興六年（1136）三月詔：「四川災傷，州縣委實檢放，人所納戶帖錢權與倚閣一半，災傷至重去處全閣，俟秋成日催理。」[105]高宗時，屋稅、官房廊白地錢、戶帖錢列入經、總制錢窠名。

值得注意的是，蠲減項目並非局限於官方財產，民間財產也會成

---

98 《兩朝聖政》卷 58 淳熙七年九月癸亥，頁 15；《宋史全文》卷 26 淳熙七年九月癸亥，頁 1856。

99 《宋會要》食貨 70 之 165，皇祐三年九月。

100 《宋會要》食貨 70 之 166，皇祐四年八月。

101 《李綱全集》卷 179〈建炎時政記中〉，頁 1660。

102 《宋會要》食貨 63 之 7，紹興七年三月三日。

103 《長編》卷 77 大中祥符五年正月己卯，頁 1750。

104 《宋會要》食貨 70 之 178，政和八年九月七日，又見同處，政和八年十月二十二日。

105 《要錄》卷 99 紹興六年三月壬辰，頁 1632。

為其中一環，強迫民間參與。[106]另外，賑濟措施也不局限於公家錢物，亦會動用民間資源，強迫地主或債者參與，配合政府的荒政蠲減政策。此屬於傳統政府動員民間的方式，其精神與勸諭富民賑濟如出一轍。

民間的房廊錢、白地錢、田租，如徽宗政和八年（1118）九月詔：東南被水州縣「曾經潦浸人戶納官、私房錢，截自遷出日，並特與免納，候復業日依舊。」[107]同年十月，「其間賃官、私舍屋居住人戶尚依舊管任元賃房廊地基等錢。欲下諸州軍豁除被潦月日，特與放免。」[108]高宗紹興七年（1137）二月，尚書省言：「鎮江府、太平州居民遺火，⋯⋯搭蓋官、私白地，其見納賃錢，〔不〕以貫伯多寡，並放兩月。」[109]孝宗淳熙七年（1180）七月，朱熹於南康軍下約束榜：「天色亢陽，⋯⋯所有官、私房廊、白地錢，自七月初二日為頭，五十文以上放五日，五十文以下放十日。」[110]私人田租者，孝宗隆興元年（1163）九月詔：「災傷之田既放苗稅，所有私租亦合依例放免。」倘若田主前去催理，允許租戶向官府越訴。[111]此處的「依例」，乃指依照法令慣例來辦理，田主只有配合的份，無從反對。

民間負債者，元祐元年（1086）正月，右司諫蘇轍向哲宗奏請：

---

106 周藤吉之從佃戶身份來觀察私債減免，〈北宋末・南宋初期の私債および私租の減免政策——宋代佃戶再論〉，頁 3-78。

107 《宋會要》食貨 68 之 118（70 之 178），政和八年九月七日。南康軍及江州被水區亦比照之，同處政和八年十月二十日。同書食貨 68 之 120，紹興元年十月二十三日詔：「越州城內遺火，延燒民舍屋不少，⋯⋯應官私地基，許元賃人搭蓋，依舊居住。其合納房錢並地基錢，並與放兩月。」又如同書食貨 68 之 123，紹興七年二月十二日、十三年八月十三日。

108 《宋會要》食貨食貨 70 之 179，政和八年十月二十二日。

109 《宋會要》食貨 68 之 123，紹興七年二月十二日。

110 《朱文公文集》別集卷 9〈放官私房廊白地錢約束〉，頁 5。

111 《宋會要》食貨 63 之 21，隆興元年九月二十五日。

「去年赦書蠲免積欠，止於殘零兩稅，至於官本債負、出限役錢，皆不得除放。……臣願陛下降哀痛之書，應今日已前，民間、官本債負、出限役錢及酒坊元額罰錢，見今資產耗竭實不能出者，令州縣監司保民除放。」[112]此雖是蘇轍欲改革王安石新政的言論，但亦可藉此瞭解減放二稅以外的雜稅窠名，如「官本債負、出限役錢及酒坊元額罰錢」之類。其兄蘇軾曾詳論諸般欠負科名，提及檢放二稅與蠲除積欠之不同，兄弟倆意見相近。[113]高宗紹興七年（1137）二月，尚書省言：「鎮江府、太平州居民遺火，……如被火民人見欠公、私債負，權住催理兩月。」[114]又如紹興二十四年（1154）十月，有高田旱傷之處，高宗說：「可令依條檢放，公、私欠債仍住催理。其係官年歲深遠者，委戶部開具，取旨除放。」[115]紹興二十八年（1158）九月詔：「人戶私債並欠坊場酒錢，並候三年外理還。如官司尚敢追索搔擾，令監司自覺察，具名聞奏，仍許越訴。」[116]紹興二十九年（1159）三月，左司諫何溥奏請：「蘇、湖、紹興下戶不拘已未曾經賑濟，所有公、私逋負一等蠲免。」[117]孝宗乾道五年（1169）十月，詔：「台州黃巖、臨海縣被水衝損田產、屋宇、牛畜之家，……其私債候至來年

---

112 《蘇轍集》之《欒城集》卷 36〈久旱乞放民間積欠狀〉，頁 496；卷 37〈再乞放積欠狀〉，頁 510。前文亦見《歷代名臣奏議》卷 244〈荒政〉，頁 22。元祐七年（1092）六月，蘇軾亦曾提及諸般新舊積欠，《蘇東坡全集》之《奏議集》卷 11〈再論積欠六事四事劄子〉，頁 545-546；亦見《歷代名臣奏議》卷 245〈荒政〉，頁 19-20。

113 《蘇東坡全集》之《奏議集》卷 11〈論積欠六事并乞檢會應詔所論四事一處行下狀〉、〈再論積欠六事四事劄子〉，頁 536-546；《長編》卷 473 元祐七年五月壬子，頁 11289-11297。

114 《宋會要》食貨 68 之 123，紹興七年二月十二日。

115 《宋會要》食貨 63 之 11-12，紹興二十四年十月三日。

116 《宋會要》食貨 63 之 15，紹興二十八年九月二十七日。

117 《宋會要》食貨 63 之 16-17，紹興二十九年三月二十四日。

秋成理索。」[118]乾道九年（1173）九月詔：「可將浙東旱傷州縣下三
等人戶所欠私債並與倚（閣）〔閣〕住索，候來歲收成豐熟，即仰依約
理還。」[119]民間欠債多以住催或延期的形式，較少以免除的形式。

　　高宗紹興二十三年（1153）七月，溫州布衣萬春上言提及蠲免民
間債負一事，戶部所言值得留意：

> 萬春上言：「乞將民間有利債負，還息與未還息、及本與未及
> 本者，並與除放。」於是戶部言：「坊（廓）〔郭〕、鄉村貧民下
> 戶，遇有缺乏，全藉借貸以濟食用。今來若一概並予除放，深
> 恐豪右之家日後不可生放，細民缺乏。……今欲下諸路轉運司
> 行下所部州縣，將民間所欠私債還利過本者，並予條（依）
> 〔例〕除放。……」從之。[120]

戶部雖站在豪右之家債主立場發言，但言之有理，國家張貼榜文除放
債負，對於金融放貸秩序將造成負面的影響，不利於債主利益，將來
無人願意借貸。倘若只蠲放還利過本者，較能兼顧債主和借主的權
利。

　　以上所列舉的稅賦及力役，並非一次災荒便盡數減免，端視災情
程度、蠲減對象、地方官意願、朝廷態度等因素而定，無法一概而
論。

三　恤民仁政的意義

　　上節蠲減措施，透過詔書、赦書、德音方式來下達，其意義有

118　《宋會要》食貨 63 之 30，乾道五年十月五日。
119　《宋會要》食貨 68 之 127，乾道九年九月十日。
120　《宋會要》食貨 63 之 11，紹興二十三年七月二日。

三：一是示皇恩浩蕩。二是建立起皇帝和百姓直接交流的途徑，儘管有些形式主義，象徵重於實際，但仍不失皇帝表達關懷百姓的管道。三是皇榜既是宋朝尊君政策的一環，也是恤民仁政的表現。

　　宋朝立國不久，揚、泗饑民多死，建隆三年（962）正月，戶部郎中沈義倫建議：「郡中軍儲尚百餘萬可貸，至秋乃收新粟。」相關機構反對說：「若歲洊饑，將無所取償，孰當執其咎者？」太祖以此詢問，沈義倫回答說：「國家方行仁政，自宜感召和氣，立致豐稔，寧復憂水旱耶？」[121]這是宋朝初年恤民仁政的辯論，太祖最後決定遣使賑貸。儘管宋初以強幹弱枝為國策，但太祖關切荒政，下詔臨時授權地方官便宜發廩賑荒，如乾德二年（964）四月詔：「諸州長吏視民田旱甚者，即蠲其租，勿俟報。」[122]「乾德中，詔發義倉振饑民者勿待報。」[123]乾德三年（965）三月，太祖對左右說：「軍旅、饑饉，當預為之備，不可臨事厚斂於民。」於是，在講武殿後面設置封樁庫，凡是歲末用度贏餘都入庫儲備。[124]真宗天禧元年（1017）九月，李迪回顧太祖設置內藏庫的目的，他說：

> 上嘗憂旱蝗，歲用不給，迪曰：「祖宗置內藏，正欲復西北故土，及支凶荒。」[125]

李迪認為太祖設置內藏庫的動機，在於恢復燕雲與體恤凶荒。倘若李迪記錄可信，太祖視復故土與支凶荒俱為朝廷重要的國策。

　　太宗承襲了太祖的強幹弱枝之外，也繼續重視荒政。雍熙二年

121　《長編》卷 3 建隆三年正月己巳，頁 60。
122　《長編》卷 5 乾德二年四月戊申，頁 125；《文獻通考》卷 26〈國用考四〉，頁 252。
123　《皇朝編年綱目備要》卷 1 乾德元年三月，頁 14。
124　《長編》卷 6 乾德三年三月，頁 152。
125　《皇朝編年綱目備要》卷 8 天禧元年九月，頁 166。

（985）四月，江南數州旱歉，太宗詔曰：「朕撫御寰區，惠養黎庶，軫憂勤而是切，在夙夜以寧忘。」范學輝指出，宋初用語的「江南」，多指新歸附的南唐地區，太宗對於江南數州旱災如此用心再三，當有綏懷原南唐人民之意。[126]同年六月，內殿建道場，太宗對宰相說：「今夏麥豐登，比聞歲稔則民多疾疫，朕恐百姓有災患，今建此為民祈福，未必便能獲祐，且表朕請禱之意。」[127]端拱二年（989）旱，太宗「以歲旱減膳，遍走群望，皆弗應。」他賜予宰相趙普等人手詔說：

> 萬方有罪，罪在朕躬。自星文變見以來，久愆雨雪。朕為人父母，心不遑寧，直以身為犧牲，焚于烈火，亦足以答謝天譴。當與卿等審刑之闕失，念稼穡之艱難，恤物安民，庶祈眷佑。

因趙普生病，呂蒙正帶頭以水旱之責而請辭宰執，太宗慰留他們。[128]淳化三年（992）五月，太宗「以久愆時雨，憂形於色」，對宰臣說：「亢陽滋甚，朕懇禱精至，並走群望，而未獲嘉應者，豈非四方刑獄有冤濫，郡縣吏不稱職，朝廷政治有所闕乎？」於是遣人去諸路按察刑獄。當晚，降甘霖。隔日，宰臣稱賀，太宗說：「朕孜孜求理，視民如傷，內省于心，無所負矣。」[129]

下則故事更能彰顯太宗重視荒政：淳化四年（993）七月開始，霖雨不止，皇城積水頗深，甚至往來以浮筏。近畿秋穫甚微，百姓流移眾多，陳、潁、宋、亳之間盜賊四起。一日，太宗「以陰陽愆伏，

126　《宋太宗皇帝實錄校注》卷 33 雍熙二年四月乙亥，頁 313。此詔收入《宋大詔令集》卷 185〈政事三八·賑恤〉，頁 672。

127　《宋太宗皇帝實錄校注》卷 33 雍熙二年六月己卯，頁 338。

128　《長編》卷 30 端拱二年十月癸酉，頁 688。

129　《長編》卷 33 淳化三年五月己酉、庚戌，頁 736。

罪由公府」之名，嚴責宰相李昉、參知政事賈黃中、李沆三人說：
「卿等盈車受俸，豈知野有饑殍乎？」三人畏懼拜伏於地。出去之
後，黃中對人說出他的感受：「當時但覺宇宙小一身大，恨不能入地
爾。」[130]可見太宗責問言詞之威嚴，關切荒政之急切，連宰執都感到
無地自容。至道元年（995）七月，京西轉運使姚鉉奏言：「陳、許等
九州並光化軍民，經災傷及死損牛具，今年夏稅望與免放減。」太宗
看完之後，同情地說：「水潦作沴，害民農畝，豈可吝茲賦稅，以重
困吾民也。」於是，減放夏稅及緣科錢物。[131]同年十二月，太宗鑑於
「時和年豐，寇盜寖減」，有感而發，他對宰相呂端說：

> 國家自近歲以來，鍾茲艱運，水旱作沴，連年不稔。……而又
> 京邑之中，霖雨彌月，百物涌貴，道殣相望。於茲時也，百姓
> 嗷嗷然。朕為其父母，居億兆之上，位尊責重，莫遑寧處。每
> 日與卿等相見，雖不形於顏色，然而中心憂念，無須臾之安。
> 由是內修政紀，救萬民之愁疾，外勤戎略，定三邊之狂孽。以
> 至有司常職，米鹽細事，朕亦不憚勞苦，並躬親裁斷。遂致上
> 天悔禍，否極斯泰。……朕豈望纔經災歉之後，便覩茲開泰，
> 深自慶慰也！[132]

呂端等人稱賀。這段話最具代表性，太宗繼位後，天災頻率頗高，當
年幸逢豐年，自是欣慰。「內修政紀，救萬民之愁疾，外勤戎略，定
三邊之狂孽」，這句話值得注意，當年（995）「定三邊之狂孽」有心
無力，「救萬民之愁疾」尚可一為。經過太平興國四年（979）高梁
河、雍熙三年（986）岐溝關等戰役，兩次北伐契丹失利之後，太宗

---

130 《長編》卷34淳化四年九月丙午，頁753。

131 《宋會要》食貨70之159，至道元年七月。

132 《長編》卷38至道元年十二月癸酉，頁823。

將施政重心逐漸轉移至內政，事必躬親，特別是仁政恤民方面，辯稱
「上天悔禍，否極斯泰」。換言之，上天降下災禍，太宗實行仁政，
終能否極泰來。我們若說太宗有意「製造仁政」，當不為過。[133]與此
同時進行的思潮是反戰思潮，如李華瑞指出：「及至太宗北伐失敗，
厭戰情緒日漸濃厚，並且在政治上轉向守內虛外之時，反戰論便作為
一種思潮在太宗晚年及以後得以盛行。」[134]恤民仁政家法也是這種守
內虛外的強化，起初雖是刻意為之，其後則不得不然。南宋中期的洪
邁注意到太宗恤民事蹟，特別編列一則。如他引述兩浙轉運使曾致堯
上言秋租欠稅，「太宗以江淮頻年水災，蘇、常特甚，致堯所言刻
薄，不可行。因詔戒之，使倍加安撫，勿得騷擾。」[135]太宗還擔心監
司重於徵稅，輕忽恤民。晚宋徐經孫於崇政殿經筵進講之中，注意到
太宗於雍熙二年七月庚申積蓄詔，他評論說：

> 臣嘗聞，天災流行，國家代有，朝廷仁政，所貴及時。以此知
> 堯、湯不能免水旱之災，而天下未始有損瘠之民者，要必有以
> 達其仁也。……恭惟太宗皇帝，上承藝祖龍興之業，下貽神孫
> 燕翼之謀，所以億萬年而有永者，皆於安民一念得之。聖謨洋
> 洋，真萬世之矩矱也！[136]

---

133 雍熙三年，欲擴大宮城，「以居民多不欲徙，遂罷」，可作為太宗在乎百姓反應的
　　旁證。《宋史》卷85〈地理志一〉，頁2097。

134 引文見李華瑞：《宋夏關係史》，頁25。宋初反戰論可參考王明蓀：〈宋初的反戰
　　論〉，頁111-125。恤民仁政與反戰思和的想法並不僅限於太宗個人，而是君臣衡
　　量客觀形勢之後的最佳選擇。

135 《容齋隨筆》四筆卷14〈太宗恤民〉，頁133。

136 《矩山存稿》卷2〈九月初十日進講〉，頁4。太宗之詔，見《宋太宗皇帝實錄校
　　注》卷33 雍熙二年七月庚申，頁350；《宋大詔令集》卷184〈政事三七‧蓄
　　積〉，頁670；《宋會要》食貨54之1-2，雍熙二年七月。

從太宗到理宗朝，歷經三百多年，宋室恤民仁政之說儘管有過度美化之嫌，不可否認，成為日後君臣所要恪遵的祖宗家法之一。太宗朝是恤民仁政成為宋朝祖宗家法的最關鍵時刻。

真宗景德元年（1004）宋遼簽署〈澶淵誓書〉之後，宋廷有鑑匱乏於武功，只得豐勤於仁政，恤民救荒成為最佳的政策抉擇。簡而言之，便是以養民措施來強化政權正當性，減少邊患不息的「歷史焦慮感」。[137]如日後高宗所言：「重念祖宗有天下二百年，愛養生靈，惟恐傷之。」[138]

嘉祐二年（1057）八月，韓琦提到仁宗的恤民仁政，無愧於兩漢：

> 嘗覽前代，見兩漢之世，其於鰥寡孤獨、老眊篤癃之民，每詔郡國，則必哀憐軫惻，間有粟帛之賜。故大漢之德，感人之深，不獨當時之人思愛不已，至於後世，亦嗟嘆而稱美之。陛下紹祖宗積累之業，至仁至慈，視天下之民猶父母保赤子，唯恐其有傷也，豈愧於二漢哉！[139]

他將仁宗的仁慈之政媲美於兩漢，帶有朝代比賽的語氣。馬端臨也高度讚揚仁宗和英宗的災傷恤民之舉：

> 仁宗、英宗一遇災變，則避朝、變服、損膳、(徹)〔撤〕樂，恐懼修省見於顏色，惻怛哀矜形於詔令，其德厚矣。災之所被，必發倉廩振貸，或平價以糶，不足則轉漕他路粟以給。又不足則誘富人入粟，秩以官爵。災甚，則出內藏或奉宸庫金

---

137 拙著：《取民與養民：南宋的財政收支與官民互動》，頁 2。

138 《要錄》卷 141 紹興十一年九月戊申，頁 2272。

139 《安陽集編年箋注》附錄一〈請賑恤老幼貧疾奏〉，頁 1655。

帛，或鬻祠部度僧牒。東南則留發運司歲漕米，或數十萬或百
萬石濟之。

二帝恤民之舉，馬氏還羅列一大串，諸如：蠲減及倚閣賦役；暫停不
需要的支移、折變、和糴、科率；賑食饑民；予以閒田；聽隸軍籍；
收養老幼不能自存者；瘞埋死者；以錢粟易之蝗蝻；下詔州縣長吏撫
卹其民；省刑罰；罷遣不適任者；遣使安撫等等。[140]
　　北宋初年君主如此，南宋呢？紹興和議之前，高宗深知重稅以養
兵造成百姓負擔沉重，紹興七年（1137）六月，他對大臣說：「朕嗣
位以來，思與之休息，又以邊事未盡，軍需之資取辦於諸路者尚
多……。倘他日兵（侵）〔寢〕，朕當一切蠲罷。雖租賦之常，亦除一
二年。朕之此心，天地鬼神寔臨照之。」[141]強調戰後減稅。紹興十一
年（1141）九月，他提到議和的原因，除了迎接生母韋太后和徽宗梓
宮的孝道因素之外，還有就是：「朕每欲與講和，……所願天心矜
惻，消弭用兵之禍也。」[142]紹興二十年（1150）九月，高宗再次提
到：「朕今日所以休兵講好者，正以為民耳。若州縣不知恤民，殊失
朕本意。」[143]紹興二十九年（1159）三月，高宗說：

> 輕徭薄賦，所以息盜。歲之水旱，所不能免，儻不寬恤，而惟
> 務催科，有司又從而加以刑罰，豈使民不為盜之意。故治天
> 下，當以愛民為本。[144]

140　《文獻通考》卷 26〈國用考四〉，頁 252。
141　《宋會要》食貨 63 之 7，紹興七年六月十九日。《要錄》卷 111 紹興七年六月己
　　酉，頁 1807，又載高宗言：「朕以兵戈未息，不免時取於民，如月樁之類，欲罷未
　　可。一旦得遂休兵，凡取於民者，當悉除之。」
142　《要錄》卷 141 紹興十一年九月戊申，頁 2272。
143　《要錄》卷 161 紹興二十年九月甲戌，頁 2621。
144　《要錄》卷 181 紹興二十九年三月丙子，頁 3009。

「輕徭薄賦，所以息盜」這句話頗具代表性。高宗常將「惟務節儉，不敢分毫妄費」掛在嘴邊[145]，卻多半口惠而實不惠。戰後雖有減稅之舉，只是微調稅賦，並未根本性調整稅賦結構。譬如和買絹變成和帛錢，復行差役卻照徵免役錢，經、總制錢、月樁錢、版帳錢等調撥性稅賦，這些加稅之舉並未廢除。日後留正說得好：「自兵興以來，創法增賦不知其幾倍矣，已增者既不可遽減，日朘月削，民不堪命。」[146]元人所撰《宋史》的宋高宗形象頗佳，「恭儉仁厚」[147]，王曾瑜認為這是「宋高宗對自我形象裝扮的成功」。[148]不過，高宗雖是矯情做作的人君，甚至有些虛偽，但上述「祖宗愛養生靈」之說，是他綜合祖宗之制的心得，這點倒是正確，並以此作為議和的說詞。

隆興用兵失利後的孝宗，重心轉移至內政，孝宗曾說：「朕未嘗妄用一毫，只為百姓。」[149]《兩朝聖政》編纂者留正注意到孝宗致力荒政事跡，他說：

> 壽皇以仁德覆天下，……雨晴稍愆，則憂見於色，水旱之災，則必先事而備。雖堯、湯之用心，未有以過之也。[150]

---

145 《要錄》卷145紹興十二年四月辛巳，頁2322。

146 《兩朝聖政》卷47乾道四年八月乙巳，頁5。

147 《宋史》卷32〈高宗紀贊〉，頁612。

148 王曾瑜：《荒淫無道宋高宗》，頁3。

149 《兩朝聖政》卷47乾道四年八月乙巳，頁5。同書卷58淳熙七年十一月壬申，頁16，孝宗曰：「朕於內帑，未嘗毫髮妄用，上以奉二親，下則犒軍而已。至於奉養口體，每戒後苑毋妄殺，如鵪鶉並不令供。」

150 《兩朝聖政》卷49乾道六年八月己酉，頁6。留正對孝宗用心荒政的評語，同書卷53淳熙乾道元年六，頁7，「至尊壽皇聖帝即位以來，勤求民瘼，愛養民力。寧儉於用，而不肯使天下之匱乏；寧無餘，而不肯使天下之不足。躬邇己責，捐利與民，殆未易於縷數。」同書卷54淳熙二年四月乙卯，頁3，「壽皇聖帝自即位以來，躬邇己責亦云多矣。……仁與天同其大矣！」同書卷54淳熙二年十一月乙巳，頁12-13，「壽皇聖帝務農而憂民，雨晹必關，念慮蠶麥致形，詔書水利之興，在在而有。……蓋以聖心勤民之切，而有司先備之素也。」同書卷58淳熙七

他將孝宗用心荒政，比美之堯、湯。另外，留正將孝宗和唐太宗做一番比較：

> 唐太宗即位之初，一年飢，二年蝗，三年大水，至四年米斗三錢，……輒震而矜之，自以為行仁義，既效驕心一生，去王道遠矣。己亥、庚子之間（淳熙六、七年），連歲告稔，壽皇聖帝每對大臣，不曰：「當更作好事，仰答天貺。」則曰：「當益修德，以承天祐。」寅畏如此，夫豈有一毫驕心哉！昔嘗睹睿訓有俯同正觀之意，以此觀之，太宗蓋不及也。[151]

「百姓既足，君孰不足」，「量入為出，可不念哉」之語。[152]淳熙十年（1183）八月，湖北久旱，其後奏報大雨，秋成有望。孝宗喜不自勝說：「朕食素就宮中設醮，但見陰雲四合，不知得雨如此之廣。」宰相王淮等人奏言：「所謂惟德動天，無遠弗屆。」孝宗自誇說：「人主於天尤親，感召之速，終是異於臣庶。」[153]孝宗重視荒政，用心也深，得失亦重，若是自我感覺良好，也不足為奇。蔡戡勸光宗以孝宗為法：「壽皇誠心愛民，出于懇惻，凡有水旱，尤軫聖懷，如捄焚拯溺，惟恐或後，不吝倉廩府庫，以賑濟之。勤恤民隱，視之如傷，此壽皇之仁也。」[154]理宗時，邢凱〈上丞相平淮頌〉提到：「皇矣聖宋，立國以仁。」[155]此文雖為歌頌史彌遠之作，但不失其意義。晚宋

年正月甲寅，頁 1，「壽皇聖帝愛惜財賦，不肯一毫妄費，而蠲減之令史不絕書，至是乃放臨安府城內外及諸縣一年之征，又盡出內帑以補之，捐利予民，雖出聖神之本心，然儉德之効實見於此。」

151 《兩朝聖政》卷 57 淳熙六年八月壬辰，頁 11。

152 《宋會要》食貨 63 之 26，乾道二年十二月二十一日。

153 《兩朝聖政》卷 60 淳熙十年八月辛亥，頁 10。

154 《定齋集》卷 5〈乞以壽皇聖帝為法劄子〉，頁 3。

155 《全宋詩》冊 57〈上丞相平淮頌〉，頁 35830。

度宗淳咸八年（1272）黃震於榜文告示百姓說：「太祖皇帝以仁立國，……上自堯舜，方見本朝，我生何幸，得在今日」。[156]元人所編《宋史》〈振恤〉亦認同此說：「宋之為治，一本於仁厚，凡振貧恤患之意，視前代尤為切至。」[157]

下表整理宋朝皇帝關於恤民的言行，藉此觀察太祖以來的仁政祖宗家法：

表3-1：宋朝皇帝救荒仁政例舉表

	言論或行為	出處
太祖	夏秋以來，水旱作沴，言念民庶，恐致流離。委諸道州府長吏預告人民，有災傷處並放今年租賦。	《宋會要》食貨70/155
太宗	端拱二年旱，上減膳，賜宰臣詔，深自責己。 至道元年，言：「水潦作瀾，害民農畝，豈可吝茲賦稅，以重困吾民也。」	《皇朝編年綱目備要》4/82、《宋會要》食貨70/159
真宗	自去冬旱，上每御蔬食，憂閔切至。是日，方臨軒決事，雨沾衣，左右進蓋，卻而不御。 上謂宰相曰：「去歲旱蝗，秋稼不稔，今春時雨未降，朕夙夜驚惶，未嘗暫忘，豈非政令有爽天意？因思茶鹽禁，頗為峻刻，或行之已久，雖為遽改，削其尤不便而傷於厚斂者可也。」 仰視蝗勢連雲障日，莫見其際，上默然還坐，意甚不懌，乃命撤膳，自是聖體遂不康。	《皇朝編年綱目備要》6/124、8/166；《長編》88/2021
仁宗	自冬訖春，旱暵未已，五種弗入，農失作業。朕惟災變之來，應不虛發，殆不敏不明以干上帝之怒，咎自朕致，民實何愆，與其降疾於人，不若移災於朕。自令避正殿，減常膳，中外臣僚指當世切務，實封條上。	《長編》160/3865

156　《黃氏日抄》卷78〈淳咸八年正旦曉諭敬天說〉，頁20。

157　《宋史》卷178〈食貨志上六〉，頁4335。

神宗	上以久旱，憂見容色，每輔臣進見，未嘗不嗟嘆懇惻。	《救荒活民書》上/29
哲宗	天垂變異，彗出西方，災譴為大，朕實懼焉。可避正殿，減常膳，罷秋燕，許內外臣僚直言朝廷闕失。	《皇朝編年綱目備要》24/603
徽宗	崇寧元年八月，置安濟坊、居養院。三年二月，設漏澤園。	《皇朝編年綱目備要》26/664、27/680
高宗	朕平常無妄費，所積本欲備水旱爾，本是民間錢，卻為民間用，復何所惜！	《救荒活民書》上/33
孝宗	淳熙四年二月：朕日夕以此為憂，早上方宮中焚香，拜謝天地，更乞終惠成此豐年，以寬焦勞之念。 淳熙四年二月：朕終歲憂念百姓，自初布種，以至收成，其間少有旱潦，未嘗不惕然念之。每歲常到十月以後，農事一切了畢，方始放心。 淳熙七年正月：朕於內帑無毫髮妄用，苟利百姓，則不惜也。朕之本心，只欲連歲豐稔，物價低平，百姓家給人足，茲為上瑞耳。	《兩朝聖政》54/17、55/5、58/1
寧宗	歲比旱蝗，民食不登，捐瘠流亡，良可哀痛。朕蠲租發廩，日夕惴惴，惟恐賑恤弗及，亦冀在位有以分朕之憂。而監司、守令鹵莽具文，未副朕志，其能按察而無拘攣歟？撫字而無刻剝歟？不然，何吾民不安業而忍為盜賊之歸也。	《續編兩朝綱目備要》12/217
理宗	深慮旱暵為虐，靡神不宗，一雨應期，方慰農望。風雹為沴，朕甚懼焉。自三月二十四日避正殿，損常膳，仍令中外臣僚講求時政，引用正人，招集流民，捍禦外侮，弭災召和，以稱朕意。	《宋史全文》33/2231

附註：以下皇帝不列入的原因：欽宗、度宗在位不長，又逢戰事；英宗、光宗在位短，後期疾病纏身，故史書所載未詳。

　　上引君臣的言論或許帶有政治緣飾的味道，有些形式主義，也可能虛情假意、矯情做作，但不可否認，宋朝承平之時，仁政恤民在朝

廷的施政順序確實頗為優先，史典屢見不鮮。宋朝皇帝非常在乎自己
寬厚仁恤的形象，這從太祖、太宗以來即有此一風氣，皇帝的仁政形
象代代相傳，可謂祖宗家法之一。其次，楊聯陞曾提到「朝代比賽」
的觀念，上表之中，宋朝皇帝所言恤民仁政亦帶有朝代比賽的味道，
將本朝自比於三代，功高於漢唐。[158]余英時曾用「回向三代」，論述
宋朝比附夏商周三代的政治文化脈絡[159]，亦是廣義的朝代比賽。其
三，在外患不斷，國威遜於漢唐的局面，在外患及國威的自卑感之
下，唯有恤民仁政可以一較長短。歷代以宋朝最重視荒政，尚有一個
旁證，李華瑞曾檢索《文淵閣四庫全書》集部的「荒政」一詞，從兩
漢到五代只有三次，北宋三十六次，南宋三百四十三次，金及元兩代
四十次，明代八十七次。顯然，兩宋出現頻率陡然劇增，共計三百七
十九次，為歷代之冠，某部分來說，宋朝可謂歷代最講求荒政的時
代。[160]社會交換理論大師彼得‧布勞（Peter Blau）曾指出，從事慈
善事業的人們表面看來屬於利他主義，實際卻隱含著利己主義，提供
捐助就是讓別人承認自己的優越，贏得社會贊同便是其回饋報酬。[161]
這個理論也適合解釋宋朝君主的恤民意圖，體恤災民並非只基於憐憫
之心，而是有所意圖，既可樹立宋朝的仁政形象，並定位本朝的歷史
地位，又可轉移國勢積弱不振的難堪，用之解決或轉移宋朝無法達到
漢唐武功的內在焦慮感。

　　元人馬端臨總結宋朝蠲減仁政說：

　　　　宋以仁立國，蠲租己責之事，視前代為過之，而中興後尤多。

---

158 楊聯陞：〈朝代間的比賽〉，頁 43-59。

159 余英時：《朱熹的歷史世界：宋代士大夫政治文化的研究》之第一章〈回向「三
代」〉，頁 184-198。

160 李華瑞：〈略論南宋荒政的新發展〉，頁 267-268。

161 布勞：《社會生活中的交換與權力》第四章，頁 130-132。

州郡所上水旱、盜賊、逃移，倚閣錢穀，則以詔旨徑直蠲除，
無歲無之，殆不勝書。

南宋更致力於恤民仁政的動機，馬氏認為與重賦養兵有關，本書也贊
同此一觀點。其云：

蓋建炎以來軍興，用度不足，無名之賦稍多，故不得不時時蠲
減數目，以寬民力。[162]

換句話說，就北宋而言，內政恤民是國策，彌補外王武功的缺憾；就
南宋而言，在重稅養兵、北敵環伺的艱困環境之下，朝廷必須表現更
加恤民，消除內在的焦慮，獲得政權的正當性。

四　小結

宋朝緩徵、減降或蠲免賦稅的原因，大致有九種：自然災害程
度、上供困難、無法催理、輸納已達目標而緩徵餘稅、稅戶賦稅負擔
能力不足、兵火或盜賊受創地區、獎勵服役有功者、彌補百姓因公損
失、鼓勵逃戶返鄉復業。住催、展限、倚閣均是延後輸納之意，三者
並無本質上的不同，倚閣一詞最為常見，到了南宋倚閣使用頻率更
高。

檢放減免的項目，以夏秋二稅為主，二稅未必合併蠲免，多數是
分開計算。宋廷很少直接蠲免二稅，多半以減放或緩徵為主。就算中
央詔令蠲減二稅規費，地方政府卻未必執行，陽奉陰違者不在少數，
主要原因在於事涉地方財源。其餘各類雜稅、差役、規費、敷配、政
府收入，未必隨著二稅而蠲減，不少仍照常輸納，除非朝廷特別下詔

---

162 以上兩條引文俱見《文獻通考》卷 27〈國用考五〉，頁 261。

蠲減。

　　蠲減項目並非局限於官方財產，民間財產也會列入其中，譬如延後交納民間欠債、私地私屋錢等。在荒年之際，強迫民間參與蠲減活動，其精神與勸諭富民賑濟具有一致性。

　　宋太祖首先樹立起重視救荒的風範，太宗承襲之，形成恤民仁政的祖宗家風。宋朝外乏於武功，只得內修於仁政，在國威的自卑感之下，恤民救荒是其最佳的抉擇。南宋中興之後，受辱於北方邊患，持續此一仁政國策，其中以孝宗最具代表性，如留正將宋孝宗的德政高於唐太宗。再者，恤民仁政帶有朝代比賽的味道，尋求宋朝在歷史上的定位。宋朝不遜於三代，功高於漢唐，關鍵便在於荒政措施。就北宋而言，內政恤民是國策，彌補外王武功的缺憾；就南宋而言，在重稅養兵、北敵環伺的艱困環境之下，朝廷表現更加恤民，消除內在的焦慮，獲得政權的正當性。換言之，兩宋的荒政不僅是恤民仁政而已，也是安邦定國的統治策略，一種工具性格、講求利害的設計。

　　——原名〈宋朝災傷蠲減與恤民仁政國策〉，宣讀於〔第二屆宋學暨開封與宋學的發展和傳承國際學術研討會〕，開封：開元名都大酒店，2013年10月18日。

第四章
救荒抄劄給曆

一 前言

　　本章的研究旨趣在於：荒災發生之時，地方政府如何透過抄劄簿冊，有效掌握救濟的對象及資源。「抄劄」又稱「抄具」，按照字面上的意思，泛指登錄人口、錢物或資料於簿冊，宋朝官方文書運用頗為廣泛。[1]此外，抄劄尚有籍沒罪犯財產之意。[2]宋朝荒政救濟上，官方可藉由抄劄來清查災情，並將災民資料抄錄於簿冊之內，以便確切掌握災情狀況。除了饑荒流民之外，像水患災民之安頓，「差簿、尉分頭前去，逐一抄具被水之家外，所有鄉村被水衝壞田桑，候各官申到

1　抄劄人口資料上，《宋會要》食貨 43 之 5（47 之 3），崇寧元年三月八日，發運司言：「乞將諸州借裝官物上京新船，並委泗州監排岸官員置籍拘管，有入汴舟船，當日抄劄及梢工、押人姓名，並給公據，付本綱收執前去，不得別有諸般占留差使。」同書蕃夷 5 之 85，天聖六年十月一日，「融州外略蠻人乞開通道路，抄劄人口，建置州縣城寨。」抄劄錢物資料，《三朝北盟會編》卷 99〈秘書少監趙鍇與姚太守書〉，頁 10，女真圍攻汴京之際，「侍從百官皆分頭根括，（趙）鍇亦在此抄劄事。到十六日，已根到金共十九萬餘兩，銀一百七十餘萬兩。」又如註 8 之專賣及青苗錢。泛指記錄資料，《洗冤集錄》卷 2〈驗未埋瘞尸〉，頁 113，記錄驗屍事項亦曰抄劄，「先剝脫在身衣服，或婦人首飾，自頭上至鞋襪，逐一抄劄。」卷 4〈劄口詞〉，頁 144，錄寫案件口供亦曰抄劄，「凡抄劄口詞，恐非正身，或以它人偽作病狀，代其飾說，一時不可辨認。」李華瑞：〈抄劄救荒與宋代賑災戶口的調查統計〉，頁 31，抄劄亦作鈔劄，相似現今登記、調查、核實之意；又有抄寫、抄錄、謄錄之意，也與抄籍、抄檢、括責相近。

2　《吏學指南》卷 4〈雜刑〉，頁 5，「籍沒：謂斷沒家私也，隋制。抄劄：即籍沒也。」

見數，別具申聞」[3]；像祝融災民之安頓，越州「分委官躬親仔細抄劄，應實曾被火延燒下戶」[4]；像貧弱無依之人和乞丐之救濟及居養，「委都監抄劄（紹興府）五廂界應管無依倚流移病患之人，發入養濟院」[5]；像疾疫之散藥及安濟，「所有藥餌令戶部行下利劑局應副，仍各置歷，抄轉醫過人數」[6]；像無主骨骸之漏澤安葬，「委官躬親抄劄」等活動[7]，都曾運用抄劄來登錄需要救濟人們的資料。還有，官方的專賣事業也廣泛運用抄劄手段，掌握專賣商人和消費者的資料，藉此保證官方的營利所得。[8]官員甚至將之應用於科率抑配上，如神宗變法的青苗法，「因提舉官速要見功，務求多散」，州縣「排門抄劄」，藉此抑配青苗錢，衝高借貸人數，向上邀功。[9]

荒政上的「曆」，又稱為曆子頭、曆頭或曆子，亦可寫成「歷」

3 《宋會要》食貨 58 之 32，嘉定十一年六月二十一日。同書食貨 58 之 33，嘉定十五年七月十一日。

4 《宋會要》食貨 59 之 22-23，紹興元年十月二十三日。同書食貨 59 之 29，紹興七年二月十二日；食貨 59 之 36，紹興三十年八月十一日；食貨 58 之 17，淳熙十四年六月二十二日；食貨 58 之 33，嘉定十三年十二月七日夾註。

5 《宋會要》食貨 68 之 138，紹興元年十二月十四日。

6 《宋會要》食貨 58 之 14，淳熙八年四月十一日。同書食貨 58 之 22，慶元元年六月七日。

7 《宋會要》食貨 58 之 23，慶元六年十一月二十四日。

8 鹽方面，《宋會要》食貨 25 之 29，宣和七年七月一日，都省言：「榷貨務狀：勘會客人垛放舊鹽，已降指揮，將見今未（書）〔盡〕買新鈔帶賣舊鹽，盡行抄劄見數，官為封印籍記，若不專一委官，竊慮奉行減裂。欲乞朝廷特賜指揮，在京令開封府專委曹官、在外州委通判、縣委令佐管勾，如抄劄不盡不實，亦乞朝廷重立約束施行。其抄劄舊鹽，仍令所委官具數徑報本務照會。」茶方面，同書食貨 30 之 42，政和二年八月二十六日，「一、客人已販舊法茶至元指住賣處，仰所至州縣委官抄劄封訖；如未至元指處，願抄劄者聽」。

9 《長編》卷 384 元祐元年八月己丑，頁 9358-9359，司馬光乞約束州縣抑配青苗錢曰：「檢會先朝初散青苗，本為利民。故當時指揮並取人戶情願，不得抑配。自後因提舉官速要見功，務求多散，……或舉縣勾集，或排門鈔劄。」亦見《宋史》卷 176〈食貨志上四・常平〉，頁 4288。

字，也可稱為曆由、憑由或由。[10]曆頭作為領取救濟物資的憑證，廣
泛用於荒政公文書上，包括臨時救濟或經常救濟方面。經常救濟者，
如徽宗崇寧二年（1103）發放冬令救濟物資，「開封府造紙襖，遇大
寒，置曆給散在京并府界無衣赤露之人」[11]，「曆」作為領取紙襖的憑
證。

　　宋朝救荒抄劄的研究，稍早有張文、郭文佳等人論著部分篇幅討
論過。[12]李華瑞的抄劄新作，旨趣在於宋代戶口資料，在丁簿、五等
丁產簿、稅帳、保甲簿之外，還存在賑災戶口統計系統，抄劄登記男
女老幼全部人口。北宋中期至南宋在救荒和社會救濟中普遍實行抄劄
登錄制度，統計不能自食其力的戶口是賑災抄劄的重點，故反映當時
中下等戶的人口平均數。他還指出下列要點：地方官是賑災抄劄災民
戶口的組織者，抄劄包括姓名、大小、口數、住處等項目，計口給
食。[13]這個論點是正確的，但抄劄給曆多半集中於經常性的社會救
濟，藉此登錄社會弱勢者（鰥寡孤獨無依者和乞丐），以便發放賑濟
物資。至於臨時性的災荒救濟，抄劄戶口只是一種賑災措施，並非絕
對而必要的程序。後將詳論。

　　本章稍早宣讀及刊登於中國文化大學，此次參佐李華瑞論文，增
刪部分內容，略其所詳，詳其所略。

　　宋朝荒政抄劄流程，最完整的史料莫過於富弼青州抄劄的相關記
載，茲先以該條為中心，再擴及討論抄劄的面相及弊端：

---

10 《西山先生真文忠公文集》卷 7〈申省第二狀〉，頁 13，載：「緣此有已抄劄而不敢
　　請由，有已得由而不敢請米。」
11 《宋會要》食貨 59 之 7，崇寧二年十二月十四日。
12 張文：《宋朝社會救濟研究》，頁 99-100。郭文佳：《宋代社會保障研究》，頁 71-
　　73。
13 李華瑞：〈抄劄救荒與宋代賑災戶口的調查統計〉，頁 30-42。

二　抄劄流程：以富弼青州賑災為中心

　　所以選擇富弼青州為例，一是資料最為完整，二是成為北宋救荒的榜樣，三是最早的救荒抄劄記載之一。李華瑞認為，北宋前期尚未有明確的救荒抄劄記載，中期之後資料才逐漸出現。[14]由於富弼青州賑荒成為宋朝經典之作，曾藉助抄劄來掌握賑救人數，使得日後有心於賑荒的官員也重視抄劄。

　　仁宗慶曆八年（1048）六月，黃河大改道，決堤於澶州商胡埽而北流，河北、京東西大水，災情十分慘重，饑民流入京東路者不可勝數。[15]京東東路安撫使兼知青州富弼有鑑於此，選擇所轄糧食豐稔的五州，準備官倉儲糧，並勸諭富民出粟，得粟十五萬斛。其次，挑選公私廬舍十餘萬區，安置河北流民。在此之前，官方救災活動頗多煮粥供食，饑民聚集於城郭之中，「聚為疾疫，及相蹈藉死。或待次數日不食，得粥皆僵仆，名為救人，而實殺之。」富弼則採取分散受糧的方式，據說「凡活五十餘萬人，募為兵者又萬餘人」。其「所立法，簡便周至，天下傳以為法。」[16]今日所見富弼賑災之法，以董煟《救荒活民書》所載最為詳盡。以下是富弼在〈支散流民斛斗畫一指揮〉所實行的抄劄流程，引文分為十二段：[17]

　　　　（Ⅰ）一、請本州才候牒到，立便酌量逐縣者分多少差官。每

14　李華瑞：〈抄劄救荒與宋代賑災戶口的調查統計〉，頁 32-33。

15　《長編》卷 164 慶曆八年六月癸酉，頁 3953。

16　《長編》卷 166 皇祐元年二月辛未，頁 3985。

17　以下富弼青州抄劄引文，俱見董煟：《救荒活民書》卷下〈富弼青州賑濟行道‧支散流民斛斗畫一指揮〉，頁 24-31。所以選用文淵閣四庫全書本，在於該版本錯字較少，詳見註腳考釋。

一官令專管十者或五七者，據者分合用員數，除逐縣正官外，
請於見任并前資寄居及文學、助教、長史等官員內，須是揀擇
有行止、清廉幹當、（得事）〔素〕不作過犯官員。[18]（略）

「差官」分為「檢踏災傷官」和「抄劄賑濟官」兩種，多半委託幕職
官或寄居官擔任此職。[19]富弼動用有操守的官員們負責抄劄賑恤事
宜，為了因應抄劄需求，因而購買大量的簿冊及曆頭用紙，並雕版印
製，以求標準制式化。引文又云：

（Ⅱ）縣司盡時將在縣收到（城）〔贓〕罰錢或頭子錢并檢取遠
年不用放紙賣錢，收買小紙，依封去式樣、字號空（敬）
〔數〕，雕遍印板。[20]

以贓罰錢、頭子錢及遠年不用放紙賣錢，作為收買抄劄紙張的經費來
源，依照格式印製。接著又說：

（Ⅲ）酌量流民多少，寬剩出給，印押曆子頭，各於曆子後粘
連空紙三兩張。便令差定官員。令本縣約度逐者流民家數，分
擘曆子與所差官員，使令親自收執。分頭下鄉，勒者壯引領，
排門點檢，抄劄流民。每見流民，逐家盡底喚出本家骨肉，親
自當面審問的實人口，填定姓名、口數，逐家便各給曆子一
道，收執照證，准備請領米豆。即不曾差委公人、者壯抄劄，

18 本章以兩種版本對校，珠叢別錄本將「員數」衍書「員員數」；文淵閣四庫全書本
　 原作「得事不作過犯官員」，據珠叢別錄本改。
19 《宋會要》食貨 58 之 30，嘉定八年九月十一日。《救荒活民書》卷下〈程迥代能仁
　 院賑濟疏〉，頁 33，「今歲在庚子（淳熙七年），水旱飢饉，委鄉官抄劄鰥寡孤獨廢
　 疾跛眇不能自存之人」。
20 文淵閣四庫全書本原作「字號空敬」，據珠叢別錄本改。

別致作弊虛偽，重疊請卻歷子。[21]

按照流民安置的地點，委差官員和耆長壯丁挨家挨戶抄劄，當面審問確實口數，將姓名及口數抄劄於簿歷上，每戶發給歷頭，作為領糧憑據。抄劄的用意在於：一可藉此避免重覆請領，浪費救災物資；二是州郡藉此確實掌握災民人數，有效運用救災物資。至於抄劄內容的討論，詳見於後。

宋朝救荒抄劄的人力動員，主要透過差役體系，北宋新法之前，以負責治安的耆長和壯丁為主，前引富弼之例即是如此。新法之後，或由雇傭的耆壯，或改以保正副負責，南宋則以保正副為主。[22]

上引文尚有四點值得留意：其一，抄劄工作必須由委差官親自進行，不得授權公吏和耆壯代行，防止虛偽作弊。其二，逐戶抄劄之事，為何委差官員由負責治安事務的耆長和壯丁來帶領，而非負責稅役事務的戶長來帶領呢？筆者推測，恐與此次主要的賑濟對象有關，因為流民並非當地的編戶，因為無涉於稅役工作，基於安全考量，故由負責治安的耆長壯丁來引領。其三，抄劄登錄及歷頭發放以家為單位，而非個人。其四，沿門抄劄動員人力眾多，工程浩大，並非所有州縣都能夠如此。後世雖言富弼青州荒政「天下傳以為法」，實際未必盡然如此。真德秀〈跋忠肅劉公救荒錄〉提到：「昔公（劉珙）嘗刊富文忠公青社之錄於郡學，世始得見全書。」[23]劉珙榜錄其法於郡學的詳細時間不能確定，推測在南宋孝宗朝，後世方得窺見富弼法全豹。富弼抄劄流民動員龐大，讓人不禁懷疑「天下傳以為法」的可能性。所謂「天下傳以為法」，或許指其精神，而非整套流程。[24]

---

21 珠叢別錄本，「分擘歷子」作「分擘畫歷子」，「別致」誤作「別到」。
22 保正副抄劄，如《宋會要》食貨59之32，紹興十九年三月二日。
23 真德秀：〈跋忠肅劉公救荒錄〉，引自程勳：《劉氏傳忠錄》正編卷4，頁20。
24 臺灣〔宋代史料研讀會〕九十八年度報告，張維玲曾論及第四項，http://www.ihp.

下條提到落籍當地流民的抄劄問題：

（Ⅳ）一、指揮差委官抄劄給曆子時，仔細點檢逐處流民。如
　　內有雖是流民，見今已與人家作客，鋤田養種，及有錢本，機
　　織販舂諸般買賣圖運過日，不致失所，人更不得一例抄劄姓
　　名，給與曆子，請領米豆。

賑濟資源用在刀口上，富弼認為已經落籍當地而從事農工商的流民不
應在抄劄之列，節省救濟物資。但筆者認為，這點可能造成意想不到
的反效果，間接阻礙流民落籍當地的可能性。再看下條：

（Ⅴ）……（略兩條）
一、應係土居貧窮、年老、殘患、孤獨、見求乞貧子等，仰抄
　　劄流民官員躬親檢點，如果不是虛偽，亦各給曆子，令依此請
　　領米豆。[25]

賑救對象亦包括本地的鰥寡孤獨之類，比照前類流民。又下條，規定
抄劄截止日期：

（Ⅵ）一、指揮差委官員，須是於十二月二十五日已前，抄劄
　　集定流民家口數，給散曆子了當。須管自皇祐元年正月一日起
　　首，一齊支給，不得拖延有誤，至日支散，亦不得日數前後不
　　齊。

抄劄作業限在十二月二十五日前完成，來年元旦開始支給。又下條，
規定請領流程：

（Ⅶ）一、流民所支米豆，十五歲以上，每人日支一升；十五歲以下，每日給五合；五歲以下男女，不在支給。仍歷子頭上，分別細籌定一家口數、合請米豆都數，逐旋依都數支給，所貴更不臨時旋（討）〔計〕者。

程迥認為：「今用米一升，可活一人一日之命。」一升米是成年每人一日賑濟的最低生活需求量，有些賑濟數量提高到二升米，十五歲以下小兒折半。[26]曆頭內容上記載，一家口數、每日合請米豆總數，不得臨時隨意增減。又下條云：

（Ⅷ）一、緣已就門抄劄見流民逐家口數及歲數，則支散日更

---

26 引文見《救荒活民書》卷下〈程迥代能仁院賑濟疏〉，頁 33。大人以一升米為賑濟基準者，如《宋會要》瑞異 3 之 9，乾道五年十月三日，黃巖縣被水人戶，「大口日支一升，小口日支五合」；食貨 59 之 36（68 之 124），紹興三十一年正月二十五日，臨安府貧乏之家「每名支錢二百文、米一升」；食貨 60 之 12（68 之 147），隆興元年十月十四日，「大人日支米一升、錢一十文足，小兒減半」；同頁，隆興二年十二月十二日，「支米半月，大人每口一斗五升，小兒減半」；《定齋集》卷 6〈乞賑濟劄子〉，頁 8：「大人日給一升，小兒日給半升」。二升者，《宋會要》食貨 58 之 2（59 之 39、68 之 62），隆興二年九月四日，知鎮江府方滋言：「丹徒、丹陽、金壇三縣，今秋雨傷稼穡，……置場出糶，每人日糶不得過二升」；食貨 59 之 19，宣和五年正月四日，臣僚言張詠賑糶米事，「人日二升」；食貨 59 之 28，紹興六年十二月五日，「臨安府遺火，……被燒民戶，計口日給米二升」；食貨 59 之 29（68 之 122），紹興七年二月十二日，「鎮江府、太平州居民遺火，……分委兵官抄劄被火百姓貧乏之家，每家計口支米二升」；食貨 68 之 42-43，元祐元年四月四日，詔：「開封府諸路災傷，……仍許一面將本縣義倉、常平穀斛賑貸，據等第逐戶計口給歷，大者日二升，小者日一升」。據本書初步觀察，補助多寡可能與下列因素有關：(1) 地方賑濟資源多寡，(2)〈乞丐法〉一升規定，(3) 二升多集於賑糶、賑貸、火災民戶、京城居民。食貨 69 之 50，紹興二年十一月二十七日，知臨安府宋煇言：「訪聞有山東海州等處流民，欲委官抄劄，依常平乞丐法，每人日支米一升，小兒減半。」食貨 60 之 8（68 之 139），紹興四年十月二十八日，「續蒙朝廷依常平乞丐法，每人日支米一升，小兒減半。今來合依例賑給」，可知〈乞丐法〉「依例賑給」的標準為大人每日一升。

不令全家到來，只每家一名親執曆子請領。

每家派一位代表前來領取。又下條云：

> （IX）一、逐官如管十耆，即每日支兩耆，逐耆併支五日口
> 食，候五日支遍十耆，即卻從頭支散，所貴逐耆每日有官員躬
> 親支散。如管五七耆者，即將耆分大者，每日支散一耆，其耆
> 分小者，每日支散兩耆，亦須每日一次支遍，逐次併支五日口
> 食。仍預先於村莊明出曉示，及令本耆壯丁四散告報流民，指
> 定支散日分去處，分明開說甚字號、耆分。仍仰差去官員，須
> 是及早親自先到關支斛斗去處，等候流民到來，逐旋支散。才
> 候支絕一耆，速往下次合支耆分，不得自作違慢，拖延過時，
> 別至流民歸家遲晚，道塗凍露。

委差官員在「支散日分去處」，以治安性質的耆分為單位，每五日一
耆一耆進行支散，一次給足五日口食，並於村莊張榜曉示。這種一次
放糧五日份的規定，對官府而言，可以節省人力；對饑民而言，也可
減少來回奔波之苦。哲宗元祐元年（1086），司馬光亦採取多日支散
的做法，「直行賑貸，仍據鄉村五等人戶，逐戶計口，出給曆
頭。……或五日，或十日，或半月一次，齎曆頭詣縣請領，縣司亦置
簿照會。」[27]王之望除了考量路程遠近外，還兼顧到重疊請領的防弊
設計，其辦法為：「緣本路諸縣地里相近，慮有兩處重疊請給，……
每月取二日、七日、五日一次，同日支散。內飢民若係附郭近便人，

---

27 《司馬溫公文集》卷 8〈論賑濟劄子〉，頁 197；亦見《歷代名臣奏議》卷 245〈荒
　　政〉，頁 1。這種多日賑濟方式，亦見《宋會要》食貨 68 之 43（57 之 9），元祐元
　　年四月四日，詔：「開封府諸路災傷，……仍許一面將義倉常平穀斛賑貸，……五
　　日或（一）〔十〕日至半（日）〔月〕，齎曆詣縣，請印給遣。……其賑濟糶穀，並據
　　鄉村闕食應糶之數給曆。許五日或十日一糶，無令抑過。」

即五日一支，若係三十里外人，即十日一支，庶免飢羸之人往來頻
併。」[28]當然，五日一支並非鐵律，官員會按照時空背景的不同，或
依照賑糶、賑貸的差異，或路程遠近，彈性規定二日[29]、五日[30]、十
日[31]、半月[32]、廿日[33]之不等。黃榦賑荒漢陽軍只規定每戶的賑糶總
額，「或一次或三五次就糶，合從其便。」[34]下條又云：

> （X）……（略前條）
> 一、指揮所差官員，除抄劄籍定給散流民外，如有逐旋新到流
> 　　民，並須官員親到審問，仔細檢點本家的實口數、安泊去處。
> 　　如委不是重疊虛偽，立便給與歷子，據所到日分起請。如有已
> 　　得歷子流民起移，仰居停主人盡時令流民將元給歷子於監散官
> 　　員處毀抹。若是不來申報，及稱帶卻歷子，並仰量行科決。不
> 　　得鹵莽重疊給印歷子，亦不得阻滯流民。

審核印給新到流民的歷頭，避免無糧可領的窘境。另外，針對離去或

---

28 《漢濱集》卷 5〈論賑濟災傷去處狀〉，頁 22。

29 二日者，如《救荒活民書》卷下〈趙抃救菑記〉，頁 41。《朱文公文集》別集卷 10
　〈行下普作賑濟兩日〉，頁 10，「將賑糶人戶一例賑濟兩日」。

30 五日者，如《救荒活民書》卷中〈義倉〉，頁 6；同書卷下〈徐寧孫建賑濟三策〉，
　頁 44；朱熹亦有「自今年正月為頭，每五日一次賑糶」的規定，《朱文公文集》別
　集卷 10〈續置曆下場五日一次開具糶過米〉，頁 10；《宋會要》食貨 60 之 12，紹興
　三十年九月二十三日；同書食貨 68 之 100，慶元元年二月十一日。

31 十日者，《宋會要》食貨 59 之 26，紹興六年二月七日，「出糶計口給曆照支，或支
　五日，或併支十日」。

32 半月者，《宋會要》食貨 60 之 12，隆興二年十二月十二日。《朱文公文集》卷 16
　〈繳納南康軍任滿合奏稟事件狀二〉，頁 15，「行下諸縣，將已給曆賑糶飢民一例普
　行賑濟一十三日，通作半月。」

33 《宋會要》瑞異 3 之 9，乾道五年十月三日，被水人戶「支給，將最重去處支二十
　日，次重處支半月。」

34 《勉齋集》卷 31〈漢陽軍管下賑荒條件狀〉，頁 3。

返鄉的流民，也立即毀抹其曆頭，避免重覆請領的情形。下條又云：

> （ⅩⅠ）……（略前條）
> 一、州縣鎮城郭內流民，只差委本處見任官員，亦先且躬親排門抄劄逐戶家口數，依此給與曆子。每一度併支五日米豆，候食盡，挨排日分，接續支給米豆，一般施行。

城郭和鄉村流民一體抄劄賑濟，五日一次支給米豆。又數條後云：

> （ⅩⅡ）……（略八條）
> 一、勘會二麥將熟，諸處流民盡欲歸鄉。尋指揮逐州并監散官員，將見今籍定流民，據每人合請米豆數目，自五月初一日筭至五月終，一併支與流民充路糧，令各任便歸鄉。

此為補助返鄉流民路糧的規定，顯示這次是有計畫的救荒方案。

整理富弼引文，其要點如下：一是賑濟對象：河北流民和當地鰥寡孤獨者，城郭和鄉村流民一體抄劄賑濟，但不得重覆請領。二是抄劄流程：委差官員親自監督，由負責治安的耆長壯丁來執行，確切巡門按戶抄劄，徹底清查流民人口。官方將資料抄劄於簿曆上，以家為單位發給流民曆頭，作為領糧憑證。三是放糧流程：張榜曉示賑糧訊息，以耆分為單位，依序每五日支給，每家一位代表按照曆子總數來領糧。茲將富弼的抄劄流程簡繪製成下圖：

```
差官躬親／耆壯引領／沿門抄劄 ┬→ 流民：發給曆頭→五日一次請領賑糧
                              └→ 差官：抄劄成冊→核對曆頭及劄冊發糧
```

孝宗淳熙七年（1180），朱熹在南康軍的做法亦值得注意：

> 照對近委官抄劄三縣管下賑糶人戶姓名、大小、口數申

軍，……恐有漏落增添情弊，難以稽考。合行下逐縣，將逐都
塌畫地圖，畫出山川水陸路徑，人戶住止去處。數內不合賑糶
人戶，用紅筆圈欄；合賑糶人戶，用青筆圈欄；合賑濟人戶，
黃筆圈欄。逐一仔細填寫姓名、大小、口數，令本都保正長等
參考詣實繳申，切待差官點摘管實。[35]

另一引文：

照對見委官抄劄三縣賑糶、賑濟人戶大小、口數，畫圖結
甲。……所有置場去處，委官斟量地里遠近，分定置場去處，
各縣水陸地里若干。……續據三縣申，置場共三十五處。[36]

整理引文如下：其一，委官抄劄，都保正長結甲以示負責，透過抄劄
清查與都保結甲兩道手續來雙重檢驗。其二，繪製地圖，用顏色來區
別不賑糶、賑糶及賑給人戶，以增進賑濟的行政效率。其三，設置賑
濟場於多處，以方便饑民領取。另外，既然抄劄可用於賑糶、賑給方
面[37]，當然亦可利用於賑貸或借貸種糧方面。[38]

三 抄劄內容與對象

茲先整理抄劄內容為下表，然後再行討論：

---

35 《朱文公文集》別集卷 9〈行下三縣抄劄賑糶人戶〉，頁 19。

36 《朱文公文集》別集卷 9〈行下三縣置場〉，頁 19。

37 抄劄運用於賑給及賑糶，如《宋會要》瑞異 3 之 15，淳熙十六年正月二十二日。

38 抄劄運用於賑貸種糧，如《宋會要》食貨 57 之 20，紹興十九年三月二日，上諭輔
臣曰：「……保正、副抄劄漏落，是致流移。可令臨安府多方措置賑濟，戶部應副
糧斛。其諸路州縣災傷去處，宜申飭監司、守臣，依已降指揮貸給種糧，庶幾秋成
可望。」

表4-1：宋朝抄劄內容簡表

史例	對象	內容	要素	出處
仁宗慶曆八年（1048）青州	流民	親自當面審問的實人口，填定姓名、口數。	姓名、口數	《救荒活民書》下/25
哲宗元祐六年（1091）浙西	災民	逐縣逐村，須遣人抄劄廬舍、人口、田土數目。	口數、受災程度	《歷代名臣奏議》245/10
孝宗隆興二年（1164）紹興府	流民	從實抄劄實係孤老殘疾并貧乏不能自存、闕食飢民，大人、小兒數目，籍定姓名。	姓名、口數	《救荒活民書》下/44
孝宗朝澧州		上書某家口數若干，大人若干、小兒若干，合請米若干。	口數、糧數	《救荒活民書》下/46
淳熙七年（1180）南康軍	編戶饑民	委官抄劄三縣賑糶、賑濟人戶大小、口數，畫圖結甲。	年齡、口數、畫圖	《朱文公文集》別集9/19
寧宗嘉定八年（1215）漢陽軍	編戶饑民	每村各畫一圖，要見山水道路、人戶居止，各置一籍，抄劄人丁姓名及其家藝業。	畫圖、姓名、職業	《勉齋集》31/3
同年吳門		畫圖本、具名姓、注排行、寫小名，以為帳狀。	姓名、排行、畫圖	《宋會要》58/31
嘉定十三年（1220）臨安府	火災災民	民屋、姓名、大小、口數，令項供申。	姓名、年齡、口數、受災程度	《宋會要》58/33
		今行抄劄之時，……曰：某人為游手，某人為工，某人為商，某人為農。而官之賑給，以農為先，浮食者次之。	職業	《救荒活民書》中/20
		下保抄劄丁口、姓名。	口數、姓名	《救荒活民書》拾遺/20

各地救濟抄劄內容未必一致，匯集上表推知，男子、女子和小兒均列入抄劄對象，可能包括饑民的姓名（含小名）、年齡大小、排行、口數、請糧總數、受災程度、職業等項目，並繪製賑濟地圖。抄劄受災程度的用意，在於災荒檢放方面，作為日後倚閣、減收或蠲免稅賦的依據。此外，筆者推測還可能包括下列兩種項目：一是性別，上表雖未見抄劄男女性別的資料，然而既已抄劄女子在內，註明性別自然是順理成章之事。二是戶等，賑濟多以戶等作為支給基準，勢必註明戶等，下引黃榦、真德秀兩例可為佐證。

救荒抄劄的對象，官方有其選擇性，大致分為：其一，當地的災民和闕食饑民，「嚴戒州縣應災傷地分，鄉村闕食戶盡行抄劄，無致遺漏。」[39]其二，鰥寡孤獨不能自存者，如「州縣吏錄民之孤老疾弱不能自食者」。[40]其三，外來的流民，哲宗元祐二年（1087），黃河改道，右司諫王覿「乞朝廷指揮下京城門抄劄流民，如委人數稍多，即乞差官就城門量給口食，并指揮河北監司多方賑濟及借與種糧，免令更有流移。」[41]當時京城抄劄流民的舉動，一可示皇恩浩蕩，二是畏懼流民暴動，懷柔以安之。[42]

朱熹簡單說明抄劄到給曆：抄劄之後，「各印給曆頭、牌面，置簿，曆發送逐縣當職官給散付人戶。」[43]宋朝印製的抄劄曆頭格式，現今仍保留在朱熹〈賑糶曆頭樣〉，彌足珍貴，如下：

---

39 《歷代名臣奏議》卷 246〈荒政〉，頁 6。又如《救荒活民書》卷下〈徐寧徐建賑濟三策〉，頁 44，載：抄劄「實係孤老殘疾并貧乏不能自存、闕食飢民」。

40 《救荒活民書》卷下〈趙抃救荒記〉，頁 41。又同書卷中〈義倉〉，頁 6，「差官抄檢內外老疾貧乏不能自存之人」。

41 《歷代名臣奏議》卷 245〈荒政〉，頁 24。

42 拙著：〈宋代的乞丐〉，頁 45。

43 《朱文公文集》卷 16〈繳納南康任滿合奏稟事件狀二〉，頁 15。

> 使軍：所給曆頭即不得質當及借賣與不係今賑糶之人，如覺察得或
> 外人陳告，其與者、受者並定行斷罪。
> 今給曆付　縣　鄉　都人戶。
> 大人　口，小兒　口，每五日賫錢赴　收糶。
> 　　如糶米，大人一升，小兒半升。如糶穀，大人二升，小兒一
> 　　升。並五日並給，閏三月終止。
> 右給曆頭照會。淳熙八年正月　日給。
> 使　押。
> 正月初一日。正月初六日。正月十一日。[44]

上為賑糶曆頭，主要載明：轉讓論罪、人戶住處、大人小兒幾口、賑
發標準、賑發日期。從下面的牌面及總簿式推知，最後似乎省略正月
十六日至三月廿六日的日期，每次賑發於日期下注明領訖，或者蓋
章、蓋手印、刪塗，避免重複請領。從後面總簿式中「訖用支訖印於
本日窠眼內」，應是蓋印於日期之後。牌面採取印製，正面樣式如下：

> 某縣某鄉第　都人戶，五日一次赴場，請賑濟米。
> 正月一日　　六日　　十一日　　十六日　　廿一日　　廿六日
> 二月一日　　六日　　十一日　　十六日　　廿一日　　廿六日
> 三月一日　　六日　　十一日　　十六日　　廿一日　　廿六日
> 閏月一日　　六日　　十一日　　十六日　　廿一日　　廿六日
> 使　押。

牌面的背面樣式如下：

> 縣給付　都，　官　押〔用縣印〕。
> 　　字號，監　押

---

44 《朱文公文集》別集卷 10〈賑糶曆頭樣〉，頁 4。

朱熹文集還保存牌曆總帳簿，如下：

使軍：

今給總簿一面付某縣某場照給賑糶。

曆頭賑濟牌子，仰照此字號批鑿牌曆，對填米數，給付人戶。今就此簿交領，逐次糶濟，訖用支訖印於本日窠眼內，其糶不足者，實填所糶米數，候結局日繳申　年　月。

總簿內，每人請領格式如下：

日給：

天字〔牌曆〕，某都某保某人，逐次〔請糶〕米若干訖，姓名押。

正月一日　六日　十一日　十六日　廿一日　廿六日

二月一日　六日　十一日　十六日　廿一日　廿六日

三月一日　六日　十一日　十六日　廿一日　廿六日[45]

再來討論戶等與排富方面。荒政抄劄以拯救貧弱為主，訂立排富條款，是合情合理的做法。孝宗淳熙七年（1180），知南康軍朱熹曾經限定抄劄的對象，具有排富的精神，若是不小心抄劄上戶，必須追回曆頭。「各鄉有營運店業興盛之家，其元給曆頭合行追取。……各鄉上戶、地客，如主家自能贍給，其元給曆頭合行追收。」[46]再以朱熹弟子黃榦知漢陽軍的抄劄賑濟為例：

以各村人戶分為四等：以能自食而又有餘粟可備勸糶為甲戶，以無可勸糶而能自食者為乙戶，以不能自食而藉官中賑糶者為

---

45 以上四種格式，見《朱文公文集》別集卷 10〈總簿式〉，頁 3-4。

46 《朱文公文集》別集卷 10〈審實糶濟約束〉，頁 14。又如《司馬溫公文集》卷 8〈論賑濟劄子〉，頁 197，載：「賑貸仍據鄉村五等人戶，……則先從下戶出給曆頭，有餘則并給上戶。」亦見《歷代名臣奏議》卷 245〈荒政〉，頁 1。

丙戶，以官中雖有粟出糶而其人無錢可糴者為丁戶。[47]

分析如下：其一，如同朱熹的抄劄方法，也要繪製賑濟地圖。其二，抄劄人戶分為甲勸糶、乙自給、丙賑糶、丁賑給等四類。這種類似的做法，又如寧宗嘉定八年（1215）真德秀於江東路，以各州災傷的輕重、戶等為基準，分為甲乙丙丁戊五類，並區分城市、鄉村，他說：

> 廣德被旱尤重，……自丙戶以下，皆當給濟。惟城市，則濟戊戶，而糶丙、丁。……太平為郡，……未至如廣德之極，故惟戊戶則全濟，丙、丁戶則糶，內鄉村丁戶亦量行給濟。[48]

黃、真兩人按照戶等來歸類災民，排富精神十分明顯，尤甚於此，上戶們不僅不需要賑濟，還要積極勸誘他們賑濟他人，以協助官方荒政。

不少官方賑濟的地點過度集中坊郭地區，賑濟的對象多為城鎮居民。如《宋會要》提到：「州縣止是抄劄城內闕食之人，其鄉村貧民多不霑恩。」[49]為何賑荒多半集中於城鎮呢？這並非是官方偏愛坊郭居民的緣故，主要原因有二：一是官僚體系的墮性使然，坊郭饑民較容易被官方列入抄劄，加上儲糧倉庫多集中於坊郭，賑濟自然較為容易。鄉村則因動員人力龐大，官倉亦少，相較之下顯得困難。二是城鎮未生產糧食，鄉村佃戶有田主賑貸之，坊郭戶若未及時賑救，只得坐視餓死。胡太初提到：「蓋田主資貸佃戶，此理當然，不為科擾，

---

47 《勉齋集》卷31〈漢陽軍管下賑荒條件狀‧又賑濟條目〉，頁3。

48 《西山先生真文忠公文集》卷7〈申尚書省乞再撥太平廣德濟糶米〉，頁6-7；《後村先生大全集》卷168〈真德秀行狀〉，頁9。

49 《宋會要》食貨59之41，乾道元年正月十九日。類似的史料頗多，又如同書食貨59之44，乾道四年四月十一日。

且亦免費官司區處。官之所當處者，只市戶耳。」[50]依照他的賑濟邏輯，鄉村生產糧食，只要田主借貸佃農，即可避免缺糧饑饉之苦。坊郭市戶則不然，若無糧食輸入，只得挨餓等死。但這只是胡氏的經驗之談，並不適用於各地鄉村，特別是生產經濟作物的鄉村。賑濟指揮官倘若未意識上述兩點，其賑濟結果必然存在著城鄉差距。

四　五個面相

本節討論以掌控救災資源、抄劄是否為救荒必要程序、抄劄官吏的組成、動員擾民的困境、抄劄的替代方法等五方面為中心：

抄劄給曆最大的優點在於：官有劄冊，民有曆頭，雙方各有憑據，這使浪費救濟物資的機率縮小。如曾鞏提到：「至於給授之際，有淹速，有均否，有真偽，有會集之擾，有辨察之煩。」[51]正因賑濟給授的弊端叢生，抄劄給曆顯得格外重要，地方官既能藉此確切掌握災民人數，又能預估籌措錢糧多寡，也能防堵虛額冒領的發生。朱熹提到：

> 訪聞昨來本府抄劄飢民戶口，⋯⋯約用米八十萬石，方可足用。⋯⋯但今所有米數及糴米錢，姑以元抄劄數計之，不過得四分之一。[52]

透過精確的抄劄，地方長官較能掌握賑糧的運用，進而思考如何湊足應有的賑糧數量。倘若不實行抄劄，採取隨機賑濟的話，賑荒效果有

50　《晝簾緒論》卷 11〈賑恤篇〉，頁 21。

51　《救荒活民書》卷下〈曾鞏救災議〉，頁 36；《歷代名臣奏議》卷 245〈荒政〉，頁 25。

52　《朱文公文集》卷 13〈延和奏劄三〉，頁 13。

限，不是賑濟過度集中某地，不然就是災民重複領取。

　　抄劄成為宋朝官方救荒程序之一，其原因在於：一是宋朝戶籍登記以丁籍為主，並非戶籍上的全部人口，無法應用在賑荒。二是仁宗至徽宗朝的救濟貧弱活動，其救濟對象與平常戶籍不同，必須另行抄劄。三是流民在當地沒有戶籍，賑濟他們必須另行抄劄。四是煮粥造飯雖不必抄劄，但宋人恐其有群聚效應，容易發生騷動及傳染病。煮粥造飯並非宋朝賑荒的主要方式，而推動賑給、賑糶、賑貸則必須仰賴抄劄資料。五是富弼青州抄劄流民成為宋朝賑荒的典範，地方官模仿的對象。六是手實法的經驗，李華瑞指出神宗熙寧七年（1074）呂惠卿推行手實法，雖因民怨而廢止，卻提供調查戶口很好的借鑑。

　　北宋中期之後，抄劄是否成為救荒的必要程序呢？董煟《救荒活民書》提到監司、太守和縣令等地方官救荒所當行的準則，監司有十則，太守有十六則，縣令有二十則，卻未提到抄劄。[53]該書記載實行抄劄者，計有富弼（青州）、趙汴（越州）、趙令良（紹興府）、蘇次參（澧州）等四例。[54]這隱約透露出一種訊息，抄劄雖為官方救荒程序之一，卻非絕對而必要的程序。實施抄劄與否，端視州縣官員的判斷，既可實行抄劄，也可用其他方式來代替，不一而論。北宋中期以後抄劄雖日益普遍，但不是賑荒的必要程序，而且並非每年都實行抄劄。因為抄劄必須耗費時間，並且動員許多人力，並非所有地方官樂於從事。

　　針對災荒賑濟，每歲抄劄的可能性很低，遇到災荒才進行抄劄，第二節所提富弼和朱熹都是如此。其原因在於：一是轄地遼闊，動員

53　《救荒活民書》卷下〈救荒雜說〉，頁 1-3。

54　《救荒活民書》卷下〈富弼青州賑濟行道〉、〈趙抃救荒記〉、〈趙令良賑濟法〉、〈徐寧孫建賑濟三策〉、〈蘇次參賑濟法〉，頁 25、41、43-44、46。其中後面二例俱指隆興二年紹興府賑濟。

人力驚人，每年都抄劄的話，官吏壓力過於巨大，事倍而功半。二是
實際效率，每歲都抄劄只是虛應故事，重抄去年資料，實際的作用不
大。唯有饑荒之時的抄劄，因為具有時效性，受到官民的重視，效果
較為顯著。三是擾民之疑慮，四是尚有替代方式，這兩點下將詳論。

有些官方賑濟活動並未實行抄劄，譬如蘇軾知杭州時，他認為還
不如利用有償性的賑糶來得有效率，其云：

> 臣在浙中二年，親行荒政，只用出糶常平一事，更不施行餘
> 策。……惟有依此條，將常平斛斗出糶，即官司簡便，不勞抄
> 劄、勘會、給納煩費，但得數萬石斛斗在市，自無壓下物價。
> 境內百姓人人受賜，古今之法莫良於此。[55]

蘇軾認為抄劄工作過於繁重，地方無法負荷，故並未採取抄劄。不
過，蘇軾並未意識到，在未抄劄之下，難免有些人利用人頭，重複而
大量糶買官方賑糧，藉此囤積糧食。綜而言之，宋朝抄劄雖然運用廣
泛，但並非必經的程序，不是每次賑荒都會利用抄劄。

抄劄官吏組成方面。黃榦說：「一縣之大，周圍數百里，知縣不
能親歷，賑糶之法必須付之胥吏、付之鄉官、付之保正，方其抄劄人
丁之多少」。[56]確實如此，縣邑面積頗大，並非知縣一人所能為之。因
此，抄劄工作組織可分為兩種型態：一是動員州、縣所有官員，幕職
官、寄居官、監當官、祠祿官等官員來協助抄劄及賑濟，擔任「提督
賑濟官」，再由他們支配胥吏或職役執行庶務，此一做法最為常見，
類似第二章所述委差檢覆官。孝宗淳熙七年（1180），朱熹於南康軍

---

55 《救荒活民書》卷中〈常平〉，頁 3；亦見《蘇東坡全集》奏議集卷 9〈乞將上供封
　　椿斛斗應副浙西諸郡接續糶米劄子〉，頁 514，兩處所載出入頗大，為行方便，茲徵
　　引前者。
56 《勉齋集》卷 29〈臨川申提舉司住行賑糶〉，頁 7。

賑糶，「共置三十五場，分差見任、寄居、指使、添差、監押酒稅務、監廟、大小使臣共三十五員，監轄賑糶賑濟，及委縣官分場巡察，……令抄劄到闕食人戶赴場賑糶。」[57]藉此可窺知賑荒動員的龐大，南康軍三縣竟可徵召三十五位官員。淳熙九年（1182），浙東發生饑荒，紹興府因饑民攔路陳訴抄劄不盡，於是專設一局負責抄劄。鄉村抄劄，「集呼耆、保、鄉司，專委本府當職官敦請鄉官，重行隔別審實。」坊郭抄劄，「在城五廂闕食細民及流移到府之人，本府雖委逐廂官沿門抄劄，訪聞多是止憑廂典合干人」，若有不實之處，可前來陳訴。[58]鄉官在鄉村指揮耆、保、鄉司抄劄，廂官在坊郭則指揮廂典抄劄。至於衢州，「專委曹官兩員、鄉官三員分縣措置，收拾飢餓羸困之人，貌驗支給。」[59]董煟提到：「今縣令宜每鄉委請一土戶平時信義為鄉里推服官員一名為提督賑濟官，令其逐都擇一二有聲譽行止公幹之人為監視，每月送朱墨點心錢。縣道委令監里正分團抄劄，不許邀阻乞覓。如有乞覓，可徑於提督官投狀，申縣斷治。」[60]

此一模式常見於基層運作，檢放即採取此種模式。如黃榦知漢陽軍時，他請知縣（縣級官員）、司理參軍、司法參軍（郡級官員）、監鎮（監當官）擔任各鄉賑濟官。其中的漢陽縣每五村為一隅，「每隅請見任官一人主之，使各遍走村落，幹管救荒之事。見任官不足，委請寄居。」[61]收糶米糧事務，「委本軍知錄鄭從政、司法梅從政、漢陽知縣陳儒林多方收糶。」[62]又如寧宗嘉定八年（1215）九月某臣僚提

57　《朱文公文集》卷16〈繳納南康任滿合奏稟事件狀二〉，頁15。

58　《朱文公文集》卷16〈奏紹興府都監賈祐之不抄劄飢民狀〉，頁20。

59　《朱文公文集》卷16〈奏巡歷婺衢捄荒事件狀〉，頁30-31。

60　《救荒活民書》卷中〈義倉〉，頁8。李華瑞所言路、州、縣官擔任登錄戶口的組織者，似合乎第二種，〈抄劄救荒與宋代賑災戶口的調查統計〉，頁32-33。

61　《勉齋集》卷31〈漢陽軍管下賑荒條件〉，頁1-3。

62　《勉齋集》卷31〈申省糶樁積米〉，頁5。

到：「沿路見日來所差檢踏災傷官與抄劄賑恤之官不能遍走阡陌」[63]，明確提到「檢踏災傷官」和「抄劄賑恤官」。此一模式的好處在於：在轄區遼闊之下，州縣官吏若是親力親為，苦於奔波，必然超出工作負荷，委託其他官員不失可行之道。不過，地方官並非只是組織者而已，同時也是督導者，他們必須有志於此，否則無法成事。就算抄錄完畢，也是一堆不可信的資料，若是依此賑荒的話，必然弊端叢生。

二是透過縣衙吏役系統，派遣胥吏下鄉抄劄，動員職役或都保參與，縣邑官員負責督導。《宋會要》記載紹興二十七年（1157）浙西倉司朱倬奏言：「乞令每歲抄劄，委州縣長（史）〔吏〕令，在郡邑者責之社甲首副，在村落者責之保正副長，結罪保明，使無遺濫。」[64]

前述富弼青州抄劄，以挨家挨戶的方式行之。其他賑荒抄劄是否如此？朱熹曾目睹紹興府坊郭抄劄工作，係「委逐廂官沿門抄劄」。[65]董煟認知的抄劄工作，亦復如斯，「里正先赴門抄劄」。[66]不過，這種沿門抄劄方式，由於動員人力物力龐大，難免出現擾民的現象。仁宗景祐元年（1034）中書門下提到，荒災時就門抄錄五等丁產簿及丁口帳可能騷擾民間的現象：

> 慮災傷州縣搔擾人民。詔：京東、京西、河北、河東、淮南、陝府西、江南東、荊湖北路應係災傷州軍縣分，並權住攢造丁產文簿，候豐稔依舊施行。[67]

此處雖指攢造五等丁產簿，非指救荒抄劄。但令人好奇的是，同樣是

63　《宋會要》食貨58之30，嘉定八年九月二十一日。

64　《宋會要》食貨60之11（68之144），紹興二十七年九月二十九日。

65　《朱文公文集》卷16〈奏紹興府都監賈祐之不抄劄饑民狀〉，頁20。

66　《救荒活民書》卷中〈賑濟〉夾註，頁31-32。

67　《宋會要》食貨69之18-19，景祐元年正月十三日。

抄劄，難道救荒抄劄就不會傳出擾民的疑慮嗎？雖說救荒抄劄是仁政
恤民之舉，與稽徵稅役而攢造簿籍不能一概而論，但任誰也不敢保證
不會發生擾民的情況。畢竟抄劄必須動員龐大的人力，特別是差役人
員，命令災民在指定的地點待命，以利清查抄劄人數及姓名。蘇軾曾
說：

> 若欲抄劄貧民，不惟所費浩大，有出無收，而此聲一布，貧民
> 雲集，盜賊、疾疫，客主俱斃。[68]

此處所云賑荒抄劄方式，很可能是「有出無入」的無償性賑給，不僅
動員人力及物力龐大，還可能造成饑民群聚的效應，提高死亡率。關
於饑民的群聚效應，參考第九章。范祖禹認為：「逐縣逐村，須遣人
抄劄廬舍、人口、田土數目，飢荒之際，此等行遣，必為煩擾。」[69]
董煟雖然傾向救荒實施抄劄，但也疑慮抄劄之擾民，其云：「其所可
憂者，抄劄之際，利未之及，而擾先之。」[70]又說：「檢點抄劄，須逐
縣得人以行之，然其法繁瑣，姦弊最多。」[71]就當時的行政技術而
言，像抄劄造冊一類的救濟措施，雖為系統規劃，具有前瞻性，但因
動員人力及物資過於龐大，反而造成當地差役之苦，在執行層面有其
難處。

　　倘若時間不允許，不能實行沿門抄劄的話，如何達成抄劄的使命
呢？朱熹於紹興府實行的「保長抄錄法」可供參考：

> （兩浙東路）紹興……託石天民重抄得八萬人。……天民云：
> 「甚易。只關集大保長盡在一寺，令供出人之貧者。大保長無

68　《救荒活民書》卷中〈常平〉，頁 3。
69　《歷代名臣奏議》卷 245〈荒政〉，頁 10。
70　《救荒活民書》卷中〈貸種〉，頁 20。
71　《救荒活民書》拾遺〈雜記條畫〉，頁 12。

有不知，數日便辦。卻分作數等賑濟賑糶。其初令畫地圖，量道里遠近，就僧寺或莊宇置糶米所。於門首立木牐，關防再入之人。」[72]

他將此法稱為「常行」，可見是當地慣例常行之法，即屬於「鄉里體制」。此一方式頗類似於李元弼《作邑自箴》的五等丁產簿攢造法：

造五等簿，將鄉書手、耆、戶長隔在三處，不得相見。各給印由子，逐戶開坐家業，卻一處比照，如有大段不同，便是情弊。仍須一年前出牓，約束人戶，各推令名下稅數著腳。次年正月已後，更不得旋來推割。[73]

原來荒政抄劄與租稅簿登錄竟然如此類似，看來版籍彼此的製作過程仍有其共同性，這點值得注意。此一抄劄以都保體系為主，相信王安石變法以前，當以差役體系為主，延續至日後的都保，故不妨稱之「職役保明制」。

另外，朱熹在南康軍實行「隅官保正抄劄與父老保明賑糶制」亦屬職役保明制，如下：

根括貧民，請詳本軍所立帳式，行下諸郡隅官、保正，子細抄劄，著實開排。再三叮嚀說諭，不得容情作弊，妄供足食之家，漏落無告之人。將來供到，更於本都喚集父老、貧民，逐一讀示，公共審實，眾議平允，即與保明。如有未當，就令改正，將根括隅官、保正重行責罰。[74]

---

72 《朱子語類》卷106〈外任・浙東〉，頁2643。
73 《作邑自箴》卷4〈處事〉，頁18。
74 《朱文公文集》卷26〈與星子諸縣議荒政書〉，頁24。

此為朱熹賑糶抄劄的流程。隅官和保正根括抄劄貧民，官府掌握賑糶人數，等候錢糧供應後，喚集父老和貧民，「逐一讀示」確認抄劄結果，最後保明責任。倘若隅官和保正抄劄不實，則予以重懲。

授權勸分者抄劄，如晚宋知撫州黃震於榜文允諾：「今與富室約，不敷數，不抑價，不置場」。[75]正因如此，他授權這些富室自行抄劄，榜文提到：臨川縣「饒宅乃方行抄劄所居七十七都人戶，而延壽之七十六都、七十八都、長壽鄉之六十三都皆是饒宅寄產去處，到處人煙皆是饒宅佃戶。又忍於置之不卹，……妄稱一都自了一都。」[76]饒英一宅答應勸糶，知州黃震授權饒宅自行抄劄，表面以自己的田產及佃農作為賑糶範圍，實際卻是敷衍了事，東窗事發後，辯稱「一都自了一都」。

上述的賑荒抄劄，有沿門抄劄、職役保明抄劄、授權勸分者抄劄等三種。倘若不施行抄劄，官方如何能掌握災民人數呢？替代抄劄有四種方法：災民集體立保、身體記號、隨縣闊狹分撥、煮粥造飯。

集體立保方面。神宗元豐元年（1078）八月詔文提到：

> 濱、棣、滄三州第四等以下被水災民，令十戶以上立保貸請常平糧，四口以上戶借一碩五斗，五口以上戶借兩碩，免出息物，稅百錢以下權免一季。[77]

每十戶立保具結，政府可將常平倉糧無息借貸給災民，對比抄劄之動員龐大，簡單又有效率。又如高宗紹興元年（1131）十月詔曰：「越州城內遺火，……仰三省行下本州，分委官躬親仔細抄劄，應實曾被火延燒下戶，每十人作一保，結罪保明，單甲、姓名申尚書省，以憑

---

75 《黃氏日抄》卷78〈四月初十日入撫州界再發曉諭貧富昇降榜〉，頁4。
76 《黃氏日抄》卷78〈四月二十五日委臨川周知縣滂出郊發廩榜〉，頁9。
77 《宋會要》食貨57之8，元豐元年八月二十八日。

支錢賑給」。[78]又如寧宗嘉定八年（1215），江南東路轉運副使真德秀差官抄劄，「於給散之日，令民戶結甲，互相保委，其有冒濫，許人告陳。……有以三口為五口，而自行首實」。[79]抄劄難免發生弊端，以少報多，許人陳告藉此防弊。

不過，這種集體立保而施以賑貸，比較適合運用於編戶齊民。如陳造提到：「令災傷稅戶結甲，量戶數多寡，併錢借粟借與之，限以三年責其償。」[80]相對而言，比較不適用於流民，原因很簡單，即是流民具有流動性，官方很難掌控其行蹤，立保具結的意義不大。在沒有照片及身份證的傳統時代，要確定流民的真實身份有其困難，就算抄劄再仔細，冒名頂替在所難免。因此，當地災民若能立保具結，以都保或村里為單位，以節省人力動員。若是外來流民，則可能採取抄劄或煮粥方式，較為實際。

對於官方而言，差役立保具結還有好處，可以保證賑貸的後續歸還動作。董煟提到：

> 臣謂今行抄劄之時，自五家為甲，遞相保委，同其罪罰。曰：某人為游手，某人為工，某人為商，某人為農。[81]

以保甲委保方式來運作抄劄，也有「遞相保委，同其罪罰」的規定。官方冬令救濟貧弱活動也採取括數立保的方式，《州縣提綱》云：

> 常平義倉，本給鰥寡孤獨疾病不能自存之人。每歲仲冬，合勒里正及丐首括數申縣，縣官當廳點視以給，蓋防妄冒。[82]

---

78 《宋會要》食貨59之22-23（68之120），紹興元年十月二十三日。
79 《西山先生真文忠公文集》卷7〈申省第二狀〉，頁13。
80 《江湖長翁集》卷24〈與許運使論荒政書〉，頁7。
81 《救荒活民書》卷中〈恤農〉，頁20。
82 《州縣提綱》〈常平審給〉，頁53。

居養屬於今日的社會救濟或社會福利的範疇，與災難救助不盡相同，
但官方為了掌握冬令救濟貧窮的人數，委託里正和丐首來括抄人數，
官府當廳點視而發給其常平錢糧，並未採取直接巡門抄劄受補助人。
然而世事無絕對，集體立保制有簡便的優點，也有強迫攤賠的缺陷。
一旦編戶出現逃亡避債的情形，其餘不知情的役人或編戶將面臨作保
攤賠的債務風險，特別是役人。

　　還有，可以利用身體記號來協助發放賑糧。徽宗宣和六年
（1124），秀州錄事洪浩為了防範有人冒買賑糧，於是「涅黑子識其
手」，在災民手上染上黑點方便辨識，免去繁瑣的抄劄工作。[83]

　　隨縣闊狹分撥方面。南宋晚年文天祥提到吉州的救濟模式，其
云：

> 細玩諸公所陳，如隨縣闊狹，分撥米數，如發糴之直，只依元
> 糴價錢。……至於戶口之多寡，編排之虛實，此則各都各保之
> 事。所在都保委有奸欺，然物之不齊，物之情也。[84]

先依災情的輕重程度，估算各縣人口多寡，按照賑米數量依據比例分
撥下去，這不失為簡易的辦法。

　　煮粥造飯也是辦法之一。按照常理，煮粥造飯只要榜示之後，不
必講求精確的數據，只要粗估饑民總數，準備相當數量的稠粥，現場
分食，省去抄劄文書作業，顯得簡捷便利。孝宗時，趙汝愚提到：
「近聞得漢州綿竹縣，自正月末間，先行賑濟，本縣初不曾抄劄戶
數，出給牌曆，但就一僧寺中，同眾鄉官造飯給散。」[85]這條資料顯
示，抄劄與施粥具有排斥性，若行施粥，自然不必再耗費人力資源去

83　《救荒活民書》卷下〈洪浩救荒法〉，頁 42-43。珠叢別錄本作「洪皓」。
84　《文山先生全集》卷 5〈與吉州繆知府元德書〉，頁 41-42。
85　《歷代名臣奏議》卷 247〈荒政〉，頁 6。

抄割。淳熙九年（1182），紹興府於寺觀「煮造三兩等稀稠粥，次第救助」病患饑困及遺棄小兒。[86]寧宗開禧三年（1207），福建崇安縣連雨暴作，洪水泛漲。縣府「抄割被水浸蕩之家，所有流離無歸之民，並令於縣學、米倉、寺觀、廟宇等處從便居住。及委縣丞權將常平倉米減價出糶，及永隆、光化院、齋堂三處煮粥，監施被水之家，支撥米斛賑濟，多方存卹。」[87]

不過，煮粥造飯固然有其簡便的優點，也有聚眾效應的缺點，前引蘇軾之語，傳染病及治安俱是可怕的後遺症。趙汝愚也提到造飯給散：「四遠之人扶老攜幼，皆來就食，旬日之間，至萬餘人。本縣卻憂無米可繼，遂乞於附近州縣同行賑濟，貴得稍分其眾。旬日之間，什邡一縣所聚又二萬人，臣恐其聚集不已，別致生事。」[88]

儘管荒政抄割存在著諸多的爭議，如動員人力物力龐大、抄割不公等問題。從北宋中期到南宋末年的救荒文獻，都可見到許多的抄割史例，抄割給曆是宋朝常用的賑濟方式之一，其有沿戶實地抄割、職役保明抄割、授權勸分者抄割的差別。多數的賑濟活動雖未必實行沿門抄割，但地方長官若能意志堅定，下達沿門抄割命令，並要求佐官和下屬徹底執行，違者嚴懲，沿門抄割仍有實踐的可能。

五　弊端與防弊

凡有制度，便有弊端。高宗紹興二十九年（1159）六月，提舉兩浙路市舶曾惇提到荒政抄割的流弊：

86　《朱文公文集》卷 16〈奏紹興府都監賈祐之不抄割飢民狀〉，頁 21。
87　《宋會要》瑞異 3 之 23，開禧三年七月五日。
88　《歷代名臣奏議》卷 247〈荒政〉，頁 6。

其間奉行不至者，其弊有三：賑濟官司止憑耆、保、公吏抄
劄，第四等以下逐家人口給曆，排日支散。公吏非賄賂不行，
或虛增人口，或鐫減實數，致姦偽者得以冒請，飢寒者不霑實
惠，其弊一也。賑糶常平米斛，比市價低小，既糶者不分等
第，不限口食，則公吏、倉斗家人等多立虛名盜糶，遂使官儲
易於匱乏，其弊二也。賑濟戶口數多，常平樁管數少，州縣若
不預申常平司，於旁近州縣通融那撥，米盡旋行申請，則中間
斷絕，飢民反更失所，其弊三也。[89]

上述三種弊端之中，可能發生在胥吏或役人身上者有二：一是抄劄索
賄，二是多立虛額，先述前者。胥吏或保正在抄劄過程，向災民索取
賄賂，有賄者抄入，無賄者則不抄。黃榦提醒說：「其不係抄劄無曆
頭者，則愈無所從糶矣。」[90]即是說，抄劄在案的災民有了保障，未
抄劄的災民則不得請領，在賑救名單之外。正因如此，有些胥吏擅用
法令漏洞，藉著抄劄索賄斂財。黃榦又說：「方其抄劄人丁之多少，
得賂者一戶詭而為十戶，一丁詭而為十丁；不得賂者反是。其抄劄蓄
積之有無，則得賂者變殷實為貧乏，不得賂者亦反是。」[91]南宋末
年，董煟也提到：「抄劄之時，里正乞覓，強梁者得之，善弱者不得
也；附近者得之，遠僻者不得也；胥吏、里正之所厚者得之，鰥寡孤
獨疾病無告者未必得也。」[92]他還提到：「臣親見徽州婺源村落賑濟，
里正先赴門抄劄，每家覓錢，無錢者不與抄名。逮至官司散米，皆陳

---

89 《宋會要》食貨 57 之 21（59 之 35、68 之 61），紹興二十九年閏六月四日。同書食
　　貨 68 之 106，嘉定八年七月十九日，某臣僚提到賑荒有「差委」、「括責」與「給
　　散」等三弊。

90 《勉齋集》卷 29〈臨川申提舉司住行賑糶〉，頁 8。

91 《勉齋集》卷 29〈臨川申提舉司住行賑糶〉，頁 7。

92 《救荒活民書》卷中〈義倉〉，頁 8。

腐沙土不可食之物。得不償失，極為可恨。」[93]董煟親眼所見，令人印象深刻。里正向饑民索賄，理當信守承諾，最後竟然支給饑民不可食用的腐糧。

二是多立虛額，利用「虛增人口」或「虛名盜糶」等方式，以少報多，或者假冒第四等戶，低價購入官糧，以致真正的饑民無法受惠。

以下還有四種：三是增收耗剩，如同二稅課徵一般，胥吏於賑糶時另行加收耗剩，常以鼠雀耗、水腳錢為名目。四是溢收斛斗，胥吏賑糶時，透過斛面、大斗等手段，多收溢出糶糧。[94]這並非抄劄作業本身的瑕疵，而是人員腐敗的問題，只要官府錢財出入之處，便會出現虛報假帳的弊端。因此，抄劄的內部控管相當重要，前述的曾惜和富弼因而再三強調，委差官員躬親監督的重要性，不能只委派耆保和胥吏代為執行。在士大夫眼中，儘管委差官員本身也可能貪婪腐敗，但畢竟比胥吏和役人的機率來得小些。

五是虛應故事。不少的委差官員沿門抄劄只是虛應故事，而地方長官也未追蹤抄劄落實的情況，流於紙上作業，以欺上瞞下為能事。孝宗淳熙九年（1182），紹興府都監賈祐之「抄劄不盡，漏落不實」，引起「山陰、會稽縣人戶不住遮道告訴」。於是，浙東倉司朱熹在責問賈祐之後，得知「元不抄劄供報」，於是乞請朝廷將之黜責。[95]還有，紹興府指使密克勤擔任賑濟官，卻偷盜官米，朱熹將他送獄根勘。[96]寧宗嘉定八年（1215）九月，有臣僚親眼目睹，「沿路見日來所差檢踏災傷官與抄劄賑恤之官不能遍走阡陌，就近城寺院呼集保甲取

---

93 《救荒活民書》卷中〈賑濟〉夾註，頁 31-32。

94 關於二稅衍生性稅課，參考拙著：《取民與養民：南宋的財政收支與官民互動》，頁 16-44。

95 《朱文公文集》卷 16〈奏紹興府都監賈祐之不抄劄飢民狀〉，頁 20-21。

96 《朱文公文集》卷 16〈奏紹興府指使密克勤偷盜官米狀〉，頁 26-27。

索文狀，令人粉壁書銜，以為躬親下鄉巡行，檢責抄劄了當。」[97]這些賑恤官並未真正遍走沿戶抄劄，只呼集保甲謄抄文狀一遍，粉壁公告，便交差了事。董煟曾批判這種形式化的抄劄說：

> 尋常官司賑濟，初無奇策，只下保抄劄丁口、姓名，……用好紙裝寫數本申諸司，此是故紙救荒，徒擾百姓，實無所益。[98]

抄劄造冊只為了應付上司，他說這種敷衍了事心態將導致不可收拾的悲劇：

> 迨抄劄既畢，未見施行。村民扶攜入郡，請米官司，米即支給，裏糧既竭，餒死紛然。是以賑濟之名，誤其來而殺之也。[99]

官府雖有抄劄，卻無存糧，饑民紛紛餓死。

六是拖延敷衍。抄劄工作必須講求效率，抄劄過慢或過遲，可能發生抄劄尚未了結而災民卻餓死之事。黃榦曾經獎勵一位抄劄極有效率的賑濟官，其云：「李監務……其敏於事如此，行下未半月，發去錢；未十日，戶口抄劄，貧富已曉然。」[100]抄劄既然有辦事效率高者，自然也有拖延敷衍者。朱熹提到一樁兩浙東路紹興府的例子，「先差一通判抄劄城下兩縣飢民。其人不留意，只抄得四萬來人。外縣卻抄得多，遂欲治之而不曾，卻託石天民重抄得八萬人。」[101]前面那位通判抄劄饑民，不僅效率不高，人數誤差值還頗為離譜。

綜合言之，抄劄弊端計有：胥吏索賄、多立虛額、增收耗剩、溢

---

97 《宋會要》食貨 58 之 30-31，嘉定八年九月十一日。

98 《救荒活民書》拾遺〈雜記條畫〉，頁 12。

99 《救荒活民書》拾遺〈雜記條畫〉，頁 13。

100 《勉齋集》卷 35〈勸獎賑濟官李監務牒〉，頁 3。

101 《朱子語類》卷 106〈外任‧浙東〉，頁 2643。

收斛斗、虛應故事、拖延敷衍等六種。

　　關於抄劄不公的現象，朱熹提到：「諸鄉保正當來受情（訴災），不行依公抄劄闕食人戶，多將得過隱實之人抄作闕食，其實是闕食人戶卻不抄劄。」為此，朱熹認為防弊之道在於：

> 若保正依前減裂，不即同隅官抄劄，及將元冒濫人蓋庇，或在鄉乞覓人戶分文錢物，仰隅官具狀陳訴，切待追究，重行施行。[102]

抄劄事宜，仰賴於隅官（委差官員）監控公吏和保正，倘若發生弊端，則向上司具狀陳訴，發揮科層組織的監督功能。不過，萬一隅官庇護公吏貪污的話，反而形成一種官吏共犯結構。

　　有三種防範管道：一是張榜曉示，二是許民投訴，三是立賞揭弊，三者可以相互搭配運用。在張榜公告抄劄人數及糧數後，允許饑民投訴抄劄不盡或不法之事，藉此來彌補官方監控能力的不足。《州縣提綱》提到，縣邑為了防範里正和丐首虛報冬令救濟人數，「遇初冬散榜，令窮民自陳，庶幾常平不為虛設。」[103]董煟則提到：「抄劄最當留意，……其間有多徇私意者，須明賞罰以勵之，斷在必行，不當姑息，仍多出手榜，嚴行禁約。」[104]

　　許民投訴方面。如朱熹知南康軍時，觀察到：「近據人戶前來投陳，係漏落抄劄不盡。」他因而規定：「今出榜賑糶濟場曉示，如有不濟戶當來漏落，未曾抄劄，即仰具狀，經本場巡察官陳理」。[105]又

---

102 上引朱熹兩條，俱見《朱文公文集》別集卷 10〈施行闕食未盡抄劄人等事〉，頁 13。

103 《州縣提綱》〈常平審給〉，頁 53。

104 《救荒活民書》拾遺〈雜記條畫〉，頁 12。

105 《朱文公文集》別集卷 10〈施行場所未盡抄劄戶〉，頁 9。

提到：「近來續據人戶陳訴，當來抄劄漏落姓名，及鄰路州軍流民前
來逐食，又不免行下管屬，多方存卹。」[106]

立賞揭弊方面，除了許民投訴外，官方甚至會「立賞出榜」，發
給告者賞錢，並追回贓款，發揮揭弊的積極效果。徐寧孫為了防範賑
糶弊端，「在市牙儈與有力強猾之人，借倩人力，假為襤褸之服」，利
用假人頭購買政府釋糧，以圖暴利。他的辦法是：「今仰本州立賞錢
一百貫，約束密切，委官譏察，不得容牙子停貯販有力強猾公吏軍兵
之家，假作貧民請買」。[107]高宗紹興二十七年（1157），戶部建議：
「乞行下諸路州縣，委自（令）〔守〕令躬親措置，責委坊正耆保，抄
劄貧乏乞丐姓名，盡數收養，不管漏落。仍立賞出榜，許諸色人陳告
詭名冒請及減刻作弊之人，斷罪追賞施行。令常平司常切覺察。」同
日，權戶部侍郎林覺也說：「乞措置兩縣並在城兵官、公吏及甲頭，
如抄劄貧民姓名不寔，及自行詭名冒請錢、米，許諸色人告，每一名
賞錢一十貫，至三百貫止。犯人令臨安府根勘，依條計贓斷罪追賞。
若有不係貧乏、乞丐之人，追賞、斷罪施行。」朝廷均從之。[108]

蘇次參參佐澧州的賑濟方式，制定一套有體系的抄劄流程：

> 給印曆一本，用紙半幅，上書某家口數若干，大人若干，小兒
> 若干，合請米若干，實貼於各人門首壁上。內聲跡如有虛偽，
> 許人告首，甘伏斷罪，以備委官檢點。又患請米冗併，令幾人
> 為一隊，逐隊用旗引，卯時一刻引第一隊，二刻第二隊，以至

---

106 《朱文公文集》別集卷 10〈申監司為賑糶場利害事件〉，頁 11。

107 《救荒活民書》卷下〈徐寧孫建賑濟三策〉，頁 45。

108 兩條俱見《宋會要》食貨 60 之 11（68 之 145），紹興二十七年十月二十一日；亦
　　見《要錄》卷 178 紹興二十七年十月癸丑，頁 2939。此類史例甚多，又如同書食
　　貨 60 之 12，紹興三十年九月二十三日。

辰巳。皆用前法，則自無冗雜，且老幼疾病婦女皆得均糶。[109]

官方抄錄饑民於簿冊中，並將抄劄內容張貼於門前，並許人告發，以防虛偽。利用旗引與時間差，分隊進行賑糶，每刻（十五分鐘）一隊，如此一來，就算老幼婦女亦可安心買到賑糧。其防弊設計重心在於，印歷張帖於門首壁上、許人告首等兩點。

防弊措施再多，人員操守仍最具關鍵。董煟認為：

> 今縣令宜每鄉委請，一土戶平時信義為鄉里推服官員一名為提督賑濟官，令其逐都擇一二有聲譽行止公幹之人為監視，每月送朱墨點心錢。縣道委令監里正分團抄劄，不許邀阻乞覓。如有乞覓，可徑於提督官投狀，申縣斷治。如更抑過，可自於本縣或佐官廳陳訴。[110]

委派操守良好的官員主持督導，前述的富弼、朱熹等人均已強調，董煟還加入選任都保誠信幹練人士，補助其朱墨點心錢，專心協助抄劄工作，以昭公信。此一防弊設計，除了透過差委官員監臨外，另尋求聲譽良好的鄉人從旁協助，並許民投狀，如此三管齊下，防堵抄劄的可能弊病。董煟還說：「檢點抄劄，須逐縣得人以行之」。[111]他認為抄劄用人不當，容易產生擾民的反效果：「其所可憂者，抄劄之際，利未之及，而擾先之。」往好處來設想，「若措置施行之得人，此等皆不足為慮。」[112]

成都府是預先抄劄的楷模，早在太宗淳化年間，張詠便樹立起典

---

109 《救荒活民書》卷下〈蘇次參賑濟法〉，頁46。

110 《救荒活民書》卷中〈義倉〉，頁 8-9。珠叢別錄本將「監視」誤作「監司」，「分團」誤作「分國」，由此顯見文淵閣四庫本誤字較少，故本書以後者為據。

111 《救荒活民書》拾遺〈雜記條畫〉，頁12。

112 《救荒活民書》卷中〈貸種〉，頁20。

範：

> 竊見國朝張詠淳化中守成都，以蜀地素狹，生齒寔蕃，稍遇水
> 旱，民必艱食。……至春，籍城中細民，計口給券，俾輸元估
> 糴之，奏為定制。其後百餘年間，雖時有災饉，米甚貴而民無
> 菜色。[113]

這種預先抄劄造籍以備賑糶的做法，可以提高賑濟的效率。南宋中晚
期，有臣僚建議平時先行抄劄賑濟簿冊，《救荒活民書》載：

> 近臣寮劄子，官司平日預先抄劄，五家為甲，有死亡、遷徙，
> 當月里正申縣改正。此意亦善。

董煟據此進而建議：

> 今用四等之法，每知縣到任，責令用心抄劄，存留當縣，以備
> 緩急。庶免臨期里正賣弄之弊，一遇荒歉，按籍可憑賑救矣。[114]

他認為預先抄劄，一可有備無患，又可避免里正舞弊。另外，董煟也
描述急就章抄劄的窘態：「臣嘗親任州縣，救荒不先措置，臨時倉卒
鞭撻里正，抄劄大段鹵莽。」[115]又云：「抄劄最當留意，急則鹵莽多
遺落，緩則玩弛不及事。」[116]

　　綜合以上，抄劄防弊之道計有：張榜告示、許人陳訴、立賞揭
弊、差官監臨、委請聲譽良好的鄉人協助、預先抄劄等六種方式。

113　《歷代名臣奏議》卷 248〈荒政〉，頁 7。亦見《宋會要》食貨 57 之 16，宣和五年
　　正月四日；《救荒活民書》卷下〈張詠減價糶米〉、〈張詠賑糶法〉，頁 15-16。
114　《救荒活民書》拾遺〈雜記條畫〉，頁 13，珠叢別錄本將「預先」誤作「預元」。
115　《救荒活民書》拾遺〈雜記條畫〉，頁 13。
116　《救荒活民書》拾遺〈雜記條畫〉，頁 12，珠叢別錄本將「玩弛」誤作「玩施」。

六　小結

　　每當災荒發生之後，災傷規模、錢糧來源的變數頗多，並非地方官所能掌控，登錄需要賑濟的人數，成為他們較能掌控的行政程序。正因如此，才有抄劄的設計，官方藉此掌握確切的災民人數，有效率地運用有限資源，便於發放救濟物資。官方雖有訴災及檢放的設計，但災情大小如霧裡看花，漫無目標，經由抄劄，可以確定救濟的對象，將抽象化為具體。賑糶、賑貸、賑給、勸分，均可透過抄劄來運作。發放基準多半按照戶等分類，以下戶優先為原則。

　　宋朝社會救濟抄劄有兩種：一是經常救濟抄劄，對象為貧弱無依之人或乞丐，由於範圍小，救濟集中於冬季，每年抄劄並非難事。二是災荒救濟抄劄，各地災情不一，不可能年年抄劄，倘若每歲都抄劄的話，不是敷衍了事，便是勞民傷財，行政績效不高。

　　富弼賑荒抄劄的精髓在於：其一，由差委官員親自指揮胥吏和耆壯進行，防止吏役之人舞弊；其二，沿戶逐家抄劄流民，精確掌握人數；其三，追蹤曆頭使用情形，補發新到流民的曆頭，銷毀返鄉流民的曆頭；其四，五日一次，集體領糧。

　　賑荒抄劄涉及官民互動，就宋朝的行政技術而言，抄劄給曆救荒措施，雖然具備行政系統性，但因動員人力及物資過於龐大，反而造成擾民現象，地方政府執行有其困難度。沿門抄劄而給曆，雖然始終是宋朝賑濟運作方式之一，抄劄方法尚有職役保明抄劄、授權勸分者抄劄兩種。此外，還有代替方案，透過集體立保、身體記號、隨縣闊狹分撥、煮粥造飯來進行。

　　州縣對於在地編戶的抄劄工作，未必採取實地抄錄，不少係透過都保役人相互對校其保內人口資料，並具結立保而成。集體立保制有

簡便的優點，也有攤賠的缺陷。一旦立保編戶出現逃亡避債的情形，職役人或其餘人戶可能面臨作保攤賠的責任，此即集體立保的債務風險。

　　至於外來流民方面，因為其流動性很高，抄劄工作更是繁瑣，像富弼青州逐戶抄劄流民的史例並非常態。若是發放錢糧則仍需抄劄，以確定人數。煮粥造飯則多半不需抄劄，但世事無絕對，煮粥有其簡便的優點，但也聚眾效應的缺點，疾疫傳染與治安問題是其後遺症。

　　抄劄以戶為單位，男子、女子和小兒都列入抄劄對象，但各地賑濟的抄劄內容未必一致，可能包括饑民的姓名、年齡、排行、口數、請糧總數、受災程度、職業、性別、戶等等項目，並繪製賑濟地圖。每戶災民以曆頭請領錢糧，成人一至兩升，小兒減半，每兩日、五日、十日、半月、廿日或一個月請領一次，每次賑荒未必相同。

　　宋朝救荒抄劄弊端計有：胥吏索賄、多立虛額、增收耗剩、溢收斛斗、虛應故事、拖延敷衍等六種。抄劄防弊之道計有：張榜告示、許人陳訴、立賞揭弊、差官監臨、委請聲譽良好的鄉人協助、預先抄劄等六種方式。

　　　　——原名〈宋朝救荒抄劄給曆的諸多面相〉，宣讀於〔第二屆海峽兩岸「宋代社會文化」學術研討會〕，臺北：中國文化大學史學系，2011年4月20日。同名刊載於《第二屆海峽兩岸「宋代社會文化」學術研討會論文集》，臺北：中國文化大學史學系，2012年5月，頁155-177。

第五章
災傷賑貸

一 前言

學界對於宋朝賑貸研究不多，未見專論文章。宋朝賑貸最早出現於開國之初，太祖建隆元年（960）正月，「命使往諸州賑貸」。[1]宣揚趙宋得位順天理、應人事，賑貸黎民，以示皇恩浩蕩。

饑荒之時，官方借貸災民錢、糧或種子，宋人稱之賑貸。勸貸，則指官方勸諭富民借貸貧者。筆者所感興趣的是：賑貸與勸貸作為賑荒政策的一環，其在宋朝荒政扮演的角色為何？

本章先討論官方賑貸，其內容及歸還；然後討論勸諭賑貸與官為理索；附論則比較賑給、賑糶、賑貸的定位及優缺。

二 官方賑貸的內容

賑貸是官方賑災的重要措施之一，借貸錢糧以照顧災民的基本需求及災後復業為主。前者為眾所周知，而災後復業也是賑貸的主要內容，如孝宗淳熙九年（1182），兩浙雨災，下詔：「於常平錢內取撥，借第四、第五等以下人戶收買稻種，令接續布種，毋致失所。」[2]張

---

1 《宋會要》食貨 57 之 1，建隆元年正月。
2 《宋會要》食貨 58 之 15，淳熙九年五月十六日。又如食貨 58 之 16，淳熙十一年六月十一日：「或其家無力，並有田闕少穀種，並許於常平錢內支借，以助補種，毋令荒閑田畝。」

文指出，賑貸糧種及牛隻、支借流民返鄉，屬於「生產性濟助」。[3]賑貸災民，可以達成荒政恤民的目的，也可保護農民生產，穩定將來的二稅收入，既是政治的投資，也是財政的投資。更何況，賑貸並非無償性給予，一料半年之後還會回收。

關於賑貸的優點，曾鞏〈救災議〉提到：

> 發倉廩與之粟，……使之相率日待二升之廩于上，則其勢必不暇乎他為。……（農、商、工、閒民）一切棄百事，而專意于待升合之食，……非深思遠慮，為公家長計也。至于給授之際，有淹速，有均否，有真偽，有合集之擾，有辨察之煩，曆置一差，皆足致弊。又群而處之，氣久蒸薄，必生疾癘，此皆必至之害也。……（若行賑貸）彼得錢以完其居，得粟以給其食，……（農、商、工、閒民）一切得復其業，而不失其常生之計。……此可謂深思遠慮，為公家長計者也。又無給授之弊，疾癘之憂。[4]

曾鞏認為賑貸比起無償賑給來得可行，因為後者既消耗政府資源，又有給授之際的弊端、傳染疾病的憂慮。還有災民們為了等待賑糧，無法返鄉復員，及時恢復生產，且耗費人力、物力及時間。曾鞏言之成理，但有一點得補充，賑貸有後續的還貸流程，也會發生「給授之弊」，並非僅限於賑給。

下面依次討論：賑貸種類、發放方式、青苗法的影響、賑貸數額限制、客戶賑貸、有無利息、災傷七分法等七項議題：

賑貸的種類，有糧食、錢財、種子三種，各有其功能。糧食提供饑民食用；種子可供播種，著眼於復業；錢財可以購買糧食，也可購

3　張文：《宋朝社會救濟研究》，頁 107。

4　《曾鞏集》曾南豐文集卷 1〈救災議〉，頁 8-9。

買耕牛及農具。除了解決災民的生活困境之外，也有助於恢復農業生產。賑貸糧食、種子、錢財三者，究竟詳情如何？不妨透過《宋會要》〈賑貸〉來作觀察。有效的史例共計七十七例，明確記載有六十三例，不清楚有十四例：

表5-1：《宋會要》〈賑貸〉內容表

	糧食（米粟豆）	種子牛具	錢財
北宋史例	32.5例	9例	0例
南宋史例	9例	11例	1.5例
總和	41.5例	20例	1.5例
百分比	65.9%	31.7%	2.4%

說明：扣除重複賑災、貧弱例行性救濟、法令規範等史例。若有一種以上，依照比例計算。「開倉」、「發廩」視為米粟類，「糧種」、「種糧」視為種子類。

筆者原本以為賑糧比例應該佔絕大部分，但從上表兩宋總數得知，賑貸糧食最多，其次為種子農具，最後錢財。到了南宋，借貸種子躍居首位，貸種件數竟然比貸糧還高，十一比九，令人側目。若說宋朝的賑貸日趨偏向農業復員方面的功能，是個合理的推測。

　　接著討論，如何發放賑貸呢？放貸的方式及地點有三種選擇：一是官府遣人發放，稱為「俵散」。如神宗熙寧三年（1070）五月詔：「雄州以兩屬，人戶如遇災傷，即特貸糧，接續俵散，分作料次送納。」[5]二是到官署請領，如哲宗元祐元年（1086）四月詔：「開封府諸路災傷，……將本縣義倉、常平穀斛賑貸，據等第逐戶計口給歷，……齎歷詣縣請印給遣。」[6]元祐八年（1093）四月，浙西、淮南、江西等路災傷，「各許令人戶赴官請借，每一斗候至向去秋成，

5　《宋會要》食貨68之39，熙寧三年五月八日。

6　《宋會要》食貨68之42-43，元祐元年四月四日。

納新米八升還官，仍限四年，均隨本戶苗稅帶納。」[7]三是置場賑貸，暫無史例，依理推測，既然賑糶採取此一做法，賑貸也可能比照辦理，於當地要鬧之處賑貸。

賑貸有無利息？《宋會要》的最早記載，太祖開寶四年（971）二月，「平（南漢）劉鋹，詔廣南管內州縣，……於省倉內量行賑貸，候豐稔日，令只納元數。」[8]以省倉來進行賑貸，「只納元數」，意謂著無息。不過，南漢為新附地區，或許這是政治優禮的措施。是否適用於全國州縣？仍有疑慮。根據下條史料，答案顯然是肯定的。哲宗元祐元年（1086）十二月，侍御史王巖叟提到：

> 賑濟舊法，災傷無分數之限，人戶無等第之差，皆得借貸，均令免息。新條，必待災傷放稅七分以上，而第四等以下方許借貸免息，殊非朝廷本意。故乞均令借貸，以濟其艱。[9]

朝廷從之。王巖叟提到神宗元豐元年（1078）施行〈災傷七分法〉之前，官方賑貸的原有規定：一是沒有災傷分數的限制，二是沒有人戶等第的差別，三是免利息。北宋舊法沒有限制災傷分數、人戶等第，又無利息，賑貸的條件頗為寬厚。常平新法則是：一是災傷七分以上，二是四等人戶賑貸免息。此時為舊黨執政，故欲重新恢復賑貸免息的舊有規定。綜而言之，北宋初年的賑貸，是免息的／臨時性的，並非每次災傷都實行賑貸。

上述「新條」即是青苗法，與舊法不同的是，有利息的／常態型的。神宗熙寧變法的青苗法，採取一料利息二分。[10]青苗錢雖為經常

7　《宋會要》食貨68之46，元祐八年四月十一日。

8　《宋會要》食貨68之28，開寶四年二月。

9　《宋會要》食貨68之44，元祐元年十二月十八日。

10 青苗錢年利率為二成或四成呢？《宋朝諸臣奏議》卷 112〈財賦門・上神宗論條例

性／季節性的借貸，賑貸則是臨時性／災荒性的借貸，也配合推行青
苗法而作調整。兩者功能設計不盡相同。根據〈災傷七分法〉規定，
如元豐元年（1078）四月七日詔：

> 以瀛州陳次米依災傷及七分例，貸第四等以下戶，不得抑配，
> 免出息。[11]

如前所言，青苗法的無息借貸對象縮小至第四等以下，不再全部免
息。又如同年八月，「詔：濱、棣、滄三州第四等以下被水災民，……
貸請常平糧，……免出息物。」[12]政策變更的原因，當與配合上述青
苗法有關，元豐年間大致保持第四等戶以下免息的做法。[13]但因常平
倉錢糧有限，以致賑貸條件趨於嚴格。災荒之時，災民受困一時，或
許面臨無處賑貸的地步。悖論的是，豐收之歲，中上戶不願借貸青
苗，卻會被強迫。此一現象不僅弔詭，也違反救急不救窮的原則。

　　前述哲宗元祐元年（1086）十二月，舊黨當局恢復舊法，均令賑
貸免息。不過，到了哲宗紹聖親政後，又改為青苗法災傷七分法借
貸，其後大致承襲此制。但第四等免息是原則性的規定，可能視災情
而放寬戶等。如光宗紹熙五年（1194）九月，「災傷州縣第三等以下

司畫一申明青苗事〉，頁 1221，據韓琦說：「今放青苗錢，凡春貸十千，半年之內，
使令納利二千；秋再放十千，至歲終又令納利二千。則是貸萬錢者，不問遠近之
地，歲令出息四千也。《周禮》至遠之地出息二千，今青苗取利尚過《周禮》一
倍」，可證明年利率為40%，一料為20%。

11　《宋會要》食貨 68 之 40，元豐元年四月七日；《長編》卷 289 元豐元年四月庚戌，
頁 7066。

12　《宋會要》食貨 68 之 40，元豐元年八月二十八日。

13　如下二例，《宋會要》食貨 68 之 41，元豐四年二月二十九日詔：「聞階、成、鳳、
岷州人戶闕食流移，令逐路第四等以下人戶支借常平糧斛，……仍免出息。」同
頁，六年六月二十七日詔：「甚災傷處第四等以下戶……，許結保借請，……給限
一月，免納息。」

帶產戶將來無力耕種者，……將常平米量行賑貸，約來年秋熟納還，不得收息。」[14]

在官方資源有限的情況之下，災民不可能隨心所欲，想借多少就多少。究竟每位災民能夠賑貸多少呢？據資料顯示，每人總量三至五斗居多。[15]若以成人每日食糧兩升計算，即是十五至二十五日食糧；若以每日最低生存食糧一升計算，則為三十至五十日。賑貸以每戶糧食總額的方式，下面有兩條史例：神宗元豐元年（1078）詔：「濱、棣、滄三州第四等以下被水災民，令十戶以上立保，貸請常平糧，四口以上戶借一碩五斗，五口以上戶借兩碩，免出息物。」[16]四口之家，假設每口平均日食一點五升，四口每日食糧六升，十五斗約可食用二十五日。五口之家，每口日食一點五升，五口每日食糧七點五升，二十斗約可食用二十七日。元豐四年（1081）詔：「聞階、成、鳳、岷州人戶闕食流移，令逐路第四等以下人戶支借常平糧斛，每戶不得過兩石，仍免出息。」[17]若以五口之家計算，約可食用二十七日。從上引兩條史例隱約看出規律，賑貸約以一個月食糧為準。當然也未必盡是如此，如哲宗元祐元年（1086）四月詔：「開封府諸路災傷，……將本縣義倉、常平穀斛賑貸，……五日或（一）〔十〕日至半（日）〔月〕，齎曆詣縣請印給遣。」[18]賑貸日數從五日到半個月。孝宗淳熙二年（1175），江東帥司劉珙「籍農民當賑貸者若干戶，十口以

---

14 《宋會要》食貨 68 之 96，紹熙五年九月二十八日。

15 三斗者，《宋會要》食貨 68 之 30，淳化三年二月。五斗者，同處之 29，淳化元年二月二十六日、二年正月。

16 《宋會要》食貨 57 之 8，元豐元年八月二十八日；食貨 68 之 40，「兩石」誤作「兩口」。

17 《宋會要》食貨 57 之 8-9，元豐四年二月二十九日；食貨 68 之 41，「兩石」誤作「兩口」。

18 《宋會要》食貨 68 之 42-43，元祐元年四月四日。

上一斛，六口以上八斗，五口以下六斗。」[19]每口日食一點五升計算，賑貸主戶十口約七日，六口約九日，五口八日。

　　客戶是否在賑貸範圍呢？依理而論：其一，客戶不納稅，無功於官方，是否意謂客戶不在賑貸範圍呢？其二，根據「貧富相資」理念，主戶有照顧自家客戶的義務，自然不需要官方賑貸。果真如此嗎？不是的。真宗景德三年（1006）三月詔曰：

> 開封府、京東西、淮南、河北州軍縣人戶闕食處，已行賑貸，其客戶宜令依主戶例，量口數賑貸。[20]

客戶比照主戶，也納入賑貸之列。如此讓人不禁再問，這是常例或是個案呢？又據《宋史》記載：「諸州歲歉，必發常平、惠民諸倉粟，或平價以糶，或貸以種食，或直以振給之，無分於主、客戶。」[21]顯示官方賑貸客戶確為常例。前引神宗熙寧二年（1069）七月詔：「水災州軍……若貧人無錢，相度賒糶，令至秋送納。其非稅戶，即與遠立日限納價錢，並委就近施行。」[22]上引劉琪史例，「籍農民當賑貸者若干戶，十口以上一斛，六口以上八斗，五口以下六斗；客戶當賑濟者若干戶，五口以上五斗，四口以下三斗。」[23]主戶以賑貸為主，客戶以賑濟為主。上面四條史例足證，客戶確實在官方賑貸範圍之內，無庸置疑，甚至是無償性賑給。

　　客戶如何歸還貸款呢？從上引熙寧二年七月史例顯示，客戶雖非稅戶，不必輸納二稅，但政府仍可透秋稅受納倉收回貸款。

19　《朱文公文集》卷 97〈劉琪行狀〉，頁 13；卷 88〈劉琪神道碑〉，頁 25。
20　《宋會要》食貨 68 之 33，景德三年三月。
21　《宋史》卷 178〈食貨志上六〉，頁 4335。
22　《宋會要》食貨 68 之 38-39，熙寧二年七月十八日。
23　《朱文公文集》卷 97〈劉琪行狀〉，頁 13；卷 88〈劉琪神道碑〉，頁 25。

災傷七分雖是宋初放稅及賑濟的重要標準，但尚未成為正式法令，直到災傷七分法的出現。究竟災傷七分法制定及頒行於何時？未見文獻詳細記載。《宋會要》災傷七分法的最早記載，神宗元豐元年（1078）四月七日，詔曰：

> 以瀛州陳次米依災傷及七分例，貸第四等以下戶，不得抑配，免出息。[24]

災傷減放七分法，又稱常平放稅七分法。除了放稅之外，有償性賑貸亦根據此一原則。此詔有三點值得注意：一是賑貸對象為第四等以下；二是不得抑配；三是無息。是年八月六日又詔：河北被水人戶，「災傷及七分處，再檢視，蠲其稅；不及七分者，並檢覆，即依法施行。」[25]此後，災傷七分既是賑濟的重要基準，也是減放賦稅的重要依據。根據侍御史王巖叟說：

> 戶部看詳〈元豐令〉限定災傷放（歲）〔稅〕分數支借種子條。[26]

顯然災傷七分法在元豐元年制定，當在正月至四月七日之間，或許就是四月七日。

徽宗大觀二年（1108）八月，詔文提到減放七分法及借貸七分法，其云：鉅鹿縣水患，「其見在人戶，即依放稅七分法賑濟施行。……內有人戶盡被漂失屋宇或財物，仍許依七分法借貸，不管卻致失所。」[27]放稅七分是賑貸七分的前提條件，沒有前者，自然沒有

---

24 《宋會要》食貨68之40，元豐元年四月七日。

25 《長編》卷291元豐元年八月丁未，頁7112。

26 《宋會要》食貨68之44，元祐元年十二月十八日。

27 《宋會要》食貨59之8，大觀二年八月十九日。同處大觀三年六月二十八日，詔亦類似。

後者。

　　前引王巖叟所言，賑貸七分法與青苗法有關係。李華瑞指出，七分賑貸與青苗放貸相結合，有兩層含義：一是借貸青苗錢以七分為界，災傷放稅七分以上方許借貸，第四等以下免息。二是官方賑濟亦以七分為界，七分以下賑糶，七分以上賑給或勸分。南宋初年雖否定王安石新法，但仍以放稅七分作為賑貸標準。[28]換言之，災傷七分法除了作為減放稅賦的依據之外，也是賑貸的基準。

　　法定雖為災傷七分方許賑貸，有時仍視災情而放寬至五分。早在神宗朝即有先例，元豐七年（1084）六月，提舉河東路保甲王崇拯言：「賑濟災傷保丁四等以下，本戶災傷及五分以上，即依常平司七分以上法。」朝廷從之。[29]這並非一般災戶，而是針對保丁的優禮措施，由七分降為五分。哲宗紹聖元年（1094）九月，詔：「府界、京東、京西、河北路應流民所過州縣，令當職官存恤誘諭，遣還本土，……如合賑濟，依災傷放稅五分法。」[30]對象是流民。同年十二月，詔：「京東、西、河東路提舉司，將放稅不及五分者，審驗災傷稍重，闕食不能自存或老幼疾病之人，並權依五分法賑濟。」[31]對象是不能自存或老幼疾病之人。

　　紹興二十八年（1158）九月，權戶部尚書趙令誏建議：「州縣義倉米積久陳腐，欲出糶，及水旱災傷檢放不及七分去處，亦許賑濟。」左僕射沈該表示反對，其言：「義倉米在法不應出糶，糶之恐失預備。」兩人意見相持不下。最後，高宗同意趙令誏的主張，他

28　李華瑞：〈宋代救荒中的檢田、檢放制度〉，頁 221-222。

29　《宋會要》食貨 57 之 9，元豐七年六月一日。

30　《宋會要》食貨 68 之 47，紹聖元年九月二十九日。

31　《宋會要》食貨 68 之 48，紹聖元年十二月六日。

說：「義倉歲以三之一出陳易新，何至侵損。」[32]正式調降賑濟災傷分數，由七分改為五分。《宋會要》記載類似的詔文，似與上述《要錄》及《朝野雜記》同為一事，災傷七分改為五分。其詔曰：

> 在法，水旱檢放苗稅及七分以上賑濟。緣田土高下不等，若通及七分方行賑濟，竊慮飢荒人戶無以自給。可自今後災傷州縣檢放及五分處，及令申常平司取撥義倉米，量行賑濟。[33]

這是一道重要的詔令，要點有三：一是災傷七分擴大至五分；二是支用義倉米從事賑濟；三是量行賑濟，保持彈性。紹興二十八年改七分為五分賑濟一事，可從孝宗淳熙八年（1181）浙西常平司提到：「在法，五分以上方許賑濟」，該司乞請：「五分以上量行賑濟，五分以下量行賑糶。」[34]光宗紹熙五年（1194），繁昌縣有二鄉歲饑，「統縣旱不及五分，法不應抹荒。」知縣吳漢英乞請，特依五分法賑濟。[35]足以證實。

朱熹向孝宗奏言提到：「水旱三分以上，第五等戶免檢並放；五分以上，第四等戶依此施行。」[36]不止是五分法，朱熹還建議三分法，依照人戶等第的差異，處以不同的災情分數。

32　《要錄》卷 180 紹興二十八年九月乙酉，頁 2987；《朝野雜記》卷 15〈財賦二‧義倉〉，頁 316，未繫年月日。

33　《宋會要》食貨 57 之 21（58 之 23、59 之 34、68 之 61），紹興二十八年九月二十九日。亦見《文獻通考》卷 26〈國用考四‧振恤〉，頁 255。

34　《救荒活民書》拾遺，頁 14。

35　《漫塘集》卷 28〈吳漢英墓誌銘〉，頁 12。

36　《勉齋集》卷 36〈朱熹行狀〉，頁 12。

三　官方賑貸的歸還

下面依次討論：立保填賠、歸還本色、恩賜不還等三項議題：

如何保證借貸人歸還呢？傳統有兩種方式：一是保人擔保，二是設定抵押品。賑貸未見後者，故可不論。作保有三種形式：人戶聯保、官吏保明、職役保明。法令保障方面，有「官為理索」的規定，官方充當保證，以公權力處理借貸不還，詳見下節。

人戶聯保方面。《宋會要》的最早記載，上引神宗元豐元年（1078）八月詔：「濱、棣、滄三州第四等以下被水災民，令十戶以上立保，貸請常平糧」。[37]此時的立保貸請方式，可能參考青苗法的規定。元豐六年（1083）六月詔：「甚災傷處第四等以下戶闕乏糧種，雖非給散月，許結保借請」。[38]日後，賑貸常用結保借貸方式來進行，[39]結保請貸的設計有利於官方後續作業，有效降低呆帳發生的機率。表面上，結保請貸似不利於借戶，但因降低賑貸風險，也讓官方較有賑貸的意願。

官吏保明方面。有擔當的州縣官員可藉由保明方式，彈性處理賑貸。據〈紹興重修常平免役令〉規定：

> 檢準〈紹興重修常平免役令〉：「諸災傷計一縣放稅不及七分，或失于披訴，第四等已下闕食戶，當職官保明，申提舉司審度，依放稅七分法賑給借貸訖，奏本司。」[40]

---

37 《宋會要》食貨 57 之 8（68 之 40），元豐元年八月二十八日。

38 《宋會要》食貨 68 之 41，元豐六年六月二十七日。

39 如《宋會要》食貨 68 之 44，元祐元年十一月二十八日，「應州縣災傷人戶闕乏種食，許結保借貸常穀。」

40 《漢濱集》卷 5〈論賑濟災傷去處狀〉，頁 22。

可先申報倉司審度，依照元豐放稅七分法賑貸後，再回稟漕司。

職役保明方面。賑貸尚未發現史例，類似的南宋朱熹社倉法借貸方法，採取十人結保借貸辦法：「結保〔每十人結為一保，遞相保委。如保內逃亡之人，同保均備取保。十人以下不成保，不支。〕，正身赴倉請米，仍仰社首、保正副、隊長、大保長並各赴倉，識認面目，照對保簿，如無偽冒重疊，即與簽押保明。」[41]注意夾注「同保均備取保」，就算借貸人逃跑，其餘同保九人必須攤還借貸，根本不會產生呆帳問題。

儘管有作保的設計，政府賑貸仍有風險，可能無法收回借出錢糧。何以如此呢？一因收債不易，二因下詔蠲放賑貸，三因帳冊佚失。呆帳發生在所難免，真宗景德三年（1006）四月，侍御史建議：「今後如有賑貸，望本縣置簿，以時理納，庶獲兼濟。」朝廷從之。[42]

歸還本色嗎？答案是的。賑貸交還本息，原則上交還「本色」，即歸還原本的借貸物品，借米還米，借錢還錢。如孝宗乾道三年（1167）八月詔提到：「今年生放借貸米穀，只備本色交還，取利不過五分，不得作米錢筭息。」[43]至於官署之間的錢米調撥賑濟，也是歸還本色、原機構為原則。又如乾道五年（1169）十月詔令提到：「於近便州軍戶部樁管米及常平義倉米內取撥三萬碩，前去台州，委官於被水去處減價出糶，其糶到錢，令本司拘收，撥還元取米去處。」[44]同年十一月詔：「將淮東見管常平米三萬六千六百餘碩，令淮東常平司相度委官置場，量行減價賑糶。糶到價錢，令項樁管，候將

---

41 《朱文公文集》卷 99〈社倉事目〉，頁 15-16。
42 《宋會要》食貨 57 之 4，景德三年四月。
43 《宋會要》食貨 68 之 65（59 之 43），乾道三年八月二十五。後面還提到：「豈可借貸米斛，卻要責令還錢」。
44 《宋會要》食貨 68 之 67，乾道五年十月六日。

來秋成日，卻行收糴補還。」[45]

　　借貸期限呢？隨著農事作息而定，多半於秋苗歸還，以一料為原則，約為半年。有些延至一年，也有長達兩年者，如光宗紹熙元年（1190）十月，詔：「四川總領所將階、成、西和、鳳州借貸過斛斗，均作二年理還。」[46]

　　為何要配合農事呢？其一，依著農業收成順勢而為，農民較無負擔，還款也較無困難，避免產生呆帳。其二，利用二稅秋苗輸納，方便借戶還款，也節省收帳人力。哲宗元祐元年（1086）四月詔，「開封府諸路災傷，⋯⋯將本縣義倉常平穀斛賑貸，⋯⋯候夏秋成熟日，據所貸過數隨稅納。」[47]元祐八年（1093）四月，浙西、淮南、江西等路災傷，「各許令人戶赴官請借，每一斗候至向去秋成，納新米八升還官，仍限四年，均隨本戶苗稅帶納。」[48]這些都是賑貸隨著二稅輸納而歸還的例子。

　　皇帝特允賑貸不必歸還，如孝宗乾道五年（1169），朝廷核准盱眙軍向高郵軍調借樁管米二千石賑貸，隔年六月，總領所下牒催還，盱眙軍知軍請求二麥收成後償還。朝廷戡會後，「特與除放」。[49]

四　勸諭賑貸與官為理索

　　救荒是政府的責任？抑或富室的責任？以今日的眼光來看，毫無疑問的，當然是前者。在宋朝災荒救濟活動之中，經常看到官方動員

45　《宋會要》食貨 68 之 67，乾道五年十一月十五日。又如同處之 72，乾道七年十月二十三日。

46　《宋會要》食貨 68 之 91，紹熙元年十月二日。

47　《宋會要》食貨 68 之 42-43，元祐元年四月四日。

48　《宋會要》食貨 68 之 46，元祐八年四月十一日。

49　《兩朝聖政》卷 49 乾道六年六月丙辰，頁 1。

民間資源參與。以官方角度來看，動員富室參與救荒工作，實為必要
之舉。勸諭富民賑給、賑糶或賑貸災民，來協助政府賑災活動，作為
荒政的輔助機制。孝宗時，唐仲友提到勸諭賑貸的重要性，他說：
「勸諭借貸，最為救荒之急，此令既行，為利甚博。」[50]名曰勸諭，
但實際上情願的情況較少，強迫糶賣的情形較多。勸諭賑貸，也是宋
朝荒政政策的一環。

　　客戶雖在賑貸之列，但朝廷法令或不少官員的心中仍認定主戶有
賑濟客戶的義務，特別地主對佃客。如孝宗乾道七年（1171）十月詔
令提到：「地主、佃戶資助賑給」。[51]又如寧宗慶元元年（1195）二
月，臣僚言：「若客戶，則令主戶與借，自行給散，至秋熟，則令甲
頭催納所借。」[52]《晝簾緒論》提到：「蓋田主資貸佃戶，此理當然，
不為科擾，且亦免費官司區處。」[53]資助或借貸客戶是主戶的責任之
一，此即「貧富相資」之說。有些地方官積極倡導貧富相資之說，知
南康軍朱熹於〈勸諭救荒榜〉言：

> 一、今勸上戶有力之家，切須存恤接濟本家地客，務令足食，
> 免致流移。將來田土拋荒，公私受弊。
> 一、今勸上戶接濟佃火之外，所有餘米，即須各發公平廣大仁
> 愛之心，莫增價例，莫減升斗，日逐細民告糶，即與應副。則
> 不惟貧民下戶獲免流移饑餓之患，而上戶之所保全，亦自不為
> 不多。（略）
> 一、今勸貧民下戶，既是平日仰給於上戶，今當此凶荒，又須
> 賴其救接，亦仰各依本分，凡事循理。遇闕食時，只得上門告

---

50 《歷代名臣奏議》卷 247，頁 16。
51 《宋會要》食貨 68 之 71，乾道七年十月七日。
52 《宋會要》食貨 68 之 99，慶元元年二月十一日。
53 《晝簾緒論》卷 11〈賑恤篇〉，頁 21。

糶，或乞賒借生穀舉米。如妄行需索，鼓眾作鬧，至奪錢米。
如有似此之人，定當追捉根勘，重行決配遠惡州軍。[54]

遇到災荒之時，地主對佃農有救濟照顧的責任，雖從道德理念出發，
但頗與今日雇主照顧勞工的理念相契合，對佃農而言，這是一種生活
保障。朱熹的貧富相資或主佃相助的說法還有很多，茲省略之。[55]王
柏說：「農夫資巨室之土，巨室資農夫之力，彼此自相資，有無自相
恤，而官不與也，故曰官不養民。」[56]知撫州黃震於度宗咸淳七年
（1271）也說：「天生五穀，正救百姓飢厄；天福富家，正欲貧富相
資。」[57]田地私有成為定制之後，災荒之際，田主借貸佃農，既能照
顧佃農，又增加利息收入，博得名聲，一舉兩得。

　　為了說服富民賑貸，若是佃戶欠債不還，官府承諾債主為之督
償。督償，宋人也稱作理償、理索。[58]《宋會要》的最早記載，真宗
天禧元年（1017）五月，殿中侍御史張廓奏請朝廷說：

> 奉詔京東安撫，民有儲蓄粮斛者，欲勸誘舉放，以濟貧民。俟
> 秋成，依鄉例償之，如有欠負，官為理償。[59]

勸誘富民賑貸，依照當地鄉例償還本息，如有欠款，官府為之理償。
勸諭賑貸與一般借貸的不同在於：其一，救濟貧民的仁政理念，透過
動員民間的資源，勸誘富民來達成。其二，如果貧民欠負不還，官府

54　《朱文公文集》卷 99〈勸諭救荒〉，頁 10-11。

55　又如《朱文公文集》卷 99〈約束糶米及劫掠榜〉，頁 26。

56　《魯齋集》卷 7〈賑濟利害書〉，頁 26。

57　《黃氏日抄》卷 78〈四月初一日中途預發勸糶榜〉，頁 3。

58　周藤吉之從有利債負法來討論北宋前期的舉放，〈北宋前期の舉放・課錢と王安石
　　の青苗法——有利債負法をめぐって〉，頁 79-127。

59　《宋會要》食貨 57 之 6（68 之 36）天禧元年五月二十四日；《長編》卷 89 天禧元
　　年五月辛酉，頁 2061-2062。

將替富民來追討。

　　仁宗時，京東路「歲惡，民移，壽隆諭大姓富室畜為田僕，舉貸立息，官為置籍索之，貧富交利。」[60]轉運使朱壽隆勸諭富室賑貸田僕，官府替他們置籍登記，並且擔保追債責任，讓貧富均能安然渡過這次饑荒危機。天聖六年（1028）九月，仁宗下詔：「河北災傷民嘗以桑土倚質與富人者悉歸之，候歲豐償所貸錢」。[61]原本，富人貸錢給人，以借戶的桑土為擔保品，此次災荒詔令，政府命令富人將原先擔保品桑土歸還給借戶，等候豐年再行還貸。這道詔令對於富人是不利的，提高他們借貸的風險，萬一借戶不還的話，又無擔保品，將造成富人的損失。除非此詔隱含政府作擔保，官為理索之意。倘若不是如此，那將出現後遺症，就是日後富人再也不肯輕易借貸給他人，不是提高利息，便是另尋擔保品，以規避風險。有個史例記載這種後遺症，仁宗明道元年（1032），「比詔淮南民饑，有以男女雇人者，官為贖還之。今民間不敢雇傭人，而貧者或無以自存」。[62]政府好意立法為饑民贖身，卻無形干擾雇傭市場，反而有害於饑民或貧者。

　　司馬光也贊成官為理索，英宗治平元年（1064），時任知諫院的他建議朝廷：

> 其有常平、廣惠倉斛斗之處，按籍置曆，出糶賑貸，先救農民。告諭蓄積之家，許行出利借貸與人，候豐熟之日，官中特為理索，不令逋欠。[63]

此與張廓所言大致相同，勸諭富民賑貸，並保證官為理索。治平四年

60　《宋史》卷 333〈朱壽隆傳〉，頁 10713。

61　《長編》卷 106 天聖六年九月甲辰，頁 2482。

62　《長編》卷 111 明道元年十二月己未，頁 2597。

63　《歷代名臣奏議》卷 244〈蓄積劄子〉，頁 6-7。

（1067）六月，司馬光再次建議朝廷：

> 若富室有蓄積者，官給印歷，聽其舉貸，量出利息，候豐熟
> 日，官為收索。示以必信，不可誆誘，則將來百姓爭務蓄積
> 矣。[64]

除了勸諭富民賑貸、官為理索兩點，這次司馬光提到利息問題，「量
出利息」，看來勸諭賑貸是有利息的。神宗時，河北西路洺州永年縣
「歲荒，民將他往，（縣令杜紘）召諭父老曰：『今不能使汝必無行，
若留能使汝無飢。』皆喜聽命。乃官給印券，使稱貸於大家，約歲豐
為督償，於是咸得食，無徙者。明年稔，償不愆素。」[65]勸諭大家借
貸，官為督償。

　　朱熹也贊成官為理索，孝宗淳熙七年（1180），他於知南康軍提
到：「如將來人戶特頑不還，官司即為理索」。[66]淳熙八年（1181），他
說：

> 今來上戶以旱傷之故，慮恐下戶將來負欠不還，官司不為受
> 理，仍以官司勸諭為詞，不肯生放，使下戶用乏失業不便。使
> 司今準淳熙四年十二月初三日指揮節文，諸人戶賒糶米，令欠
> 戶還米本外，每斗取息五升，其生放約秋成計本息還錢，亦合
> 一體施行。如有拖欠不還，官為理索，所貴兩無虧損。[67]

依據淳熙四年十二月三日指揮，利息為五分，倘若拖欠不還，官為理

64　《司馬溫公文集》卷6〈言賑贍流民劄子〉，頁142；《歷代名臣奏議》卷244〈乞選
　　河北監司賑濟飢民疏〉，頁12。

65　《宋史》卷330〈杜紘傳〉，頁10633。

66　《朱文公文集》別集卷9〈戒約上戶體認本軍寬恤小民〉，頁16。

67　《朱文公文集》別集卷10〈再諭上戶借貸米穀事〉，頁10-11。

索。淳熙九年（1182）五月，朱熹於浙東倉司又提到。

> 先據婺州申，本州鄉俗體例，並是田主之家給借。今措置欲依
> 鄉俗體例，各請田主每一石地借與租戶種穀三升，應副及時布
> 種，候收成日帶還，不得因而收息。如有少欠，官司專與催
> 理，不同尋常債負。已下諸縣從此施行。[68]

有四點值得注意：其一，宋人稱地方慣例為鄉例、鄉里體例或鄉俗體
例[69]，勸分及賑貸也有地方慣例。依照浙東婺州有田主借種租戶的地
方慣例，每一石地可借種三升，比例為一百比三。其二，不收利息，
似有田主施予租戶福利的味道。其三，若遇欠款不還，官府幫忙催
理，作為荒年借種的保證。官方代催部分，僅限於荒政賑貸，尋常的
借貸則不在此範圍之內。其四，官為督償的做法，也成為鄉俗體例的
一部分。如朱熹提到：「措借出放，亦許自依鄉例，將來填還不足，
官司當為根究。」[70]除了賑貸辦法依照鄉例之外，官司還擔保事後追
債事宜。寧宗慶元元年（1196）二月，臣僚也提到賑貸依照鄉例：
「勸諭鄉里有蓄積之家接濟，秋熟，依鄉例出息倍還。」[71]此處鄉例
說得明白，即是利息一倍之意，但這並不表示所有鄉例都是倍息。

為了讓上戶心安，官方通常會發給其文曆（曆頭、曆子）作為憑
句，方便日後申請官為理索。如朱熹便提到：「如要官司文曆，即印
給，令上戶收執。遇有下戶借貸麥種糧食，即令就曆批領，將來還
足，對行勾銷。如有不還，官為理索。」[72]令人好奇，官府如何進行

---

68 《朱文公文集》卷 21〈乞給借稻種狀〉，頁 7-8。
69 可參考高橋芳郎：〈宋代浙西デルタ地帶における水利慣行〉；柳田節子：〈宋代鄉
　　原體例考〉；包偉民、傅俊：〈宋代「鄉原體例」與地方官府運作〉。
70 《朱文公文集》卷 99〈勸諭救荒〉，頁 11。
71 《宋會要》食貨 68 之 99，慶元元年二月十一日。
72 《朱文公文集》別集卷 9〈約束許下戶就上戶借貸〉，頁 19-20。

理索呢？原來也是利用差役系統，前引慶元元年臣僚之言，他提到：
「若客戶，則令主戶與借，自行給散，至秋熟，則令甲頭催納所
借。」[73]

　　無獨有偶，當時朱熹的下屬知台州唐仲友也恰好提到勸諭富民賑
糶一事，朱曾按劾唐多達六狀，兩人竟然不約而同，建議用鄉里體例
的勸諭賑糶，協助官方救濟。唐說：

> 竊睹近降旨揮，私下債負，守令勸諭富室上戶更加接濟，容令
> 寬限了還。如是貧乏，委無從出，不得因此轉利為本，及非理
> 準析，亦須蠶麥成熟，方可旋行理索。臣謂勸諭借貸，最為救
> 荒之急，此令既行，為利甚博。臣愚尚慮舊新債負併在蠶麥，
> 細民必困理索，富民慮借者不能併還，未樂借貸。更宜明為期
> 約，示之必信。臣聞本朝司馬光以河北災傷條賑贍之策，曰：
> 「富室有蓄積者，官給印曆，聽其舉貸，量出利息，候豐熟
> 日，官為收索，示以必信，不可誑誘。」臣謂光言於今可行，
> 欲望陛下采光之策，明降睿旨，下諸路轉運司應災傷州縣，並
> 令守令勸諭富民自陳蓄積之數，除存留其家歲計之外，實餘若
> 干，以十分為率，七分出糶，三分借貸，願多以分數借貸者
> 聽。本縣印給簿曆，開坐旨揮，約自日下至麥熟以前，節次借
> 貸。簿、曆合用同印記，簿在富民，曆付借者。每月取息不得
> 過三分，其鄉例不得將舊債作新借之數。其舊欠自從已降旨
> 揮，蠶麥成熟，旋行理索。其新借至秋成日，卻據印給簿曆理
> 索。此後應成熟處，不許富民陳乞再給簿曆，自如常年鄉例借
> 貸，惟有災傷方可從州縣陳請舉行，免於習常，乃為良法。[74]

73　《宋會要》食貨68之99，慶元元年二月十一日。
74　《歷代名臣奏議》卷247，頁16。

值得注意之處：其一，利息為三分，不得採取複利，轉利為本。其
二，官為理索必須考量時機，等候穀麥成熟。其三，債主有簿，借戶
有曆，各有所憑，新債舊償依次歸還。其四，災荒之時，方行官為理
索，讓富人安心賑貸。

南宋還有其他的官為理索史料，如孝宗淳熙十一年（1084），朝
廷詔文曰：

> 浙西、江東路州軍被水去處，今兩路提舉司多方勸諭有田之
> 家，將本戶佃客優加借貸，候秋成歸還。或致欠負，官為理
> 索。[75]

此詔勸諭田主賑貸，亦是官為理索。理宗端平二年（1235），胡太初
認為，災害可分為疫癘、水火災、旱潦艱食等三種，各有不同的措
施。疫癘發生時，遣吏抄劄病患，看醫給藥，支錢給米。水火災，以
賑貸為主，盡量避免賑給。其中的旱潦艱食，他說：

> 不被害上戶，量物力借貸，併與貸給齊民。許其一月之後，日
> 償若干，官卻以其所償者，償之上戶。……其有旱潦傷稼、民
> 食用艱者，當勸諭上戶，各自貸其農佃，直至秋成，計貸過若
> 干。官為給文墨，仰作三年償本主。其逃遁逋負者，官為追督
> 懲治。蓋田主資貸佃戶，此理當然，不為科擾，且亦免費官司
> 區處。……是蓋不知貧富相資之義者也。[76]

此官箴提到，田主資借佃戶理所當然，貧富相資，不算科擾。其次，
官為理索，追督欠債者。官為理索的理念並編入法典之中，據《慶元

---

75 《宋會要》食貨58之16，淳熙十一年六月十一日。
76 《晝簾緒論》卷11〈賑恤篇〉，頁17-18。

條法事類》記載：

> 諸負債違契不償，官為理索。欠者逃亡，保人代償，各不得留
> 禁。即欠在五年外，或違法取利，及高抬賣價，若元借穀米而
> 令准折價錢者，各不得受理。其收質者，過限不贖，聽從私
> 約。[77]

官方充當保證，以公權力處理欠債不還，對債主俱有保障，也會活潑
民間借貸市場。

　　儘管官為之理索，仍有不少的富室並非心甘情願勸分賑貸。孝宗
乾道八年（1172），成都府路夏秋大水，都江堰損壞，轉運判官趙不
恚亦曾實施勸諭賑貸：

> 乾道壬辰，夏秋大水，堰壞，下田漲，上田涸，歲之所以饑
> 也。⋯⋯然後分三策：民業耕者，田主借貸之；遊手末作，上
> 戶糶米賑之；老幼疾患，官為粥飯養之。雙流（米）〔朱〕氏吝
> 糶，邑民聚而發其廩，公罪（米）〔朱〕氏，籍其米，黥盜米者
> 十餘人，他富家、饑民皆震恐不敢違。虞丞相允文別田在二
> 江，亦盡其藏以賑。[78]

此文提到，田主理應借貸給自己的佃戶，也提到官方「閉糶者籍、發
廩者黥」的做法。

---

77 《慶元條法事類》卷 80〈雜門・出舉債負〉，頁 903。
78 《葉適集》水心文集卷 26〈趙不恚行狀〉，頁 514。朱氏，據《宋史》卷 247〈宗室
　　傳四・趙不恚〉，頁 8758。

五 小結

賑貸是宋朝官方賑災的重要措施之一，借貸錢糧以照顧災民的基本需求及災後復業為主。既可以達成荒政恤民的目的，也可以保護農民生產，穩定將來的二稅收入。既是政治的撫慰，也是財政的投資。賑貸的種類，有糧食、錢財、種子三種，後二者多著眼於復業。南宋貸種比貸糧的比例還高，顯示賑貸日趨偏向農業復員的功能。

官方賑貸方面。北宋初年賑貸的特色為：無災傷分數限制／無戶等限制／免息／臨時性／災傷性。青苗錢之後賑貸的特色則是：災傷七分／四等以上／有息二分／經常性／季節性，兩者功能不盡相同。賑貸依照災傷七分法，確定於神宗元豐元年（1078），高宗紹興二十八年（1158）放寬至五分。主、客戶都在賑貸之列，隨二稅輸納還款，以歸還本色、原機構為主。借貸期限隨著農事作息而定，多半於秋苗歸還，以一料為原則。官方賑貸為了避免呆帳產生，透過作保制度達成，有三種形式：人戶聯保、官吏保明、職役保明。

勸諭民間賑貸方面。官方倡導貧富相資之說，保證官為理索，以利勸諭富民參與救荒活動。此外，並將官為理索編入法典之中，官方充當保證人，以公權力處理借貸不還，此為南宋勸分逐漸增多的潛在原因。勸諭田主賑貸的特色有四個：一是賑貸標的以糧種為主；二是政府擔保賑貸的履行，有追討債務的連帶責任；三是保障田主權益，使之安心勸諭賑貸；四是佃農不需要有抵押品，官方擔保其契約的履行。

附論
賑給、賑糶、賑貸的定位

一　賑災方式多元化

　　宋朝賑災方式未必僅限於一種，經常混用賑給、賑糶、賑貸（以下簡稱三賑），與其他方式。徽宗政和八年（1118）五月，提舉京東常平等事王子獻提到：賑濟河北及京東路流民，「其貸者二十萬四百餘戶，給者十萬八千六百餘戶，糶者二十九萬五百餘石」。[1]此次賑災方式以賑糶居多，其次為賑貸，賑給最少。限於資源，賑給比賑貸來得少，不令人意外。由於未有詳細的記錄，只提及戶數而未言及石數，很難作比較。光宗紹熙三年（1192）十一月，襄陽府水患，詔：「許於見管粳粟米內借撥，八千石充賑糶，二千石充賑濟。」[2]賑糶為賑給的四倍之多。然而次年二月，詔：「江陵府於椿管米內取撥七萬石，將四萬石充賑濟之用，三萬石賑糶。」[3]同樣是江、漢水患，江陵府卻是賑給比賑糶來得多，令人不解，推測可能原因有二：一是視災情輕重而定，二是視地方官募集物資之多寡而定。理宗嘉熙三年（1239），吳泳賑荒溫州，「濟民四萬六千有奇，糶民十一萬有奇」。[4]賑糶比賑給人數多上二點四倍。大致而言，在多數的官方賑荒史例之

1　《宋會要》食貨 68 之 117，政和八年五月二十一日。
2　《宋會要》食貨 68 之 93-94，紹熙三年十一月三日。
3　《宋會要》食貨 68 之 94，紹熙四年二月二十九日。不過，同書食貨 68 之 95，紹熙四年十二月十八日，數量略有出入，知江陵府王藺言：「本府去年災傷，蒙朝廷撥米四萬石，內將一萬石賑濟，三萬石賑糶。」不知何者為是？
4　《鶴林集》卷 23〈與馬光祖互奏狀〉，頁 4。

中，賑糶數量多過於賑給[5]，表5-2、5-3亦可佐證。

不少地方官以戶等來分配賑糶、賑給的對象及數額，如黃榦賑荒漢陽縣，「各村人戶分為四等：以能自食而又有餘粟可備勸糶為甲戶，以無可勸糶而能自食者為乙戶，以不能自食而籍官中賑糶者為丙戶，以官中雖有粟出糶而其人無錢可糶者為丁戶。」[6]也有地方官以比例制來分配，如光宗紹熙五年（1194）閏十月，臣僚提到：「兩浙、兩淮災傷州軍，……合以十分為率，八九分賑糶，一二分賑濟。」朝廷從之。[7]

朱熹知南康軍的抄劄辦法，先編繪地圖，用顏色來區別賑災方式，他說：「行下逐縣，將逐都塌畫地圖，畫出山川水陸路徑，人戶往止去處。數內不合賑糶人戶，用紅筆圈攔；合賑糶人戶，用青筆圈攔；合賑濟人戶，黃筆圈攔。」[8]紅筆為不需賑救，青筆為賑濟者，黃筆為賑給者。

二　定位及功能

汪聖鐸提到：「賑貸……繫此年出，次年入，賑糶者則是出糧入錢，對官府的財計影響不大，或者說沒有什麼損失。無償賑濟則是純粹的支出，然記載中往往將賑貸、賑糶與無償賑濟互相混淆」[9]，本書亦曾於緒言論之。兩宋陸續實驗賑濟方式，並因應時局的變化，無

5　如《宋會要》食貨 68 之 101，慶元六年八月十九日，鎮江府「三萬石專充賑濟，四萬石充賑糶。」同書 68 之 102，嘉泰四年三月二十五日，江西「以七分賑糶，三分賑濟。」

6　《勉齋集》卷 31〈漢陽軍管下賑荒條件狀〉，頁 3。

7　《宋會要》食貨 68 之 97-98，紹熙五年閏十月二十一日。

8　《朱文公文集》別集卷 9〈行下三縣抄劄賑糶人戶〉，頁 19。

9　汪聖鐸：《兩宋財政史》，頁 512。

償賑給定位在社會弱勢者，淳熙九年（1182），朱熹向孝宗坦承浙東賑饑措手不及，他說：「臣去年到任，已是深冬，狼狽急迫，措置不辦，只得將所蒙給賜錢米計口分俵，誠為可惜。今來雖是災傷，……唯是老弱殘疾婦女之類無依者，方與賑給，庶幾不至又似去年虛費官物。」[10] 朱熹認為賑給必須慎重，限定於社會弱勢者，不得隨便俵散，虛費官物。至於賑糶、賑貸之運用，因時因地而有所差異。

寧宗慶元元年（1196）二月，臣僚認為三賑的定位：

> 朝廷荒政有三：一曰賑糶，二曰賑貸，三曰賑濟。雖均為救荒，而其法各不同。市井宜賑糶，鄉村宜賑貸，貧乏不能自存者宜賑濟。若漫而行之，必有所不可行，官司徒費，而惠不及民。[11]

他從兩方面來定位三賑：一是城鄉差異，二是資源必須有效運用及分配，否則徒費官米而惠不及民。因此，市井賑糶，鄉村賑貸，貧乏不能自存者賑濟。嘉泰四年（1204）三月，知撫州陳耆壽也提到三賑定位與錢糧來源：

> 有產業無經營人，賑貸；無產業有經營人，賑糶；無產業無經營及鰥寡孤獨之人，賑濟。賑貸之米，則取諸常平司。賑糶之米，則勸諭上戶。惟是賑濟，……乞於本州今歲合發淮西總領所米綱內截撥一萬石，應副賑濟。[12]

---

10 《朱文公文集》卷 16〈繳南康任滿合奏稟事件狀二〉，頁 14-17。

11 《宋會要》食貨 68 之 98-99，慶元元年二月十一日。對於施粥、以工代賑，他不以為然，「或為粥以飼饑餓，或興造以賑貧乏，皆非計之得。」

12 《宋會要》食貨 68 之 102，嘉泰四年三月二十七日。原作「陳菁壽」，據《吳郡志》卷 7〈官宇〉，頁 19，改為「陳耆壽」。

「產業」指田產，「經營」指工商業者。「有產業無經營人」多居鄉村，「無產業有經營人」多居城鎮，故陳耆壽和前引臣僚的看法大致相同。

董煟立論於錢糧來源，認為賑糶：「此係用常平米，其法在於平準市價，默消閉（糴）〔糶〕之風。」[13]賑給：「此係用義倉米，其法當及老幼殘疾孤貧不能自存之人，使無告者免於夭亡。」[14]賑貸：「此係截留上供米，或者省倉米，或為朝廷乞封樁米，故于諸色倉廒權時挪用。一面申奏朝廷，乞內庫、乞度牒，糴米補還。」[15]董煟與前引陳耆壽所處時代相距不遠，可作比較參考：賑糶支用來源，常平米或勸諭上戶；賑給支用來源，義倉米或上供米；賑貸支用來源，上供米等或常平司米。兩人所論三賑均不同，可見當時賑荒財源的差異頗大，每次未必相同。以朱熹知南康軍賑濟為例，他嘗試各種方式，除了截留上供米、動用常平米之外，遣人到外地購糧，並勸諭富室上戶一萬九千石米，賑給鰥寡孤獨之人，賑糶饑民。[16]

三　三賑統計

最後，統計《宋史》〈本紀〉賑災方式，來觀察三賑的角色。宋代編年體史書的篇幅差異甚大，《長編》及《要錄》為鉅著，相較之下，《兩朝聖政》及《續編兩朝綱目備要》為小品，如此將造成取樣偏差的缺陷，為了避免此一困境，所以選擇《宋史》進行統計。

13　《救荒活民書》卷2〈賑濟〉，頁31。
14　《救荒活民書》卷2〈賑濟〉，頁31。
15　《救荒活民書》卷2〈賑貸〉，頁32。
16　《朱文公文集》卷16〈繳南康任滿合奏稟事件狀二〉，頁14-17。

表5-2：《宋史》〈本紀〉賑災方式統計簡表

年代	賑糶	賑貸	賑給	賑濟泛稱
太祖、太宗、真宗（960-1022）62年	0	2.5	0	50.5
仁宗、英宗（1023-1067）44年	0	1	0	22
神宗、哲宗、徽宗、欽宗（1068-1126）58年	1	1.5	0	44.5
高宗、孝宗（1127-1189）62年	8	3	0	46
光宗、寧宗（1190-1224）34年	3	0	2	38
理宗、度宗、瑞宗、帝昺（1225-1279）54年	4	1	0	18
總計	16	9	2	219

說明：排除非實例的法令、依乞丐法的老弱貧幼、同一災害等三項。一條史例多種以
上，依照比例計算。

表5-3：《救荒活民書》卷3賑荒方式統計表

篇目／災害	賑糶	賑貸	賑給	勸分	工賑	施粥飯	出處
田錫論救災／滄州饑	∨						下/3-4
畢仲游救荒／耀州大旱	∨			∨			下/4-5
滕達道賑濟／鄆州饑							下/5
吳遵路賑濟／嚴冬				∨			下/5
文彥博減價糶米／成都米貴	∨						下/6
韓琦平價濟村民／不詳	∨						下/6
彭思平賑救水災／台州海嘯		∨					下/7
呂公著賑濟／京師雪寒	∨	∨	∨			∨	下/7-8
曾鞏勸諭賑糶／越州饑		∨		∨			下/8
蘇軾乞糶官米／浙西饑	∨						下/9
程珦遇水種豆／沛縣久雨		∨		∨			下/9-10
范鎮論救荒／荒歉		∨					下/11
晁補之活飢民葬遺體／齊州饑						∨	下/13
范純仁救荒法／襄邑縣大旱	∨						下/14

折克柔保借米賑貸／河東府饑饉		✓					下/14
張詠減價糶米／河陽大旱蝗	✓						下/15-16
向經以圭田租賑飢民／河陽大旱蝗				✓			下/16
扈稱出祿米賑濟／梓州路饑				✓			下/16
沈起、張靚／杭州饑						✓	下/17
蘇軾乞預救荒／浙西先水後旱	✓						下/17-18
富弼青州賑濟行道／京東東路五州流民			✓				下/18-33
程迥代能仁院賑濟疏／不詳				✓	✓		下/33-34
趙抃救蓄記／吳越大旱	✓	✓		✓	✓		下/40-41
馮楫勸諭賑濟詩／瀘水饑三件	✓			✓		✓	下/42
洪浩救荒法／秀州大水	✓						下/42-43
趙令良賑濟法／紹興流民	✓						下/43-44
徐寧、孫建賑濟三策／不詳	✓		✓				下/44-45
蘇次參賑濟法／澧州	✓						下/46
韓琦救荒報應／黃河大水			✓			✓	下/48
漢州長者救荒報應／漢州饑				✓			下/49
小計	15	6	6	9	2	5	

根據前文及表5-2、5-3，筆者有下列四點看法：其一，二表均顯示，三賑的多寡順序為：賑糶、賑貸、賑給。賑災以賑糶為主流，配合賑貸、賑給（含施粥）、勸分、以工代賑。其二，賑糶所以成為大宗，推測可能為有償性的緣故，官倉周期循環運作，得以長期持續經營。其三，賑貸雖然也是有償性，但必須作保，程序較為複雜，還有歸還、追討、呆帳等後續事宜，技術層面比起賑糶困難許多。表5-2的賑貸九例之中，有五例為賑貸糧種或牛隻，以借貸糧種為主，借貸糧食及錢財為輔。其四，限於資源，無償性的賑給定位在救濟社會弱勢者，以鰥寡孤獨而不能自存者、流民為主，且多依據〈乞丐法〉行事。

第六章
勸分與敷配

一　前言

　　災荒屬於非常時期，對比平常的靜態社會，更能彰顯出社會階級和群體之間的緊張性與對立面。兩宋時期因軍事緊張，糧食供應吃緊，反映到官方荒政措施上。官方的無償性賑給日益減少，除了有償性的賑糶、賑貸增多之外，勸分富民參與官方賑濟值得注意。宋廷動員民間資源賑濟饑荒，藉此分擔官方賑濟的壓力。勸分也像官方賑濟一樣，有賑給、賑糶、賑貸之別，其中以勸糶居多。

　　勸分，語出《左傳》〈僖公二十一年〉，亦見《國語》〈晉語〉，後書的韋昭注曰：「勸有分無」，即勸富濟貧之意。鄭銘德認為，「勸分」一詞不常見於宋代以前的文獻，多半結合「務穡」概念。宋代出現頻繁，但北宋多稱之勸誘、勸糶、勸諭，少見勸分；南宋開始，勸分不僅出現頻繁，且經常結合賑荒活動。[1]南宋官員多以勸分稱謂勸富濟貧，如孝宗淳熙間臣僚言：「蓋以豪家富室儲積既多，因而勸之賑發，以惠窮民，以濟鄉里，此亦所當然。」[2]晚宋黃震也說：「勸分者，勸富室以惠小民，損有餘而補不足」。他認為富室應該抱持著如此心態：「官雖勸糶，而我自勸分也。」[3]在黃震的詞彙中，「勸糶」與「勸分」有所區別，他於官牒提到：「本縣勸糶而不勸分，正欲安

1　鄭銘德：〈宋代地方官員災荒救濟的勸分之道──以黃震在撫州為例〉，頁 264。
2　《救荒活民書》卷中〈勸分〉，頁 11-12。
3　《黃氏日抄》卷 78〈四月十三日到州請上戶後再諭上戶榜〉，頁 5。

全稅家，彼此相安，不敷數，不減價，不置場移粟。」[4]由此可知，勸糶是勸誘富室主動糶糧，不要繼續囤積糧食；勸分則帶有強迫性，透過敷配、減價、置場等形式來執行。此勸分之意已與先秦典籍不盡相同。

宋朝勸分研究已有相當基礎，王德毅討論推行及獎勵勸分的辦法，也論及強迫勸分。[5]張文立論於鄉紳富民慈善活動，著眼勸分的被動救濟特質。[6]他還曾用「博弈理論」來分析饑荒，在富室閉糶和貧民搶奪之間，雙方如何在饑荒中取得最大利益。[7]林文勛立論於唐宋富民力量的崛起，注意到勸分的強制性。[8]郭文佳以民間力量為題，探討宋朝勸分富民，南宋比北宋頻繁，更加依賴，每遇災歉，大多實行勸分。[9]韓國李瑾明以朱熹知南康軍為例，指出宋朝荒政以官方運作為核心，朱熹認為不能期待鄉村強勢群體自發地出糶。[10]廖寅認為勸分往往帶有一定的強制性質。[11]李華瑞全面分析宋朝勸分，以實施狀況、賞格與對象、官府管理、自願到強制的發展趨勢為綱目，注意到紹興六年（1136）地方斷遣權力，並指出宋朝勸分的歷史特色，南宋的勸分在官方救荒中所佔比重日益增大，兩宋勸分逐漸從自

4　《黃氏日抄》卷80〈四月十六日委請諸縣諸鄉都勸糶官牒〉，頁6。

5　王德毅：《宋代災荒的救濟政策》，頁147-154。

6　張文：《宋朝民間慈善活動研究》，頁237-242。

7　張文：〈荒政與勸分：民間利益博弈中的政府角色——以宋朝為中心的考察〉，頁27-32。

8　林文勛：〈宋代「富民」與災荒救濟〉，頁91-111。祁志浩：〈宋朝「富民」與鄉村慈善活動〉，頁224-237，未論及勸分，是文承襲林文勛的觀點，強調富民在鄉村慈善活動的作用，其目的在於爭取話語權。

9　郭文佳：〈民間力量與宋代社會救助〉，頁45-47。

10　李瑾明：〈南宋時期荒政的運用和地方社會——以淳熙七年（1180）南康軍之饑饉為中心〉，頁227-228。

11　廖寅：《宋代兩湖地區民間強勢力量與地域秩序》，頁171-174。

願走向強制。最後以官方主導勸分為例，認為士人和富民的作用有其局限性，宋代不存在公共領域（或中間領域）。[12]鄭銘德注意到勸分是項艱困的工作，實際運作有些困難，地方官必須和富民較勁，方能達成目標。[13]他又以黃震為個案，說明其勸分以安富恤貧為理想，以利誘威脅為手段。[14]

　　本章盡量避免重覆前人所言，立論於官民互動關係上，著眼分析勸分的分類及性質。

二　鼓勵勸誘

　　目前所見勸分及賑饑納粟補官的最早資料，《宋會要》太宗淳化五年（994）正月，詔文：「諸道州府被水潦處，富民能出粟以貸饑民者，以名聞，當酬以爵秩。」[15]開啟了宋朝勸分補官，動員民間資源參與政府賑荒工作。

　　到了南宋，勸分成為荒政的重要環節之一，這點反映在士大夫文本之中，南宋時期尤多。諸如高宗紹興六年（1136）二月，右諫議大夫趙需提到：「今日賑救有二：一則發廩粟減價以濟之，二則誘民戶賑糶以給之。……唯勸誘賑糶尤為實惠。」[16]孝宗淳熙初年，趙汝愚說賑荒：「然而求所以施行之策，則亦不過勸諭上戶，廣行出糶，轉

12　李華瑞：〈勸分與宋代救荒〉，頁 236-255。

13　鄭銘德：〈宋代士大夫眼中的富民〉，頁 97-101。

14　鄭銘德：〈宋代地方官員災荒救濟的勸分之道——以黃震在撫州為例〉，頁 247-265。

15　《宋會要》食貨 68 之 30（57 之 3），淳化五年正月二十一日；《長編》卷 36 淳化五年九月，頁 799。

16　《宋會要》食貨 68 之 58（57 之 18、59 之 26），紹興六年二月七日。《要錄》卷 98 紹興六年二月乙巳，頁 1611-1612，奏文較詳，然錯字較多。

移常平義倉之米，以賑之而已。」[17]淳熙十年（1183），尤袤說：「今日公私誠是困竭，……國家水旱之備，止有常平義倉，頻年旱暵，發之略盡。今所以為預備之計，唯有多出緡錢廣儲米斛而已。又言救荒之政，莫急於勸分。」[18]他明確指出財計的困竭與勸分富民的重要。葉適亦說：「富人者，州縣之本，上下之所賴也。」[19]黃度也說：「救荒無出勸分」。[20]黃榦說：「今之守令為救荒之策者，不過曰勸分，曰通商而已。」[21]董煟提到：「今為守令者，不知典故，惟以等第科抑，使出米賑糶。」[22]真德秀也說：「常歲艱食，悉仰勸分。」[23]王柏說：「勸分之政，固荒政之所先。」[24]又說：「講行勸分……于今日，實無良策。」[25]歐陽守道說：「官於荒政類亡具也，而勸糶為第一策。」[26]黃震亦云：「照對救荒之法，惟有勸分。勸分者，勸富室以惠小民，損有餘而補不足，天道也，國法也。」[27]因為，「自來官中賑濟多在城郭，遂致鄉村細民不能遍及」。[28]從南宋中期到晚期，均有人論及勸分富民對於賑濟的重要，並不亞於官方的力量。元初所編《宋史》也認為南宋相當仰賴勸分，其云：

> 紹興以來，歲有水旱，發常平義倉，或濟或糶或貸，如恐不

---

17 《歷代名臣奏議》卷 247〈荒政・乞置社倉濟鄉民疏〉，頁 3。

18 《文獻通考》卷 26〈國用考四・賑恤〉，頁 256。

19 《葉適集》水心別集卷 2〈民事下〉，頁 657。

20 《絜齋集》卷 13〈黃度行狀〉，頁 210。

21 《勉齋集》卷 24〈漢陽條奏便民五事・二廣儲蓄〉，頁 13。

22 《救荒活民書》卷上，頁 27。

23 《西山先生真文忠公文集》卷 40〈勸立義廩文〉，頁 13。

24 《魯齋集》卷 7〈賑濟利害書〉，頁 25。

25 《魯齋集》卷 9〈水災後劄子〉，頁 31。

26 《巽齋文集》卷 17〈吉州吉水縣存濟莊記〉，頁 10。

27 《黃氏日抄》卷 78〈四月十三日到州請上戶後再論上戶榜〉，頁 5。

28 《要錄》卷 98 紹興六年二月乙巳，頁 1611。

及。然當艱難之際，兵食方急，儲蓄有限，而振給無窮，復以
爵賞誘富人相與補助，亦權宜不得已之策也。[29]

南宋勸分多於北宋，這個觀察大致正確。但這並非說南宋荒政僅仰賴
勸分而已，動用常平倉及義倉、支撥公帑、挪借他司錢米仍具有一定
的功能，只是所佔比例多寡而已。

廖寅指出：「在災荒年代，地主對佃農負有一定的賑濟責任，因
此，官方對大族往往是獎與懲相結合。」[30]本節先論述鼓勵勸分，懲
處則待下節再論。地方官推動勸分富民的辦法，學者已有討論，只是
欠缺系統化整理。本章將之分為九種：納粟補官、斟酌免役、官為理
索、地方官倡率出糶私糧、遊說富民出糶、募資向外地購糧、懲治或
威脅閉糶者、強制認額、科配勸分。本節論述前六種溫和辦法，下兩
節再討論剩餘的三種強硬辦法。此九種還可簡併成四種：積極獎勵型
（補官、免役、官為理索）、溫和勸誘型（官員倡率、遊說、募資購
糧）、強迫勸分型、科配於民型（認額、科配）。

一是納粟補官。對宋廷而言，勸分賑荒既然有求於富人，必須加
以獎勵，因此納粟補官成為推動勸分的重要辦法之一。學界對於勸分
補官的研究頗為深入，本書自無贅言的必要，以下綜合學者們的說
法。前面提到太宗淳化五年勸分補官，日後此一政策持續推行，如真
宗大中祥符九年（1016）九月，「詔災傷州軍，有以私廩振貧民者，
二千石與攝助教，三千石與大郡助教，五千石至八千石第授本州文
學、司馬、長史、別駕。」[31]隔年天禧元年（1017）三月，詔：「諸州
官吏如能勸誘蓄積之民，以廩粟賑卹饑乏，許書曆為課。」[32]進納補

---

29 《宋史》卷178〈食貨志上六〉，頁4340。
30 廖寅：《宋代兩湖地區民間強勢力量與地域秩序》，頁173。
31 《長編》卷88大中祥符九年九月己巳，頁2020。
32 《宋會要》食貨68之35-36（57之6），天禧元年三月二十五日。

官的主要對象是富民和商賈，還有部分士人。[33]但對於部分進納補官
而言，他們無心於宦途，而較關注於家族發展策略，所求者為官籍榮
銜。由於勸分在南宋成為主要的賑濟方式之一，所以勸分補官亦隨之
常見。[34]孝宗縱然不喜鬻賣官爵，卻仍推行勸分補官，他於淳熙元年
（1174）三月說：「朕不鬻爵，以清入仕之源，今以賑濟補官，卻是
為百姓。」[35]淳熙九年（1182），朱熹提到：「近日遂有婺州進士陳夔
詣臣投狀，陳乞獻助二千五百石，訪聞浦江等縣更有一二家亦欲陳
獻，此亦見不吝恩賞之效。」[36]不過，官場的士論公議往往輕視進納
補官，授官阻力很大，賞格公告與實際授官經常不一致，朝廷食言而
肥屢見不鮮，以致勸分補官的效果遞減。如朱熹鑑於賑荒推賞之令擱
置頗久，向孝宗稟報：「早乞推賞，萬一他日有司視同常事，巧為沮
卻，則不惟使臣得罪於民，亦恐朝廷異時命令無以取信於下。」[37]又
如尤袤指出：「自後輸納既多，朝廷吝於推賞，多方沮抑，或恐富家
以命令為不信。」[38]又如曹彥約提到：「勸誘富室上戶賑濟飢民，與補
官資，卻緣前後衝改多有不同，致得保明推賞多有沮格」。[39]朝廷既然
失信於民，自然富民也不再踴躍捐輸。[40]

　　勸分補官，究竟只有無償賑給呢？或者包括有償賑糶、賑貸在內
呢？從下面四條史料可作判斷。孝宗乾道元年（1165）四月，尚書省

33　王曾瑜：〈宋朝賣官述略〉，頁49-50；李華瑞：〈勸分與宋代救荒〉，頁244。

34　鄭銘德：〈宋代士大夫眼中的富民〉，頁16、39。

35　《兩朝聖政》卷53淳熙元年三月辛卯，頁3。

36　《朱文公文集》卷17〈乞給降官會等事仍將山陰等縣下戶夏稅秋苗丁錢並行住催
　　狀〉，頁4。

37　《朱文公文集》卷16〈繳納南康任滿合奏稟事件狀二〉，頁17。

38　《文獻通考》卷26〈國用考四‧賑恤〉，頁256。

39　《昌谷集》卷9〈湖北提舉司申乞賑濟賞格狀〉，頁1。

40　王德毅：《宋代災荒的救濟政策》，頁150。

支員外郎曾惜奏議：「今歲浙西災傷諸縣，勸諭大姓出米，……賑貸三百碩，比賑濟一百碩。」朝廷從之。[41]勸分賑貸賞格較之賑給折三分之一。乾道七年（1171）八月，詔：「賑糶之家，依此（賞格）減半推賞。」[42]勸分賑糶賞格較之賑給折半。同年十月，權發遣隆興府龔茂良議請稍加修改，他說：

> 竊詳所立賞格，除出米納官不請價錢即合推賞，所有賑糶係減半推賞，然不可一槩。若依市價以收厚利，商賈之流販賤賣貴，……盡合補授，如此賞典皆可濫及。……其客販……如願依立定價例賑糶，推賞之人並一體施行。兼上戶若在豐熟處，……合隨本處時價減三分之一，官司給據，照證般載往災傷地分賑糶，即行理賞。[43]

他鑑於條件過於寬緩，主張限定賑糶應該減價，上戶若願立定價例或上戶減時價三分之一，方得減半推賞補官。朝廷從之。朱熹提到賑糶推賞減半的實例：「檢會淳熙元年（1174）三月二十四日救，戶部勘當到點檢台州措置賑濟官耿延年所申浙東路賑濟、賑糶依湖南、江西米數減半紐計推賞指揮」[44]，他稱此為耿延年之例。

　　勸分補官，以無償賑給者為主，捐獻錢糧，對宋廷貢獻度較大。有償賑糶者為輔，虧損有限，貢獻度較低，故賞格折半。有償糶貸者，可以收回借款，故賞格折三分之一。後二者的賞格折算比例集中出現於孝宗乾道年間，在此之前，是否僅限於賑給補官？尚不能確定。

41　《宋會要》食貨58之4（59之42、68之64），乾道元年四月十三日。
42　《宋會要》食貨68之70，乾道七年八月一日。
43　《宋會要》食貨68之71，乾道七年十月十日。
44　《朱文公文集》卷13〈延和奏劄三〉，頁12。

二是斟酌免役。寧宗嘉定二年（1209）七月，曾從龍認為勸分不需強迫抑勒，可以利用免役以勸誘之：

> 夫所謂勸者，非可以勢力脅，非可以空言諭，要必有術以誘之。……量其多寡而與之免役，多者免一次，少者一年或半年。夫民之憚役，甚於寇盜。今既與之免役，彼將欣然樂從而無難色，此誘之之術也。……今後富民上戶有能賑糶、賑貸者，並令常平司與之斟酌免役。[45]

他所言誘之以術，便是免役。雖然曾從龍話說得興緻，但這並非他的發明，早在高宗紹興六年（1136）四月，李綱便建議朝廷：「一千五百石，與免將來差科三次；一千石，與免差科兩次；五百石，與免差科一次。」[46]

三是親自或委任官員勸誘富民出糶。地方長官親自勸誘，如真宗時高繼勳知瀛州，「屬歲大饑，穀價翔起，即召諸里富人，謂曰：『今半境之人將轉而入之溝壑，若等家固多積粟，能發而濟賑之，若發濟州將之命。』於是皆爭出粟，王亦以其直予之，蒙活者萬餘人。」[47]類似的記載頗多，多存在於傳記之類文本，然而交待過於簡略，只說「皆爭出粟」，無法看出富民願意配合的真正原因。[48]

地方長官亦可委託現任官員、寄居官或士人擔任「提舉勸糶」之類的臨時性職務，協助遊說或執行勸分。如孝宗乾道四年（1168）建寧府大饑，知縣諸葛廷瑞寫信給寄居官朱熹和劉如愚，「勸豪民發藏

45　《宋會要》食貨 68 之 105，嘉定二年七月十二日。《文獻通考》卷 26〈國用考四・賑恤〉，頁 256，誤書為「賈從熟」。

46　《李綱全集》卷 86〈畫一措置賑濟曆並繳奏狀〉，頁 859。

47　《華陽集》卷 36〈高繼勳神道碑〉，頁 474。

48　如羅彥輔知溧陽縣，「勸有米家，量力而出，下皆樂輸。」《姑溪居士全集》前集卷 48〈羅彥輔墓誌銘〉，頁 364。

粟，下其直以振之」，兩人「奉書從事，里人方幸以不饑」。[49]又如寧宗嘉定十五年（1222）南劍州缺食，知州陳宓「每月委鎮官給糶它邑，各委見任、寄居、士人下逐鄉勸糶。」[50]度宗咸淳時，黃震於華亭縣的誘勸方式，如下：

> 本縣元行勸分，止糶有錢糶米之家，……某一時作急，盡出己俸倡率煮粥，兼出下俚之計，效尤浮屠家，作疏頭緣化，請學職以化士夫人家，請寺僧以化街坊市戶，且揭榜通衢。[51]

黃震動員官方及宗教力量來勸誘出糶，官戶和士人交由學職負責，一般百姓則由寺僧負責。黃震於咸淳七年（1271）知撫州救荒之時，「樂安（縣）荒政賴局官、提督官盡心，已見端緒」，這些提督官由「寄居、士友」擔任，如黃省元擔任「勸糶提督」。[52]前引的「局官」，救荒設局委任的官員，勸糶也是他們職務之一。黃震於官牒說：「各縣禮請寓貴、士大夫各充局官，請自以其鄉提綱勸諭。」[53]這些勸糶官「取怒富家巨室」，以致「人人危懼」。[54]

四是地方官倡率出糶私糧。孝宗乾道四年（1168），何耕通判成都府時，「綿溪大饑，公沿帥檄賑濟，過家率族黨發私廩為之倡。」[55]

五是官為理索，協助討債，以保障上戶賑貸的權利。不少官員提

49 《朱文公文集》卷 77〈建寧府崇安縣五夫社倉記〉，頁 25。
50 《復齋先生龍圖陳公文集》卷 15〈與馮提刑多福劄〉三，頁 5。
51 《黃氏日抄》卷 71〈權華亭縣申倉司乞米賑飢狀〉，頁 2。
52 引文分見《黃氏日抄》卷 78〈五月二十五日委樂安梁縣丞發糶周宅康宅米〉、〈六月二十日委樂安施知縣亨祖發糶周宅康宅米〉、〈七月初一日勸勉宜黃樂安兩縣賑糶未可結局榜〉，頁 11-12、14。同卷〈四月十九日勸樂安縣稅戶發糶榜〉，頁 8，還提到：「禮請名士宋節幹等十員分鄉提督勸糶」。
53 《黃氏日抄》卷 80〈四月十六日委請諸縣諸鄉都勸糶官牒〉，頁 6-7。
54 《黃氏日抄》卷 78〈七月初一日勸勉宜黃樂安兩縣賑糶未可結局榜〉，頁 14。
55 《文忠集》卷 35〈何耕墓誌銘〉，頁 2。

出代為追債的保障，以利進行荒政勸分。即是說，在災後償還本息之
時，若遇有逃遁或賴帳的欠債人，官府將替其追討。如《畫簾緒論》
云：

> 其有旱澇傷稼、民食用艱者，當勸諭上戶，各自貸給其農佃。
> 直至秋成，計貸過若干。官為給文墨，仰作三年償本主。其逃
> 遁逋負者，官為追督懲治。蓋田主資貸佃戶，此理當然，不為
> 科擾，且亦免費官司區處。[56]

官府若不如此保證，恐怕等到下次災荒，便沒有上戶願意賑貸借予錢
糧。官為理索已在賑貸部分詳論，茲從略。

六是募資向外地購糧，董煟曾提出，其云：

> 莫若勸誘上戶及富商巨賈，俾之出錢，官差牙吏於豐熟去處販
> 米豆，各歸鄉里，以濟小民，結局日以本錢還之。村落無巨賈
> 處，許十餘家率錢共販；或鄉人不願以錢輸官而願自糶販者，
> 聽。官不抑價。

第一種是富民巨賈出資，官吏代行購糧；第二種率錢集資，亦交由官
方執行；第三種是鄉民集資，官方不參與，自行糶糴。董煟認為此法
好處在於：「利之所在，自然樂趨，富室亦恐後時，爭先發廩，則米
不期而自出矣。此勸分之要術。」[57]董煟立意雖佳，但會碰到一大問
題，即是鄰州基於本位主義而遏糴，禁止米糧出境。這點連大儒朱熹
都踢到鐵板，知南康軍的他提到：「差撥公吏前去江西得熟處州縣收
糴米數，回（南康）軍賑糶支遣。……欲裝上舡，睹（隆興府）奉新縣

---

56 《畫簾緒論》〈賑恤篇第十一〉，頁 21。
57 上引俱見《救荒活民書》卷中〈勸分〉，頁 10；同書拾遺〈不俟勸分村落有米法〉，
  頁 11-12。

尉司弓手五十餘人，各持鎗棒，沿江巡綽，不容裝發米斛。又被奉新縣差人越界，釘斷建昌縣管下三陂潭德、爻口、陂水，（犯）〔把〕截不放舡隻上下往來。」朱熹向朝廷奏請，也行牒文到江西路監司，希望不要遏糴，但效果有限。[58]

　　若是勸分富民之後，如何進行賑糴呢？大致有三類：其一，自行賑糴出售。如孝宗淳熙九年（1182），朱熹在浙東「勸諭有米積蓄上戶停塌之家，趁此米穀未登之際，各依時價，自行出糴，應副細民食用。」[59]孝宗乾道七年（1171），江西帥司龔茂良提到勸分賑糴：

> 所立賞格，……所有賑糴係減半推賞……。今欲將賑糴之家並
> 令官司差人監視，給歷紀糴過之數，究實保明申朝廷，依格補
> 轉。其客販米數或兌便上供米前來中糴入官，如願依立定價例
> 賑糴推賞之人，並一體施行。兼上戶若在豐熟處，即合指闕食
> 州縣接濟，合隨本處時價減三分之一，官司給據、照證，般載
> 往災傷地分賑糴，即行理賞。[60]

這屬於官方在災荒下的社會動員，動員民間資源，從事災荒賑濟。有三點值得分析：（1）在補官賞格上，有償賑糴比之無償賑給，必須減半推賞。（2）此處富人勸糴的發放方式，可謂「官督民糴」，即富人自行糴賣，並非轉售於官府，然後再行糴賣，官方不必特地專門設置糴糴場。（3）此次勸分補官頗為放寬，一是當地富戶，二是糧商，三

---

58 《朱文公文集》別集卷 9〈申諸司乞行下江西不許過糴〉，頁 23。

59 《朱文公文集》卷 99〈約束糴米及劫掠榜〉，頁 26。其後，朱熹朝向掌控民間存糧來調整，如他福建監司：「所椿禾米，自來年正月為始，以十分為率，至每月終，即給一分還元椿產戶，自行出糴。……五日一次差隅官監糴……。如至六月中旬，民間不甚告飢，即盡數給還產戶，自行出糴。」同書卷 25〈與建寧諸司論賑濟劄子〉，頁 10。

60 《宋會要》食貨 68 之 71（58 之 11、59 之 50），乾道七年十月十日。

是豐熟處的上戶，只要符合官方規定，便一體適用。

其二，開場出糶，官督民糶或官督官糶。真宗大中祥符五年（1012）二月，詔曰：「多方勸誘蓄積之家，……分散救濟，仍差公幹官量口數監散。」[61]高宗紹興六年（1136）二月，右諫議大夫趙霈提到：「縣差丞、簿於在城及逐鄉要鬧處，監視出糶，計口給歷照支……。其交籌收錢，並令人戶親自掌管，官司不得干預。」[62]勸諭人戶自行買賣收錢，官員只監督其事，這種「官督民糶模式」即是「勸誘賑糶」。又如孝宗乾道七年（1171）十月，龔茂良提到：「將賑糶之家並令官司差（入）〔人〕監視，給歷記糶過之數」。[63]又如信州上饒縣歲大饑，地方官石畫問「勸分不以貲產，先察畜米多寡諭（敎）〔數〕，故倚郭得米二十餘萬斛，它邑各以萬計，境內置回環場四十七所，各給本錢，且糴且糶，循環無窮，擇土官信實者主之。」[64]又如淳熙八年（1181），揚州旱傷「賑糶，則又考其道里之遠近，置諸場，家與之券，使日糶焉。」[65]又如光宗紹熙五年（1194）十月，中書門下省言：「兩淛州縣米價踴貴，小民艱糴。……令巨室富家約度歲計食用之外，交相勸勉，將所餘米斛趂價出糶。或就在城自占地分置場，或自占某縣，或自占某鄉，或占幾都幾保，置立場鋪，……官為譏察數目。」[66]此法便於賑糶，機動性較高，但可能產生區域不平衡，未必利於偏遠地區。

其三，赴官輸米，集中賑濟。如仁宗慶曆四年（1044），「募民納

---

61 《宋會要》食貨 68 之 34（57 之 5），大中祥符五年二月。

62 《宋會要》食貨 68 之 58（57 之 18、59 之 26），紹興六年二月七日。《要錄》卷 98 紹興六年二月乙巳，頁 1611-1612，奏文較詳，但錯字較多。

63 《宋會要》食貨 59 之 50（68 之 71），乾道七年十月十日。

64 《文忠集》卷 75〈石畫問墓誌銘〉，頁 12。

65 《全宋文》冊 277 卷 6269 趙善遷〈程太守賑濟記〉，頁 95。

66 《宋會要》食貨 68 之 96，紹熙五年十月十二日。

粟與官，以備賑貸。」[67]高宗紹興六年（1136）四月，江西安撫制置大使李綱議請：「勸誘上戶納錢米入官，以助賑濟。」[68]同樣的，光宗紹熙四年（1193）八月，詔曰：「有旱傷州縣，許勸諭官、民戶有米之家赴官輸米，以備賑濟。」[69]優點是官方統一處理，集中物資，方便救災。但缺點是需要動員龐大的人員，機動性較低。

三　強制勸分

大致而言，富戶所以在饑荒中囤糧閉糶的原因可能有四：一是儲糧求生存，此自不待言。二是有利可圖，雖存在著風險，但暴利可觀，屬於商業牟利行為。三是避免暴露自己的財產資訊，成為日後官方科配的常額慣例，無法規避，故才會當下隱蔽存糧，這點常為世人所忽略。譬如朱熹在浙東勸諭賑糶，便奏請朝廷「令州縣將未勸諭者權以去年認數為約，已勸諭者權據見認之數為準」[70]，去年舊數作為勸分標準之一。鍾詠提到：勸糶「憚官有定價，歲為常額，而不敢出其所有。」[71]黃榦知漢陽軍於榜文提到：「昨委官勸諭上戶出米糶與居民，亦只照孫監丞例，……勸糶案卷姓名悉行燒毀，庶幾異日不至重為人戶之擾。」[72]黃榦深知富室畏懼依例勸糶的心態，許諾結局之後燒毀帳籍。歐陽守道也提到：「一自勸分，久為定例。」[73]晚宋黃震於

67　《長編》卷 149 慶曆四年五月戊寅，頁 3612。

68　《宋會要》食貨 68 之 59（57 之 18、59 之 27），紹興六年四月十二日。

69　《宋會要》食貨 68 之 94，紹熙四年八月十二日。

70　《朱文公文集》卷 13〈延和奏劄三〉，頁 12。

71　《永樂大典方志輯佚》之《宜春志》，鍾詠〈萍鄉縣西社倉記〉，頁 1846。

72　《勉齋集》卷 34〈免人戶賑糶榜文〉，頁 20。

73　《巽齋文集》卷 4〈與王吉州論郡政書〉，頁 6。這種擔心並非多餘，譬如知秀州黃度的做法，「合濟糶之數，又擇鄉豪、寄居及向來攷覈之不實者，許釐正，既詳且

榜文對富室說：勸糶「不留片紙在官，以貽將來吏胥按籍搔擾之
患。」[74]這些話道出大地主在勸分上所擔憂的事。

四是為了預備官方科配所需，避免將來措手不及，故需囤積糧
食。高宗紹興初年葉夢得慧眼先知，早就敏銳地看到這點：

> 勸誘出糶，……召其情願，無籍其所有，無限以定數，無抑以
> 低價。……人知乘時得利，自不肯徒為藏閉，糶者既廣，穀價
> 亦不約自平矣。[75]

葉氏認為勸分科配反而加深閉糶的現象，因而反對強行勸分，只要官
方不強行壓抑糧價，即可達到勸分的效果。董煟也提到：

> （Ⅰ）富民有米，本欲糶錢，官司迫之，愈見藏匿。
> （Ⅱ）何待官司之勸？只緣官司以戶等高下，一例科配，且不
> 測到場檢點。故人戶憂恐，藉以為名，閉（糶）〔糶〕深藏，以
> 備不測。……假勸分之美名，欺罔上司，以圖觀美，不知適以
> 病民也。……人之常情，勸之出米，則愈不出。[76]

所言有理，官方科配勸分愈加嚴厲，民間閉糶深藏便愈加嚴重，主動
售糧的行為不見了，官方、民間、饑民三輸，這是宋廷大政府思維的
盲點。無獨有偶，歐陽守道也說：

> 名為富家者，而其米未甚多者，一自勸分，久為定例。於是此
> 等所謂富家者不復前期私糶，但謹閉蓄之，以待公家一旦之

密。而後縣官玫焉，又不實，則罰之。」

74 《黃氏日抄》卷78〈四月初十日入撫州界再發曉諭貧富升降榜〉，頁4。

75 《歷代名臣奏議》卷246〈荒政〉，頁7。

76 （Ⅰ）段見《救荒活民書》卷上〈天禧元年四月〉，頁25；（Ⅱ）段見卷中〈勸分〉，
頁9-10。

　命。蓋不俟命而先自私糶，不足以塞官司後日之責。私糶而米
　竭，後日無以應命，罪且隨之，彼止有此數也。[77]

這個觀念和董煟類似，是否受其影響，不得而知。悖論的是，既然勸
分科配是例行公事，反而造成中上戶事先囤積，以期因應官府的需
求。試想，倘若不事先準備，屆時如何應付官方要求呢？弄不好，還
得笞杖坐罪。即是說，勸分反而加強囤積閉糶的風氣，這是官方始料
未及。因此，鄉里囤積糧食之風是不可能徹底消除，後面兩點較少論
及，但反映出囤積者不信任官方，囤積糧食以求自保。

　　法令上的勸分時機，高宗紹興三年（1133）六月，戶部提到：

　人戶災傷，在法，以常平錢穀應副；不足，方許勸誘有力之家
　出辦糶、貸。[78]

即是說，以常平錢穀救災不足時，方許向富戶勸糶。此條法令當制定
於更早之時。法令雖如此規定，事實卻未必如此。

　　以官方的角度來看，富室身為地方精英之一，參與政府救荒之列
在所難免。然而，勸分雖利於小民，卻未必利於富民，你情我願的情
況較少，強迫糶賣的情形較多。所以，赤城隆治研究晚宋黃震救荒撫
州為例，原本希望上戶能自動出糶的意圖失敗[79]，張文也認為勸分是
一種「被動救濟」，其主動性不高。[80]朱熹於南康軍賑荒活動之中，雖

77　《巽齋文集》卷 4〈與王吉州論郡政書〉，頁 6。卷 17〈吉州吉水縣存濟莊記〉，頁
　　10，又提到：「官呼而諭之曰：『爾糶數若干，以某月某日，違吾令罪爾。』歸則相
　　戒曰：『吾雖有米，今不可自糶矣。自糶而一空，如其無以應官命，且奈何？』昨
　　日糶，今日閉，不得已也。」

78　《宋會要》食貨 68 之 57（57 之 17、59 之 23），紹興三年六月十二日。

79　赤城隆治：〈宋末撫州救荒始末〉，頁 283-284。

80　張文：《宋朝民間慈善活動研究》，頁 237-245。

勸分上戶賑糶，也深怕他們反悔，所以讓他們「承認」賑糶米數。他說：「勸諭到管屬上戶承認米數，賑糶接濟民間食用。」[81]

荒災之際，宋朝官方是否擁有強征糧食的公權力，並得以懲處閉糶囤糧或不遵勸諭的人呢？答案是有的。宋朝強迫勸分的辦法，大致有五種：強糶大戶餘糧、授予地方官斷遣之權、閉糶者籍配、高價牟利犯者坐罪、公佈消極糶貸者。

一是強糶大戶餘糧，又稱發糶、發廩。北宋初期齊州任城縣主簿劉顏，「歲饑，發大姓所積粟，以活千人」。[82]文中未見朝廷懲處劉顏，依此，地方官似乎有強發大戶積粟的權力。真宗大中祥符五年（1012）二月，詔曰：「多方勸誘蓄積之家，除留支用外，將餘剩斛斗分散救濟，仍差公幹官量口數監散。」[83]本文稱此法為「強糶大戶餘糧制」，官方得以強糶大戶餘糧，並差官監散。五年之後，天禧元年（1017）四月，知濮州侯日成也奏請：「乞差使臣與通判，點檢逐戶數目，量留一年之費外，依祥符八年秋時，每斛上收錢十五文省，盡令出糶，以濟貧民。」真宗並未同意，詔曰：「只依前後勑旨，勸誘出糶，餘不得行，慮擾民也。」[84]由此判斷，大中祥符八年（1015）秋，也曾有臣僚奏請強糶大戶餘糧。因此該制並非常制，必須奏請朝廷同意，此次真宗並未允准。不過，強糶大戶餘糧制並未根絕，仁宗天聖六年（1028）八月，利州路轉運使陳貫，「會歲饑，……又率富民，令計口占粟，悉發其餘，所活幾萬餘人。詔書襃諭。」[85]仁宗還下詔襃獎此次勸分餘糧賑饑。

81 《朱文公文集》卷 16〈繳納南康任滿合奏稟事件狀二〉，頁 14。

82 《宋史》卷 432〈儒林傳二〉，頁 12831；《厚德錄》卷 3，頁 32。

83 《宋會要》食貨 68 之 34（57 之 5），大中祥符五年二月。

84 《救荒活民書》卷上〈天禧元年四月〉，頁 25，董煟並不贊同這種做法。

85 《長編》卷 106 天聖六年八月己巳，頁 2479。亦見《宋史》卷 303〈陳貫傳〉，頁 10046；《厚德錄》卷 3，頁 31。

　　南宋不時傳出強糶大戶餘糧之事，高宗紹興六年（1136）四月，
江西安撫制置大使李綱議請：「上戶積米之家，許留若干食用，其餘
依市價量減，盡數出糶。」[86]知南康軍朱熹救荒亦用此法，他將災民
分為四類，其中的第一種是「富家有米可糶者幾家，除逐家口食支用
供贍地客外，有米幾石可糶」。[87]這也是強糶大戶餘糧延伸的做法。又
如光宗紹熙五年（1194）詔令也提到：「如豪右之家產業豐厚，委有
藏積，不遵勸諭，故行閉糶者，並令覈實奏聞，嚴行責罰，仍度其歲
計之餘，監勒出糶。」[88]此詔也提到「監勒出糶」字眼。寧宗嘉定元
年（1208），江西撫州知臨川縣黃榦也採取發廩的做法：

> （黃榦）奮然言曰：「勸糶適足以閉糶，惟發廩尚可以活民！」
> 即日親出城，至河東謝氏莊，問其因何未糶？守莊者曰：「元
> 糶價五百，今欲增價也。」勉齋（黃榦）即立價一百，甫半日
> 發盡。謝氏至前待罪，勉齋曰：「汝不發糶，至勞知縣為汝作
> 幹甲，汝亟交錢去，若別有倉廩，仰以實告，我更親往，價又
> 減矣。」謝氏自此盡糶，鄰邑聞風相應，歲以無飢。[89]

黃榦頗有膽識，也有霹靂手段，富室雖然不悅，但亦不得不以五百作
一百糶賣。黃榦還將自己比喻為謝家幹人，代為糶糧，幽默表達發廩
之意。度宗咸淳七年（1271），知撫州黃震亦模仿黃榦發廩的做法，
對富室說：「明言十日內不糶，輕者發廩，重者估籍矣。」[90]
　　二是授予地方官斷遣之權。斷遣之權起於高宗紹興六年（1136）

86　《宋會要》食貨 68 之 59（57 之 18、59 之 27），紹興六年四月十二日。亦見《李綱
　　全集》卷 86〈畫一措置賑濟歷並繳奏狀〉，頁 857。
87　《朱文公文集》別集卷 9〈取會管下都分富家及闕食之家〉夾注，頁 8。
88　《宋會要》食貨 68 之 97，紹熙五年十月十二日。
89　《黃氏日抄》卷 78〈四月二十五日委臨川周知縣滂出郊發廩榜〉，頁 10。
90　《黃氏日抄》卷 78〈四月二十五日委臨川周知縣滂出郊發廩榜〉，頁 9。

三月，尚書省奏言：

> 婺州積米之家乘時射利，閉倉過糶，緣此細民轉致艱食，偷生
> 為盜。

於是下詔：

> 浙東州縣守令勸誘上戶，廣行出糶，……若有頑猾上戶依前閉
> 糶之人，亦抑斷遣。仍令提舉官躬親檢察。[91]

「斷遣」係從權處置之意，屬於一種行政裁量權。《慶元條法事類》
載：

> 諸事干邊防或機速〔機，謂事干機會，理須從權；速，謂不可
> 淹留待報。〕，……雖依常法而不可待奏報者，許申本路經略
> 或安撫司，酌情斷遣訖以聞。[92]

即是說，朝廷授予官員斷遣，得以從權處置而事後奏報，不必事先奏
報。宋廷於邊防、緊急之事宜，得以從權斷遣，勸分富人也屬於此一
範圍。

　　殿中侍御史周祕有鑑於前述斷遣之權過於嚴厲，入奏反對：

> 臣但聞其勸分矣，未聞其迫之也。今止令州縣勸誘，猶懼其抑
> 勒，若更許之斷遣，則彼將何所不至。臣恐州縣官吏，不復問
> 民之有無，而專用刑威，逼使承認。姦貪之吏因得濟其私，而
> 善良之民或有被其害矣。

---

91 《李綱全集》卷 86〈畫一措置賑濟曆並繳奏狀〉，頁 857。《宋史》卷 178〈食貨志
　　上六〉，頁 4343，亦載：紹興「六年，……婺民有過糶致盜者，詔閉糶者斷遣。」
92 《慶元條法事類》卷 73〈刑獄門三〉，頁 744。

周祕所言有理，朝廷從之。為了挽救後遺症，宋廷下詔：「諸路提舉常平官躬親遍詣所部州縣，巡按覺察，如有違戾去處，按劾聞奏。」[93]文獻交待不清楚，未知斷遣權力是否取消？李華瑞徵引李綱奏狀，認為宋廷並未取消地方官斷遣之權。[94]從「准尚書省劄子，備奉聖旨指揮節文，停蓄之家尚敢不從勸誘，依前閉糴，量度輕重，一面斷遣」來判斷[95]，李氏推論應屬正確。還有一條史例亦可佐證之，孝宗淳熙九年（1182），朱熹於浙東針對「意圖邀求厚利，閉糴不糶」，「如敢輒有違戾，切待根究，重行斷遣。」[96]顯見斷遣權力並未取消。

　　何謂斷遣處置呢？史書並未詳言。據前引周祕所言：「許之以斷遣，……專用刑威，逼使承認」，即是刑威之類。李綱則說，斷遣為酌情「枷項號令」[97]孝宗乾道四年（1168），何耕通判成都府時，「綿溪大饑，……里富人獨閉（糴）〔糶〕，公登門曉之，弗聽，械繫其家人，遠近輸米相踵，全活不可計也。」[98]因此，械繫應是知府何耕對閉糴者所做的斷遣處置，還有枷鎖、訓斥、笞杖等，也可能包括前述的發廩強糴，甚至後述的籍產、配刑。

　　三是閉糴者籍配。度宗咸淳七年（1271），知撫州黃震提到：「本職聞閉糴者籍，搶掠者斬，此辛嫁軒（棄疾）之所禁戒，而朱晦庵

93　前句引文見《要錄》卷 99 紹興六年三月己巳，頁 1623-1624。後句引文見《宋會要》食貨 68 之 58-59（57 之 18、59 之 27），紹興六年三月二十九日。亦見《宋史》卷 178〈食貨志上六〉，頁 4335。

94　氏著：〈勸分與宋代救荒〉，頁 249。

95　《李綱全集》卷 86〈畫一措置賑濟厤並繳奏狀〉，頁 857。

96　《朱文公文集》卷 99〈約束糴米及劫掠榜〉，頁 26。兩年前，朱熹於南康軍曾下公文：「切慮其間上戶抵拒官司，不即依從分撥，有悮賑糶不便，合行下三縣，如有上戶不遵從官司分撥，即仰具姓名申軍。」同書別集卷 10〈再行下三縣勸諭到上戶賑糶不許抵拒事〉，頁 8。

97　《李綱全集》卷 86〈畫一措置賑濟厤並繳奏狀〉，頁 857。

98　《文忠集》卷 35〈何耕墓誌銘〉，頁 2。

（熹）之所稱述」[99]。其後，又警告說：「若十日之內不糶者，輕則差官發廩，重則估籍黥配。」[100]真的可以估籍黥配嗎？地方官擁有如此大的刑責權力嗎？「彊糶者斬」，強盜他人糧食者依法論處死罪，有其道理。不過，死刑必須上奏朝廷決定，按照規定，地方官無權逕自執行死刑。

《宋史》本傳記載此事，孝宗淳熙七年（1180），知隆興府兼江西安撫辛棄疾面對江西大饑，到任後張榜於大街：「閉（羅）〔糶〕者配，彊糶者斬。」[101]與此同時，朱熹正在鄰郡南康軍擔任知軍，事後他聽到弟子說：「辛幼安帥湖南，賑濟榜文祇用八字，曰：『劫禾者斬，閉糶者配。』」朱熹說：「這便見得他有才。」但他又批評：「此八字者做兩榜，便亂道。」更說：「要之，只是粗法。」[102]針對辛棄疾的配隸做法，朱熹的態度有所保留。從朱熹所言「亂道」推知，「閉糶者配，彊糶者斬」似非常態的法令規定，特別是「彊糶者斬」。

地方官真的能對閉糶者處以配隸嗎？這有史例。如潭州安化縣上戶龔德新，「平時兼并，遂至巨富，以進納補官。」乾道八年（1172），「旱傷闕食，獨擁厚資，略不躰認國家賑恤之意」，「追進武校尉一官，勒停，送五百里外州軍編管。」[103]編管屬於廣義的配刑，此為孤證，仍待追蹤。

還有，地方官是否能對閉糶者籍沒財產呢？這也有史例。前引葉夢得之言：「勸誘出糶，……召其情願，無籍其所有」，[104]提及「籍其

99　《黃氏日抄》卷78〈四月初十日入撫州界再發曉諭貧富昇降榜〉，頁3-4。

100　《黃氏日抄》卷78〈四月十四日再曉諭發誓榜〉，頁7。

101　《宋史》卷401〈辛棄疾傳〉，頁12164。

102　《朱子語類》卷111〈論民〉，頁2717。

103　《宋會要》食貨58之12（59之51），乾道八年三月十五日。

104　《歷代名臣奏議》卷246〈荒政〉，頁7。

所有」。寧宗嘉泰二年（1202），莆田縣尉陳仲微於「歲凶，……籍閉糶，抑強糴，一境以肅。」[105]度宗咸淳七年（1271），黃震也模仿辛棄疾的做法，大書「閉糶者籍，搶掠者斬」八字，榜示於市。[106]黃震針對不配合的大戶，下榜預警：「饒宅有拒命者，徑與封籍解州。」[107]

不過，「籍」仍有詳究的必要。孝宗乾道八年（1172），「夏秋大水，（都江）堰壞，……雙流（米）（朱）氏吝糶，邑民聚而發其廩，公（成都府路轉運判官趙不憂）罪（米）〔朱〕氏，籍其米，黥盜米者十餘人，他富家、饑民皆震恐不敢違。」[108]《宋史》本傳亦載：趙不憂「改成都路轉運判官，適歲饑，……貸官錢五萬緡，遣吏分糴。比至。下令曰：『米至矣。』富民爭發粟，米價遂平。雙流朱氏獨閉糶，邑民群聚發其廩。不憂抵朱氏法，籍其米，黥盜米者，民遂定。」[109]趙不憂下令富民勸分發廩，而朱氏卻閉糶不應，於是他沒收者其囤米，並黥刺搶奪朱氏廩米之人，此為「閉糶者籍，發廩者黥」的真實例證。然從「籍其米」字眼得知，此處的「籍」並非籍沒所有家產，僅是籍沒囤米而已，與強糴餘糧的精神是一致的。此一論點亦有旁證，高宗朝鑑於地方官動輒籍沒犯人家財，紹興十九年（1149）十一月南郊赦規定，必須「申提刑司，審覆得報，方許拘籍。」日後高宗多次重申之。[110]孝宗淳熙九年（1182）九月赦文再一次重申，並許人越訴。[111]閉糶者並非重大惡行，提刑司不可能同意籍沒所有家

105　《宋史》卷 422〈陳仲微傳〉，頁 12618。

106　《宋史》卷 438〈儒林傳八〉，頁 12993。

107　《黃氏日抄》卷 78〈四月二十五日委臨川周知縣滂出郊發廩榜〉，頁 10。

108　《葉適集》之《水心文集》卷 26〈趙不憂行狀〉，頁 514。原文為米氏，究竟米氏或朱氏？仍無法確定。

109　《宋史》卷 247〈宗室傳四・趙不憂〉，頁 8758。

110　《宋會要》刑法 3 之 6-7，紹興十九年十一月十四日。

111　《宋會要》刑法 2 之 121，淳熙九年九月十三日。以上所論參考戴建國：《宋代刑

產，籍沒囤米較有可能。

四是高價牟利犯者坐罪。哲宗紹聖元年（1094）十月，下詔規定勸分賑糶價格，「官為酌立中價，毋得過，犯者坐之。」[112]

五是公佈消極糶貸者。譬如寧宗嘉定八年（1215）江東路旱饑，憲司譙令憲和漕副真德秀、倉司李道傳分工賑荒。他勸諭富民出粟，言詞溫和，厚禮相待，對於樂於應命者予以獎勵，對於吝嗇不配合者，「揭其名通衢，曰不義戶，毋得與善良齒。」[113]公告其姓名，並稱之「不義戶」，羞辱他們。

此外，勸分難免造成官司和富民處於對立狀態，又如度宗咸淳七年（1271）黃震知撫州，連下幾道榜文，火藥味頗濃，對於閉糶者「開諭再三，明言十日內不糶，輕者發廩，重者估籍矣。」若「有拒命者，徑與封籍解州」。[114]然而，陸續至少有八位不願配合的上戶，這些上戶熟悉對抗官府的手段，如樂安縣周九十官人便相當狡猾，「縣丞初欲先到周宅，其見已定，廳司乃硬押轎番先至康家，遂致周官人先期搬藏米穀，欲以空倉虛曆欺瞞縣丞，稱為已糶。」[115]這些上戶並非省油的燈，他們所做所為讓那些他派遣的提督勸糴官心生畏懼，其榜文曰：「本州勸糴實取怒富家巨室之事，應干勸糴官吏及提督寄居士友，人人危懼。」這些上戶甚至向上司投訴對黃震的不滿，榜文云：「訪聞六姓上戶買游士以假大義，分譁幹以愬膚受，伺候倉臺，乘機投訴，必欲撓敗見行荒政。」[116]

法史》，頁316。

112 《宋會要》食貨68之47（57之12），紹聖元年十月二十五日。

113 《西山先生真文忠公文集》卷44〈譙令憲墓誌銘〉，頁23。

114 《黃氏日抄》卷78〈四月二十五日委臨川周知縣滂出郊發廩榜〉，頁 9-10；同卷〈四月初十日入撫州界再發曉諭論貧富升降榜〉，頁3。

115 《黃氏日抄》卷78〈六月二十日委樂安施知縣亨祖發糶周宅康宅米〉，頁12。

116 《黃氏日抄》卷78〈七月初一勸勉黃宜樂安兩縣賑糶未可結局榜〉，頁14。

　　依時序而言，「強糴大戶餘糧制」出現於真宗朝，高價牟利犯者坐罪首見於哲宗朝，授予地方官斷遣權力則在高宗朝，南宋甚至有閉糴者籍配的說法。李華瑞指出南宋勸分從自願走向官府強制，這觀察是可信的。[117]因為這三個規定，勸分趨於嚴厲，多少加強此一走向。為何有此發展呢？原因很多，主要有二：首先，南宋的中央財政日漸窘迫，地方財用不足，難以因應賑濟需求。其次，部分的常平倉及義倉錢糧被挪用，功能不彰，甚至名存實亡。爰是之故，相對於北宋，南宋勸誘富民賑濟的依賴性較高，勸誘強制法令也趨於嚴格。

　　令人疑惑的是，為何朝廷又嚴禁地方官強迫勸誘呢？令人不解。顯然，朝廷不允許以刑責富民來強迫勸分，但官方強迫勸誘者時有所聞，禁不勝禁。宋廷三令五申，禁止抑勒勸分。[118]其實，朝廷的態度時緊時鬆，因時而異。倘若情勢緊急，朝廷經常睜隻眼閉隻眼。承平之時，若有人控告，則可能究辦。

四　勸分科配

　　地方官的勸分手段，大致分為積極獎勵型、溫和勸誘型、強迫糴賣型、科配於民型等四種，前三者已討論過，本節則著眼於科配於民。有時勸分會採取軍需物資供應的慣例，採取科配的辦法。勸分在南宋增多，科配也自然隨之增多，這種與和糴朝向科糴的發展如出一轍。[119]黃震於榜文對富室說：「今我撫州不勸分而勸糴者，曲躲富室

---

117 李華瑞：〈勸分與宋代救荒〉，頁247-254。
118 如《宋會要》食貨68之65，乾道四年四月十一日，「勸諭積穀之家接續出糴，不　　得因而抑勒搔擾」。
119 拙稿：〈晚宋的軍糧科糴（1217-1263）〉，頁187-206。

之情也，急謀貧民之食也。」[120]顯然他認為勸分有別於勸糶，手段具有強迫威脅的性質。[121]

勸分強迫科配方式，有富民認額、等第科配兩種，先介紹前者。孝宗乾道七年（1171），江西帥司龔茂良提到：「本府已立下價直，每碩止一貫五百四十文足，比之市價折錢七百六十文足，以一名若認糶二萬碩，共折錢二萬五千二百餘貫足」。[122]上戶承諾賑糶的糧數，即承認賑糶糧食數目，簡稱「承認」或「認糶」。孝宗淳熙七年（1180），知南康軍朱熹亦採用此法，「在城上戶二十五名，共認賑糶米一萬一千六百三十五碩，每升價錢一十七文足。星子縣勸諭到上戶三十一名，共認賑糶米一萬一千九百三十五碩，每升價錢一十七文足。都昌縣勸諭到上戶五十九名，共認賑糶米二萬八千九百八碩五升，每升價錢一十四文足。建昌縣勸諭到上戶九十一名，共認賑糶米二萬八百碩，每升價錢一十二文足。」[123]先將上戶所認糶數椿管其家，「差官審實監糶」。[124]富民認糶也有鄉里慣例。前述朱熹發佈賑糶時，富家依例要出糶若干，至於出糶多寡，「鄉例（糶）〔糴〕數即依鄉例」。[125]

有些「認糶」其實就是科配勸分的委婉說法，如高宗紹興六年（1136）三月，殿中侍御史周祕提到：「去（土）〔歲〕旱傷，小民艱食，命所在勸誘積粟之家置歷出糶……。州縣官吏不問民之有無，而

---

120 《黃氏日抄》卷 78〈四月十三日到州請上戶後再諭上戶榜〉，頁 5。

121 黃震的勸分詞意，強調其強迫性。再從〈六月二十日委樂安施知縣亨祖發糶周宅康宅米〉，其勸分的詞意可能是：針對不配合的頑強富室，派遣官員發廩監糶，有償的低價糶售，而非無償的賑給，《黃氏日抄》卷 78，頁 12-13。

122 《宋會要》食貨 58 之 10（59 之 49、68 之 70），乾道七年八月二十五日。

123 《朱文公文集》別集卷 9〈論上戶承認賑糶米數目〉，頁 10。

124 《朱文公文集》卷 16〈奏勸諭到賑濟人戶狀〉，頁 10。

125 《朱文公文集》別集卷 9〈取會管下都分富家及闕食之家〉夾注，頁 8。

專以刑威逼使承認，善良之民被其害矣。」[126]紹興九年（1139）十一月，某臣僚也提到：「曩者旱暵為災，官嘗發廩勸糶，而州縣奉行，姦計百出。有民戶初非情願，均令認數以應期限」。[127]

何謂等第科配呢？即科配數額有等第的差別。徽宗宣和七年（1125）講議司奏：「其依法應科配之物，在法，當職官躬親品量，依等第均定。」[128]至於科配「等第均定」的基準呢？王曾瑜認為，依照人戶的戶等、二稅、畝數或家業錢（產錢、物力）等多寡，作為科配的基準。[129]這點也適用於勸分科配。

戶等方面。孝宗淳熙時，臣僚陳言：「臣訪聞去歲州縣勸諭賑糶，乃有不問有無，只以戶等高下科定數目，俾之出備賑糶。」[130]董煟也說：「今為守令者，……惟以等第科抑，使出米賑糶。」「只緣官司以戶等高下，一例科配。」[131]以上兩條均以戶等高低作為勸分科配基準。

畝數方面。孝宗隆興二年（1164）閏十一月，臣僚提到依照田畝多寡敷配勸糶數量：

> 淮南流移百姓見在江、浙州軍，無慮十數萬眾，雖欲賑濟，緣官司米斛例有限。近降指揮，有田一萬畝，出糶米三千碩，其餘萬畝以下，卻有不曾經水災收蓄米斛之家糶價倍於常年。今相度，欲委逐州見不曾經水災處，占田一萬畝以下、八千畝以

---

126 《宋會要》食貨 68 之 58（57 之 18、59 之 27），紹興六年三月二十九日。

127 《宋會要》食貨 68 之 59（59 之 30），紹興九年十一月六日。

128 《宋會要》食貨 38 之 10，宣和七年四月二十四日。科配在唐代已有，宋代日趨普遍。

129 王曾瑜：〈宋朝鄉村賦役攤派方式的多樣性〉，頁 324-334。

130 《救荒活民書》卷中〈勸分〉，頁 12。

131 前一段見《救荒活民書》卷上〈天聖七年六月〉，頁 27；後一段見卷中〈勸分〉，頁 10。

上，立定出糶米一千五百碩。[132]

朝廷從之。指揮有兩次，前次有田一萬畝敷配勸糶三千石，其次一萬
至八千畝敷配一千五百石。

也有以產錢為基準，如朱熹建議福建監司，「出榜曉諭諸縣產
戶、寺院，……每產錢一貫，樁米三十石省。」夾注補充說：「禾亦
依此紀數，兩貫以下不樁。」[133]孝宗淳熙十五年（1188），萍鄉縣
「先是有司往往第民產之高下，咸俾出粟，分日振乏。」[134]寧宗時，
真德秀提到：「每歲勸分……計產強敷之也」。[135]

不過，有些富民逃避這種認糶，並轉嫁給中下戶。孝宗淳熙時，
臣僚陳言：「吏乘為姦，多少任情，至有人戶名係上等戶，實貧窘，
至鬻田糶米以應期限，而豪民得以計免者。」[136]黃榦也提到：「其抄
劄蓄積之有無，則得賂者變殷實為貧乏，不得賂者亦反是。其置場出
糶也，富家積粟多者，量其所認以出糶，而其餘則閉戶而藏之，雖索
價十倍，官司無以罪之也。」[137]

朝廷常頒「止令勸諭，毋得科抑」的指揮[138]，就算朝廷三令五
申，真得能禁止這些科配行為嗎？事實上，科配勸分反而更加普遍。
何以如此？原因大致有三點：其一，開禧北伐之後，南宋財用日益吃

---

132 《宋會要》食貨68之63，隆興二年閏十一月十九日。

133 《朱文公文集》卷25〈與建寧諸司論賑濟劄子〉，頁9。又如卷29〈與李彥中帳幹
　　論賑濟劄子〉，頁27，「若一槩用產錢高下為數，此最為不便。顧恐今勢已迫，不
　　暇詳細，不免只用此法耳！」朱熹不贊同強迫勸分，逼不得已才勉強用之。

134 《永樂大典方志輯佚》之《宜春志》，鍾詠〈萍鄉縣西社倉記〉，頁1845。

135 《西山先生真文忠公文集》卷40〈勸立義廩文〉，頁13，雖言義廩出資為主，但
　　亦提及勸分強數之事。

136 《救荒活民書》卷中〈勸分〉，頁12。

137 《勉齋集》卷29〈臨川申提舉司住行賑糶〉，頁7-8。

138 如《朱文公文集》卷13〈延和奏劄三〉，頁12。

緊，造成勸分科配增多。其二，地方官有勸分的強制力，諸如強糶餘糧、斷遣、坐罪等權力，要絕禁科配談何容易。其三，學者指出，宋廷為了鼓勵地方官積極勸誘富民賑災，視其績效而給予減磨勘、轉官、增秩等酬獎。雖然對推進救荒工作具有積極性，但也正因為這些酬獎，出現強迫勸分的弊端。[139]

五　貧富相資

究竟救荒是政府的責任呢？抑或富室的責任呢？以今日的眼光來看，毫無疑問的，當然是前者。然而，宋朝不少的士大夫抱持貧富相資的觀點，強調損有餘以補不足。據鄭銘德研究，貧富相資說頻繁出現於新舊黨爭之時，針對新黨青苗法打著抑富濟貧的口號，認為富民借貸壓榨貧民。舊黨則提及貧富相資，富民若能體恤貧民，將成為穩定社會的力量。宋室南遷之後，將覆亡罪責歸咎於新黨，於是貧富相資的觀念成為士大夫的主流意見，作為維持地方秩序的理想。[140]如朱熹於〈勸諭救荒〉提到：

> 一、今勸上戶有力之家，切須存恤接濟本家地客，務令足食，免致流移。將來田土拋荒，公私受弊。
> 一、今勸上戶接濟佃火之外，所有餘米，即須各發公平廣大仁愛之心，莫增價例，莫減升斗，日逐細民告糴，即與應副。則不惟貧民下戶獲免流移饑餓之患，而上戶之所保全，亦自不為不多。……

139　李華瑞：〈勸分與宋代救荒〉，頁 245-246，稍改其詞。
140　主要參見鄭銘德：〈宋代地方官員災荒救濟的勸分之道──以黃震在撫州為例〉，頁 252-254；亦見〈宋代士大夫眼中的富民〉，頁 67-76。他指出南宋貧富相資的言論多出現在勸農文中，本書補充說明，在勸分的奏劄或榜文亦不少。

> 一、今勸貧民下戶，既是平日仰給於上戶，今當此凶荒，又須
> 賴其救接，亦仰各依本分，凡事循理。遇闕食時，只得上門告
> 糴，或乞賒借生穀舉米。如妄行需索，鼓眾作鬧，至奪錢米。
> 如有似此之人，定當追捉根勘，重行決配遠惡州軍。[141]

遇到災荒之時，地主對佃農有救濟照顧的責任，雖從道德理念出發，
但與今日雇主照顧勞工的觀念是相契合的，對佃農而言，是一種保
障。[142]晚宋黃震也從貧富相資的角度勸糴富民，「天福富家，正欲貧富
相資」。[143]

　　正因南宋地方財用不足，貧富相資說出現較為頻繁，寧宗嘉定八
年（1015）浙江旱災，臣僚上奏：「貧民困矣，為富民之有田者，獨
不能出力貸資以為農民捄旱之助乎？……任此責者，獨非字民之官
乎？……勸諭富室之有田者，隨其所佃而資助之，縣官視為頃刻不可
少緩之事，……庶幾上下畢力，以捄天災旱傷。」[144]他說得很明白，
救濟災民雖是官員的責任，富民也可出資救助。知撫州黃震於度宗咸
淳七年（1271）說：「天生五穀，正救百姓飢厄；天福富家，正欲貧
富相資。……況凡仰糴之人，非其宗族，則其親戚；非其親戚，則其
故舊；非其故舊，則其奴佃；非其奴佃，則其鄉鄰。」[145]又說：「勸
分者，勸富室以惠小民，損有餘而補不足。……富者種德，貧者感
恩，鄉井盛事也。」[146]

---

141 《朱文公文集》卷 99〈勸諭救荒〉，頁 10-11。

142 朱熹的貧富相資或主佃相助的說法，又如《朱文公文集》卷 99〈約束糴米及劫掠
　　榜〉，頁 26-27。

143 引文見《黃氏日抄》卷 78〈四月初一日中途預發勸糴榜〉，頁 3。亦參見同卷〈四
　　月初十日入撫州界再發曉諭論貧富升降榜〉，頁 3-5。

144 《宋會要》瑞異 2 之 29-30，嘉定八年七月二日。

145 《黃氏日抄》卷 78〈四月初一日中途預發勸糴榜〉，頁 3。

146 《黃氏日抄》卷 78〈四月十三日到州請上戶後在論上戶榜〉，頁 5。

也有士大夫以樂善好施、重義輕利的觀點，來說服富民貧富相資。董煟認為勸分對富人有四個好處：「況所及者皆鄉曲鄰里，可以結恩惠，可以積陰德，可以感召和氣而馴致豐稔，可以使盜賊不作而長保富贍，其於大姓亦有補矣。」[147]

王柏則有「官不養民」之說，其言：

> 農夫資巨室之土，巨室資農夫之力，彼此自相資，有無自相恤，而官不與也，故曰：「官不養民」。[148]

這句話並非是說官不必養民，而是巨室有相資農夫的責任。不過，王柏也強調「先公庾而後私家」，先動用官方資源，不足時方才勸分富室。

晚唐宋初默許私有田制以來，陸續頒布一些保護地主田產的法令。據葉坦研究，中晚唐出現保護富人的論述，如韓愈、柳宗元等人。到了宋朝，為富人辯護論點有三個主要的新方向：富人是州縣所賴、貧富相資、反對抑制富人。[149]林文勛也論及宋人的保富論，包括四個具體內容：強調富人出現的合理性、視富人為國家和社會的根本、富人對生產發展的作用、保護富人、為富人呼籲參政權。他認為保富論發端於中唐，形成於兩宋，在明清得到繼承及發展。[150]如蘇轍提到：富民「州縣賴之以為強，國家恃之以為固，……貧富相恃，以為長久」。[151]《揮塵錄餘話》也說：「富者連我阡陌，為國守財爾」。[152]

---

147 《救荒活民書》卷2〈勸分〉，頁12。

148 《魯齋集》卷7〈賑濟利害書〉，頁26。

149 葉坦：《富國富民論：立足於宋代的考察》，頁86-92。

150 林文勛：〈保富論：一種充分體現時代特徵的嶄新經濟思想〉，頁303-322。

151 《蘇轍集》欒城三集卷8〈詩病五事〉，頁72。同書卷35〈制置三司條例司論事狀〉，頁484-485 又云：「城郭人戶雖號兼并，然而緩急之際，郡縣所賴；饑饉之歲，將勸之分以助民；盜賊之歲，將借其力以捍敵。故財之在城郭者，與在官府

葉適說：「富人者，州縣之本，上下之所賴也。富人為天子養小民，又供上用，雖厚取贏以自封殖，計其勤勞亦略相當矣。」[153]這些言論某方面合理化富人擁有田產的正當性。在這種社會發展情況之下，才會出現貧富相資與官為理索等思維。「為天子養小民」的理念，對於宋廷動員富人參與賑荒工作，勸分有了適當的切入點，富人既然享受朝廷的恩賜，勢必得回報朝廷、奉獻百姓。所以葉適又說：「縣官不幸而失養民之權，轉歸於富人，其積非一世也。」[154]不過，站在勸分賑荒的角度上來看，宋廷雖未由始至終壓抑富人，卻也未真正興起保護富人的熱潮，宋廷仍視富人為編戶之一，僅是加以掌控或動員的對象。倘若善加利用的話，將得以穩定政權，維持國家長治久安。上引蘇轍、葉適均站在士大夫的立場，著眼於安定社稷，而非基於扶持富民。如蘇轍不抑制富民的原因在於：「能使富民安其富而不橫，貧民安其貧而不匱，貧富相恃，以為長久，而天下定矣。」[155]

貧富相資的觀念，出自於官方和士大夫的認定，並非出自富人的自願及自覺。或許有人會覺得貧富相資、以有濟無，似有鄉里共同體的味道。事實上，依照士大夫的思維理路來說，他們以上對下／以官領民的姿態，帶著「牧民」的味道，以貧富相資或官不養民來勸諭富人賑荒。荒政在中央集權理念下運作，由政府領導，動員並調集民間資源，民間大多只有配合的份，主導性不高。

無異也。」

152　《揮麈錄餘話》卷 1，頁 29，可能王明清父王銍歸納宋初歷史的史論，未必是宋
　　　初君臣所言。呂大均〈民議〉說：「主戶苟眾，而邦本自固」。不過，此處的主戶
　　　泛指一般主戶，未必是富人，其云：「保民之要，在於存恤主戶，又招誘客戶，使
　　　之置田以為主戶」，《宋文鑑》卷 106，頁 1477-1478。

153　《葉適集》水心別集卷 2〈民事下〉，頁 657，論及貧富相資頗為深入。

154　《葉適集》水心別集卷 2〈民事下〉，頁 657。

155　《蘇轍集》欒城三集卷 8〈詩病五事〉，頁 72。

　　張文曾用「博弈理論」，解釋宋朝富室閉糴與貧民搶奪的緊張互動關係。[156]宋人已意識到這層道理，如孝宗淳熙七年（1180）朱熹於榜文提到：「今勸上戶接濟佃火之外，……不惟貧民下戶獲免流移飢餓之患，而上戶之所保全，亦自不為不多。」他又補充說：「今勸貧民下戶，既是平日仰給於上戶，……如妄行需索，鼓眾作鬧，至奪錢米，如有似此之人，定當追捉根勘」。[157]其邏輯在於，上戶藉著接濟佃火以保全自身及財產，下戶則持著感恩之心，不得作鬧，否則官府將予以嚴懲。貧富相資說，讓上戶和下戶得以雙贏，避免「博弈局面」或「囚徒困境」，共同渡過災荒危機。黃震也提到：「富室之閉糴，飢民之搔擾」。[158]富室閉糴與饑民強奪，前者激起了後者的報復心，後者也加深了前者的防衛心。

　　對於官司強迫勸分富民，宋朝士大夫的看法並不一致。第一種認為富民自私自利，閉糴牟利，必須強迫富民勸分。戶田裕司、李明瑾研究朱熹南康軍救荒，赤城隆治、鄭銘德研究黃震撫州救荒，他們均指出富民消極應付的心態，勸諭富民並非容易之事，必須要有具體的步驟及手段。[159]這類士大夫並不信任富民，李明瑾指出朱熹有此傾向，他說：「荒政自始至終是在官僚和官衙的主導下展開的……，從而在其過程中地方強勢集團的參與程度極其有限。……朱熹認為對鄉村的上戶和強勢群體是不能期待善意或自發性的。」[160]上述的黃榦和

---

156 張文：〈荒政與勸分：民間利益博弈中的政府角色──以宋朝為中心的考察〉，頁27-32。

157 《朱文公文集》卷99〈勸諭救荒〉，頁10-11。

158 《黃氏日抄》卷78〈四月初十日入撫州界再發曉諭貧富升降榜〉，頁4。

159 戶田裕司：〈朱熹と南康軍の富家・上戶〉，頁55-69；李明瑾：〈南宋時期荒政的運用和地方社會──以淳熙七年（1180）南康軍之饑饉為中心〉，頁209-228；赤城隆治：〈宋末撫州救荒始末〉，頁267-284；鄭銘德：〈宋代地方官員災荒救濟的勸分之道──以黃震在撫州為例〉，頁247-264。

160 李明瑾：〈南宋時期荒政的運用和地方社會──以淳熙七年（1180）南康軍之饑饉

黃震亦持相同的態度。

　　另外，有些士大夫反對粗暴的勸分，主張自願的勸糶，不要用公
權力強行勸分。譬如前述的葉夢得、董煟、歐陽守道等人都認為，勸
分科配加深閉糶，反對強行勸分。董煟說：「但欲認米之足數，假勸
分之美名，欺罔上司，以圖觀美，不知適以病民也。」又說：「官不
抑價，利之所在，自然樂趨，富室亦恐後時，爭先發廩，則米不期而
自出矣。」他認為「止行勸諭，毋得科抑」，讓富人高賣低買，有利
可圖，主動出糶。[161]

　　寧宗嘉定十六年（1223），知常德府林埛提到勸分「有病於私」
的概念：

> 惟是賑荒一事，不免取之常平；常平不足，則勸分於產戶。故
> 常平所積之數日耗，則有虧於公；產戶科糶之擾日甚，則有病
> 於私。公慨然曰：「糶濟，美事也，病民則不可行，虧公亦不
> 可繼。」[162]

所以林埛才以「府庫之羨」，加上官員「捐萬緡以助」，設置平糶倉，
作為該地賑荒的經久之制。通判趙師恕「產戶科糶之擾日甚，則有病
於私」說得好，無論是科糶（和糶）或勸糶，對人戶都是一種負擔。
歐陽守道甚至同情富民，其言：「富者無豐無歉歲歲皆分也，……正
賦而有之，何謂義米乎？歲饑再以勸糶，為勸分，富者得無辭於官
乎？」[163]富人既納正賦，又有義米之供，再有勸糶、勸分之責，政府
的職責於何在？換言之，政府將賑荒的公家之事，轉換成勸糶的私家

　　為中心〉，頁 227-228。

161 《救荒活民書》卷中〈勸分〉，頁 10、12。

162 《永樂大典方志輯佚》之《武陵圖經志》，趙師恕〈平糶倉記〉，頁 2408。

163 《巽齋文集》卷 17〈吉州吉水縣存濟莊記〉，頁 11。

之事，對富人其實是不公平的。

　　仔細思量，主要問題並不在於富民態度，而是官方資源投入荒政逐漸減少，救荒過於仰賴勸分富民，這才是主因。孝宗乾道間，胡銓上疏曰：「國朝故事，濟饑之說有三：糶常平米，一也；截撥本路上供及寬減本路上供斛斗，二也；給賜度牒，三也。」但當時「常平之米已不多，而截撥寬減之說恐難卒行，惟給降空名度牒惠而不費。」[164]由此可見財政不足對官方救荒所造成的影響，特別是常平、義倉米被不斷挪用的情況之下，假如朝廷不撥賜度牒的話，勢必仰賴勸分富民。連朱熹亦言：「不以勸諭為意，……官司米斛不多，將來無以接續，其害又有不可勝言者。」[165]有論文指出：南宋時常平倉逐漸與義倉合併，義倉常平化，以致無償賑給減少，賑糶及賑貸變多。[166]加上戰爭期間常平義倉被挪用得很厲害，部分地區名存實亡。前引林垧也說：「賑荒一事，不免取之常平；常平不足，則勸分於產戶。」所言甚是，勸分之盛行，確實與地方財政窘困、常平義倉錢米被挪用的關係頗為密切。

六　小結

　　宋朝政府與富民的關係，大致而言，是一種既利用又剝削、既共利又對立的關係。地方官的理念並非一致，不少採取強迫的管制手段，少數則注意到市場價格對管制糧食的影響。地方官推動勸分富民

164　《歷代名臣奏議》卷 246 胡銓〈江浙水旱〉，頁 14。關於救荒錢米來源，《救荒活民書》卷中〈勸分〉，頁 10，亦載：「常平以賑糶，義倉以賑濟，不足則勸分於有力之家，……度僧也，……通融有無、借貸內庫」等 6 種。

165　《朱文公文集》卷 13〈延和奏劄三〉，頁 12。

166　楊博淳：〈損有餘補不足：宋朝義倉研究〉，頁 68-78。

的辦法，大致分為九種：納粟補官、斟酌免役、官為理索、地方官倡率出糶私糧、遊說富民出糶、募資向外地購糧、懲治或威脅閉糶者、強制認額、科配勸分。又可合併成積極獎勵型、溫和勸誘型、強迫勸分型、科配於民型等四種。此外，本章深入分析地方官賑荒的斷遣之權，值得注意。

李華瑞指出，勸分在北宋官方救荒之政所佔比重可能有限，南渡之後所佔比重日益增大，得到廣泛推行。[167]在地方政府的財賦困乏與倉儲不足之下，每當糧荒發生之際，勸諭富人糶糧所帶來的效果是顯然易見的。正因如此，對地方官而言，面對地方經費的窘困、常平倉義倉錢米被挪用，動員民間資源，達成賑荒的目的，無怪乎勸分會朝向強制性方面傾斜。

對於官司強迫勸分富民，宋朝士大夫看法分歧。有些地方官不信任富民，認為富民自私自利，閉糶牟利，不能期待其善意或自發反應，必須透過公權力強迫勸分。有些士大夫反對粗暴的勸分，主張自願出糶，無抑低價，不採科配，如葉夢得、董煟、歐陽守道等人。

宋朝秉持中央集權的一貫作風，凡事由官方所主導，由朝廷來掌控，荒政亦是如此。官方動員民間資源來從事荒政，擁有主控權，富人多半被動地參與勸分救荒。此一傾向似乎與日後明清士紳和商人主動參與民間慈善事業的走向有所區別。社倉則呈現另一種風貌，社倉雖多為士人所領導，亦不乏富人參與。儘管仍須受官方的監督，但社倉與勸分不同的是，參與者的主動權較多，自由度較高，揮灑的空間較大。

　　——原名〈動員民間資源賑濟：宋朝的勸分與敷配〉，宣讀於

---

167 李華瑞：〈勸分與宋代救荒〉，頁245。

〔第三屆海峽兩岸「宋代社會文化」學術研討會〕，杭州：杭州市社會科學院，2013年4月14日。同名刊載於《第三屆海峽兩岸「宋代社會文化」學術研討會論文集》，杭州：浙江大學出版社，2013年12月，頁112-126

第七章
勇於任事或持法守常
——地方官救荒的權便與限制

一　強幹弱枝

　　眾所周知，鑑於晚唐五代藩鎮割據，宋太祖開國以來推行強幹弱枝。[1]乾德二年（964），太祖「始令諸州自今每歲受民租及筦榷之課，除支度給用外，凡緝帛之類，悉輦送京師，官乏車牛者，僦於民以充用。」[2]乾德三年（965）三月，又重申：「申命諸州，度支經費外，凡金帛以助軍實，悉送都下，無得占留。」[3]「悉輦送京師」與「悉送都下」，只是強調地方財政權收歸於朝廷，而非天下財賦盡送京師。《宋史》記載：「宋聚兵京師，外州無留財，天下支用悉出三司」。[4]在強幹弱枝國策之下，將「留州財賦」劃歸「係省財賦」，此為「外州無留財」之意；必須上奏朝廷方許動用，就連開倉賑荒也不例外，此為「天下支用悉出三司」之意。如陳傅良所言：「國家肇造之初，雖創方鎮專賦之弊，以天下留州錢物盡名係省，然非盡取之也。」[5]太宗亦繼承此一精神，「事為之防，曲為之制」，「謹當遵承，

1　北宋初年強幹弱枝國策，早期如蔣復璁：〈宋代一個國策的檢討〉，頁 1-52；近年如鄧小南：《祖宗之法：北宋前期政治述略》，頁 184-280。

2　《長編》卷 5 乾德二年是歲條，頁 139。

3　《長編》卷 6 乾德三年三月，頁 152。

4　《宋史》卷 179〈食貨志下一〉，頁 4347。

5　《止齋先生文集》卷 19〈赴桂陽軍擬奏事劄子第二〉，頁 3。

不敢踰越」。[6]

　　宋初財政集權於中央，據汪聖鐸指出，表現在四個方面：一是取消地方對留用財賦的支配權，倘若需要動用的話，必須申奏朝廷核示；二是增加總賦入中歸屬中央財賦的比例，削弱地方的財政權力；三是禁榷課利增多，派遣監當官掌控之，專賣收入對中央財政日益重要；四是皇帝對財政直接控制的加強，貢賦悉入左藏庫，歲終用度之餘皆入封樁庫，以備軍需。[7]本章論述範圍在第一類。平時，州縣發廩救荒必須上奏朝廷，核准之後，方許動用。本書第二章提到，檢放雖是常例，但檢放程序並非毫無彈性，遭遇大災荒之時，皇帝可下詔免去檢覆程序，直接蠲免賦稅或開倉賑恤。這讓宋人訴災、檢放到賑濟等流程，不致被強幹弱枝國策所羈絆，過於僵化，並節省公文往來時間。免去檢覆詔令則多由皇帝直接下詔，以黃榜行之，象徵皇恩浩蕩。太祖乾德二年（964）下詔：「諸州長吏視民田旱甚者，即蠲其租，勿俟報。」[8]不過，這似屬於臨時措施，並非常制。如乾德元年（963）三月，令州縣復置義倉，以備饑荒。[9]到了「乾德中，詔發義倉振饑民者勿待報。」[10]北宋初年義倉置廢不定，此處「勿待報」也是臨時性措施，朝廷暫時授予發廩便宜之權。又如哲宗元祐元年（1086）四月，詔：「旱傷即蠲其租，勿檢覆，仍勿問限內外曾未披訴。」[11]南宋中期，董煟也呼籲「宜以乾德之詔為法」，即是他主張授予州郡長官蠲減租稅之權。[12]從上引史例，可判斷太祖乾德二年詔確

6　《長編》卷17開寶九年十月乙卯，頁382。

7　整理自氏著：《兩宋財政史》上冊，頁1-11。

8　《長編》卷5乾德二年四月戊申，頁125。

9　《長編》卷4乾德元年三月，頁88。

10　《皇朝編年綱目備要》卷1乾德元年三月，頁14。

11　《皇朝編年綱目備要》卷22元祐元年四月，頁535。

12　《救荒活民書》卷上，頁23。

為臨時措施。

　　針對太祖、太宗兩朝過於「曲為之制」，第二章曾論及真宗朝確定州縣協同檢覆制，微調強幹弱枝的做法。真宗即位後，不僅改變荒政檢覆方面，也採納州郡的建議，稍加調整過於集權中央／削弱地方的方向。下舉史例兩則：例一，咸平三年（1000），濮州有盜賊入城，擄掠知州和監軍而去。七月，知黃州王禹偁於是上言：

> 太宗時，令江、淮諸郡毀城隍，收甲兵，大郡給二十，小郡減
> 五人，以充常役。號曰長吏，實同旅人；名為郡城，蕩若平
> 地。雖則強幹弱支，亦匪中道。宜令並置守捉軍士，不過三五
> 百人，稍張禦備。[13]

真宗嘉納之。濮州事件突顯宋初矯枉過正的缺陷，州郡武力薄弱，城池又被拆除，竟然連盜賊都無法抵抗，令人吃驚。當年，知泰州田錫的奏言也頗為近似，[14]可見濮州事件引起朝野君臣的重視。不過，真宗朝只是微調「曲為之制」的做法，回歸「中道」而已，並非改變強幹弱枝國策。

　　然而，以救民為先的荒政，是否也受限於強幹弱枝國策，變得毫無彈性，還是也有權便的做法，此為本章論旨。留正於《兩朝聖政》說：「持法有常者，有司之吝道也；損上益下者，聖主之至恩也。」[15]本章題目「持法守常」來自此句，並結合「勇於任事」以表達論旨。

13　《皇朝編年綱目備要》卷6咸平三年七月，頁123。

14　《皇朝編年綱目備要》卷6咸平三年七月，頁123，其言：「諸處城池，多不浚築，
　　兵士多非精銳，甲兵少有堅利，卒有盜起，官吏何以固守？」

15　《兩朝聖政》卷53淳熙元年六月，頁7。

二 朝廷的態度

有些臣僚認為權宜賑荒有利於災民，建議朝廷視情況授予權宜之權。如哲宗元祐元年（1086），門下侍郎司馬光提到：

> 欲使更令提點獄刑司指揮逐縣令、佐，專切體量鄉村人戶有闕食者，一面申知上司及本州，更不候回報，即將本縣義倉及常平倉米穀直行賑貸。[16]

他建議朝廷直接准許災傷縣邑得以權宜開倉賑貸。元祐六年（1091）兩浙水災，殿中侍御史楊畏建議災情急切之處無須待報，可以權宜措置：

> 臣謂宜令賑濟官司，凡措置稍大事，並申取朝廷指揮；其急切不可待報者，雖一面施行，亦須使其畫一奏知。

所以如此，在於「所貴朝廷察其中否，緩急未便，可以救止，庶幾上稱朝廷勤恤民隱之意。」[17]同月，范祖禹說得頗為透徹：

> 今兩浙在二千里外，事稍大者，若須申奏，比及得報，即已後時。雖急切許一面施行，若官司畏避，事無大小，一皆奏請，不敢專行，則此法豈不為害！[18]

某部分而言，楊畏和范祖禹均試圖修正強幹弱枝的缺陷，只是范比楊更為前進。倘若一切聽候朝廷指揮，一來過於僵化，二來行政效率低落。處於訊息萬變的荒政或軍事當下，勢將延宕時機，耽誤救災或戰

---

16 《歷代名臣奏議》卷 245〈荒政〉，頁 1。

17 《長編》卷 462 元祐六年七月辛未，頁 11034。

18 《歷代名臣奏議》卷 245〈荒政〉，頁 11。

事。臣僚提到延誤時機，如李允則說：「須報踰月，則饑者無及矣。」[19]韋驤說：「若上書待報，是冠冕從容，以救焚溺也。」[20]劉孝韙言：「若候申稟，深恐後時」。[21]其餘不一而論。

　　群臣除了檢討待報時機之外，也有人提到地理遠近的問題。北宋雖比漢、唐、元、明、清的疆域來得小，但從泉州、廣州、桂州、成都府、蘭州等地到汴京，仍相當遙遠。許多臣僚意識到中央集權與地理遼闊的矛盾性，哲宗元祐初，福建路發生饑荒，僚屬議請賑貸，運判韋驤說：

> 閩去京師，往返數千里，今民朝不及夕，若上書待報，是冠冕從容，以救焚溺也。

韋驤說的是實情。他下令州縣開倉賑貸，全活者甚眾，並自請擅發之罪於朝廷。[22]前引范祖禹也提到「兩浙在二千里外」。寧宗朝似乎意識到地理因素，嘉泰四年（1204）十一月，因兩淮、荊襄諸州遇凶荒，倘若奏請來不及，下詔「便宜發廩」。[23]

　　朝廷為了調查擅發的真偽，還會派遣使者前去災區。神宗熙寧末，知慶州范純仁擅發常平賑貸，事情經過如下：

> 秦中方饑，擅發常平粟振貸。僚屬請奏而須報，純仁曰：「報至無及矣，吾當獨任其責。」或謗其所全活不實，詔遣使按視。會秋大稔，民讙曰：「公實活我，忍累公邪？」晝夜爭輸還之。使者至，已無所負。[24]

19　《宋史》卷 324〈李允則傳〉，頁 10479。

20　《咸淳臨安志》卷 66〈人物傳七〉，頁 15。

21　《宋會要》食貨 68 之 65（59 之 43），乾道二年九月七日。

22　《咸淳臨安志》卷 66〈人物傳七〉，頁 15。

23　《續編兩朝綱目備要》卷 12 嘉泰四年十一月己未，頁 145。

24　《宋史》卷 314〈范純仁傳〉，頁 10285。《歷代名臣奏議》卷 245〈荒政〉，頁 11，

從慶州到汴京路途遙遠，公文來回曠日費時，緩不濟急，范氏選擇一肩扛起擅行賑貸之罪。[25]此時，范氏遭朝臣謗議，神宗還派使者前來查驗。

朝廷對於官員擅權發廩的處置，有三種情況：無罪、褒獎、懲處。從表11-1得知，無罪處置最多，尚未發現懲處的史例。由於只是簡表，蒐集史例不多，僅供參考。

表7-1：宋廷處置地方官擅權賑災簡表

項目	官員	小計
無罪	張炳、范鎮、范純仁、劉孝韙、胡與可、真德秀、陳宓、趙必愿	8
褒獎	張溥、傅傳正	2
懲處		0
不明	李允則、呂公綽、韋驤、常楙（均疑為無罪）	4

註：本表摘自表7-3，故省略出處。

無罪方面。孝宗乾道二年（1166），權發遣溫州劉孝韙言：「本州八月十七日風潮，傷害禾稼，漂溺人命。所有義倉米五萬餘碩，……盤量在倉，不得支借。若候申稟，深恐後時，逐急一面賑給外，有不候指揮先次開發之罪，乞施行。」[26]其後，朝廷並未怪罪於他。寧宗嘉定十年（1217），知南康軍陳宓「歲值旱，嘗徑截上供錢萬緡濟

范祖禹〈封還臣僚論浙西賑濟事狀〉提到：「英宗時，臣叔祖（范）鎮出知陳州，辭日，英宗宣諭：『陳州累年災傷，卿到彼，悉心賑撫。』臣鎮至州，方值春種，即發常平倉貸民種糧。提刑司奏劾官吏，詔釋不問。陳州至京，不數日可以往返，然猶不先奏而行，恐不及於事也。」

25 關於宋朝交通研究，可參考趙效宣《宋代驛站制度》、曹家齊《宋代交通管理制研究》二書。

26 《宋會要》食貨68之65（59之43），乾道二年九月七日。「風潮」似指颱風。

糶，不候朝命，亦蒙寬貸不問。」[27]

　　褒獎方面。如真宗大中祥符四年（1011），張溥知楚州，遇歲饑，書信發運使請求貸糧，發運使未向朝廷申報。張溥歎言：「民轉死溝壑矣，報可待邪？」於是擅權發上供倉粟賑貸，拯活人命以萬計。由於違反規定，張溥上章請罪，真宗下詔獎賞。[28]神宗元豐八年（1085）三月，夔州路倉司傅傳正「依災傷及七分以上賑濟」，有專擅之嫌，所以他謹上奏自劾。哲宗元祐元年（1086）三月，朝廷下詔：「特放罪，仍候到闕日，優與差遣。」[29]

　　沒有懲處的史例，分析可能的原因，當與官員勇於任事積極救荒具有正當性，朝廷不太可能直接懲處，否則自損當局恤民的形象。既然如此，為何還有許多官員墨守成規消極應對呢？或許因官場習性使然，多一事不如少一事，聽候朝廷指揮即可。或許是強幹弱枝的隱形約束，擅自發廩仍屬違法，多數的官員不願冒險從事。

三　臣僚的態度

　　如前所述，地方官若是擅發救荒，必須乞責而待罪。地方官權擅賑荒的史例，最早見於太宗太平興國二年（977）六月，知秦州張炳言：「部民艱食，臣已矯詔開倉救急，願以抵罪。」太宗下詔無罪釋之。[30]此例一開，日後權擅救荒便屢見不鮮。

　　行政層級有上下，各守其職，各有立場。上司對於下屬違制擅發

27　《復齋先生龍圖陳公文集》卷 15〈與鄉守陳國博與行書〉，頁 17；同卷〈與馮提刑多福劄〉三，頁 5。

28　《宋史》卷 300〈張溥傳〉，頁 9975。據李之亮：《宋兩淮大郡守臣易替考》，頁 87，時間為大中祥符四年。

29　《宋會要》食貨 57 之 9（68 之 42），元祐元年三月二十六日。

30　《宋會要》食貨 68 之 28-29，太平興國二年六月。

者，態度不一，有些積極支持，有些消極應對，有些根本反對。上司的負面處置，下有四例：例一，真宗咸平三年（1000），李允則知潭州：

> 湖南饑，欲發官廩，先賑而後奏，轉運使執不可，允則曰：
> 「須報踰月，則饑者無及矣。」明年荐饑，復欲先賑，轉運使
> 又執不可，允則請以家貲為質，乃得發廩賤糶。[31]

兩次都反對的轉運使應為同一人，他不同意李允則先發廩後奏報的行事方式，第一次請命不知結果如何，第兩次李允則違背諸司命令，以家貲作為抵押，積極行事。

無獨有偶，英宗治平三年（1066），知陳州范鎮擅發錢粟賑貸，事情經過如下：

> 陳（州）方饑，視事三日，擅發錢粟以貸。監司繩之急，即自
> 劾，詔原之。是歲大熟，所貸悉還。[32]

范鎮擅發賑貸，長官監司欲法辦他，最後英宗不加追究。

有人奏劾擅發官員的理由，批評他們沽名釣譽，最有名的史例是真德秀。寧宗嘉定九年（1216），江東路漕副真德秀在廣德軍欲行無償賑給，朝廷最終並未同意，真德秀先斬後奏，決定先將賑糶改為賑給。他向尚書省奏狀言：「不避誅斥，謹同知軍魏（峴）承議，以此月十日為始，一面開倉振給外，……所有某不俟回降、專輒給散之辜，

---

31 《宋史》卷 324〈李允則傳〉，頁 10479。據《宋史》卷 6〈真宗本紀一〉，頁 113，咸平三年「荊湖旱」，李之亮：《宋兩湖大郡守臣易替考》，頁 234，可推知咸平三年。

32 《宋史》卷 337〈范鎮傳〉，頁 10787。據李之亮：《北宋京師及東西路大郡守臣考》，頁 234，可推知治平三年。

併乞重賜鐫表施行。」[33]其後，屬官知廣德軍魏峴按劾他專橫、專輒，不尊敬朝堂。真氏自辯說：

> 竊觀祖宗朝，范鎮在陳，范純仁在慶，皆嘗以便宜發廩，不俟奏報，而朝廷未嘗不尊，堂陛未嘗不嚴。當時群賢滿朝，亦未聞有慮其啟專橫之漸者。今臣先請後發，其視二臣尤非專輒，況不旋踵而報可之命下，是陛下固以亮臣之心而赦臣之罪，朝廷之上亦舉無異論矣。[34]

真德秀改賑糴為賑給，從賣糧變成贈糧，支出頓時增加。文中他還提到北宋擅發而無罪的兩起案例，即前述范鎮和范純仁。真德秀一事將詳述於下章。

例四，寧宗嘉定末，趙必愿擅發光化軍社倉，賑救饑民，京西南路帥司大怒，下令逮捕負責吏員，欲嚴懲他。趙必愿知道帥司針對他而來，故說：「窮牧職也，吏何罪。」說完後聽候懲處，帥司無言以對，只好打住。[35]

表7-2：宋朝反對擅權賑災的官員簡表

官員及差遣	治平三年京西北路監司[36]（表7-3范鎮）、咸平3年湖南轉運使（表7-3李允則）、嘉定末年京西南路帥司陳賅[37]（表7-3趙必愿）、知廣德軍魏峴（表7-3真德秀）

附註：括號內為徵引出處。

---

33 《西山先生真文忠公文集》卷7〈申省第四狀〉，頁18。

34 《西山先生真文忠公文集》卷7〈第二奏乞待罪〉，頁21。

35 《宋史》卷413〈趙必愿傳〉，頁12407。

36 治平三年，李之亮：《宋代路分長官通考》，頁297，京西路轉運使為劉述；頁311，京西路轉運副使為范純仁。

37 據吳廷燮：《北宋經撫年表・南宋制撫年表》（頁511）、李昌憲：《宋代安撫使考》（頁512），嘉定十四年（1221）至紹定四年（1231），京西南路帥司為陳賅。

　　有些官員擅發行為，因財計之故，干涉到上司的權力，以致這些上司欲懲治擅發官員。有些擅發行為，除了涉及荒政層面之外，還牽涉到政治鬥爭，如真德秀和都司之間，詳見第八章。敢於擅發者，有不少為名人賢臣，他們所以敢於積極應事，當與其名聲效應有關，行事較具正當性。如范鎮、范純仁、真德秀等人。當然，最重要還是當局者的態度，特別是皇帝本人。

　　從表7-3得知，權便發廩賑荒的官員層級以州級長令最多，十三例中有十一例，佔百分之八十五，路級監司則有二例。何以如此，可能與州級地位有關。眾所周知，州級為地方行政運作的核心（詳見第八章），故知州可獨當一面。知州可以積極作為，不待得報；也可以消極作為，不去申報，或者靜候指揮。

　　在消極作為上，多數官員怕惹禍上身，恪遵法令，多一事不如少一事，消極面對賑災。范祖禹提到這種怠惰精神：「雖急切許一面施行，若官司畏避，事無大小，一皆奏請，不敢專行」。[38]

四　救荒與軍用的財政排擠性

　　荒政與軍糧供應兩者有其財政排擠性，平時未必凸顯出來，戰時便顯得尖銳。每當戰爭爆發，特別是生死存亡之際，宋廷一時很難兼顧到荒政。即是說，承平之時重視荒政，懼怕災民為亂；亂世之時，反而無暇兼顧。對照宋代歷史發展，頗為符合此一說法。太祖、太宗肇建宋室，特別重視荒政，尤其是十國新附地區。真宗澶淵之盟之後，重心轉為內政，到仁、英兩朝，均以恤民仁政為先。神宗到徽宗的新政改革，尤不敢輕忽荒政，徽宗朝甚至是古代中國官方救濟制度

38　《歷代名臣奏議》卷 245〈荒政〉，頁 11。

的高峰期。宋金戰爭爆發，宋廷自顧無暇，荒政便怠廢不管。高宗初年找不到幾條救荒史料，特別是建炎及紹興初年，只要翻看《要錄》便可輕易瞭解。此一時期正值天災人禍之際，因國家資源用於供應軍需，實在無餘力可言。南宋第一次災傷減稅，遲至建炎二年（1128）七月，「其大水、飛蝗最甚之地，令百姓自陳，量輕重捐其租焉。」[39]《宋史》高宗本紀記載第一次賑災，遲至紹興二年（1132）八月，「振福建饑民」。[40]紹興十一年（1141）和議之後，高宗開始重視仁政，救荒才成為施政的指標之一。孝宗非常重視荒政，並以此為志業，這點可以從《兩朝聖政》窺知。到了南宋中晚期，端平入洛、宋蒙戰爭之後，荒政實行日益艱難。在北方軍情緊急當下，政府支出擴大，軍事開銷與荒政物資難免產生財政排擠效應，雖不必然有直接關係，但也有間接關係。隨著邊防及軍需供應日益吃緊，和糴壓力大增，加上常平倉及義倉不足、地方財用窘迫，鮮聞地方官直接開倉賑濟，甚至官方賑荒活動形同具文。度宗咸淳七年（1271）黃震致力於撫州救荒工作，儘管如此，他以動員民間物資為主，勸糴於富室，不同於寧宗嘉定八年（1215）真德秀多動用官方物資的情況。理宗寶祐時，程元鳳指出：「發廩捐金，蠲租緩賦，救災之政亦既舉行。然果實政乎？抑具文乎？」他還說：「義廩之儲，率多虛額」。[41]

除了科催理稅賦的壓力之外，孝宗淳熙七年（1180），朱熹提到地方官面對餉軍的困擾，即是賑荒與軍用之間具有若干財政排擠性。他說：

> 蓋嘗竊謂有軍則糧決不可以不足，既旱則稅決不可以不

---

39 《要錄》卷 16 建炎二年七月辛丑，頁 340；《宋會要》食貨 63 之 2，建炎二年七月十九日。

40 《宋史》卷 27〈高宗本紀四〉，頁 500；《要錄》卷 57，頁 992，此條未記載。

41 《全宋文》冊 343 卷 7916〈救災表〉，頁 79。

放……。但在今日，欲取足軍糧，則民已無食，更責其稅，必
有逃移死亡之憂；欲盡放民稅，則有軍而無糧，民亦將有不能
保其安者。二者之為利害，其交相代又如此。……故今州縣之
吏，不過且救目前，……掩蔽災傷，阻遏披訴，務以餉軍不闕
為先務。至於民不堪命而流殍死亡，皆不暇恤。[42]

此處所言檢放與軍糧「其交相代」，即是財政排擠性。由此看出，州
縣長官面對災荒救賑與軍糧供輸的兩難。不過，朱熹另有破解之道，
以〈乞截留米綱充軍糧賑糶賑給狀〉為例，他向朝廷奏請，另行撥賜
上供錢糧來支應軍糧，「淳熙六年殘零未起米綱及七年合起米綱，並
充本軍（南康軍）軍糧及賑糶賑給支用」。聖旨令「本路提舉常平司，
將所部州軍應管常平義倉錢米通融寬數支撥外，更許本軍將淳熙六年
未起米，並皆盡數存留充軍糧及賑糶等支用」。[43]由於朱熹享有盛名，
朝廷自然允准，其他的地方官則未必能援例辦理。

　　理宗嘉熙三年（1239）秋，董槐知江西路江州時，流民渡長江而
來者十餘萬，當地臣僚皆說：「方軍興，郡國急儲粟，不暇食民
也。」董槐則認為：「民，吾民也，發吾粟振之，胡不可？」由於董
槐的積極作為，流民安定下來。[44]當時面對戰事不斷，江淮諸州和糴
軍糧的壓力很大，在淳祐年間，江西轉運司和糴米3萬斛，權知袁州
葉夢鼎說：「袁山多而田少，朝廷免和糴已百年，自今開之，百姓子
孫受無窮之害，則無窮之怨從之。」[45]百年以來，位居江西西部丘陵

---

42 《朱文公文集》卷20〈乞撥兩年苗稅劄子〉，頁28-29。
43 兩句分見《朱文公文集》卷16〈乞截留米綱充軍糧賑糶賑給狀〉，頁4-5；同卷〈乞
　撥賜檢放合納苗米充軍糧狀〉，頁 9-10。此事亦見同卷〈乞放免租稅及撥錢米充軍
　糧賑糶狀〉，頁2-3；同書卷20〈乞撥兩年苗稅劄子〉，頁28-29。
44 《宋史》卷414〈董槐傳〉，頁12429。
45 《宋史》卷414〈葉夢鼎傳〉，頁12433。

地的袁州免受和糴的困擾，等到宋蒙戰事爆發之後，軍糧供給吃緊，
袁州也避免不了和糴。

五　小結

　　救荒效率方面，群臣除了檢討待報時機之外，也有提到地理遠近
問題。邊陲州郡到汴京路途遙遠，公文往返曠日費時，緩不濟急。真
宗朝之後，微加調整過度集權中央，適度授予地方官救荒權宜之權。
強幹弱枝國策確實有礙於救災效率，但只要官員積極作為，勇於負
責，仍有發揮的空間，並非僵硬有如石塊。

　　朝廷對於官員擅權發廩的處置，有三種情況：無罪、褒獎、懲
處。宋朝自許以仁政立國，恤民如親的地方官。擅發錢糧賑濟，其行
為具有一定的正當性，很難懲治這些勇於任事的官員。但為何許多官
員仍墨守成規呢？一是官場習性使然，二是隱形的強幹弱枝之約束。

　　行政層級有上下，各守其職，各有立場。上司對於下屬違制擅發
者，其態度不一，或積極支持，或消極應對，或根本反對。有些擅自
發廩賑饑，還涉及政治鬥爭。勇於擅發者，有不少為名人賢臣，他們
所以敢於積極應事，當與其名聲效應有關，行事較具正當性。不過，
也有人批評這些擅發官員沽名釣譽。

表7-3：宋朝地方官擅權賑災簡表

	年代	姓名及差遣	經過	處置	出處
1	太宗太平興國二年（977）	知秦州張炳	州民艱食，矯詔開倉救急	詔釋之	《宋會要》食貨68/28-29
2	真宗咸平三年（1000）	知潭州李允則	湖南饑，欲發官廩，先賑而後奏，	轉運使兩次不允	《宋史》324/10479

			轉運使執不可。明年荐饑，復欲先賑，轉運使又執不可		〈李允則傳〉
3	大中祥符四年（1011）	知楚州張溥	會歲饑，貽書發運使求貸粮，不報。乃發上供倉粟賑貸，所活以萬計	發運使不報。拜章待罪，詔獎之	《宋史》300/9975〈張溥傳〉
4	仁宗至和元年（1054）[46]	知徐州呂公綽	歲旱大饑，不及聞上，即日發倉廩賑窮乏	不明	《華陽集》38/510〈呂公綽墓誌銘〉
5	英宗治平三年（1066）	知陳州范鎮	方饑，擅發錢粟以貸	監司繩之急，即自劾，詔原之	《宋史》337/10787〈范鎮傳〉
6	神宗元豐八年（1085）	夔州路倉司傅傅正	依災傷及七分以上賑濟，有專擅之嫌	上奏自劾。哲宗特放其罪，候到闕日，優與差遣	《宋會要》食貨57/9
7	神宗熙寧末	知慶州范純仁	秦中方饑，擅發常平粟振貸	或謗其所全活不實，詔遣使按視。使者至，已無所負	《宋史》314/10285〈范純仁傳〉
8	哲宗元祐初	福建路運判韋驤	年饑，咸議請賑貸。不上書待報，檄州縣發廩	請違法之罪於朝	《咸淳臨安志》66/15〈人物傳七〉
9	孝宗乾道二年（1166）	權發遣溫州劉孝韙	義倉米五萬餘碩，若候申稟，深恐後時，逐急賑給	乞不候指揮開發之罪。得旨放罪	《宋會要》食貨68/65（59/43）
10	孝宗乾道四年（1168）	知溫州胡與可	支常平錢500貫并係省錢500貫，賑給被水人戶	自劾。放罪	《兩朝聖政》47/6

---

46 據李之亮：《宋兩湖大郡守臣易替考》，頁234。又據《華陽集》卷38〈呂公綽墓誌銘〉，頁510，「是歲孟夏朔，日蝕」。三據《宋史》卷12〈仁宗本紀四〉，頁236，至和元年「夏四月甲午朔，日有食之」，可推知至和元年。

11	寧宗嘉定八年（1215）	江東路漕副真德秀	擅改廣德軍賑糶為賑給	知廣德軍魏峴劾之，下詔無罪可待	《西山先生真文忠公文集》7/21〈第二奏乞待罪〉
12	寧宗嘉定十年（1217）	知南康軍陳宓	輒截上供綱運萬餘緡濟糶	恕其先發後奏之罪	《復齋先生龍圖陳公文集》15/5〈與馮提刑多福劄三〉、15/17〈與鄉守陳國博與行書〉
13	寧宗嘉定末	知光化軍趙必愿	擅發社倉活饑民	帥怒，逮吏欲懲之，必愿曰：「劵牧職也，吏何罪。」束檐俟譴，帥無以詰而止	《宋史》413/12407〈趙必愿傳〉
14	理宗寶祐中	知廣德軍常楙	郡有水災，發社倉粟以活饑民，官吏難之，楙先發	後請專命之罪	《宋史》421/12596〈常楙傳〉

第八章
恤民與國用的對話
——嘉定八年真德秀在江南東路賑災活動

一　狀況描述

　　學者對於宋朝救荒的個案研究，多集中於州郡層面：哲宗元祐四年（1089）蘇軾知杭州（近藤一成、幸宜珍）[1]，孝宗淳熙七年（1180）朱熹知南康軍（戶田裕司、李瑾明、鄭銘德）[2]，寧宗嘉定八年（1215）黃榦知漢陽軍（斯波義信），嘉定九年（1216）陳宓知南康軍與嘉定十四年（1221）知南劍州（鄭銘德）[3]，度宗咸淳七年（1271）黃震知撫州（赤城隆治、鄭銘德）[4]。僅有劉川豪〈從《西山文集》看救荒物資的籌措〉涉及路級監司救荒個案。[5]基於此，討論

1　近藤一成：〈知杭州蘇軾の救荒策——宋代文人官僚政策考——〉，頁 139-168。幸宜珍：〈北宋救災執行的研究〉，頁 61-90。

2　戶田裕司：〈朱熹と南康軍の富室・上戶——荒政から見た南宋社會——〉，頁 55-73。李瑾明：〈南宋時期荒政的運用和地方社會——以淳熙七年（1180）南康軍之饑饉為中心〉，頁 209-228。鄭銘德：〈南宋地方荒政中朝廷、路與州軍的關係——以朱熹、陳宓、黃震為例〉，頁 5-11。

3　鄭銘德：〈南宋地方荒政中朝廷、路與州軍的關係——以朱熹、陳宓、黃震為例〉，頁 11-17。

4　赤城隆治：〈宋末撫州救荒始末〉，頁 267-288。鄭銘德：〈宋代地方官員災荒救濟的勸分之道——以黃震在撫州為例〉，頁 18；鄭銘德：〈南宋地方荒政中朝廷、路與州軍的關係——以朱熹、陳宓、黃震為例〉，頁 17-21。

5　劉川豪：〈從《西山文集》看救荒物資的籌措〉，頁 75-91。大崎富士夫：〈富弼の流民救濟法〉，從制度及法令方面來討論，未以路級作為視角。

路級監司在救荒所扮演的角色或遭遇的困難，確實有學術上的意義。本章宣讀於二〇一一年六月，劉川豪〈從《西山文集》看救荒物資的籌措〉稍晚宣讀於同年十一月，此次修改付梓，一併參考劉氏論文。

本章有三個觀察角度：一是著眼於賑濟物資的來源及支配，二是真德秀和朝廷對賑濟立場的差異，三是江東路賑災下的官民互動。茲先描述宋寧宗嘉定八年（1215）情況，再論及當時轉運副使真德秀的賑災活動。

開禧三年（1207）十一月，發生玉津園之變，韓侂冑被誅殺。一個月後，宋寧宗下詔明年改元嘉定，並詔示新人新政的「更化」，史稱「嘉定更化」。從嘉定元年（1208）詔文，我們可以看出當時寧宗的豪情壯志：「逮茲更化之初，亟出求言之令」，「朕方屬精更始，申加訓飭，以儆有位」，「朕更化屬精，祗若古訓，為萬世長策，先圖其大者。」[6]宰輔方面，史彌遠開始掌握相權，開禧三年十二月，同知樞密院事；隔年十月，四十五歲的史彌遠官拜右丞相，從十二月錢象祖罷去左丞相之後，直到理宗紹定六年（1233）十月病逝為止，這二十五年之間史彌遠始終維持獨相的局面（1208年12月至1233年10月），擔任宰輔時間更長達二十六年之久（1207年12月至1233年10月），比起徽宗朝蔡京四次任相十九年、高宗朝秦檜兩次任相十八年都來得長些，實為宋代第一大權相。

嘉定四年（1211）六月，蒙古鐵騎對金國發動戰爭，宋使余嶸出使金國，未至而還。十月，南宋史彌遠政府面對北方的新局勢，採取觀望待變的策略，命令「江淮、京湖、四川制置司謹備邊」，不欲介入蒙金戰爭。[7]嘉定七年（1214）正月，四川制置大使安丙違背當局

---

6 《續編兩朝綱目備要》卷 14 嘉定元年正月戊寅、正月戊子、閏四月甲申，頁 193-194、198；《宋史全文》卷 30 嘉定元年正月辛巳、閏四月甲申，頁 2070、2072。

7 《續編兩朝綱目備要》卷 12 嘉定四年十月甲辰，頁 231。同卷嘉定六年閏九月丙

的謹備邊政策，派遣何九齡率領諸將與金人戰於秦州城下，敗師。知洮州王大才斬殺何九齡等七人，以其事上報朝廷。朝廷再度下令安丙和王大才，「令益謹守備，毋啟邊釁」。[8]由此可知，何九齡事件之後，丞相史彌遠唯恐邊臣們趁著北方亂局而冒險邀功，於是加強了掌控邊防的力道，一切前線訊息都要立刻申報朝廷，邊臣必須聽命行事，不得擅自行動。嘉定十年（1217）四月，金兵南下進犯光州，宋廷實施六年左右的「謹備邊」政策至此結束。

自從嘉定七年七月，金宣宗即位，遷都汴京，便遣使督促南宋輸納所欠歲幣，是否續給金人歲幣，成為南宋朝臣爭論之一。起初丞相史彌遠「未知所決」，多數的朝臣如真德秀等人不主張給付，理由在於國仇家恨的歷史舊帳；部分如淮西漕司喬行簡和都司胡榘則主張姑且與幣，理由在於估算唇亡齒寒的效應。史彌遠「以為行簡之為慮甚深，欲予幣，猶未遣」，因太學生群起伏闕反對，最後選擇不給歲幣。[9]其次，當時朝臣對山東群雄的態度究竟是招納或拒納，也莫衷一是。[10]以上是時局的描述，我們把焦點重新拉回救荒主題上。

嘉定改元（1208）以來，氣候異常，天災頻繁。閏四月蠲兩浙闕雨州縣貧民逋賦，詔云：「去歲以來，蝗蝻為災，冬既無雪，春又不雨。……天災流行，固亦有之，在於今茲，關繫實重」。八月，出米二十萬石賑江淮流民。嘉定二年（1209），五月旱，八月出米十萬石

戌，頁 246，載：「以金主新立，為韃靼所攻，詔四川謹邊備。」亦見《宋史全文》卷 30 同條，頁 2090；《宋史》卷 39〈寧宗紀三〉，頁 757。

8　《續編兩朝綱目備要》卷 14 嘉定七年正月丁卯，頁 272；《宋史全文》卷 30 嘉定七年二月壬子，頁 2097-2098。

9　喬行簡的歲幣論，《四朝聞見錄》甲集〈請斬喬相〉，頁 23。真德秀和胡榘對歲幣的態度，詳見於後。

10　部分參考黃寬重：《晚宋朝臣對國是的爭議——理宗時代的和戰、邊防與流民》，頁 14-19。

賑兩淮饑民，十一月寧宗以歲饑罷雪宴。嘉定三年（1210），夏季多雨，臨安、紹興、嚴、衢等四郡大水，賑之而蠲其賦。嘉定六年（1213），賑之兩浙諸州大水，閏九月詔湖北賑恤旱傷。嘉定七年（1214），六月以旱諸州禱雨。[11]七年期間，有五年傳出大規模的自然災害，僅有嘉定四、五兩年未有。

嘉定八年（1215），為南宋的大饑荒年份，據《宋史》〈五行志〉記載：「江、浙、淮、閩皆旱，建康、寧國府、衢、婺、溫、台、明、徽、池、真、太平州、廣德、興國、南康、盱眙、安豐軍為甚，行都百泉皆竭，淮甸亦然。」[12]以上十六州郡之中，江東路最為嚴重，建康、寧國府、徽、池、太平州、廣德、南康等七州郡。浙東路次之，衢、婺、溫、台、明等五州郡。真、盱眙軍二州郡屬於淮東路。興國軍屬江西路。安豐軍屬於淮西路。

入夏以來，亢陽炎甚，江東路九郡從長江下游起，有建康府、廣德軍、太平州、寧國府、池州、徽州、南康軍等七郡不雨，旱勢已成。附近稍有水源可供插秧撥種的田地，也遭飛蝗肆虐，靡有孑遺。到了六月，米價騰踴，民食艱困，眼見就要饑饉成災。[13]九月時，江東路轉運副使真德秀體訪的結果，饒州、信州亦出現旱象，「正當苗穗茂實之時，無雨沾活，加之間被飛蝗為患，致使已栽種田畝反成柱費。」[14]九郡之中，「照得（廣德、太平）兩郡雖均係災傷地分，然廣德被旱尤重，……狼狽之狀，未至如廣德之極。」[15]不止是江東路本

---

11 《宋史全文》卷 30 嘉定元年閏四月丁酉、八月甲午、嘉定二年五月丁酉及己未、八月丙戌、十一月乙未、三年歲末、六年歲末、七年六月辛丑諸條，頁 2072-2098。

12 《宋史》卷 66〈五行志四〉，頁 1445。《續編兩朝綱目備要》卷 14 嘉定八年歲末，頁 272，「是歲兩浙、江東、西路旱蝗。」

13 《西山先生真文忠公文集》卷 6〈奏乞撥米賑濟〉，頁 11。

14 《西山先生真文忠公文集》卷 7〈乞施行饒信州旱傷〉，頁 4。

15 《西山先生真文忠公文集》卷 7〈申尚書省乞再撥太平廣德濟糶米〉，頁 6-7。

地災民而已，尚有北來流民的問題，「安慶、光州流民自池州度江而趨饒、信者，前後相續。」[16]

真德秀（1178-1235），自寧宗慶元五年（1199）二十二歲登進士乙科以來，地方歷練並不多，僅有南劍州判官、閩帥蕭逵羅幕僚之短暫經歷。嘉定年間，史彌遠「當國既久，言路偏置私人，耆舊盡去，都司胡（榘）、薛（極）之徒始用事，鈔法楮令既行，告訐繁興」。於是，起居舍人兼太常少卿真德秀看不慣時局，於是直前奏事，「直聲動朝野」。丞相史彌遠「始不樂，都司又切齒」。當時，史彌遠「以爵祿籠天下士」，真德秀頗不以然，對友人說：「吾徒須須汲汲引去，使廟堂知世有不肯為從官之人」，力請外放地方官。[17]於是嘉定七年（1214）十一月，時年三十七歲的真德秀擔任江南東路計度轉運副使，臨行之前，寧宗對他勉勵說：「卿力有餘，到江東日為朕撙節財計，以助邊用。」[18]隔年（1215）二月一日，於信州交割職務。[19]到任之後，江東路轉運使一職空懸著，嘉定八年（1215）春，真德秀兼代漕司直到他去位。[20]嘉定十年（1217），真德秀卸職，轉知泉州，擔任江東路轉運副使兩年多。[21]

真德秀於江東路的救荒步驟及政策，劉川豪指出有四：先是確定災害程度、劃分責任區與慎選救荒官員，再請倚閣蠲免，三是賑濟與賑糶，四是暫停非必要的支出。[22]上述救荒措施比較值得注意的是，

16　《西山先生真文忠公文集》卷6〈奏乞倚閣第四第五等人戶夏稅〉，頁26。

17　《後村先生大全集》卷168〈真德秀行狀〉，頁4-9。

18　臨行贈言，《宋史》卷437〈儒林傳七・真德秀〉，頁12959。

19　《西山先生真文忠公文集》卷10〈江東漕謝到任表〉，頁23。

20　《鶴山先生大全文集》卷69〈真德秀神道碑〉，頁17，從嘉定「八年春，始領漕司」來判斷。

21　《乾隆泉州府志》卷29〈名宦〉，頁20，「真德秀，……嘉定十年知泉州。」

22　劉川豪：〈從《西山文集》看救荒物資的籌措〉，頁77-80。

劃分責任區、賑救方式兩項，本節先討論前者，第三、四節再討論後者。

　　由於宋朝的地方分權使然，路級沒有統轄的行政權，監司們各司其職，互不統屬。監司的災害管理職權及運作，據石濤指出[23]，北宋初年，轉運司有倉儲管理、糧食調配與資金籌集（如截撥上供米糧、下撥度牒）、勘災檢覆與蠲免倚閣二稅、監督州縣救荒等職能。日後，轉運司出現不願申報災情及不按律檢放的情形，剝削色彩日益明顯，賑災的管理功能退化。仁宗以前，安撫使為非常設之職，其中有撫慰災荒者，即所謂體量安撫使。[24]體量安撫使相當於地方災害管理的總指揮，調配救災物資、指揮賑濟、措置流民、彈劾瀆職不法等。其後，安撫使在災害管理上的權限逐漸縮小，到了北宋後期，內地安撫司只剩下上奏災情、監督州縣官員和防止饑民叛亂。提點刑獄司的主要荒政工作，有開倉賑救、修築防災設施、維持地方治安等。王曉龍則認為有賑救災民、管理常平倉及廣惠倉、申報地方災情、招誘流亡等職責。[25]

　　北宋監司在災害管理上事權不一，多頭馬車，並出現相互推諉的情形。據《宋會要》孝宗乾道七年（1171）九月二十五日條記載：

> 白劄子：「江東、西、湖南州軍今歲旱傷，欲乞依紹興九年指揮，將本路檢放展閣之事則責之轉運司〔遇軍糧闕乏處，以省計通（支）〔融〕應副〕，糶給借貸則責之常平司，覺察妄濫則責之提刑司，體量措置則責之安撫司。」詔依。仍令逐司各務遵守，三省歲終考察職事修廢以聞，送敕令所立法。本所看

23　本段參考石濤：《北宋時期自然災害與政府管理體系研究》，頁 181-236，若再徵引他文，則另行註明。

24　石濤此處係參考李昌憲：《宋代安撫使考》，頁 21。

25　整理自王曉龍：《宋代提點刑獄司制度研究》，頁 314-319。

詳：「災傷去處，全在賑濟，若不分隸，責之帥臣、監司，竊
慮奉行違戾。諸司設有違戾，若不互相按舉，亦無以覺察。今
參詳，許逐司互相按舉，及將已行事件申尚書省，以憑考察，
仍立為三省通用及職制令。」從之。是日，宰執進呈江東、西、
湖南旱傷，依紹興九年諸司分認賑恤事。上曰：「他路或遇災
歉，（兼）〔並〕當依此。然轉運司止言檢放一事，猶恐未盡，
他日賑濟之類，必不肯任責。」虞允文奏曰：「轉運司管一路
財賦，謂之省計，凡州郡有餘不足，通融相補，正其責也。」[26]

依據高宗紹興九年（1139）舊例，諸監司分認賑恤事，「檢放展閣之
事則責之轉運司，糶給借貸則責之常平司，覺察妄濫則責之提刑司，
體量措置則責之安撫司。」災荒賑濟之中，依照四位監司的職權性質
來分派荒政業務，各司其職。

　　面對諸郡旱蝗災情，真德秀採行監司分工制，與上述乾道制不
同。他與諸位監司同僚分工合作，於轄區九郡內規劃好各自的責任區
域。真德秀的奏文提到當年七月十九日省劄：「令安撫、轉運、提
刑、提舉分認措置捄荒。」[27]據〈真德秀行狀〉云：

約常平使者李公（通）〔道〕傳共議，……合詞乞分所部九（奇）
〔郡〕委三司，公自領太平、廣德，李公宣、池、徽，譙提刑
令憲南康、饒、信，而建康以屬帥。……分畫既定，通選一路
僚屬。[28]

26　《宋會要》食貨 68 之 70-71（58 之 10、59 之 49），乾道七年九月二十五日；亦見
　　食貨 1 之 13，乾道七年十一月十四日。

27　《西山先生真文忠公文集》卷 6〈奏乞撥米賑濟〉，頁 13。

28　《後村先生大全集》卷 168〈真德秀行狀〉，頁 9。亦見《西山先生真文忠公文集》
　　卷 6〈奏乞分州措置荒政等事〉，頁 21-22。

江東九郡之中，真德秀所負責的廣德軍、太平州，災情最為嚴重。其餘監司的責任區域，倉司李道傳負責池州、徽州、宣州（寧國府），憲司諶令憲負責南康軍、饒州、信州，帥司劉榘則負責建康府。朝廷同意這種做法。[29]

圖8-1：嘉定八年江南東路災傷輕重圖

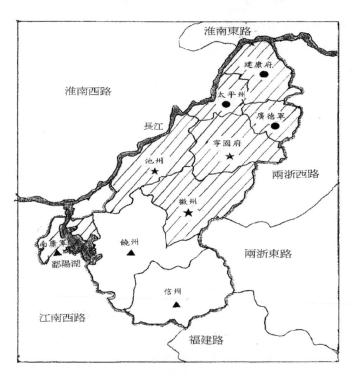

＊九州郡中，建康、寧國府、太平、池、徽州、廣德、南康軍七郡較為嚴重（斜線表示），饒、信州稍輕。漕副真德秀負責建康府、太平州、廣德軍（●表示），倉司李道傳負責寧國府、池、徽州（★表示），憲司諶令憲負責饒、信州、南康軍（▲表示）。地圖取自譚其驤：《中國歷史地圖集》第六冊，頁59-60，時間設定為寧宗嘉定元年（1208）。

---

29 《西山先生真文忠公文集》卷6〈奏乞分州措置荒政等事〉，頁22-23，「准嘉定八年八月二日省劄，依已降指揮，各行分管施行」。

以上分配的責任區，其與各監司治所並未一致。還有，真德秀意識到監司彼此救災訊息的橫向連繫，「部內九郡，監司所當通察，至於措置提督，則當各以附近州縣分任其責。凡所施行，仍舊互相關報。」真德秀的理由在於：「蓋通察而不分任，則耳目難周，報應稽緩；分任而不互報，則血脉不貫，事體不均。」[30]簡而言之，此次江東路監司的賑災體系，為路州縣上下層級與「分任其責，互相關報」，垂直分工及水平分工的原則都具備。

　　監司們的合作意願，有積極的，也有消極的。真德秀「素與（倉司）李（道傳）公志同道合」，兩人默氣十足，經常聯名奏請寧宗、申狀尚書省。真氏和憲司譙令憲關係也可以，「可與為善，雖南康三郡區畫精密不逮，然所及亦不少。」[31]真德秀等監司意識到統籌賑濟資源的重要性，他提到：

> 專令江淮制置司契勘本路所部州縣災傷輕重，將今來（建康轉般倉）所撥米、并提舉司常平義倉米、及用度牒收糴米、并制置司所糴米，（拼）〔併〕為總數，卻與斟酌分撥下各州軍，應付濟（糴）〔糶〕使用。[32]

江淮制置司視災情輕重，統一分撥朝廷所允准的四項錢糧，此一措施頗具前瞻性。

　　胡槻總領江淮財賦軍馬錢糧，位階比監司稍高，嘉定五年（1212）十一月到任，直到十二年（1219）七月去職，在職七年多。[33]知建康府事‧江東路安撫使‧兼江淮制置使劉榘致仕而離職之後，胡

30　《西山先生真文忠公文集》卷6〈奏乞分州措置荒政等事〉，頁21-22。
31　《後村先生大全集》卷168〈真德秀行狀〉，頁9。
32　《西山先生真文忠公文集》卷6〈奏乞撥米賑濟〉夾註，頁14。
33　《景定建康志》卷26〈官守志三‧總領所〉，頁12。

槻可能暫代江東路安撫使及江淮制置使的職務，以待新除李大東就
任。[34]胡槻為都司胡榘之兄，「竟不發粟」，不願配合真德秀調濟發粟
之事。[35]胡槻向朝廷報告他對江東路災情的研判，究竟災情是嚴重或
是尚可？認同或是駁斥真德秀所言？從他不發粟的態度來判斷，可能
是後者。

監司轄區頗大，救災實屬不易，朱熹提到：「大抵今時做事。在
州郡已難，在監司尤難，以地闊遠，動成文具。」[36]在州郡官配合方
面，據〈真德秀行狀〉記載：

> 公與（廣德軍）守臣魏峴議，以便宜發廩，委教官林庠賑
> 給，……寧國守張忠恕規匿賑濟米，公兩劾之。……魏峴始與
> 公共發廩，俄為都司所嗾，劾罷林庠以憾公。[37]

張忠恕和魏峴是真德秀的下屬郡守，前者藏匿賑米；後者則奏劾上
司，陵越尊卑。這點讓我們稍加知道，當時真德秀在江東路賑災的困
難之處。

鄰路基於本位主義，也怕糧食外流，將導致本地存糧不足，多暗
中下令遏糴。如真德秀所言：「沿江諸州元非產米之地，……接濟軍

34　《西山先生真文忠公文集》卷 7〈奏為不合差廣德軍教授措置荒政自劾狀〉，頁
　　20，「臣與權帥胡槻共議」，可知權帥司為胡槻。同卷〈申尚書省乞再撥太平廣德濟
　　糴米〉，頁 6，提到：「候新制置李殿撰到日區處施行」、「槻等實有愧劬牧之責」，可
　　判斷當時由胡槻權代，等待新任制置使李大東到任。吳廷燮：《北宋經撫年表・南
　　宋制撫年表》，頁 443-444；李昌憲：《宋代安撫使考》，頁 430，均未見胡槻之任。
　　劉槻官銜，見《景定建康志》卷 25〈官守志二・制置司〉，頁 24。

35　《後村先生大全集》卷 168〈真德秀行狀〉，頁 9-10，僅云：「新留守至，竟不發
　　粟」。

36　《朱子語類》卷 106〈朱子三・外任・浙東〉，頁 2644。

37　《後村先生大全集》卷 168〈真德秀行狀〉，頁 10。《西山先生真文忠公文集》卷 12
　　〈奏乞將知寧國府張忠恕亟賜罷黜〉，頁 5-12。

民，唯仰客販。今則兩淮既皆遏糴，浙河般運不通，上流客舟亦頗不繼，諸州米價漸已日增，艱食之虞近在朝夕。」[38]真氏也向朝廷奏請禁遏糴，可惜效果有限，形同具文。遏糴並非只有小人之臣所為，君子之臣亦不乏其人。[39]

二　賑災錢米來源

接著討論江東路賑濟錢糧的來源，在此之前，先要瞭解真德秀的救荒理念，他曾說：「荒政之行，當以賑濟為主，勸分為輔。」因此反對屬下知寧國府張忠恕，「略於給散，而詳於勸分」的做法。[40]真德秀既然以政府賑濟為主，首先在朝廷財賦方面，所以向朝廷請求的錢物科目頗多，詳見下表：

表8-1：嘉定八年賑災江南東路真德秀請求朝廷調撥錢糧表

科目	原先請求錢物	說明	允否	出處
供軍錢物	截留兩淮總領所米28,000餘石	結局後歸還	V	6/15
常平倉、義倉	本路現管430,000石	結局後歸還	V	6/15
監司錢物	官錢兌提舉司和糴米4,000餘石	接續賑糴，結局後歸還	V	7/19
朝廷錢物	（究竟度牒、會子是江都路請求或朝廷主動撥助，待考）	降度牒100道、制置司樁管會子100,000貫	V	6/13

38　《西山先生真文忠公文集》卷6〈奏乞蠲閣夏稅秋苗〉，頁6。

39　鄭銘德指出，四位福建路監司要求知南劍州陳宓放米出境，陳卻堅持不肯，〈南宋地方荒政中朝廷、路與州軍的關係——以朱熹、陳宓、黃震為例〉，頁15。

40　《西山先生真文忠公文集》卷12〈奏乞將知寧國府張忠恕亟賜罷黜〉，頁8。

上供綱米	截留未起發上供米146,000餘石	寧國府89,800餘石，太平州24,600餘石，池州31,700餘石，結局後歸還。	◎	6/14-15
係省錢物	撥鎮江、建康府轉般倉米500,000石	部分同意。撥建康府轉般倉椿管米300,000石濟糶	◎	6/13-14
係省錢物	再請建康府轉般倉米有償賑糶太平州84,000石	部分同意。朝廷僅同意撥米50,000石賑糶	◎	7/7-8
係省錢物	第一狀再請平江府百萬倉無償賑給廣德軍33,100石，第二至四狀請求賑給20,000石	部分同意。朝廷僅同意撥米20,000石有償賑糶。最後真德秀不候朝廷指揮，權宜無償賑給	◎	7/7-18
係省錢物	建康府椿積錢，許各州權行兌借，作循環糶糶之本	用於賑糶，結局後歸還	?	6/16

＊出處均為《西山先生真文忠公文集》。「∨」完全同意，「◎」部分同意，「?」未知結果。

真德秀原本請求的數額及項目，與實際的撥下有些差距，在資源有限之下，這是大多數賑荒會面臨的狀況，也是預料中的事。除了朝廷允准的項目之外，他也動員民間的社倉錢糧賑荒。

關於地方官可以動用的錢物，汪聖鐸認為州郡轄區的財用支配之限制有五，其中兩點：

> 首先，州郡對賦入中分隸諸司者原則上無支配權，也無移用權。其次，上供財賦及供軍財賦歲有定額，原則上不得拖欠，不經申報允准不得截留。[41]

上表合乎此一原則，截留未起發上供米（上供錢物）、淮東西總領所米（供軍錢物），都必須申報朝廷，允准之後，方許調借。至於常平

---

41 汪聖鐸：《兩宋財政史》，頁538。

倉的常平錢物呢？原本係調撥上供米而來，屬於廣義的「係省錢物」。何謂係省錢物呢？州郡留用財賦，「係省」者，表示係籍於省部的意思。州郡雖可動用係省錢物，但原則上，地方仍須申報朝廷後方可動用。[42] 還有，義倉錢物的屬性呢？原本是荒政的稅戶集體保險金，理論上歸於稅戶所有，並非正式的官方財產，而由州郡暫時保管，動用時必須申報朝廷。孝宗也意識到這點：「若義倉米，則本是民間寄納在官，以備水旱，既遇荒歲，自合還以與民。」[43] 兩者原本屬性不同，但因南宋財政之故，常平倉和義倉逐漸合而為一。當時，提舉常平司主管常平義倉的事務，因此只要李道傳向朝廷申狀，其他監司亦申狀，即可支用。南宋時，常平倉及義倉不斷被地方政府挪用的現象，如中晚期董煒便說：常平倉「比年州縣窘匱，往往率多移用，差官覈實，亦不過文具而已。」[44]

　　不過，上述財計支用限制並非鐵律，汪聖鐸認為州郡幹旋財計的空間亦有五點，其中兩點：

> 一、除分隸諸司和固定窠名的上供財賦外，州郡對其餘賦入有調配的權力，可以移盈補缺、挪兌救急。二、州郡軍資庫財賦雖名係省，且收支制度上要申報監司，但庫既在州郡，各種支用又相沿成例，故事實上既無必要也無可能事事預先申報批准，其實際支配權主要在州郡，轉運等司主要負監督之責。[45]

常平倉及義倉為廣義的係省錢物，其支用流程大致與軍資庫類似，只要合乎習慣成例，便可臨時權變動用，事後再申報即可。儘管州郡為

---

42 係省財賦，可參考包偉民：《宋代地方財政史研究》，頁 49；拙著：《取民與養民：南宋的財政收支與官民互動》，頁 149-150。

43 《兩朝聖政》卷 59 淳熙八年正月庚午，頁 2。

44 《救荒活民書》卷中〈常平〉，頁 1。

45 汪聖鐸：《兩宋財政史》，頁 541。

地方財政運作的核心，但監司仍扮演著稽查及統合一路的角色，特別是轉運使的三大職掌，供上足、足郡縣之費、稽考所部，並監察轄下州郡有無違法濫權或貪贓枉法之事端。[46]

接著，討論挪借錢物與結局日歸還。高宗〈紹興重修常平令〉規定：

> 諸賑濟穀一路移那不足者，監司約度闕數，先樁應用錢於朝廷封樁及諸司穀內兌糴，兌不足者，雖上供穀亦聽兌，候豐熟收糴補數起發。[47]

監司可利用應用錢兌糴朝廷封樁及諸司的糧穀，等候來日豐熟之日補足其數再上供起發即可，此種屬於必須歸還的挪借，並非無須歸還的撥賜。孝宗淳熙十四年（1187）九月十一日敕亦云：

> 濟糴……常患无錢，若令逐路諸司各以見管不係上供錢物那融借兌，措置收糴，向去米價翔踊，卻將此米出糴，不得妄增分文，候事訖拘收元本如數還之。[48]

宋人稱賑荒活動結束為「結局」，上述的「不係上供錢物」在結局日後必須歸還原機構。關於結局日歸還錢物，真德秀還提到：

> 本路諸州常平義倉見管米僅四十三萬石，若蒙朝廷俯從近日所請撥賜鎮江、建康轉般倉米五十萬石，兩項通計九十三萬石，……便合舉行賑糴……。目今本路，除建康府有樁積錢外，其餘州郡亦皆有交割錢之類，……若許各州權行兌借，作

---

46 州、路的角色，汪聖鐸：《兩宋財政史》，頁 529、547-551；包偉民：《宋代地方財政史研究》，頁 27、46。

47 《西山先生真文忠公文集》卷 6〈上宰執乞截上供米借見管錢劄子〉，頁 17。

48 《西山先生真文忠公文集》卷 6〈上宰執乞截上供米借見管錢劄子〉，頁 17。

循環糴糶之本。將來結局，本司自當專一督察，令其盡數歸
還。於公初無所損，而於民實受大利。[49]

常平義倉米、轉般倉調借米、椿積錢及交割錢等，結局之日，都要歸
還給原機構。真德秀又云：「乞截留寧國府、太平、池州合發建康府
轉般倉米十四萬六千餘石，……併乞許各州權行兌借椿管，或交割等
錢物，作循環糴糶之本。候賑濟結局日，將收到糴米錢仍舊歸還元
處。」[50]《救荒活民書》也提到：「今遇旱傷去處州縣，仰一面計度用
常平錢，於豐熟處循環收糴，以濟饑民。俟結局日，以糴本撥還常
平。」[51]

真德秀的賑災態度積極而認真，充分發揮其漕司的職權，並利用
〈紹興重修常平令〉及淳熙十四年（1187）九月十一日敕規定，彈性
挪借係省錢物。其次，為了順利調集救荒錢糧，真德秀透過各方管
道，譬如上奏寧宗、申狀尚書省、上宰執劄子及書信，不斷地請求朝
廷撥下糧食及錢物（度牒、會子）。再次，也勸誘富民糴糧，並前往
他處糴糧。真德秀雖有勸誘富民[52]，但從奏狀推知，他既未請求納粟
補官，也未施以強迫勸分手段。顯然他以政府賑濟為主，較少動用民
間物資。真氏向朝廷請求的錢物頗多，但最終核准數量及範圍未如所
願，共有五種：

准嘉定八年七月十九日省劄，……給降度牒一百道付提舉司，
及取撥制置司椿（竿）〔管〕會子一十万貫，令本司徑自措置收

49　《西山先生真文忠公文集》卷6〈申尚書省乞截撥寧國府等上供米〉小貼子，頁15-
　　16。

50　《西山先生真文忠公文集》卷6〈上宰執乞截上供米借見管錢劄子〉，頁17。

51　《救荒活民書》卷中〈常平〉，頁2。

52　《西山先生真文忠公文集》卷7〈申尚書省乞再撥太平廣德濟糴米〉，頁7，「督責
　　本州守令多方措置勸分招糴貼助賑糶」。

糴米斛。……兼江東提舉司申，本路常平義倉樁管米四十三萬
餘石……。七月十九日奉聖旨，令建康轉般倉支撥米三十萬
石，貼充江東路（脩）〔濟〕糴使用……。其已撥付轉般倉上供
綱米，如米未曾支裝運，即仰合得米州郡，依分定數，就行截
留使用。[53]

朝廷補助江東路賑濟錢糧的項目：一是七月十九日省劄的一百道度
牒、會子十萬貫，二是七月十九日聖旨的鎮江建康府轉般倉三十萬石
米糧，專用於賑糴方面，不可謂不多。可從下表得知：

表8-2：嘉定八年朝廷允撥江南東路賑災錢糧表

來源	科目	說明
朝廷	度牒100道	付提舉司
制置司	樁管會子100,000貫	轉運收糴米斛
江東路	常平義倉樁管米430,000餘石	令安撫、轉運、提刑、提舉分認措置救荒
上供綱米	建康府轉般倉米300,000石	貼充濟糴使用，結局後歸還。原本請求鎮江、建康轉般倉米500,000石
上供綱米	截留未起發上供綱米	寧國府89,800餘石，太平州24,600餘石，池州31,700餘石，合計146,100石，結局後歸還。
上供綱米	建康府轉般倉米50,000石賑糴	付太平州。原先規劃84,000石賑糴
上供綱米	平江府百萬倉米20,000石賑糴	付廣德軍。原先規劃33,100石賑濟，朝廷減數並改為賑糴，真德秀仍權以賑糴

＊出處均為《西山先生真文忠公文集》。

《景定建康志》簡述此次的救災活動：

---

53 《西山先生真文忠公文集》卷6〈奏乞撥米賑濟〉，頁13-14。

合本道義倉及轉般米數十萬斛，而厚其積。……不足，則開寄
納倉出官錢，糴之吳中；又不足，則以翰苑橐中金益之……；
不及，則發私財以賑贍之。訖事，民益急，則轉糴為濟。[54]

所述大致符合上表所載，調撥常平義倉四十三萬石、轉般倉三十萬石
米，有償性賑糴給饑民。再用寄納倉官錢及朝廷撥助款項（一百道度
牒、會子十萬貫），向外地購糧。唯一不清楚的是，動用多少寄納倉
官錢？無論朝廷給降、挪借本司或他司錢糧，均會指定其用途，防止
官員舞弊。以度牒為例，孝宗乾道四年（1168），朝廷給降度牒四百
道賑旱四川，便注明：「專充糴本，措置賑濟，不得別將他用。」[55]

朝廷同意撥下一百道度牒及十萬貫會子，用於收糴米糧。若如真
德秀所言江東路「建康、太平等七州旱勢最甚之外，饒亦半歉」，存
糧有限，勢必向外地豐收地區購糧。當時，雖然傳出「淮、浙、荊襄
又皆告旱，招徠客米亦病其難」。[56]但亦有「江西、湖南連歲屢豐，今
又及時得雨，秋熟可望。」[57]幸好江東路水陸交通便利，建康府、太
平州、池州等三郡西臨長江，饒州及南康軍位於鄱陽湖畔，相對於其
他內陸偏遠路級，向外購糧仍不算困難。（參佐圖8-1）有鑑於遏糴之
風，朝廷早已頒佈朝旨，但仍有遏糴閉糶的現象。真德秀奏請寧宗
「檢會已降旨揮，再與申嚴行下」[58]。因此，只要江東路的路、郡、縣
三級地方政府能夠妥善處理好遏糴問題，向鄰近的江南西路及荊湖南
路等豐收地區購糧順利，此次旱荒缺糧問題應該不致於失控。

江東路監司們將朝廷和地方自有資源作系統整合，據真德秀說：

54　《景定建康志》卷14〈表十〉，頁35。

55　《文定集》卷4〈御劄問蜀中旱歉畫一回奏〉，頁34-36。

56　《西山先生真文忠公文集》卷6〈奏乞侍闕第四第五等人戶夏稅〉，頁25。

57　《西山先生真文忠公文集》卷6〈奏乞分州措置荒政等事〉，頁24。

58　《西山先生真文忠公文集》卷6〈奏乞分州措置荒政等事〉，頁24。

昨蒙朝廷支撥米三十萬石，專委江淮制置司，契勘本路所部州縣災傷輕重，將所撥米、并提舉司所管常平義倉米、及用度牒收糴米、并制置司所糴米，併為總數，斟酌分撥，赴各州軍應副濟糶使用。[59]

此處可注意兩點：監司將四項賑濟米糧（朝廷撥米、提舉司常平義倉米、度牒糴米、制置司糴米），併為總數，斟酌後分撥各郡。何謂「斟酌分撥」呢？每郡端視災情輕緩、災民數量、災民等第上下、城鄉差距而有所不同，無償賑給或有償賑糶，詳見第四節。

表8-3：嘉定八年江南東路各郡賑災財源分配表

州郡	內容	出處
建康府	賑糶米167,907.4石（江淮制置司撥到米130,000石，義倉米37,907.4石）	7/5
太平州	賑糶米38,805.6石（江淮制置司撥到米15,000石，義倉米23,805.6石）	7/6
廣德軍	賑糶米48,006.8石（建康府轉般倉米35,000石，義倉米13,006.8石）	7/6、7/15
池、徽、宣州	濟糶米30萬斛，錢10萬緡	《勉齋集》38/28

＊未注明出處者為《西山先生真文忠公文集》。

三　儒臣官僚與才吏官僚的對立

在真德秀未赴任江東路之前，胡榘、薛極[60]等「都司數人，目

59　《西山先生真文忠公文集》卷7〈申尚書省乞再撥太平廣德濟糶米〉，頁5。

60　薛極，據《戊辰修史傳》〈參知政事真德秀〉，頁 24；《咸淳毗陵志》卷 17〈薛極傳〉，頁 21-22；《宋史》卷 419〈薛極傳〉，頁 12544。《宋史》卷 437〈儒林傳七‧

（德秀）為迂儒，試以事必敗。」[61]真德秀在朝之際，早就和都司官僚
種下心結。嘉定九年（1216）三月下旬，真德秀巡視廣德軍，發現
「民飢困者甚眾」，於是再乞申尚書省增撥平江府百萬倉米三萬三千
一百石給廣德軍，用途為無償賑給，未獲同意。真德秀再申第二狀，
數量減為二萬石，又未獲允准。再申第三狀，雖獲得同意，但無償賑
給改為有償賑糶。《西山文集》保留有當年四月三十日省劄，頗為珍
貴：

> 檢會嘉定八年十二月二十二日旨揮，支撥百萬倉米二萬石，江
> 淮制置司均撥本軍義倉米一萬三千六石八斗一升，又撥建康轉
> 般倉米三萬五千石。照得廣德軍撥降救荒米斛不為不多，本軍
> 自合斟酌，分撥濟糶，庶幾實惠及民。今據本軍具到十一月、
> 十二月分糶濟米數，其濟米計支二萬二千八百一十二石三斗二
> 升，糶米止計一千五十七石六斗八升，其濟米比賑糶幾過二十
> 餘倍，切恐惠（下）〔不〕及民，利歸吏輩。今來所乞，改振糶
> 米二萬石作賑濟，難從所乞。[62]

真德秀還特別注明：「此乃都司擬筆，劄付本司」。省劄挑明點出朝廷
所撥錢米「不為不多」，廣德軍將這批濟米用於無償賑給，遠多於有
償賑糶，兩者相距二十多倍。朝廷省劄以「惠下及民，利歸吏輩」為
理由，明白拒絕無償賑給。於是，真德秀又繼續申第四狀，最後仍未
獲得同意。

　　此時的都司或許正煩惱著，調撥給江東路賑糶使用的建康府轉般

　　真德秀〉，頁 12960，誤作薛拯。

61　《後村先生大全集》卷 168〈真德秀行狀〉，頁 10；《宋史》卷 437〈儒林傳七・真
　　德秀〉，頁 12960；《戊辰修史傳》〈參知政事真德秀〉，頁 24。

62　《西山先生真文忠公文集》卷 7〈申省第三狀〉夾註，頁 15。

倉三十萬石米結局日可能無法回收。於是，朝中便傳言：「江東諸郡實不甚旱傷，監司好名，故張皇其事」的批評聲浪。[63]尤甚者，「謂真漕市恩，以歸怨於上」。[64]流言指控真德秀，在當前北方局勢緊急之際，竟然還浪費國家資源，誇張虛報災情，以成就個人虛名。真德秀也風聞這些流言蜚語：「日者側聞士大夫有好為議論者，以為此郡蓄傷本不至甚，官司振䘏失之太優，斯言流聞，遂致上誤朝聽。……或者徒見境無流離，野無餓莩，遂以蓄傷為本輕，振䘏為太厚。」[65]回想起寧宗對真德秀赴任江東臨行贈言：「卿力有餘，到江東日為朕撙節財用，以助邊用。」[66]此時的真德秀卻被臣僚奏劾浪費財用，慷慨公家之物，博取私人之名，真是情何以堪！當朝的丞相史彌遠「不能亡惑，而申請（錢物）遂落落矣，……所請萬石屢為都司駁下，遂不獲已。」鑑於申狀朝廷錢糧不易，真德秀只好另尋他法，「與郡守魏峴議，先發廩以濟民，然後申乞誅皋。」[67]原本，「其始議之時，（林）庠與一二同僚皆主振貸，獨（魏）峴移書告臣（真德秀），力言給濟之便。及臣到郡，又縱臾再三，謂民窮如此。」最後，真德秀採納知廣德軍魏峴無償賑給的建議，種下日後被奏劾的原因。[68]

真德秀發廩於先，待罪於後，雙方對立的氣氛更加白熱化。但都司胡榘和薛極也不是省油的燈，五月，唆使知廣德軍魏峴論劾該軍教

---

63 《西山先生真文忠公文集》卷7〈第二奏乞待皋〉，頁28。

64 《西山先生真文忠公文集》卷7〈第二奏乞待皋〉，頁27。

65 《西山先生真文忠公文集》卷7〈申省第四狀〉，頁16。德秀賑濟浪費的負面評價，他自己曾記錄下來，其中保留著魏峴劾章、李道傳〈乞辨明魏峴按劾真德秀事奏〉及〈上丞相手書〉、袁祭酒〈上宰相書〉等奏書，《西山先生真文忠公文集》卷7〈第二奏乞待皋〉，頁25-29。〈乞辨明魏峴按劾真德秀事奏〉，亦見《歷代名臣奏議》卷248，頁9-10。

66 《宋史》卷437〈儒林傳七・真德秀〉，頁12959。

67 《西山先生真文忠公文集》卷7〈第二奏乞待皋〉，頁28。

68 《西山先生真文忠公文集》卷7〈第二奏乞待皋〉，頁21-22。

授林庠，暗地打擊上司真德秀。[69]稍早之前，林庠受到真德秀青睞，成為廣德軍救荒活動的要角，如此卻引發知軍魏峴的不滿。[70]因此，魏峴表面是奏劾下屬教授林庠，實際卻是暗諷上司轉運副使真德秀，他論劾林庠：「恩欲歸於知己（德秀），怨必萃於朝廷；美欲掠於一身，害必及於他人」[71]、「以為輕易朝廷，滅裂軍壘者」。[72]

　　五月二十九日聖旨：將「林庠放罷，魏峴別與一等軍壘差遣」。[73]沒有追究真相，各打五十大板，以示公平。然而，地方同情真德秀的聲音也隨之傳到朝廷，除了真德秀上章自我辯護外，倉司李道傳也上章辯析真氏無辜，並手書給丞相史彌遠，袁祭酒也上書給丞相聲援真氏。[74]真德秀文中，批評魏峴是位柔邪小人。[75]他並為自己決定賑給辯護說：「易糶為濟，然後一方之民得免死徙之患，此主上之至德，丞相之至恩也。米乃朝廷之米，有司不過奉朝廷之命給散之耳。」[76]最後，「朝廷悟」，丞相史彌遠在意這些清流派的意見，認定真德秀「無罪可待」，收回成命，改「與峴宮觀，庠幹官」。[77]真德秀寫給宰執的謝啟，還為自己好名之誣再作辯護：「以王命而賙民糶，本其所

<hr/>

69　《宋史》卷 437〈儒林傳七‧真德秀〉，頁 12960；卷 436〈儒林傳六‧李道傳〉，頁 12946，疑「薛拯」為「薛極」之誤。劉川豪亦曾討論林庠案背後的政治角力，〈從《西山文集》看救荒物資的籌措〉，頁 85-90。

70　《西山先生真文忠公文集》卷 7〈奏為不合差廣德軍教授措置荒政自劾狀〉，頁 20，載：「不虞峴反疑庠以此告臣，懼其旁觀，不得自肆。峴之忌庠，自此而深。」

71　《西山先生真文忠公文集》卷 7〈第二奏乞待罪〉，頁 24。

72　《西山先生真文忠公文集》卷 7〈第二奏乞待罪〉，頁 25。

73　《西山先生真文忠公文集》卷 7〈第二奏乞待罪〉，頁 25。

74　《西山先生真文忠公文集》卷 7〈第二奏乞待罪〉，頁 26-28。

75　《西山先生真文忠公文集》卷 7〈第二奏乞待罪〉，頁 22-23，載：「不謂其意薄陋邦，潛圖脫去，已設機穽，……柔邪之類，其不可測如此。」

76　《西山先生真文忠公文集》卷 7〈第二奏乞待罪〉，頁 27。

77　《後村先生大全集》卷 168〈真德秀行狀〉，頁 10。

職；貪天功而為己力，焉有此心！」[78]

令人好奇的是，為何丞相史彌遠最後放過真德秀，沒有惡整他呢？或許他想人情留一線，不欲與程朱道學家撕破臉。史彌遠打著反韓侂冑路線而拜相，為了包裝自己，選擇支持道學清流派，藉以提高其相權的正當性。他雖然會整肅政敵異己，但對道學家仍有一定的包容力，非到最後關頭不翻臉。江東路真德秀賑災風波，便是一個極佳的例證。當然，韓侂冑偽學之禁的極端作風，也成為史彌遠的鑑鏡，這就是他能獨相二十五年之久，身後又沒有被清算的原因之一。[79]

嘉定二年（1209），李道傳擔任著作佐郎，「時執政有不樂道學者，以語侵君，君不為動。」後兼權考功郎官，「時新進用事，贓賄成風」。嘉定四年（1211），道學家李道傳看不慣才吏官僚深受丞相史彌遠的器重，於是在輪對時向寧宗奏言：「今名優儒臣，實取才吏，刻剝殘忍、誕謾傾危之人紛然進矣。」史彌遠的師承原本是道學一脈，曾「與東萊呂祖謙相游」[80]，據說也是道學家楊簡的弟子，即是陸九淵的再傳弟子[81]。然而，史彌遠性格務實，逐漸脫離道學家唯德治世的理念，走向才吏治世的道路。[82]李道傳冷靜觀察出史彌遠的用人之術，優禮道學之臣於表面，重用才吏之臣於實際，以便協助他治理朝政。李道傳奏上，力求外放州郡。嘉定六年（1213），知真州。嘉定七年（1214）秋，擔任提舉江南東路常平茶鹽公事。[83]李道傳墓

---

78 《西山先生真文忠公文集》卷 10〈為賑濟無罪可待謝表〉，頁 24-25。

79 史彌遠評價，拙著：〈史彌遠年譜——以宮廷政爭、宋蒙金三國關係、崇揚道學為中心〉，頁 30-32；廖健凱：〈權相秉國——史彌遠掌政下之南宋政局〉。

80 《延祐四明志》卷 5〈人物攷中·史彌遠〉，頁 10。

81 《宋元學案》卷 74〈慈湖學案·史彌堅〉，頁 2483，載：「與諸兄並學于慈湖」，彌堅排行第四，彌遠為其三兄。但類似說法未見於宋人著作，仍有其存疑之處。

82 拙著：〈史彌遠年譜——以宮廷政爭、宋蒙金三國關係、崇揚道學為中心〉，頁 15。

83 《勉齋集》卷 38〈李道傳墓誌銘〉，頁 36。

誌銘的作者黃榦站在道學的立場，從墓主的角度出發，批判朝廷這群新進「才吏」。至於這群「才吏」，是否像李道傳等道學派所云，「贓賄成風」或「刻剝殘忍、誕謾傾危」之不堪，其實很難作判斷。江東倉司任滿後，朝廷當局屢次想以官位優絡李道傳，如「胡榘為吏部侍郎，薦道傳自代」或「除兵部郎官」，可是李道傳都不領情，辭免未就。[84]李道傳與都司之爭，也是道學派與才吏派爭鬥的局部縮影。

　　薛極以父親恩蔭上元縣主簿，後中詞科，以大理寺正召知廣德軍。經由參知政事樓鑰舉薦，官運開始亨通。嘉定八年（1215）江東荒災之際，當時的薛極擔任司農卿兼兵部侍郎，為朝廷常平義倉的主管。由於他曾出守廣德軍，對江東路有一定的瞭解，因災傷上疏談論救荒之道：「勿以天災代有而應不以實，政綱雖舉，必求益其所未至；德澤雖布，必思及其所未周。誓以今日遇災警懼之心，永為異時暇逸之戒。將見天心昭格，沛然之澤響應於不崇朝之間。」其云「應不以實」，可能暗指真德秀誇大災情。嘉定十五年（1222），寧宗特賜薛極同進士出身，其後官拜知樞密院事兼參知政事，《咸淳毗陵志》及《宋史》有傳。[85]

　　現存胡榘相關記載不多，他為江西吉州廬陵人，知慶元府時，曾修纂《寶慶四明志》。該書只記載他知慶元府時期的事跡，而未多言其他。[86]高宗朝名臣胡詮之孫，銓曾經極力反對宋金議和。胞兄胡槻是位能臣幹吏，蔡勘擔任廣西經略安撫使時，曾舉薦胡槻兩次。[87]我們不妨透過兩起事件來觀察胡榘在當時的評價：

84　《宋史》卷 436〈儒林傳六・李道傳〉，頁 12946-12947；《咸淳毗陵志》卷 11〈文事〉，頁 24。

85　《咸淳毗陵志》卷 17〈薛極傳〉，頁 21-22；《宋史》卷 419〈薛極傳〉，頁 12544。

86　《寶慶四明志》卷 1〈敘郡上・郡守〉，頁 29。

87　《定齋集》卷 6〈薦胡槻万俟似狀〉，頁 9。

　　嘉定十年（1217）四月，金兵南下進犯光州後，宋金開始進入對抗。面對金人南侵，權工部尚書胡榘主張議和，仍給金廷歲幣，讓他們繼續抵抗蒙古，避免唇亡齒寒的效應。嘉定十二年（1219）五月，太學生何處恬等二百七十三人等伏闕上書言：

> 工部尚書胡榘及其兄槻，中外相挺，引董居誼、聶子述、許俊、劉琸，誤軍敗國。[88]

《宋史全文》記載：

> 方殘虜渝盟，引兵入寇，榘（顧）〔願〕與虜講和，以偷旦夕之安。是上則忘國恥，下則忘家學也。[89]

「忘其家學」，即諷刺胡榘主和與祖父胡詮主戰相左。奏聞未報，宗學生趙公記等十二人和武學生鄭用中等七十二人又相繼伏闕上書，極言其事。[90]三校學生共計三百五十七人，規模之龐大，震驚朝野。胡榘主張續給金人歲幣，以助金人抵抗蒙古，避免聯金滅遼故事重演。太學生卻有自己的判斷，力主對金開戰，昭雪靖康之恥，恢復中原。何謂「誤國敗軍」呢？原來，董居誼和聶子述先後為四川制置使，二月，前線軍情緊張之際，董居誼從陣前逃遁。[91]四月，繼任的聶子述不料竟然也逃遁。[92]董、聶兩人正是胡槻胡榘兄弟所薦引，正因如

88　《吹劍錄》四錄，頁 109。

89　《宋史全文》卷 30 嘉定十二年五月己亥之講義曰，頁 2114。

90　《吹劍錄》四錄，頁 109。太學生上書，《續編兩朝綱目備要》卷 15 嘉定十二年五月己亥，頁 288。王建秋曾論之，《宋代太學與太學生》，頁 337-338。

91　《續編兩朝綱目備要》卷 15 嘉定十二年二月壬子，頁 287；《宋史全文》卷 30 同條，頁 2112。

92　《續編兩朝綱目備要》卷 15 嘉定十二年四月庚午，頁 288；《宋史全文》卷 30 同條，頁 2113。

此，三校學生才激奮伏闕上書寧宗，誅殺胡榘以謝天下。

　　禮部侍郎兼侍讀袁燮主戰，以國仇家恨為念，不給其歲幣。嘉定十二年（1219）六月，胡榘和袁燮兩人的和戰意見不合，在朝中起了爭執，袁燮用奏笏打胡榘額頭。事情鬧大後，兩人並罷。袁燮辭朝歸鄉之時，太學生三百五十四人為之作詩餞別於都門外。[93]

　　此時，究竟丞相史彌遠的態度為何？袁燮和史彌遠是小同鄉，都是慶元府鄞縣人，也都是楊簡弟子。但史彌遠反而較支持胡榘主和待變的看法，「以安靖為安靖」，此與袁燮等人主戰圖強，「以振厲為安靖」不合。[94]日後，真德秀、李道傳、袁燮等人日漸與史彌遠疏遠，而史彌遠政府也與道學派的關係日益緊張。

　　前引李道傳之言，江東路賑災之事隱含「儒臣」官僚和都司「才吏」官僚（括號為李道傳之語）之間的對立衝突。前者以具有道學背景出身的士大夫為主，如真德秀和李道傳等人。後者則以技術官僚為主，薛極和胡榘為史彌遠提拔重用，屬於丞相的幕僚官。檢正原屬中書門下省的庶務辦事機構，都司則屬尚書省，史彌遠於嘉定年間將兩者合併為一，加速相權運作的效率及一統性。這些都司及檢正官員位卑職低，史彌遠較容易掌控他們。[95]儒臣和才吏兩派理念之不合，可從《四朝聞見錄》看出：

　　　薛會之極、胡仲方榘，皆史（彌遠）所任也。諸生伏闕言事，
　　　以民謠謂胡、薛為「草頭古，天下苦」，象其姓也。……時聶
　　　善之（子述）亦時相，所任大抵以袁潔齋（燮）、真西山（德

93　胡、袁兩人紛爭，《說郛》卷 38，引《白獺髓》，頁 3；《後村先生大全集》卷 83
　　〈玉牒初章・寧宗皇帝嘉定十二年〉，頁 9-10；《四朝聞見錄》丙集〈草頭古〉，頁
　　128-129；《西山先生真文忠公文集》卷 47〈袁燮行狀〉，頁 20。

94　史彌遠的安靖政策，《宋史》卷 415〈危稹傳〉，頁 12453。

95　史彌遠合併檢正及都司的說法，虞雲國：《宋光宗宋寧宗》，頁 300。

秀）、樓旸叔（昉）、蕭禹平（舜咨）、危逢吉（稹）、陳師虙輩，
皆秀才之空言。……轟因語之（危稹弟和）曰：「令兄也，只是
秀才議論。」善之，士人也。薛、胡以儒家子習於文法云。[96]

「草頭」為薛，「古」為胡，所云「文法」即是「行政技術」。由於
《宋史》有濃厚的道學史觀，很難看到都司才吏派的觀點，這段史料
彌足珍貴。當時胡榘和薛極等「草頭古」的才吏官僚嘲笑這些「秀才
之空言」的儒臣官僚，只會空談道德議論。

以比較的眼光來觀察，嘉定八年（1215），江東、江西、浙東、
浙西四路都出現旱蝗災情[97]，朝廷補助「出米三十萬石賑糶江東飢
民」為最多[98]。此一現象的原因可能有二：一是江東路旱情確實較其
他三路來得嚴重，二是丞相史彌遠對真德秀奏報災情的重視。後因都
司敵視之故，史彌遠才改變原先對真德秀救荒的支持態度。

除了國是爭論的人事傾軋因素外，財政吃緊壓力的因素亦不容忽
視。稍早之前，開禧北伐的支出、嘉定和議的費用、黑風峒變亂的開
支（嘉定元年二月至四年十一月）、楮幣的貶值、物價的上漲等情
勢，都造成宋廷莫大的財政壓力。[99]到了嘉定八年，宋金戰爭一觸即
發，軍需孔急，在賑災經費與供軍費用兩者之間，產生了財政的排擠
效應。丞相史彌遠和都司站在財計的角度，以國防需求為優先，國難
當頭一切從簡，官方救荒的目的以消弭民變為主，救荒物資若是能夠

96　《四朝聞見錄》丙集〈草頭古〉，頁 128-129。

97　《續編兩朝綱目備要》卷 14 嘉定八年歲末，頁 272；《續宋編年資治通鑑》卷 14 同
　　條，頁 16；《宋史全文》卷 30 同條，頁 2105；《宋史》卷 39〈寧宗本紀三〉，頁
　　763。

98　《宋史全文》卷 30 嘉定八年七月丙子，頁 2104；《宋史》卷 39〈寧宗本紀三〉，頁
　　762。米三十萬石賑糶只是調撥自建康府轉般倉，朝廷尚有度牒及會子之補助，詳
　　見於前。

99　虞雲國：《宋光宗宋寧宗》，頁 310-311、318。

節約便盡量節約，希望救濟方式能以有償的賑糶方式為主，錢米還可回收，以供應北防所需。真德秀則站在恤民的角度，認為賑救人命重於一切。雙方立場不同，故對國家資源運用的思考角度亦不同，這並非是非題，而是選擇題。此時，面對江東路災荒，又面對北方變局，何去何從，這並非儒臣派的君子小人道德操守說所能夠解釋的，而是國家資源分配的爭論。

然而，江東路災情的實相究竟如何？真的像真德秀所說災情如此嚴重嗎？還是像都司所言「菑傷本不至甚」嗎？從後世的有限史料，很難作精確的判斷。但仍有大致的脈絡可尋，從真德秀奏狀來看，九郡之中，以廣德軍旱象最為嚴重，太平州居其次。建康府、寧國府、徽州、池州、南康軍旱象較輕，饒州及信州僅有部分區域傳出災情。此外，還有其他地區流移到本路的少許災民。真德秀認為因為救荒處置得宜，從而沒有流莩的出現。攻擊他的都司，反而藉此來指控真德秀：「指民無流莩為旱菑本輕之證」，我們很難從中判斷虛實。以結果論來說，丞相史彌遠最後接受都司的觀點，認定真德秀誇大災情。[100]

真德秀儘管公忠體國，但賑災活動難免發生小紕漏，浪費救災物資，被都司抓到把柄。如他申狀提到：抄劄「冒濫之弊，委已盡革。其實貧乏者卻與抄入，凡今所濟盡是闕食之民，即不敢分毫泛濫。」[101]推敲其文詞，在此之前，應有臣僚批評他「冒濫之弊」，所以他才要說「委已盡革」。

稍早朱熹提到旱災及早修陂塘及糶米的好處，他說：「到得旱了，賑濟委無良策，然下手得早，亦得便宜。」[102]從真德秀的言詞推測，他向朝廷不斷地請糧，係基於預防大規模災荒的觀念。如他提

100　《西山先生真文忠公文集》卷7〈第二奏乞待皐〉，頁28。

101　《西山先生真文忠公文集》卷7〈申省第二狀〉，頁13。

102　《朱子語類》卷106〈朱子三・外任・南康〉，頁2640。

到：江東賑災「及早予民，所費既省，所濟甚﹝愽﹞〔溥〕。待其賣妻子，棄鄉井，填委溝壑，嘯聚山澤，而後為之，其費不止於此，而傷敗已多。」[103]又云：「此臣等所謂非常之災傷，近年所未有也。今當貴糴之初，已有盜賊之漸，⋯⋯若使向去闕食，⋯⋯將為大患，是時雖欲蠲租弛斂以消弭之，亦無及矣。」[104]從引文中的「及早予民」及「貴糴之初」等字眼，證明當時江東路的災情仍在可控制的範圍之內，尚未達到失控的程度，真德秀則是想防範於未然。

但在當時北方軍情緊急的時空背景之下，這種預防大災荒的措施，被人質疑未能將錢用到刀口上，無怪乎遭受都司無情的批判。這點真德秀也體認到，朝廷「顧惜經費」，而他則在乎「民命所在」。[105]雙方各有所據，各有所執，立場自然左異。由此聯想，真德秀文集存留至今，而「才吏官僚」卻僅留下隻字片語，若不仔細辨讀史料，多少會一面倒向「儒臣官僚」所建構的文本世界。即是說，只有正方的說法，而未見反方的說法，只不過是偏聽偏見，這大概是歷史研究的局限所在。

四　憂國恤民或沽名釣譽

真德秀致力於救荒賑濟，也有臣僚以負面訊息加以解讀，認為他是沽名釣譽，為己身而謀私，並非真心為了公益。無獨有偶地，孝宗淳熙七年（1181）朱熹知南康軍盡心於荒政，也遭遇類似的情況。他於劄子透過：

103　《西山先生真文忠公文集》卷 6〈奏乞撥米賑濟〉，頁 12。
104　《西山先生真文忠公文集》卷 6〈奏乞倚閣第四第五等人戶夏稅〉，頁 26。
105　二句俱見《西山先生真文忠公文集》卷 6〈奏乞倚閣第四第五等人戶夏稅〉，頁 27。

又恐朝廷惟其檢放分數之多，故其妄言遂至覷縷，誠不能無草野倨侮之嫌。……若熹之私，則去替不遠，疾病侵陵，罪戾孤蹤，日俟譴斥，決非久於此者，亦何必曲沽民譽，過為身謀，以罔朝聽，而陷於不測之誅？[106]

朝廷必有臣僚「妄言覷縷」，批評朱熹「曲沽民譽，過為身謀」。這種批評也非完全無的放矢，朱熹在官場上雖然僅是一位知軍，在學術上卻是道學大師，憑藉著其高知名度，不停地向朝廷奏請調撥賑災錢糧。撥下來的錢糧雖然不多，也不算太少，朱熹依舊不滿意。官方賑救是一種資源的調度，找錢找糧，確實是朝廷和監司的職責，難道知軍都不必籌措嗎？朱熹的行事風格，很容易遭到其他臣僚的眼紅及妒嫉，進而攻擊他。恤民／沽名，這兩種形象集於朱熹的身上。

不妨比較其他官吏賑濟模式，如此較能得到客觀的說法。下表收集南宋地方官賑濟錢物來源，可與真德秀作為比較：

表8-4：南宋賑災財源舉例表

年代	地區	項目	出處
高宗初年	湖南	宣諭湖南薛徽言：留上供錢斛二萬石，常平義倉支濟，封樁經制司銀三千兩，借諸司錢糴廣西米，通挪省米借貸	《薛季宣集》33/493〈薛徽言行狀〉
紹興六年（1136）	湖南	湖南安撫制置大使呂頤浩：截留上供米三萬石，廣西帥、漕兩司備五萬石，降助敕敕度牒，勸糶富民	《中興小紀》20/242
孝宗乾道四年（1168）	蜀中	汪應辰：常平義倉錢米、給降度牒400道，總領所支錢糴買，勸誘富民	《文定集》4/36-39〈御劄再問蜀中旱歉〉

106　《朱文公文集》卷20〈乞撥兩年苗稅劄子〉，頁29-30。

淳熙七年 （1180）	南康軍	知軍朱熹：截留綱運錢米，轉運常平兩司撥錢米，勸分富民	《勉齋集》36/6-7〈朱熹行狀〉
寧宗嘉定八年（1215）	漢陽軍	知軍黃榦：總領所借撥會子，公使庫及軍資庫出剩在庫鐵錢十萬貫，小坻倉及廣備倉椿積米，勸糶富民	斯波義信〈漢陽軍：1213-1214年的事例〉，頁459-462
嘉定九年（1216）	南康軍	知軍陳宓：饒州椿管度牒30道，提舉司官會二萬緡，借撥本軍封椿米，借撥上供折帛錢七千緡	鄭銘德〈南宋地方荒政中朝廷、監司與州軍的關係——以朱熹、陳宓、黃震為例〉，頁42-43
嘉定十五年（1222）	南劍州	知州陳宓：度牒70道，交割米斛三千石濟糶	同上，頁45
度宗咸淳七年（1271）	撫州	知州黃震：借撥本軍封椿米對易義倉米，勸糶富民	同上，頁47-49

整理上表史例，宋朝救荒錢糧的財源，大致有常平倉及義倉錢米、朝廷撥給（錢、糧、度牒、官告等）、截留上供（綱運）、上司撥給或調借、調借本司、調借他司、勸誘富人等七類。

真德秀景仰兩個南宋救荒的典範：一是孝宗淳熙二年（1175）劉珙知建康府[107]，二是淳熙七年（1180）朱熹知南康軍。然而，時任江東安撫使劉珙救荒所以成功，其關鍵在於向外購得足夠的糧食，讓糧食市場正常運作，加上官方適時釋出糧食，達到抑制糧價的功效。誠如朱熹所寫墓誌銘提到：「禁上流稅米遏糴，……以是得商人米三百萬斛，散之民間。又貸諸司錢合三萬萬，遣官糴米上江，得十四萬九千斛。」[108]真德秀自己也說：「淳熙乙未，劉樞密知建康日，措置救荒，曾申朝廷借撥椿積錢，糴米出糶，民甚賴之。其後結局，仍將糴

---

107 真德秀：〈跋忠肅劉公救荒錄〉，引自《劉氏傳忠錄》正編卷4，頁20。

108 《朱文公文集》卷88〈劉珙神道碑〉，頁25。類似的資料，同書卷97〈劉珙行狀〉，頁13；《宋史》卷386〈劉珙傳〉，頁11852。

到米錢歸還，元借窠名一無虧欠。」[109]真氏也注意到貨暢其流的道理，他統籌救荒事宜強調「遏糴閉粜」的重要性，州縣之間切勿各私其境，不讓糧食流通。[110]前面提到，嘉定八年（1215）是大饑旱年，江東、浙東、江西、兩淮路的部分產米地帶旱蝗，市場普遍缺糧，糧價日益高昂。第一節提及，江東路雖位居水路要道，但真德秀無法解決鄰近路級遏糴現象，以致糧價不斷攀升，更加深賑濟的困難度。「上江米舟至者甚稀，鄰郡又無般販之地，若非官司出米賑糶，竊恐中戶以下闕食狼狽，日甚一日。」[111]此為真氏以官方錢糧賑濟為主的背景所在。

然而，真德秀的賑災模式以動員官方錢糧為主，並勸分富民，與前述劉珙模式不盡相同。如前面提及，其錢糧來源共有五類：朝廷度牒一百道、制置司樁管會子十萬貫、本路常平義倉樁管米四十三萬餘石、上供綱米（建康轉般倉三十萬石、截留未起發十四萬六千一百石）、社倉米。史彌遠當局雖未准許真德秀的全部請求，但也未過於嚴苛，刻意掣肘。

真德秀賑災的態度，從寬而不從嚴，此與朝廷態度不同。檢放方面，他指出：「近年檢放例以從窄為賢，逆料將來亦必如此」[112]，換言之，他以從寬為賢。他從寬的做法，還有預賑之說、廣德軍堅持無償賑給。先述前者，真德秀說：

> 竊謂與其待已饑而行糶濟之惠，不若先未饑而加存卹之
> 恩。……夫以四月而蠲夏稅，以八月而檢秋苗，自常情觀之，
> 毋仍太早，蓋救災卹患當於民未甚病之時，若待其饑莩流離，

109　《西山先生真文忠公文集》卷6〈申尚書省乞截撥寧國府等上供米〉，頁16。
110　《西山先生真文忠公文集》卷6〈奏乞分州措置荒政等事〉，頁23。
111　《西山先生真文忠公文集》卷7〈申尚書省催撥太平州振糶米〉，頁10。
112　《西山先生真文忠公文集》卷6〈奏乞蠲閣夏稅秋苗〉，頁9。

然後加惠，則所全寡矣。為民父母，忍使至斯？[113]

連真德秀自己都說太早，但仍強調寧早勿遲。這種預賑觀念，防範於未然，聽起來似乎有點道理，實際上卻未將資源用在刀口上。哲宗元祐五年（1090），蘇軾知杭州賑濟時，已強調預賑之說，遭到同為舊黨的批評：

> 臣聞事預則立，不預則廢。……至於救災恤患尤當在早，若災傷之民救之於未饑，則用物約而所及廣。不過寬減上供、糶賣常平，官無大失，而人人受賜。[114]

有時候，提早購糧以備災旱，確有其必要。[115]但若是採取不輸上供、寬減稅賦的做法，則有商榷的必要。賑恤是急難救濟，不是社會福利，當在災害發生之後，有效率而精確地動用資源，方為上策。在自然災害造成傷害之前，便實行賑濟或減免稅賦，萬一狀況解除，豈不是造成國庫平白損失。一旦成例，日後各州要求比照辦理，更是後患無窮。真德秀恤民的思考有其盲點，過度賑給反而是不公不義的。

真德秀面對災情較為嚴重的太平州、廣德軍，實行抄劄戶口，將人戶籍定成甲乙丙丁戊五類。真氏行狀提到：

> 籍人戶為五等，甲、乙出米，丙自食，丁糶，而戊濟之。[116]

113　《西山先生真文忠公文集》卷 6〈奏乞蠲閣夏稅秋苗〉，頁 7、10。

114　《蘇東坡全集》之奏議集卷 7〈奏浙西災傷第一狀〉，頁 490-491。

115　譬如《救荒活民書》卷下〈滕達道賑濟〉，頁 5，「滕達道知鄆州，歲方饑，乞淮南米二十萬石為備，後淮南、（東京）〔京東〕皆大饑，達道獨有所乞米。」引文誤字，據《宋史》卷 332〈滕元發傳〉改之，頁 10675。

116　《後村先生大全集》卷 168〈真德秀行狀〉，頁 9。詳細的抄劄戶口數據，《西山先生真文忠公文集》卷 7〈申尚書省乞再撥太平廣德濟糶米〉，頁 6，「近據兩郡申到抄劄戶口帳目及自目下至來年春夏之交合用濟糶米數：太平州三縣，丙戶一萬七

戊戶無償賑濟，丁戶有償賑糶，甲乙戶糶米釋糧。真德秀於申狀談到細節：

> 廣德被旱尤重，……鄉村之民尤無聊賴，……自丙戶以下皆當給濟。惟城市則濟戊戶而糶丙、丁，所以糶戶至少而合濟人戶居十之八。至如太平為郡，……但狼狽之狀未至如廣德之極，故惟戊戶則全濟，丙、丁戶則糶，內鄉村丁戶亦量行給濟。[117]

不僅戶等有差別，城鄉亦有差別，各郡依照災情之輕重緩急亦有差別。人戶分等第賑濟的優點在於，將救災物資做最有效的運用，並顧及社會公平正義。值得注意者有二：其一，斟酌給糶的三大原則：重災區優於輕災區、鄉村優於坊郭、下戶優於上戶。其二，此次江東路官方賑濟活動包括無償賑給、有償賑糶兩種，依戶等而定。他在申狀也提到太平州抄劄：

> 除戊戶始終全濟，可至來年三月；其鄉村丁戶僅能量濟三次；而流移新到旋次抄劄者，又須一例振卹；其城市丙、丁戶并鄉村丙戶皆合振糶。[118]

真氏並奏請寧宗，對於富家大室「量立賞格，分為三等：二萬石以上為一等，一萬石以上為一等，五千石以上為一等。有官人循資，白身人補右選或助教文學，如願封贈、占射、免役之類，斟酌輕重，等第推賞。」[119]至於丁等則施以有償賑糶，戊等則施以無償賑給。

千九百九十有五，丁戶四萬七千七百有九，戊戶一千八百，通計四十一萬五千七十一口。……廣德軍二縣，丙戶一萬九千七百四十有一，丁戶三萬二千八百二十有四，戊戶二千五百有八，通計二十三萬九千三百二十一口。」

117 《西山先生真文忠公文集》卷7〈申尚書省乞再撥太平廣德濟糶米〉，頁6-7。
118 《西山先生真文忠公文集》卷7〈申尚書省催撥太平州振糶米〉，頁9。
119 《西山先生真文忠公文集》卷6〈奏乞分州措置荒政等事〉，頁24-25。

不久，他自己打破原先的規劃，「其他州縣惟丁、戊始濟，獨廣
德兩縣所謂丙者，殆不及它郡之丁，饑寒窮窶，……故自丙至戊，無
非當濟之家。」[120]無償賑濟範圍，從戊擴大到丁戊，再到丙丁戊。真
氏的說法有二：一是廣德軍的災情最為嚴峻，應該優先照顧；二是此
地百姓普遍窮困，無錢購糧。當局不同意，都司擬筆說：

> 廣德軍撥降救荒米斛不為不多，本軍自合斟酌，分撥濟糶，庶
> 幾實惠及民。今據本軍具到十一月、十二月分糶、濟米數，其
> 濟米計支二萬二千八百一十二石三斗二升，糶米止計一千五十
> 七石六斗八升，其濟米比賑糶幾過二十餘倍，切恐惠（下）
> 〔不〕及民。[121]

真氏賑救廣德軍，賑給竟然比起賑糶多達二十餘倍，確實不合理。這
種以賑給為主的方式也違背真氏自己原先規劃的五等濟糶，可見都司
批評真德秀並非無的放矢。這份十二月二十二日旨揮既然現存於真氏
申狀夾註之中，也未見他反駁，可信度應該很高。

真德秀在廣德軍賑給方式，連上五道申狀，與都司意見相左。[122]
朝廷最終並未准許廣德軍賑給，真德秀使出先斬後奏之計，他向尚書
省奏狀言：「不避誅斥，謹同知軍魏（峴）承議，以此月十日為始，一
面開倉振給外，……所有某不俟回降、專輒給散之辠，併乞重賜鑴表
施行。」[123]事後發生彈劾林庠之事，根據上節，主持廣德軍賑濟工作
的林庠「與一二同僚皆主張振貸」，知軍魏峴「力言給濟之便」，經過

---

120 《西山先生真文忠公文集》卷 7〈申尚書省乞再撥廣德軍賑濟米狀〉，頁 11。
121 《西山先生真文忠公文集》卷 7〈申省第三狀〉，頁 15。
122 《西山先生真文忠公文集》卷 7〈申尚書省乞再撥太平廣德濟糶米〉、〈申尚書省乞
    再撥廣德軍賑濟米狀〉、〈申省第二狀〉、〈申省第三狀〉、〈申省第四狀〉，頁 5-18。
123 《西山先生真文忠公文集》卷 7〈申省第四狀〉，頁 18。

真德秀首肯，確定賑給方案。[124]令人好奇的是，為何真氏會聽信魏峴無償賑給的建議，卻不採納自己指派林庠有償賑貸的建議呢？無怪乎時人質疑真氏好名。

權發遣寧國府張忠恕不認同漕副真德秀的官方賑給政策，據魏了翁所撰墓誌銘記載：

> （轉運）使者欲均濟而不復（糶）〔糴〕，公慮無以繼，則核戶口、計歲月，庶及春莫。使者欲勿勸（糶）〔糴〕，公慮來日尚賖，則請嚴戒諸邑禮諭大室，仍發蓋藏。所見既殊，間言乘之，轉運使者以聞，是以有冲祐之命。[125]

墓誌銘為賢者諱，這位轉運使者便是真德秀，真氏以官方賑給為主，張氏則主張勸糴大室。兩人不僅是賑恤意見不同而已，真德秀還奏劾張氏：「崇聚斂之政以傾奪民財，極意搥剝，一孔不遺，有逋欠無幾而遭估籍者。」[126]把張氏說得像聚斂違法之臣，於是朝廷謫貶張氏主管建寧府武夷山冲佑觀。[127]從「間言乘之」語氣，魏了翁引文似乎同情張氏的遭遇。真氏論劾張氏聚斂真偽與否？無關於宏旨。但引文張氏所言卻是直指核心，憂慮無償賑給「無以繼」，真氏賑恤之法確有浪費公帑的可能，難怪有人批評他「好名」。

124　《西山先生真文忠公文集》卷 7〈第二奏乞待皐〉，頁 21-22。

125　《鶴山先生大全文集》卷 77〈張忠恕墓誌銘〉，頁 7-8；亦可參考《宋史》卷 409〈張忠恕傳〉，頁 12328。《宋史》本傳，頁 12330，張氏於寶慶初上封事，朝紳傳誦，魏了翁高度讚揚之，「真德秀聞之，更納交焉。」本傳不僅模糊真、張於江東路衝突的往事，還可能誤以為兩人交情甚佳。張忠恕為浚之孫，栻之姪。

126　《西山先生真文忠公文集》卷 12〈奏乞將知寧國府張忠恕亟賜罷黜〉，頁 5-12，引文見頁 6。

127　《宋會要》職官 75 之 11，嘉定九年二月二日；《鶴山先生大全文集》卷 77〈張忠恕墓誌銘〉，頁 8。

　　類似的事不限於嘉定八年江東路，救荒的恤民及國計兩難不時上演。[128]哲宗元祐六年（1091）給事中便曾說：

> （Ⅰ）古之人君聞有災害，唯責人不言，其救災惟恐惜費，又恐不及於事。……夫奏災傷分數過實，賑濟用物稍廣，此乃過之小者，正當闊略不問，以救人命。若因此懲責一人，則自今官司必以為戒，將坐視百姓之死而不救矣。……
>
> （Ⅱ）唯是給散無法，枉費官廩，賑救不及貧窮，出糶反利兼併，措置乖方，所宜約束。[129]

（Ⅰ）段接近後世真德秀的立場，（Ⅱ）段接近都司的立場。真德秀原先的賑濟理念，認為「荒政之行，當以賑濟為主」。此次奏狀力主丙、丁、戊無償性賑給，不願接受都司賑糶的要求。不談政治因素，單就資源效益來說，這三類是否需要全部賑給？單憑史料來看，實在難以判斷。真德秀面對都司批評聲浪，他為「乞將賑糶米改充給濟」辯護：一是「春夏之交，青黃未接」，百姓無錢可糶；二是他並非沽名釣譽，而是「赤子朝廷之赤子，錢穀朝廷之錢穀，……寔藉朝廷事力，就使推行盡善，皆是職所當為」。[130]以理念而言，在真氏心中，恤民比政府財計來得重要；都司則不然，他們必須考量財計，以應付困窘的財政問題。在資源運用上，真氏「易糶為濟」[131]的構思是否合宜恰當？是否是最有效率的方式，不致於浪費公帑？確實有討論的空

---

128 如《宋會要》食貨 68 之 44-45，元祐二年二月四日，「監察御史趙挺之、方蒙言：『去年北邊州郡被水災，（朱）光庭奉使體訪賑濟，不問民戶三等，一槩支貸。蓋一出使，而河北措置之財遂空，乞行黜降，以允輿論。』詔光庭具析以聞。」如果屬實，朱光庭以國家資源來沽名釣譽。

129 《長編》卷 462 元祐六年七月己卯，頁 11038。

130 《西山先生真文忠公文集》卷 7〈第二奏乞待阜〉，頁 21。

131 《西山先生真文忠公文集》卷 7〈第二奏乞待阜〉，頁 27。

間。我們不能盡信真德秀、李道傳等「君子」之言，將史彌遠當局視為阻礙救荒的「小人」，如此將無助於瞭解當時的真相。

　　嘉定八年為南宋的大饑荒年份，並非限於江東一路，倘若朝廷全都准許真德秀的請求的話，對其他地區反而是不公平的，資源運用也未能達到最佳的效益。這點連真德秀都意識到：「今歲飢荒非止一州一路，朝廷至仁遍覆，有請輒應，為力甚艱。某等忝在臣子，當知體國，故於撥賜之米愛惜唯謹，專留以充賑濟。」[132]經由真德秀與相關人士話語的細部解讀，筆者認為：真德秀在江東路賑濟發揮了積極作用，然而在別的州縣眼中，過度體恤江東災民的仁政舉動，卻是一種自私的行為。真德秀側重恤民，都司則考量國計，彼此沒有交集，各說各話。

五　賑災下的官民關係

　　前兩節論及，每當賑災當下，地方官吏擺盪在恤民——國計、地方——朝廷、遏糴——禁遏糴的兩難局面，而且各個官員、機構與行政層級都有其本位立場，各有各的考量，不能從單一方面來作判斷。此外，官府必須謹慎應付隨之而來的治安惡化，如搶糧風潮與打家劫舍。真德秀提到徽州休寧縣、南康軍建昌縣、池州的饑民治安問題：

> 據（徽州）休寧縣申，民戶金十八等數百人突入丞令廳，求糴官米，令丞開倉給之，不足以繼。又據江西安撫司牒，（南康軍）建昌縣百姓方念八等百十人入（隆興府）靖安縣，強發富室倉米。又據建昌縣申，百姓王七八等劫掠民戶吳彥聰等家穀。池州道間亦有近放黥徒誘聚飢民，剽掠客旅，江流浮尸而下，

132　《西山先生真文忠公文集》卷7〈申尚書省乞再撥廣德軍賑濟米狀〉，頁11。

莫知主名。若不急為措置，則弱者轉於溝壑，強者聚為盜賊，皆將上貽宵旰之憂。[133]

休寧縣金十八數百人集體行動屬於人民請願行為，建昌縣方念八和王七八等人則是搶糧行為，池州道間則是饑民打家劫舍行為。倘若地方政府賑荒無道的話，治安勢將加劇惡化，甚至達到失控的地步。

宋朝的神道碑、墓誌銘、行狀等傳記文本，撰述的角度絕大多數從傳主出發，隱惡揚善。劉克莊撰寫的真德秀行狀自不例外，儘管如此，該文本仍有一些真德秀與江東災民的互動記錄：

時廣德旱最甚，……公與守臣魏峴議，以便宜發廩，委教官林庠賑給，而別疏待罪。竣事而還，百姓數千人送公，指道傍叢塚泣謝曰：「此皆嘉定辛未（四）年餓死者，微公，我輩相隨入此矣。」[134]

傳記雖有誇大之嫌，但百姓送行之事不可能憑空杜撰，顯示廣德軍百姓確實感念真德秀賑濟恩德。倉司李道傳也觀察到這點，他說：「朝廷撥米振濟，自江東言之，廣德為最優。且如池州、太平州、寧國府等處，若以戶口及所得米數言之，皆差不優於廣德。」何作此論？他繼續說：「蓋緣廣德之民，自來貧困，雖遇樂歲，亦不聊生。」[135]原來，當貧困的災民獲得救濟之後，最感激的是賑濟他們的地方官。趙覃當時擔任轉運主管帳司，為真德秀的幕僚官之一，在江東路救災工

---

133 《西山先生真文忠公文集》卷 6〈奏乞分州措置荒政等事〉，頁 21。亦見同卷〈奏乞撥米賑濟〉，頁 12；〈奏乞倚閣第四等五等人戶夏稅〉，頁 26。

134 《後村先生大全集》卷 168〈真德秀行狀〉，頁 10。亦見《宋史》卷 437〈儒林傳七·真德秀〉，頁 12959-12960；《戊辰修史傳》〈參知政事真德秀〉，頁 24。

135 《西山先生真文忠公文集》卷 7〈第二奏乞待罪〉附錄，頁 26-27，李道傳〈上丞相手書〉。

作之中盡心費力。其後，陸續出守隆興府、江西漕司，在江西路發生
饑饉之時，他將江東經驗複製於江西，全活甚眾。真德秀還為他的老
部屬撰寫後跋紀錄此次救荒事業，從詞語之中，猶可感受真德秀以江
東救荒事業為榮的想法。[136]

　　不僅是真德秀，當時擔任倉司的李道傳，負責池、宣、徽三州十
八縣的救濟工作。在江東路救災工作一年後，嘉定十年（1217）十
月，病逝於江西路江州。黃榦所撰墓誌銘回述李道傳盡心於賑荒工
作：

> 江東父老子弟數十萬皆得全其生者，……君（道傳）得池、
> 宣、徽三州十八縣，獨居一路之半。……窮冬風雪中，竹輿上
> 下山坂，深村窮谷，靡所不到。……鄰郡九江來告急，亦輟糴
> 舟濟之，賴以全活者甚眾。[137]

由此可見李道傳於荒政勇於任事。嘉定八年（1215）七月，真德秀和
李道傳聯名奏請寧宗，倚閣災區第四等及五等稅戶的夏稅。嘉定十一
年（1218），擔任知南康軍的陳宓提到：「去冬之（李道傳）逝，識與
不識皆為流涕，因知八年之旱，江東之民有命其子曰『真留』、『李
留』，父老至今感嘆。」[138]

　　當時都司和真、李兩人關係瀕臨決裂，所以兩人希望寧宗能派遣
專使按視，以正公聽。其云：「如臣等所言稍涉欺誕，甘受罔上之
誅。」但朝廷並未同意其倚閣之奏請。[139]直到嘉定九年（1216）九

136　《西山先生真文忠公文集》卷36〈跋江西趙漕救荒錄〉，頁20-21。
137　引文見《勉齋集》卷38〈李道傳墓誌銘〉，頁25、28-29；亦見《宋史》卷436
　　〈儒林傳六・李道傳〉，頁12946。
138　《復齋先生龍圖陳公文集》卷14〈與真西山二〉，頁454。
139　《西山先生真文忠公文集》卷6〈奏乞倚閣第四第五等人戶夏稅〉，頁28。

月，「詔兩浙、江東監司覈州縣被水最甚者，蠲其租。」[140]此次災荒的蠲減稅賦，請參閱下表：

表8-5：嘉定八年江南東路倚閣減放稅賦表

地區	內容	出處
江東路八郡，信州除外	八月二十九日聖旨：嘉定七年第四、第五等人戶見欠苗米權與倚閣	7/3、8
廣德軍	嘉定八年秋苗盡放	7/17
太平州	嘉定八年災傷檢放通及八分	7/10
信州上饒等五縣、鉛山縣下三鄉	十一月二十八日聖旨：嘉定七年第四第五等人戶見欠苗米權與倚閣	7/9

＊出處均為《西山先生真文忠公文集》。

蘇軾賑濟杭州以請求朝廷支援錢糧為主，多以有償的賑糶方式，與日後真德秀類似。[141]朱熹賑濟南康軍則是官民管道同時進行，一方面向朝廷奏請錢糧，另方面也勸誘富民出糧賑糶。[142]黃震賑濟撫州則是另一種模式，由於正處宋蒙戰爭之際，官方錢糧不足，只得以半強迫進行勸誘，強迫他們低價釋糧，官民之間一時頗為緊張。[143]然而，真德秀是路級監司，而蘇軾、朱熹、黃震卻是知州層級，由於行政位

140 《續編兩朝綱目備要》卷 15 嘉定九年九月甲申，頁 278；《宋史全文》卷 30 同條，頁 2106。

141 近藤一成：〈知杭州蘇軾の救荒策——宋代文人官僚政策考——〉，頁 139-168。幸宜珍：〈北宋救災執行的研究〉，頁 61-90。

142 戶田裕司：〈朱熹と南康軍の富室・上戶——荒政から見た南宋社會——〉，頁 55-73。李瑾明：〈南宋時期荒政的運用和地方社會——以淳熙七年（1180）南康軍之饑饉為中心〉，頁 209-228。鄭銘德：〈南宋地方荒政中朝廷、路與州軍的關係——以朱熹、陳宓、黃震為例〉，頁 5-11。

143 赤城隆治：〈宋末撫州救荒始末〉，頁 267-288。鄭銘德：〈宋代地方官員災荒救濟的勸分之道——以黃震在撫州為例〉，頁 18；鄭銘德：〈南宋地方荒政中朝廷、路與州軍的關係——以朱熹、陳宓、黃震為例〉，頁 17-21。

階不同，無法類比。

六　小結：救災恤民與資源分配

　　宋寧宗嘉定八年（1215），江南東路轉運副使真德秀面對諸郡的旱蝗災情，首先採行監司分工制，他與諸位監司同僚分工合作，於轄區九郡內規劃好各自的責任區域。此外，真德秀也意識到監司們救災訊息的橫向連繫，彼此互相關報。此次江東路監司的賑災體系，既有路州縣的上下行政層級，又有「分任其責，互相關報」的同級協調，兼備垂直分工及水平分工的原則。

　　宋朝救荒錢糧的財源，大致有常平倉及義倉錢米、朝廷撥給、截留上供、上司撥給或調借、挪借本司、調借他司、勸誘富人等七類。此次江東路賑災動員資源以官方力量為主，並以有償性的賑糶為主，但不是所有賑災都採取這種模式。真德秀充分發揮其漕司的職權，彈性挪借係省錢物。其次，為了順利調集救荒錢糧，真德秀透過各種管道，上奏寧宗、申狀尚書省、上宰執劄子及書信，不斷地請求糧食及錢物。其三，勸誘富民糶糧，前往他處糴糧。其四，向朝廷奏請蠲減及倚閣該路稅賦。還有，江東路水陸交通便利，向外購糧容易，也降低災情繼續擴大的可能性。

　　在賑災活動的背後，總有許多不為人所知的故事。本章經由細部的史料解讀，真德秀有賑災的熱忱，也有防患於未然的觀念，但在當下的時空背景之下，卻不幸與都司立場左異。江南東路賑災之事，隱含著「儒臣」官僚和都司「才吏」官僚之間的對立衝突。前者以具有道學背景出身的士大夫為主，如真德秀和李道傳等人；後者則以丞相的幕僚技術官僚為主，如薛極和胡榘等人。在真德秀未赴任江東之前，胡榘和薛極等都司技術官僚，視真德秀為冬烘迂儒，雙方心結頗

深。其後，都司傳出：「江東諸郡實不甚旱傷，監司好名，故張皇其事」的批評聲浪。屬下知廣德軍魏峴，藉由奏劾教授林庠賑災之失當，暗諷真德秀之「好名」。林庠去職與否，頓時成為朝野的焦點。經過幾番的角力，都司抵制真德秀，江東官員則力挺之。右丞相史彌遠最終在意朝野公議的力量，認定真德秀「無罪可待」，改與魏峴宮觀、林庠幹官，結束這場風波。

然而，這並非道德史觀能夠全盤解釋的，不完全是君子和小人之爭。在國家資源運作上，大荒年之中，江南五路災情嚴重，若是「會吵的小孩有糖吃」，這不符合公平正義。在真德秀眼中，賑災恤民重於一切，寧失之寬，勿失之嚴。雙方在兩條平行線上，沒有交集，各執一詞。江東路賑荒之爭，不妨視為群臣對國家資源分配的爭論，北方軍情緊張之際，賑災經費與供軍費用兩者有其排擠效應。在面對邊防兵費（顧惜經費）／救災濟民（民命所在）的兩端之間，雙方取捨比例有所落差，加上人事糾葛，使得這個爭論更加擴大裂痕。另外，知寧國府張忠恕不支持漕副真德秀以官方賑給為主的路線，也可側面觀察其政策的適當性。

劉子健研究宋朝官僚類型，認為理想主義派常與機會主義派對立，前者崇尚儒家政治的實踐，後者則追逐個人權位的成功。范仲淹屬於理想主義類型，他將道德意識轉化成政治行動，無可避免對當權者形成威脅，在儒學理念與現實權力結構之間產生對立，這種對立在宋代以及以後的朝代重複出現。[144]此一觀察頗為深刻，真德秀亦屬於理想主義類型，故其恤民仁政的理念不斷與史彌遠當權派發生磨擦，雙方關係緊張。儒學的理想主義雖受當權者壓抑，但這種行為也具備潛藏的動力，故能在中國帝制時代生生不息。但人世間的事通常一體

---

144 劉子健：〈宋初改革家──范仲淹〉，頁 123-161。

兩面，並非絕對，理想主義雖堅持理念，但嚴格劃分君子和小人，可能成為思想僵化的意識型態者；機會主義雖勤於經營仕途及官位，也可能是位幹才，能務實面對棘手的政治問題。政治人物類型的良窳，端視其時代的需求，很難用同一把尺來衡量。

　　——原名〈恤民與國用的選擇：宋寧宗嘉定八年真德秀江南東路賑災活動〉，宣讀於〔第三屆宋代學術國際研討會〕，嘉義：國立嘉義大學中國文學系，2011年6月4日。

第九章
民間對於救荒榜的正負反應

一　前言

　　宋朝榜文訊息的研究，朱傳譽在《宋代新聞史》曾專闢一章來討論，述及榜示對象、榜文範圍、出榜地點、榜的約束力、匿名榜、榜的功能及影響等六方面，對榜文作全面性的研究。高柯立〈宋代的粉壁與榜諭：以州縣官府的政令傳布為中心〉，以討論粉壁的空間分佈與榜諭內容的傳布為中心，側重官府政令運作，官民之間的訊息溝通內涵。趙冬梅〈試述北宋前期士大夫對待災害信息的態度〉，提及朝廷允許災荒減稅的空間很小，斂稅通常是地方官的第一要務，有些官員為了謀求自身利害，不惜隱漏災情，不予檢放。[1]以上三篇討論榜示多著眼於官方立場，由上而下的角度，來詮釋災荒的訊息傳播與政治運作，本文試圖從民間百姓的角度出發，以官民互動為核心，由下而上展開論述。

　　所謂「榜示」，類似今日的官方公告，政府以榜示來曉諭政令，是當時主要的傳播媒介之一。依行政層級而言，榜文有朝廷、監司、州、縣之區別。榜文的內容，大致有下列：詔書、法令、章奏、大臣降黜、戰訊、荒政等。[2]依性質而言，榜文又可分為四大類：一是公

1　《宋代新聞史》，第 4 章，頁 127-153；高柯立：〈宋代的粉壁與榜諭：以州縣官府的政令傳布為中心〉，頁 411-460；趙冬梅：〈試述北宋前期士大夫對待災害信息的態度〉，頁 377。

2　朱傳譽：《宋代新聞史》，頁 127、128-134，略改之。

告類，如試榜等；二是勸諭類，通知及宣導；三是禁約類，禁止並有懲處規定；四是獎勵類，如納粟補官榜等。從而可細分為：荒政榜、諭民榜、招賞榜、勸農文、稅役榜、招兵榜、諭敵榜、招安榜、到任榜、試榜……等等。[3]荒政榜多半於災時公告，頒布政府賑荒的相關措施，如檢災榜、減放稅榜（包括蠲稅、減稅、倚閣榜）、賑放錢糧榜、施粥榜、勸糶榜、納粟補官榜、禁止閉糶榜、運糧不收力勝錢榜、治安撫諭榜等。

古代社會中，災害的訊息傳播主要透過人們口耳相傳與文字書寫，[4]前者如小道消息，後者如榜示，正面或負面的效應都可能發生。每當生命攸關之際，小道消息容易四處流竄，傳播速度比人們想像來得快些，饑荒之時尤其明顯。官方榜示不只有正面效應，也會出現負面效應，舉例來說，欽宗靖康元年（1126）正月，中書侍郎王孝迪奉旨出榜，斂取城中金銀以解金國圍汴之危，該榜提到：「恐（女真）兵眾犒賞不均，必致怨怒，卻來攻城，男子盡殺，婦人驅虜，屋宇焚燒，金銀財物竭底將去。」此榜原本想用恐嚇性字眼，逼迫百姓交出金銀，但他卻誤判形勢，反而引發民眾對朝廷的不滿，「讀之者莫不扼腕唾罵」。[5]表面看來，榜文雖是官府單方面的公告，由上而下的，與百姓無涉。但實際上，榜文一旦公告後，民間的解讀過程將脫離官方掌控的範圍，接下來就看榜示對象的反應，未必與官方張榜預

---

3 以《宋史》為例，荒政榜，卷 401〈辛棄疾傳〉，頁 12164；試榜，卷 3〈太祖本紀三〉，頁 37；朝堂榜，卷 25〈高宗本紀二〉，頁 466；諭民榜，卷 298〈燕肅傳〉，頁 9911；招賞榜，卷 485〈外國傳一・夏國上〉，頁 13996；招兵榜，卷 278〈雷德驤傳〉，頁 9457；勸農文，卷 21〈徽宗本紀二〉，頁 386；稅役榜，卷 26〈高宗本紀三〉，頁 488；諭敵榜，卷 361〈張浚傳〉，頁 11303；招安榜，卷 3〈仁宗本紀三〉，頁 224。到任榜，《作邑自箴》卷 1〈處事〉，頁 4；卷 7〈知縣事榜〉，頁 38。
4 趙冬梅：〈試述北宋前期士大夫對待災害信息的態度〉，頁 377。
5 《三朝北盟會編》卷 30，頁 14-16。

期初衷相符，甚至南轅北轍，從扼腕唾罵、群聚抗議到暴力騷動。即是說，榜示雖非上下階層真正而實質的交流溝通，卻也發生意想不到的互動效果，無論是正面或負面的反應。朱傳譽已注意到這點，他說：「榜文雖有法令約束效力，但也不一定都是強制性的，往往以民意為依歸。如果民眾反應不好，政府就立刻收榜，不勉強執行。」[6]由此看來，榜示確有官民互動的效應，民間對荒政榜文的反應，值得深入討論。

　　宋朝文獻對民眾富裕人士的稱謂不一，諸如上戶、豪民、豪強、豪橫、巨室、大姓、大家、有力之家、富民、富室等名稱，其內涵無法一概而論。「上戶」一詞相對於下戶，係官方的戶等術語，具有賦稅及職役的意涵，通常包括鄉村上三等戶與坊郭上等之主戶，狹義的上戶不包括官戶在內。[7]相對於平民及小民，他們於是有豪民、豪強、豪橫、巨室、大姓、大家、有力之家等稱謂，帶有地方權勢的味道。相對於貧民，富民、富室則偏重於個人財富之形容。為了行文方便，本章將他們稱為「富民群體」或「富民」，因為在民間饑荒賑糶活動中，財富多寡的意義重於權勢大小。史籍中所說「勸糶富民」的範圍，除了上述富民群體外，尚包括部分的形勢戶及士人在內。另外，本文認為宋朝的富民未像西歐的中產階級（bourgeoisie）般，形成一種「社會階級」（class），而是屬於「社會群體」（group）之一，富民和貧民只是財富的相對概念，兩者皆屬平民階級。[8]富民群體，並不是一種緊密結合的民間團體或組織，而以財力殷實為其主要的社會特徵，他們是散居而非組織化的人們，自我階級認同意識尚不成熟。

6　朱傳譽：《宋代新聞史》，頁 136。

7　王曾瑜：《宋朝階級結構》，頁 8-27、347-363。

8　林文勛首先用「富民階層」一詞，《中國古代『富民』階層研究》。張文則使用「富民群體」，《宋朝民間慈善活動研究》，頁 230-231。

今日遺留下來的宋朝文獻，多是士大夫所書寫的文本，民眾是被書寫的對象，一種塑造加工製作出來的「他者」。這對研究工作造成一定的困擾，本文試圖透過文本分析與反向解讀，重建一些蛛絲馬跡。

二　富民群體的反應

榜文公開於民眾，具有擴大及渲染的效應，但也可能形同具文，關鍵在於地方長官的判斷力及執行力，民眾的解讀及行動，影響到榜文內容最終實踐的結果。榜文是官方公告，具有法令的強制性，民眾必須遵守。在饑荒發生時，市場上糧食供需失衡，易漲難跌，富民常藉此形勢獲取暴利。饑荒糧漲是眾所周知的道理，官府雖不能全然壓抑糧價，但可透過張榜方式，藉以引導糧食市場的運作，這是榜示的擴大效果。哲宗朝畢仲游知耀州，其勸諭模式頗為積極，他公開張榜賑糶的數量，以示其決心：

> 仲游謂，……故先民之未飢，多揭榜示曰：「郡將賑濟，且平（糴）〔糶〕若干萬石。」實大張其數，勸諭以無出境，民皆歡然按堵。已而果漸艱食，乃出粟以賑，且平（糴）〔糶〕以給之。[9]

要解決糧食上漲的現象，首先要面對兩道難題：一是如何消弭民眾預期漲價的心理因素，二是如何增加糧食來源的供應量，並刺激糧食市場的流動性。畢仲游透過榜示的公開作用，宣示官方推動平糶的決心，先行預告州郡將釋出糧食若干，增加糧食的供應量，藉此穩定糧

9　《救荒活民書》卷下〈畢仲游救荒〉，頁 4；《宋史》卷 281〈畢士安傳・畢仲游〉，頁 9524。

價，消除市場預期漲價的心理，降低富民囤積糧穀的動機，安定人心。畢氏這道預糴榜示還「實大張其數」，以求榜示的最大效能，正是對症下藥的良方。《救荒活民書》又記載：「文彥博在成都，米價騰貴，因就諸城門相近寺院凡十八處，減價糴米，仍不限其數，張榜通衢。翌日，米價遂減。」董煟對此表示說：

> 前此或限升斗出糴，或抑市井價值，適足以增其氣焰，而價終不能平。大抵臨事須當有術，臣（董煟）謂此非特能止騰湧，亦以陳易新之法也。[10]

董煟頗能理解市場經濟的供需法則，認為價格將隨著需求量及供應量之多寡而發生變化，若要強行壓抑米價，只是徒增困擾而已，他認為：「人之趨利，如水就下」。[11]黃榦洞悉人性，分析得好：「勸分、通商，不聽其自為低昂，則客旅、稅戶不肯出粟；若聽其自為低昂，則人心無厭，數倍其價。」[12]

事豫則立，不豫則廢。官員若是應用得宜，如畢仲游的作為，榜示能發揮預警的效果。哲宗元祐六年（1091），蘇軾提到浙西諸郡水傷，建議當局：

> 乞先降手詔，令監司出牓，曉諭軍民，令一路曉然。知朝廷已有指揮，令發運司將上供封樁斛斗應付浙西諸郡糴米，直至明年七月終。不惟安慰人心，破姦雄之謀，亦使蓄積之家知不久官米大至，自然趁時出賣，所濟不少。[13]

10　《救荒活民書》卷下〈文彥博減價糴米〉，頁 6；《事實類苑》卷 23〈官政治績・文潞公〉，頁 1。

11　《救荒活民書》卷中〈不抑價〉，頁 16。

12　《勉齋集》卷 24〈漢陽條奏便民五事・二廣儲蓄〉，頁 13。

13　《蘇東坡全集》奏議集卷 9〈乞將上供封樁斛斗應付浙西諸郡接續糴米劄子〉，頁

蘇軾提到這類「預告糶賣官米榜」，一可預先安慰人心，二可警告糧
食囤積者。預先告知糶賣官糧，迫使富室出售手中存糧，增加糧食市
場的供給量，藉以平穩糧價。富室若是依然囤積惜售，將落得無利可
圖的地步。

饑荒對每個人的意義不盡相同，對饑民而言，是一場艱苦的災
難，對富民而言，或許是一次發財機會。官府勸糶榜張貼後，富民群
體不盡全然是正面的回應，也有些富民趁機斂財牟利。哲宗元祐五年
（1090），蘇軾知杭州時，因降雨不斷，深恐來年發生大饑饉。他未
雨綢繆，不斷地向朝廷爭取更多官米，以求因應。[14]此外，他觀察到
富民利用災情大發國難財的情況，其云：

> 訪聞諸郡富民皆知來年必是米貴，各欲廣行收糶，以規厚利。
> 若官估稍優，則農民米貨盡歸於官。此等無由乘時射利，吞併
> 貧弱，故造作言語以搖官吏，皆言多破官錢，深為可惜。[15]

官方以高價廣行收糶，以備來年之用，卻壓縮富民在災荒牟利的機
會，於是富民便製造輿論或謠言，以動搖長官高價和糶的意志。在宋
朝文獻中，經常可以看到富民「造作言語以搖官吏」的情形，富民群
體並非全然是身體柔軟乖巧的順民，有些亦擅於對官府施壓。勸糶榜
示之後，富民如何進行下一步，遵守奉行或陽奉陰違，此非官府所能
掌控。

514；《救荒活民書》卷下〈蘇軾乞糶官米〉，頁9。

14 蘇軾陸續上陳奏狀，《蘇東坡全集》奏議集卷7〈奏浙西災傷〉第一至二狀，頁490-
493；同書卷8〈申明戶部符節略賑濟狀〉、〈相度準備賑濟〉第一至四狀，頁496-
502；同書卷9〈再乞發運司應付浙西米狀〉、〈乞將上供封樁斛斗應付浙西諸郡接續
糶米劄子〉，頁507-515。

15 《蘇東坡全集》奏議集卷8〈相度準備賑濟第三狀〉，頁500-501。

又如孝宗朝朱熹提到婺州金華縣捐納官朱熙績一事，茲長引如下：

> 據貧乏人戶俞九等列狀哀訴：本鄉田產盡賣與豪戶朱縣尉，去年荒旱，本縣給曆，令就本都朱二十一米場糴朱縣尉米養濟。且九等每日往來，並不曾般米到來，致一村人民飢餓。其朱縣尉為見行司到來，卻於沿路散榜，詐稱糴米施粥。及據金二等陳訴：朱縣尉雖在十四都糴米，即與朱二十一場隔遠二十餘里，本人令幹人許浩用使私升，及濕潤栖碎糙米，及將人戶官給曆頭擅自批鑿，每七升減作五升，五升減作四升，又有收下曆頭不肯付還，百端抑遏，無處告訴。……倚恃豪勢，藏隱在家，不伏前來。……臣照得朱縣尉係修職郎朱熙績，元因進納，補受官資，田畝物力，雄於一郡，結託權貴，凌蔑州縣，豪橫縱恣，靡所不為。本縣昨為第十二都無上戶米斛可糴，就近分撥，本人在第十二都朱二十一家置場糴米，其朱熙績輒敢欺凌縣道，不伏發米前去。洎至臣巡歷到彼，又乃詐出文榜，稱就十四都出糴，致得一場糴米人戶無從得食，其在家所糴，又皆減剋升斗，虛批曆頭，姦弊非一。所稱散粥，亦是虛文，日以一、二斗米，多用水漿煮成粥飲，來就食者反為所誤，狼狽而歸。[16]

據知南康軍朱熹說，饑荒之時，富民上戶和貧民下戶確實會產生某些緊張關係，甚至發生對立磨擦的情況，知軍朱熹扮演保障貧民下戶權利的角色。朱熙績的賑糴營利手段，大致如下：朱熙績謊稱糴米協助官府救荒工作，但他陽奉陰違，不曾真正賑糴或施粥。等上司詢視，

---

16 《朱文公文集》卷16〈奏上戶朱熙績不伏賑糴狀〉，頁28-29。

便沿路散榜，預告於十四都糶米施粥。可是，他不僅更改賑放地點，偷斤減兩，百般刁難，甚至騙取曆頭而不肯給付糧食。經過俞九等、金二等人戶列狀陳訴，朱熹懲處朱熙績。然而，為何發生這種虛偽情節呢？恐與縣衙的差遣官員失職有關。朱熙績響應勸糶的原因不明，可能為了牟利斂財，也可能貪圖補官賞格。職是之故，朱熹對這類富民群體賑糶的舞弊，採取防弊措施，「每過米場，必親臨視，閱其文曆，校其升斗，小有欺弊，即行懲戒。」即是親自檢閱曆冊及人數，以求官督民糶活動能確切落實。

官民難免出現鬥法的情形。度宗咸淳七年（1271），黃震知撫州任內公告的荒政措施榜文，集中於三月到七月之間，共計二十道榜示。[17]四月五日，他在赴任途中，「已荷上戶如期到州，面行勸諭」。他給上戶公劄，請他們十三日到州衙面議糶米。[18]有些上戶如期到州，有些不買帳而爽約不到。黃震迫不得已，只好再下兩次榜文與一次書判，苦口婆心地勸諭上戶自動糶米。他再三保證，不會強行勸

---

17 《黃氏日抄》卷 78〈四月初一日中途預發勸糶榜〉、〈四月初十日入撫州界再發曉諭貧富升降榜〉、〈四月十三日到州請上戶後再諭上戶榜〉、〈四月十四日再曉諭發誓榜〉、〈四月十九日勸樂安縣稅戶發糶榜〉、〈四月二十五日委臨川周知縣淲出郊發廩榜〉、〈委周知縣發廩第二榜〉、〈委周知縣發廩第三榜〉、〈五月二十五日委樂安梁縣丞發糶周宅康宅米〉、〈六月初一日勸稅戶陸續賑糶榜〉、〈六月二十日委樂安施知縣亨祖發糶周宅康宅米〉、〈又再委施知縣榜〉、〈六月三十日在城粥飯局結局榜〉、〈七月初一日勸勉宜黃樂安兩縣賑糶未可結局榜〉、〈六月二十八日禁造紅麴榜〉、〈禁造紅麴第二榜〉、〈禁造紅麴第三榜〉、〈七月初一日勸上戶放債減息榜〉、〈樂縣尉絕戶業助和（糶）〔糶〕榜〉、〈招糶免和糶榜〉，頁 3-20。不少學者都注意到黃震這一系列的榜文及公劄之重要性，如高柯立：〈宋代的粉壁與榜諭：以州縣官府的政令傳布為中心〉，頁 440-444；張文：《宋朝民間慈善活動研究》，頁 239-241；鄭銘德：〈宋代地方官員災荒救濟的勸分之道——以黃震在撫州為例〉，頁 247-264。

18 《黃氏日抄》卷 78〈四月初五日中途預納上戶四月十三日到州面議劄〉，頁 3-5；引文見〈四月十四日再曉諭發誓榜〉，頁 6-7。

分，也不壓抑米價，並依據糶米多寡而旌賞有差。[19]黃震給上戶公劄，請他們到州衙議事，當場面諭他們，本想在救荒活動有好的開始，可惜這種溝通模式不太成功。不少上戶選擇冷默以對，於是黃震欲採取更激烈的「發廩」模式。發廩原是開倉賑濟之意，此處引申為官方強迫上戶開倉糶米之意。四月二十五日，他下令臨川縣周知縣發廩：

> 請即驅車親詣南塘，將被訴最多之人英一官人、英三官人兩位，照黃勉齋例減價發廩，不問鄰里之遠近，一切普糶。諸位請自次第出糶，不伏者亦如之。……饒宅有拒命者，徑與封籍解州。[20]

關於「封籍解州」的處分，黃震效法前人辛棄疾和朱熹的做法，其云：「本職聞閉糶者籍，搶掠者斬。此辛稼軒之所禁戒，而朱晦庵之所稱述，兩下平斷，千載不易。」[21]而「黃勉齋例」又是何意呢？原來，寧宗嘉定元年（1208），黃榦知臨川縣時，曾對謝氏莊發廩，將原先糶價五百之米價出錢一百，半日便能發盡，這種強勢做法造成地方富民的震撼，「鄰邑聞風相應，歲以無飢」。[22]黃震師效黃榦長計，對樂安縣康十六官人、周九十官人兩宅實行發廩。黃震勸分發廩的強勢作為，引發富家巨室的不滿，向上級投訴。榜文提到：「訪聞六姓上戶買游士以假大義，分譁幹以恣膚受，伺候倉臺，乘機投訴，必欲撓敗見行荒政。」[23]俗話說「民不與官鬥」，富民儘管不滿黃震的強悍作風，但在殺雞儆猴氣氛之下，他們一一懾服，被迫發廩出糶。此

---

19 《黃氏日抄》卷78〈四月十三日到州請上戶後再諭上戶榜〉、〈四月十四日再論元約不到上戶書判〉、〈四月十四日再曉諭發誓榜〉，頁 5-7。

20 《黃氏日抄》卷78〈四月二十五日委臨川周知縣滂出郊發廩榜〉，頁 10。

21 《黃氏日抄》卷78〈四月初十日入撫州界再發曉諭貧富升降榜〉，頁 3。

22 《黃氏日抄》卷78〈四月二十五日委臨川周知縣滂出郊發廩榜〉，頁 10。

23 《黃氏日抄》卷78〈七月初一日勸勉宜黃樂安兩縣賑糶未可結局榜〉，頁 14。

外，釀酒造麴也會消耗大量糧食，使得災區原本缺糧的現象更加緊
張，黃震有鑑於此，於是下令禁造紅麴。從禁造紅麴榜三篇榜文來
看，此一禁榜妨礙到酒戶的利益，他們向上司投訴，企圖迫使黃震改
弦易轍。黃震向寄居官程帥參請教之後，同意讓步，將施行範圍縮小
至鄉村，「在城酒戶略開一路，而特禁村市造紅麴之家。」[24]由此來
看，黃震的態度可以趨強也可以放軟，其中轉變的關鍵，似與寄居官
程帥參有關，是否是酒戶敦請程帥參出面斡旋，則不得而知。

南宋官戶和士人居鄉生活，梁庚堯認為有豪橫型及長者型兩種不
同的形象，張文則提到富民救荒活動有閉糴不出與賑廩救荒兩種相左
的作為。[25]何以如此？本文認為此與文本（text）來源的關係頗大。榜
文屬於官方文書，自然站在朝廷或地方官的角度，命令富民配合救荒
賑糶活動，此屬自上而下的行政告知，富民只有聽命的份，出糧賑糶
的態度顯然較為被動，從朱熹和黃震的救荒榜一望即知，自不必多
言。不但榜文如此，官員奏劄亦若是。劉子健早已提出類似的觀察，
他以劉宰救荒活動為例，說明地方官和鄉紳的互動：

> 如眾周知，君主和政府，獨霸獨占統治權，絕對不容許社團，
> 分去任何一小部分。他們更深怕，有人利用社團的力量起來反
> 抗。地方官吏並不贊成由鄉紳來領導，幫助社區，除非事非得
> 已。有荒災，劉宰賑饑，地方官吏並不真感謝他。……事情過
> 去，地方官是不要鄉紳來主持任何社區或社團福利的。鄉紳自
> 動要做，至少需要官吏的默認。[26]

---

24 《黃氏日抄》卷78〈六月二十八日禁造紅麴榜〉、〈禁造紅麴第二榜〉、〈禁造紅麴第
　三榜〉，頁14-15。
25 梁庚堯：〈豪橫與長者：南宋官戶與士人居鄉的兩種形象〉，頁 499-523；張文：《宋
　朝民間慈善活動研究》，頁220-242。
26 劉子健：〈劉宰和賑饑〉，頁358-359。

他強調中國帝制運作的「以官領民」的模式，一切要在官方領導的秩序之下，民間社團不能違背此一原則，必須配合官方政策，荒政措施自不例外。梁庚堯也意識到這點：「民間濟貧活動和政府間的這些關係，自然不只表現於南宋的社倉，……其中最重要的關鍵，在於政府是否願意讓民間濟貧活動存在。政府願意，民間才比較有活動的空間。否則就要像盛唐時期三階教的無盡藏一樣，遭到扼殺。」[27]

相對的，富民的墓誌銘則有不同的論述，撰者多半會強調墓主樂善好施的一面，主動出糧賑糶，看不到唯利是嗜之類的字眼。據梁庚堯指出：「這種形象，以在墓誌銘中最為常見，墓誌銘難免有溢美之詞。」[28]鄭銘德的博士論文也提及墓誌銘隱惡揚善的文本特質，富民多半呈現樂善好施的形象。[29]如〈劉翼墓誌銘〉記載，高宗紹興六年（1136），「歲大旱，米斗千錢，君先傾廩，下其值不增，遠近賴以活者萬計。」[30]又如寧宗嘉定三年（1210），江淮大饑，「大家方峙其糧以左右望，君（陶士達）抄並舍二千家，發囷廩，下其（賈）〔價〕之五，計口賑之。」[31]富民慈善家或長者的形象，在墓誌銘遍拾即是，不妨參考相關論著，茲不贅言。[32]地方志中的人物傳亦有相近的筆法，又如黃巖縣人黃原泰，「性樂施予，歲歉，貿粟于閩浙，損半直

---

27 梁庚堯：〈中國歷史上的民間的濟貧活動〉，頁637。三階教的無盡藏，可參考黃敏枝：《唐代寺院經濟的研究》，頁76-80；吳永猛，《中國佛教經濟發展之研究》，頁24-27。

28 梁庚堯：〈豪橫與長者：南宋官戶與士人居鄉的兩種形象〉，頁523。

29 鄭銘德：〈義利之間：宋代士大夫眼中的富民〉，頁78-79。

30 《盧溪文集》卷46〈劉翼墓誌銘〉，頁1。劉翼未分家的叔叔劉彥弼墓誌銘亦云：「兵興歲荐饑，人方閉庾廩，乘民之急，君獨先時平其直出之，價卒不踴，歲歲如是，遠近德之。」應指同一作為，同書卷44〈劉彥弼墓誌銘〉，頁6。

31 《山房集》卷5〈陶士達墓銘〉，頁16。

32 梁庚堯：〈豪橫與長者：南宋官戶與士人居鄉的兩種形象〉，頁499-523；張文：《宋朝民間慈善活動研究》，頁220-242；鄭銘德：〈義利之間：宋代士大夫眼中的富民〉，頁78-79。

以濟邑人。」[33]

就賑糶的主動性（或自覺性）而言，張文區別民間救濟的主動性與被動性，他認為：「鄉紳與富民最大的區別即在於對待地方慈善事業的態度，前者一般以積極主動的姿態出現，後者往往以消極被動的姿態出現。」[34]本文從文本分析來談論此一課題，角度雖有不同，但均意識到積極主動及消極被動之問題。還有一種看法，祁志浩認為：富民自覺地選擇了積極參與鄉村慈善活動，除了爭取社會認同外，並可獲得某些社會「話語權」[35]，這個看法也值得留意。

從朝廷的角度，災荒發生時，勸分富民糶糧，因而鼓勵納粟補官、購買度牒或免除科差，可說是一種「社會動員」模式，特別針對民間糧食調度的動員。從富民的角度，納粟補官是他們晉升官僚階級的好途徑。王德毅認為：「政府發常平米以賑糶，義倉米以賑濟，或截留上供米封樁穀以賑貸，仍感不足時，乃勸分於富室或豪民之家。為鼓勵富豪出粟賑糶或賑濟，政府常以爵位官職為號召。」[36]募民出粟詔，最早見於太宗淳化五年（994）：「募富民出粟，千石濟饑民者，爵公士階陪戎副尉，千石以上迭加之，萬石乃至太祝、殿直。」[37]其後，募民出粟被制定為法令，據《宋會要》記載：「在法，以常平錢穀應副不足，方許勸誘有力之家出辦糶貸。」[38]納粟補官者，多指無償性的賑濟，以低價糶米或響應官方和糶也有補官的機會。此外，官府也可透過免役、旌表等措施，來鼓勵或引導富民從事有償性荒政

33　《萬曆黃巖縣志》卷6〈人物下‧一行〉，頁45。

34　張文：《宋朝民間慈善活動研究》，頁231。

35　祁志浩：〈宋朝「富民」與鄉村慈善活動〉，頁232-233。

36　王德毅：《宋代災荒的救濟政策》，頁147-154。納粟補官亦可參考，鄭銘德：〈義利之間：宋代士大夫眼中的富民〉，頁15-16。

37　《長編》卷36淳化五年九月，頁799。

38　《宋會要》食貨57之17，紹興三年六月十二日。

賑糶或賑貸。[39]地方官得主動向朝廷陳乞勸糶賞格或賜與度牒，至於核准與否，權責在朝廷，不在地方。[40]詔准之後，官府才能在災區張貼補官賞格榜示。官員位居古代社會階層結構的金字塔頂端，對富民而言，仕宦無疑是光彩的事，既然納粟得以補官，賑糶及賑貸亦有賞格，富人從事的意願自然大為增加。（詳見第六章）

科舉考試擴大了宋朝政權的統治基礎，士大夫階級成為中央及地方運作的核心，富民必須依附在此一架構之下，少有揮灑的空間。已故宋史前輩劉子健敏銳地指出，宋朝的民間社團發展的障礙頗多，倘若沒有官方的支持，如義役及社倉之類，一般民間社團是很難獲得組織運作的正當性，甚至還會遭受官方的壓抑或抵制。[41]然而，慈善事業卻是一個很好的切入點，富民群體可以藉此在鄉里博得樂善好施的聲譽，避免為富不仁的惡名。誠如孝宗乾道八年（1172）權發遣隆興府龔茂良所說：「欲乞明降指揮，出米賑給者，除依格補官外，……蓋富民本非急祿，正欲以此為榮夸其閭里」。[42]多位學者亦指出，官方常動員民間力量來協助災荒救濟，富民已成為宋朝社會救濟的核心力量之一，除了發揮其穩定社會的力量，並藉此來提高自己的社會地位，爭取鄉村事務的話語權。[43]如此何樂而不為呢？

等待高價而閉糶的富人雖不少，但堅持閉糶不出的富人亦須面對

39　免役方式，《要錄》卷 96 紹興五年十二月乙巳，頁 1584；《宋會要》食貨 68 之 105，嘉定二年七月十二日，曾從龍言。

40　《宋會要》食貨 58 之 2-3，隆興二年九月四日，方滋陳乞。

41　劉子健：〈劉宰和賑饑〉，頁 358-359。

42　《宋會要》食貨 59 之 51，乾道八年四月一日。

43　梁庚堯：〈南宋的社倉〉，頁 467-477；林文勛：〈宋代富民與災荒救濟〉，《思想戰線》，2004：6，頁 96-102；張文：《宋朝民間慈善活動研究》，頁 230-242；黃寬重：〈從中央與地方關係互動看宋代基層社會的演變〉，頁 334-335。爭取話語權的說法，祁志浩：〈宋朝「富民」與鄉村慈善活動〉，頁 224-237。

許多外在壓力，除了來自官方榜示的壓力，也有饑民搶奪發廩的壓力，呈現「利益博弈」的現象。[44]人之趨利，如水之就下，宋朝富民亦不例外。朱熹曾說：勸分「此事之行，於富民必不能無所不利，……若為富民計較太深，則恐終無可行之策也。……上戶有米無米之實最為難知，……若說不拘多少勸諭，任其自糶，則萬無是理也。」[45]一代大儒深體人性，誠如是也。富民們儲米閉糴待價而沽，恃糧不出而左右觀望，等到官府賞格榜文張貼後，富民才配合當局政策，承認賑糶糧數，名利雙收。相對於士人和官戶，富民對納粟補官賞格榜可能更為積極主動些，因為有經濟實力的他們更渴望擁有官爵頭銜。如此一來，官府、饑民、富人將呈現三贏的局面，未必會出現三方博弈零和的遊戲。正如朱熹認為官吏落實推動勸糶賞格，「庶幾富者樂輸，貧者得食，實為兩便。」[46]其實這句話還可加上「官者欣慰」，實為三便。

富民從事救濟活動的目的，有的貪圖補官賞格，有的為了免除差役或科配，有的為了宗教信仰而行善積德。[47]然而，也不全然那麼現實功利，有的為了實現自己的宏願及理想而奮鬥，譬如吳自然對官府旌賞之事，「揮手謝去，曰：『吾行吾志而已，豈藉此為捷徑耶！』」[48]梁庚堯研究南宋官戶與士人指出：

> 無論豪橫型或長者型的人物，他們的存在，都與當時政府對地方統治能力不足有關。……於是無論在平時或災荒，對於人數

44 饑民搶奪發廩之博弈理論討論，張文：〈荒政與勸分：民間利益博弈中的政府角色——以宋朝為中心的考察〉，頁 27-32。

45 《朱文公文集》卷 29〈與李彥中帳幹論賑濟劄子〉，頁 27。

46 《朱文公文集》卷 13〈延和奏劄三〉，頁 13。

47 林文勛：〈宋代富民與災荒救濟〉，頁 99，略改其詞。

48 《本堂集》卷 91〈吳自然墓誌銘〉，頁 13。

眾多的貧民所面對的生活困難，常無法解決；對於有益於民眾
的地方建設，也難以進行。這種情況，使得樂善好施的官戶、
士人在鄉里有廣大的活動空間，以補政府功能的不足。

該文進一步指出，無論鄉村或坊郭，南宋貧民人數佔戶口總數比例頗
高，加上地方財政困難、常平倉及義倉不斷被挪用、縣邑官員不多等
因素，使得長者人物在鄉里有廣大的活動空間。[49]富人在宋朝災荒救
濟中扮演重要的角色，特別在地方財政困窘的南宋，已引起不少學者
們的注意。[50]地方優勢群體倚仗其勢力與錢財，積極介入公共領域部
門，作為官民媒介或中間人，填補社會權力的空隙，這是宋朝的時代
特性之一。[51]北宋蘇轍意識到富民的重要性，「州縣賴之以為強，國家
恃之以為固。」[52]南宋葉適亦說：「富人者，州縣之本，上下之所賴
也。」[53]不少士大夫提到，勸糶成為宋朝荒政重要的一個環節，南宋
更加明顯，如尤袤便說：「救荒之政，莫急於勸分。」[54]真德秀也說：
「常歲艱食，悉仰勸分。」[55]董煟提到：「今為守令者，不知典故，惟
以等第科抑，使出米賑糶。」[56]黃震亦云：「照對救荒之法，惟有勸

49　上段引文，梁庚堯：〈豪橫與長者：南宋官戶與士人居鄉的兩種形象〉，頁 526；下
　　段論述，同處，頁 502-503。

50　除了梁庚堯論文之外，尚有林文勛：〈宋代富民與災荒救濟〉，頁 97；張文：《宋朝民
　　間慈善活動研究》，頁 230-242；林文勛、黎志剛：〈宋代的貧富分化及政府對策〉，頁
　　183-187；祁志浩：〈宋朝「富民」與鄉村慈善活動〉，頁 224-237。

51　近似的觀點，如黃繁光：〈南宋義役的綜合研究〉，頁 85-95；林文勛：《中國古代『富
　　民』階層研究》，〈總序〉，頁 1-5；拙著：《取民與養民：南宋的財政收支與官民互
　　動》，自序頁 1-3、頁 674-679。

52　《欒城集》三集卷 8〈詩病五事〉，頁 72。

53　《葉適集》水心別集卷 2〈民事下〉，頁 657。

54　《文獻通考》卷 26〈國用考四〉，頁 256。

55　《西山先生真文忠公文集》卷 40〈勸立義廩文〉，頁 13。

56　《救荒活民書》卷上，頁 27。

分。勸分者，勸富室以惠小民，損有餘而補不足」。[57]因為，「自來官中賑濟多在城郭，遂致鄉村細民不能遍及」[58]，富民勸糶對於鄉村賑濟扮演重要的角色，不亞於官方的力量。

有時候，地方官也會因為處置荒政得宜，有效動用民間資源，救人無數，受到朝廷褒揚。夏竦「知襄州，歲飢，發公廩，募富人出粟，嘗全活數萬人，賜詔褒諭。」[59]不可諱言，夏竦受到朝廷褒諭，當與富民配合賑糶出粟一事有關。本書無意貶抑士大夫為政的善念，只是想說明一件事：成就一番事業，必須眾志成城，荒政亦不例外，倘若沒有富民群體配合賑糶，光憑官方有限的儲糧，有時候很難達到賑荒的目標。當然，我們也不要忽略「以官領民」的階級意識，地方長吏的勸諭手腕及處理方式仍是相當重要的因素。認真來說，「以官領民」與「以民輔官」，是研究宋朝地方社會史不能忽視的兩個面向。官方與富民之間未必是對立的，也可能是互補的，或者可以說是既互補又對立，既有以官領民，也有官民互動。

當然，納粟賞格榜也有其負面效應，一因政府事後失信於民，二因納粟門檻過高。在饑荒之際，政府向富民勸糶，賞以官爵，藉此調用民間物資，屬於社會動員形式的一種，所以朝廷的誠信非常重要。如尤袤指出：「昨日朝廷立賞格以募出粟，富家忻然輸納。……自後輸納既多，朝廷吝於推賞，多方沮抑，或恐富家以命令為不信。」[60]曹彥約亦云：「勸誘富室上戶賑濟飢民與補官資，卻緣前後衝改多有不同，致得保明推賞多有沮格。」[61]納粟賞格榜涉及朝廷誠信的問

57　《黃氏日抄》卷 78〈四月十三日到州請上戶後再論上戶榜〉，頁 5。

58　《要錄》卷 98 紹興六年二月乙巳，頁 1611。

59　《宋史》卷 283〈夏竦傳〉，頁 9571；《厚德錄》卷 4，頁 45。

60　《文獻通考》卷 26〈國用考四〉，頁 256。

61　《昌谷集》卷 9〈湖北提舉司申乞賑濟賞格狀〉，頁 1。

題，如蒙落實，富民將感恩於朝廷，反之，則積怨於朝廷。孝宗淳熙
七年（1180），朱熹知南康軍任滿之時，向朝廷奏請：

> 竊緣當來勸諭並是臣親書榜帖，……示以朝廷命令官賞之信，
> 其人乃肯欣然聽命。今臣秩滿，非久解罷，若不力為奏陳，早
> 乞推賞，……亦恐朝廷異時命令無以取信於下。本軍不免別具
> 狀奏，欲望聖慈特詔有司，不候諸司保明，將本軍所奏黃澄、
> 張世亨、張邦獻、劉師興早賜處分，依格推賞。庶幾民間早獲
> 為善之利，日後或有災傷，富民易以勸率，貧民不至狼狽，實
> 為永久之利，臣不勝大願。[62]

朝廷既然頒行賞格，便要信守承諾，富民並非傻瓜，倘若朝廷若失信
於民，下次便不肯主動勸糶。此一榜帖是朱熹親手書寫，南康軍三縣
內，建昌縣稅戶張世亨、劉師興、進士張邦獻、都昌縣待補太學生黃
澄等四人積極響應這次勸糶活動，共賑糶米一萬九千石，理應受賞
格。依此次的補授格目規定，「建昌縣稅戶張世亨五千石，乞補承節
郎；進士張邦獻五千石，乞補迪功郎；稅戶劉師興四千石，乞補承信
郎；并都昌縣待補太學生黃澄五千石，乞補迪功郎」。四人在地方應
該是鄉里的領導人物，「張世亨、劉師興各係稅戶，張邦獻係應舉習
詩賦終場士人，并黃澄係於淳熙四年秋試應舉習詩賦取中，待補太學
生第十五名」[63]。

　　若是納粟門檻過高，僅讓富商巨賈受惠，小富之家因無力達成，
對賞格榜不感興趣，反而可能產生更嚴重的閉糶現象，地方官得花費
更多的精力去遊說小富之家勸糶，或者強行攤派勸分。甚至，小富之

62　《朱文公文集》卷 16〈繳納南康任滿合奏稟事件狀二〉，頁 17。
63　《朱文公文集》卷 16〈繳納南康任滿合奏稟事件狀二〉，頁 14、16。

家憂慮官府可能強派，更致力囤積糧食，造成糧價大漲。正如董煟所說：「人戶憂恐，藉以為名，閉糴深藏，以備不測。」[64]高柯立提到：「榜諭是官府與民眾相互協商過程中形成的，……能否發生效用，則賴於榜諭進一步的傳布、貫徹。」[65]高氏從官方立場來論述，本章則從民間角度來思考，認為荒政榜是一種動態式的官民互動，而非靜態的，最終的實踐結果不完全由官方單方面決定，還得視民間的正負反應，這從上引黃震禁造麯三榜可知。

三 一般災民的反應

經上節討論，官方透過榜示來穩定糧價、富民趁著饑荒斂財牟利、富民抵制官府勸糶、賞格榜下的官府富民災民三贏局面等四個面向，觀察官方荒政榜與富民的互動關係。本節再針對抑糧價及不抑糧價、放糧施粥榜、檢災榜、蠲減倚閣榜等議題，觀察榜文發佈後，一般災民正面或負面的反應。

面臨可能的缺糧危機，地方官為了避免糧價飆漲，一般會採取壓抑糧價的做法，這是一種既簡單又快速的行政措施。然而，此番作為卻違背了市場供需法則，因為壓抑米價將壓縮米商的獲利空間，從而降低糶賣的意願，屆時，在商言商，不僅本地富人不肯糶賣糧食，就連外地糧商也不願前來，缺糧情況將更形嚴重。仁宗皇祐二年（1050），范仲淹意識到這層道理，據《救荒活民書》記載：

> 昔范仲淹知杭州，二浙阻饑，穀價方湧，斗計百二十文。仲淹增至百八十，眾不知所為，仍多出榜文，具述杭饑及米價所增

---

64 《救荒活民書》卷中〈勸分〉，頁10。

65 高柯立：〈宋代的粉壁與榜諭：以州縣官府的政令傳布為中心〉，頁445。

之數。於是商賈聞之，晨夕爭先惟恐後，且虞後者繼來。米既幅湊，價亦隨減。[66]

范仲淹增加糧價的做法，必須具有相當大的政治勇氣，一來可能引起朝中群臣的疑惑，二來可能引發饑民的猜疑、不安、恐慌及怨懟，甚至會發生騷動。因為饑民無從知悉知州的苦心，只知道身為父母官的范氏不但不抑價，還無緣無故提高米價，似有圖利米商之嫌。范仲淹透過榜示這條管道，試圖消除當地民眾心中的疑慮，從結果來看，他順利提高糧食流動的速度，鄰近商賈也興販至當地，解決了缺糧問題。所以，榜示具有相當程度的官民溝通的特質，統治階層藉此導引百姓的行為模式，以利其統治。除了范仲淹允許增價的做法外，還有五例：

同為仁宗朝，包拯亦採相近的做法，「包拯知廬州，亦不限米價，而賈至益多，不日米賤。」[67]神宗熙寧時，趙抃「知越州，兩浙旱蝗，米價踴貴，餓死者十五六。諸州皆榜衢路，禁人增米價，公獨牓衢路，令有米者增價糶之。於是諸州米商幅輳詣越，米價更賤，民無餓死者。」[68]趙抃採取不抑價的做法，與浙東諸州不同調，他放手讓米價回歸市場機制，外地米商紛至，米價不抑而自跌。《救荒活民書》還提到，高宗「紹興五年，行在斗米千錢，時留守參政孟庾、戶部尚書章誼亦不抑價，大出陳廩，每升糶二十五文，僅得時價四之一。」[69]孟、章兩人釋出官米，除了低價供應米糧外，也試圖引導米價走勢。南宋晚年，歐陽守道和吉州官員商議救荒之策，其云：「市

66　《救荒活民書》卷中〈不抑價〉，頁16。
67　《救荒活民書》卷中〈不抑價〉，頁16。
68　《文獻通考》卷26〈國用考四〉，頁255；《事實類苑》卷23〈官政治績・趙閱道〉，頁4-5；《厚德錄》卷1，頁5。
69　《救荒活民書》卷中〈不抑價〉，頁17。

井常言，凡物之價，聞賤即貴，聞貴即賤。人聞米貴之聲，如此彼有
米者豈不願乘此而爭趨之。若舡隻流通，趨者湊集，則即賤矣。」[70]
爰是之故，他認為災荒米價騰貴的現象，若強制壓低米價，非但不能
解決問題，反而提油救火，造成反效果。黃震知撫州做法亦類似，
「單車疾馳，中道約富人、耆老集城中，毋過某日。至則大書：『閉
糶者籍，彊糴者斬。』揭于市，⋯⋯不抑米價，價日損。」[71]

　　所有六例中，這些官員榜示不抑價的舉動，獲得民間積極正面的
回應，富人先後拋售存糧，落袋為安，使得糧價下跌。董煟評論不抑
價說：

> 官抑其價，則客米不來，若他處騰湧，而此間之價獨低，則誰
> 肯興販？興販不至，則境內乏食，上戶之民有蓄積者愈不敢出
> 矣。饑民手持其錢，終日皇皇，無告糴之所，其不肯甘心就死
> 者，必起而為亂。人情易於扇搖，此莫大之患。⋯⋯惟不抑
> 價，非惟舟車輻湊，而上戶亦恐後時，爭先發廩，而米價亦自
> 低矣。[72]

他認為不抑價的做法能兼顧官方、富民、饑民三方的利益。但話說回
來，真正有膽量採取不抑價的做法，畢竟只有少數的官員，我們從神
宗朝趙抃的例子便能體會一二，整個浙東災區州郡，也唯有趙抃敢不
抑價而已。何以如此？在饑荒「人情易于扇搖」之際，饑民很難諒解
官府允許糧價上漲的做法，不抑價通常會被他們視為不恤民的虐政，
進而向上級或朝廷越訴。面對饑民的壓力及抗議，官員何苦來哉？允
許米價有限度的上漲，藉此提高糧食的流動性，吸引外地米商前來糶

---

70 《巽齋文集》卷4〈與王吉州論郡政〉，頁3-18。
71 《宋史》卷438〈儒林傳八・黃震〉，頁12993。
72 《救荒活民書》卷中〈不抑價〉，頁15-16。

賣，雖說是一道良策，卻不是每位地方長吏能夠做得到。

根據《文獻通考》記載，有臣僚主張流民「過京師者，分遣官諸城門振以米」。[73]京師為首善核心地區，並非其他州縣所能比擬，故仍無償賑濟流民米糧，推測原因有二：一是皇恩浩蕩的統治策略，二是京師儲糧較為豐足。英宗治平四年（1067）六月，司馬光目睹「朝廷差官支撥粳米于永泰等門，遇有河北路流民逐熟經過，即大人每人支與米一斗，小人支與米五升」。他深感不妥，向朝廷建議：

> 嚮者或聞河北有人訛傳京師散米者，民遂襁負南來。今若實差官散米，恐河北飢民聞之，未移者因茲誘引，皆來入京。京師之米有限，而河北流民無窮，既而無米可給，則不免聚而餓死，如前年許、潁二州是也。[74]

世間之事很弔詭，恤民仁惠的善政有時反而成為害民暴虐的惡政，無償性賑給原本為了解決災情，反而製造出更大的社會問題。這種饑民群聚盲動的負面效應，以放糧榜及施粥榜最為明顯。稍早在治平二年（1065）時，大量饑民擁入許、潁二州，官府放糧施粥後繼無力，饑民陸續餓死。發生慘劇的關鍵原因，在於官府事先不抄劄曆簿，事後卻採取無償的賑給模式，隨機性放散米糧，誘引大批饑民前來乞食。

神宗熙寧二年（1069），富弼判知汝州時，河北流民沿途相繼不絕，令人不忍。其中，「十中約六七分是第五等人，三四分是第四等人及不濟戶與無土浮客，即絕無第三等已上之家。」富弼親自詢問他們，為何離鄉井前來汝州？流民答說：「本不忍拋離墳墓骨肉及破壞家產，只為災傷物貴，存濟不得，憂慮餓殺老小，所以須至趁斛斗賤

---

73 《文獻通考》卷 26〈國用考四〉，頁 252。
74 司馬光：〈賑贍流民劄子〉，《溫國文正司馬公文集》卷 36，頁 11；亦見《宋朝諸臣奏議》卷 106〈財賦門・荒政〉，頁 1138，題作〈上神宗乞選河北監司賑濟饑民〉。

處逃命。」但令人疑惑的是，災民從何處打聽到斛斗賤處的消息呢？沒想到災民們竟然回答說：「只是路上逐旋問人斛斗賤處便去。」路人提供資訊若是正確的話，算是誤打誤撞，倘若不是，便是災難一場。由此可見，散米謠傳與群眾盲動之可怕。

災民的資訊來源固然簡陋，就連朝臣對災荒的訊息判斷力也好不到哪裡去。同樣是上述河北流民問題，朝中臣僚未曾親見詢問，想當然爾認為：「流民皆有車杖驢馬，蓋是上等人戶，不是貧民。」富弼駁斥臣僚這項傳聞：「但只卻有車乘行李次第頗多，便稱是上等人戶」。富弼認為官僚階層行政體系「不敢盡理而陳述，或心存諂妄，不肯說盡災患之事；或不切用心，自行鹵莽申陳不實者」，將會造成無可彌補的遺憾。所以他建議朝廷，把這批河北流民定著化，租佃官田以墾荒，「將係官荒閑田土及見佃人剩占無稅地土，⋯⋯四散分俵，各令住佃，更不得逼逐發遣卻歸河北。其餘或與人家作客，或自能樵漁采捕，或支官粟計口養之之類」。[75]《文獻通考》評論此事說：富「弼所立法簡便周至，天下傳以為法。」[76]

無獨有偶，神宗熙寧八年（1075）正月，蘇軾也提出無條件放糧榜將導致悲劇的結果，其奏文云：

> 臣在浙中二年，親行荒政，只用出糶常平米一事，更不施行餘策。若欲抄劄貧民，不惟所費浩大，有出無收，而此聲一布，貧民雲集，盜賊疾疫，客主俱斃。[77]

---

75 河北流民引文俱見富弼：〈上神宗論河北流民到京西乞分給田土〉，《宋朝諸臣奏議》卷 106〈財賦門・荒政〉，頁 1139-1140。

76 《文獻通考》卷 26〈國用考四〉，頁 253。

77 《長編》卷 259 熙寧八年正月戊午，頁 6323-6324；《救荒活民書》卷中〈常平〉，頁 3。

蘇軾支持釋出常平米以平穩糧價，不贊成耗費龐大資源的無償賑給，榜文一旦張貼，可能產生一連串的影響。以工代賑亦可能引發災民群聚的效應，神宗熙寧時，朝廷當局意識到這層道理，和雇工役人數榜示曉諭之後，應儘速開工，如此可避免饑民群聚，引發不必要的問題。[78]不僅以工代賑如此，為饑民煮粥造飯也有類似的情況。

　　上述的浙西饑民「於城而饘粥之，死者至五十餘萬」，成為北宋荒政史的負面案例，到南宋孝宗乾道元年（1165）二月，程叔達還以此為鑑鏡。程建議：「亟敕府縣，⋯⋯多出文榜，⋯⋯給以糧米，使之各復歸業。」[79]周宓在南劍州的經驗也是如此，「饑民荷郡中，聚養於城內外之精舍，而熏炙就斃者日不下數人。蓋聚而食之，不若量給錢米，使（及）〔反〕故居為善。」[80]董煟將上述現象稱作「饑貧雲集之弊」，其云：

> 發錢米下鄉，未可輕動，恐名籍紊亂，反無所得，庶革飢貧雲集之弊。[81]

他並提到南宋中晚期的情況：

> 近年江浙流移之民過淮上者，接踵於道，暨至失所，悔恨欲歸，無策憂愁而死者不可勝數。[82]

他深切意識到饑民盲動的可怕。為了更有效率地運用物資賑災，讓真正需要糧食的貧困之人免於溝壑，義倉米應該儘量避免採取無條件的

78　《宋會要》食貨 59 之 1，熙寧六年十月二十八日。

79　《宋會要》食貨 68 之 149（60 之 14），乾道元年二月二十六日。

80　《復齋先生龍圖陳公文集》卷 15〈回建安劉主簿潛夫〉，頁 20-21。亦見同卷〈回本軍趙通判劄〉，頁 10-11。

81　《救荒活民書》拾遺，頁 13。

82　《救荒活民書》卷上，頁 31。

無償發放，並設定賑給的對象及時間。董煟認為：「其法，當及老幼
殘疾孤貧不能自存之人，使無告者免於夭亡。」其次，為使發放錢糧
更具精確，必須差遣役人抄劄，計口而支散，不得隨意賑散。[83]《文
獻通考》也提到：「前此救災者，皆聚民城郭中，煮粥食之。饑民
聚，為疾疫，及相蹈籍死，或待次數日不食，得粥皆僵仆，名為知人
而實殺之。」[84]馬端臨亦認為煮粥造飯賑濟饑民的做法並非良策。

朱熹曾說：「救荒之務，檢放為先。」[85]災荒檢放榜，可分為檢災
榜及蠲減倚閣榜兩類。災民向縣衙訴災後，「令佐受訴，即分行檢
視，白州遣官覆檢」。[86]檢視之前，還得先榜示訴狀內容及格式，讓災
民知悉，「並量留根查，以備檢視。」[87]哲宗元符元年（1098）二月，
還規定州縣差官檢放的時間限制，「州縣遇有災傷，差官檢放，乞自
任受狀至出榜，共不得過四十日。」[88]縣邑檢視及州郡檢覆的要點，
在於確定災傷程度（現存及災傷畝數），並認定災傷分數。到了孝宗
淳熙時，仍是規定四十日內，州郡要將「具應放稅租色額外分數榜
示」，公告周知。[89]這方面詳見第一至三章。

至於蠲減倚閣榜，朝廷詔令地方政府張貼檢放稅賦的榜文，讓稅
戶知曉，避免官吏從中舞弊。如孝宗淳熙十四年（1187），浙西缺
雨，其中兩縣旱象嚴重，於是朝廷下詔多出文榜曉諭，住催第三等戶
以下的夏稅和買役錢，等候將來豐熟之日再行輸納。[90]若是州縣別作

---

83 《救荒活民書》卷中〈賑濟〉，頁 31。
84 《文獻通考》卷 26〈國用考四〉，頁 252-253。
85 《朱文公文集》卷 13〈辛丑延和奏劄三〉，頁 11。
86 《宋史》卷 173〈食貨志上一・農田〉，頁 4163。
87 《救荒活民書》卷中〈旱傷救令格式〉，頁 24。
88 《長編》卷 494 元符元年二月壬午，頁 11744。
89 《救荒活民書》卷中〈旱傷救令格式〉，頁 25。
90 《宋會要》食貨 58 之 17-18，淳熙十四年七月十四日。類似的檢放或倚閣之榜文，
   如同書食貨 58 之 11，乾道七年十月七日。

名目理催，稅戶有越訴的權利。[91]二如運糧免納力勝錢，為了鼓勵興販糧商前往荒歉之處，朝廷多半會下詔免納力勝錢，且不得巧作名目而邀阻，「如奉行減裂，許客人越訴，仍仰所委官多出文牓曉諭。」[92]孝宗淳熙八年（1181），朱熹「嘗印牓，遣人散於福建、廣東兩路沿海去處，招邀米客，許其約束稅務，不得妄收力勝雜物稅錢，到日只依市價出糶，更不裁減。」[93]

　　前面提到，地方官員救荒措施及榜文若有失當之處，饑民可以列狀陳訴，也有向上級越訴的權利，甚至逕赴登聞鼓院進狀陳理。如南康軍人戶便曾向知軍朱熹投陳抄劄不盡，讓他們無法順利糶買糧食。[94]不然，饑民亦可遮道告訴，如孝宗淳熙七年（1180），紹興府「山陰、會稽縣人戶不住遮道告訴抄劄不盡，漏落不實」。時任浙東倉司的朱熹立刻處理，「專設一局，見今呼集耆、保、鄉司，專委本府當職官敦請鄉官，重行隔別審實。」[95]但話說回來，除非災民真的饑餓到走頭無路，否則懍於官威，一般很少去遮道攔告長吏。

　　相對於豪民大戶，一般民眾的訊息來源不足且封閉，很容易出現「資訊不對稱」的現象。就拿納稅訊息而言，孝宗淳熙九年（1182）「八月內降到蠲閣（紹興府去年夏稅）指揮之時，人戶之善良畏事者皆已輸納，其得被聖恩者實皆頑猾之戶。」[96]當時紹興府發生蝗害，「禾稻皆已成熟，多被喫損，人戶皆稱檢官未到見分數，不敢收割。」[97]

91　《宋會要》食貨58之19，紹熙四年十月十一日。

92　《宋會要》食貨58之21，紹熙五年十一月一日。

93　《朱文公文集》卷13〈辛丑延和奏劄三〉，頁15。

94　《朱文公文集》別集卷10〈施行場所未盡抄劄戶〉，頁9。越訴稅役不公，可參閱拙著：《取民與養民：南宋的財政收支與官民互動》，頁587-622。

95　《朱文公文集》卷16〈奏紹興府都監賈祐之不抄劄饑民狀〉，頁20。

96　《朱文公文集》卷17〈乞將合該蠲閣夏稅人戶前期輸納者理折今年新稅狀〉，頁22。

97　《朱文公文集》卷17〈奏巡歷沿路災傷事理狀〉，頁23。

何以如此？官方都有一定的行政程序，一般稅戶很難知悉詳情，相對於富民的資訊接收，處於相對不利的位置。以檢災程序而言，未經官員檢踏來判定受災分數，人戶無法獲得官方蠲閣之恩賜。由於二稅輸納有期限，一般百姓懼怕被官府及差役督催，早就在初限時便已輸納完畢，頑猾大戶卻敢觀望拖延到末限。遇到荒年實行檢放，事情變得複雜，此時稅戶非但無法獲得蠲閣，已經輸納的稅款也很難退還，更何況有些地方官還會刻意隱瞞放稅榜。

有些地方官不會將朝廷的檢放訊息榜文張貼公告，以致民眾無從知悉政府救荒措施。如孝宗淳熙九年（1182），知衢州李嶧不留心荒政，「所蒙聖恩撥賜米斛共六萬石，……并不科撥下縣，亦不曉諭民間，諸縣官吏尚有初不聞者，況於窮民，何緣得知聖主、天地涵育之恩？」[98]對衢州百姓而言，官府沒有張貼榜文，來自官方賑荒的資訊幾乎斷絕，反而準確性不高的小道消息或謠言可能四處流竄。李嶧任期將滿，怠於政務，放縱張大聲、孫孜等屬下檢放旱傷不實，「將七八分以上災傷作一釐一毫八絲六忽檢放，是致被災人戶困於輸納追呼、監繫決罰之苦，流移四出。而貧下之民無從得食，歲前寒雨，死亡甚眾」。[99]與此形成鮮明對比的是，四月二十二日聖旨指揮方才頒佈，浙東倉司朱熹便「將第四第五等人戶合納今年夏稅、和買、役錢並特與展限兩月起催」，他「竊慮州縣奉行不虔，仰稽睿澤，即已鏤版，多印小榜，散下紹興府五縣曉示去訖。」[100]上司朱熹和下屬李嶧兩人的做法天差地別，後者的做法對下戶非常不公平。

然而，為何地方官不依法張告檢災榜或蠲減倚閣榜呢？由於地方財政的困難，或是官方儲倉糧被挪用，不少地方官對百姓訴狀災傷採

---

98 《朱文公文集》卷17〈奏衢州守臣李嶧不留意荒政狀〉，頁1。
99 《朱文公文集》卷17〈奏張大聲孫孜檢放旱傷不實狀〉，頁3。
100 《朱文公文集》卷17〈乞住催被災州縣積年舊欠狀〉，頁7。

取壓抑的態度。高宗紹興二十六年（1156）二月，某臣僚提到：「間有旱潦，自合減放分數，近來州縣多是利於所入，略不加恤。及檢視之際，雖曰差官檢實，往往觀望，徒為虛文。」[101]孝宗淳熙七年（1180），朱熹提到：「夫二稅之入，……有貼納水腳轉輸之費，州縣皆不容有所寬緩而減免也。」[102]「貼納水腳轉輸之費」屬於二稅衍生性規費，州縣財源頗為仰賴之，若是真的蠲免二稅的話，這些衍生性規費也無從課徵，地方財用將出現短缺，所以地方官才不樂於蠲免二稅。[103]淳熙八年（1181），朱熹又提到：「州郡多是吝惜財計，不以愛民為念，故所差官承望風指，已是不敢從實檢定分數。及至申到帳狀，州郡又加裁減，不肯依數分明除放。」[104]董煟也說：「今之郡縣專促辦財賦而諱言災傷，州縣之官有抑民告訴者，檢視之官有不敢保明分數者。」[105]

　　除了地方顧慮財用之外，也可能與帝王的心態有關。乾道四年（1168）六月，孝宗向宰執說：「卿等更宜措置，今後水旱須令亟申來。」蔣芾回奏說：「州縣所以不敢申（災情），恐朝廷或不樂聞。今陛下詢訪民間疾苦，焦勞形于玉色，誰敢隱？」[106]由此推知地方官報喜不報憂的心態。

　　災民流移嚴重的地區，若是地方官未向朝廷奏請，或者朝廷不允許倚閣或蠲減，或者檢放分數不如預期時，可能造成流移人口不願返

101　《宋會要》食貨1之10，紹興二十六年二月五日。

102　《朱文公文集》卷11〈庚子應詔封事〉，頁12。

103　二稅衍生性規費的討論，可參閱拙著：《取民與養民：南宋的財政收支與官民互動》，頁16-44。

104　《朱文公文集》卷13〈辛丑延和奏劄三〉，頁11。

105　《救荒活民書》卷上，頁2。

106　《宋會要》食貨59之44，乾道四年六月四日；《兩朝聖政》卷47乾道四年六月甲午，頁2-3。

鄉。如此一來，形成官民雙輸的局面，災民離鄉背井，甚至客死異鄉；官府不但沒有恤民之心，而且永失常賦，流民之患也將滋長盜賊，影響社會秩序。

經上所述，本章發現榜示下的百姓，基於對生命權的維護，面對饑荒的威脅，其反應較為直接且具本能，諸如：荒災之消弭、糧食之供給、田主之體恤等方面。然而，訊息供應的不足與來源的不對稱，使百姓經常出現集體的盲動，增加救荒的困難度，官方調度糧食不易，也帶給社會治安某些威脅。

四　小結

在文獻記載上，富民群體有閉糶不出與賑糧救荒兩種形象，除了當事人的心態外，還與文本性質關係頗大。公文書站在官方的角度，如榜文、官員奏劄之類，富民賑糶顯然較為被動。私文書的墓誌銘及傳記，則站在墓主和傳主的角度，隱惡揚善，強調他們樂善好施的主動性。

宋朝的荒政榜分為朝廷、監司、州、縣等行政層級，榜示的訊息傳播模式，是一種以官領民的政治運作，既是官方處理荒政的重要統治技術之一，也是民眾和官府的間接溝通管道之一。荒政榜的性質，訊息公告在於溝通交流，仍屬於官方政策的載體，溝通形式仍是單向的／由上而下的，並非雙向的／由下而上的，效果有其局限。榜文具有公告宣導、警告禁止、公務透明等功能，論其效果，則有正向效應與反向效應。前者與官方張榜前所估計的效應較為接近，後者則與張榜預估差異可能較大，甚至發生相反效果。

榜文有正面的訊息，也有負面的訊息；有撫慰人心的榜文，也有警告恫嚇的榜文。若是官方運用救荒榜得宜，將對於推動荒政有莫大

的正面助益。透過公開張榜告示的行動，官府可先行宣示政策，預告賑荒處置訊息，期盼能消除饑民不安情緒，勸阻富戶囤積糧穀，並遏止糧價暴漲。另一方面，賑荒榜公告之後，便非官方所能掌控，如何去解讀，如何去反應，則是讀榜者的事情。倘若榜示內容刺激到百姓，引發反彈聲浪，將製造不可預期的負面效應，甚至演變成官民對抗。

　　「以官領民」模式通常是地方政治運作的常態，但「以民輔官」模式也不可忽視。在實際的救荒措施上，地方財政日益艱困，官方儲糧常遭挪用，朝廷及上司的調撥又緩不濟急，動員民間資源來協助官方救濟行動，誠屬必要之舉，勸糴成為賑糧的主要來源之一。相對的，富民未必全盤默默接受官方的勸糴措施，有的是等待朝廷頒布賞格榜，有的想趁機大撈一筆，雙方難免鬥智角力。富民一方面受到官方勸分科配的逼迫，一方面也受到饑民博弈強盜發廩的威脅。此時，官方如何善用勸糴的補官、免役、旌獎等賞格榜，達成官方、富民、災民三贏的局面，成為一道有趣的問題。佐竹靖彥認為，宋朝國家系統與地域社會之間有一道鴻溝，胥吏填補了這道鴻溝，或緩衝了這兩個質異系統。[107]其實不止有胥吏而已，還有寄居官、士人、富民、父老、土豪、職役人等地方勢力群體多少都扮演這方面的疏通角色，儘管他們有地盤化（地域化）的傾向，具有某種離心力，但大致而言，這些地方勢力可說是明清時代鄉紳的先行者。

　　訊息較封閉的古代，一般民眾的訊息來源很少，在生命攸關之際，尤其在饑荒期間，小道消息最容易四處流竄，訊息傳播速度比人們想像得快。官方榜文張告的目的，原本為了解決災情與穩定民心，

---

107 佐竹靖彥：〈宋代行政村的結構與質變──以吏人、役人及文件制度為中心展開討論〉（京都大學碩士論文，1964 年），轉引自氏著：〈《作邑自箴》研究──對該書基礎結構的再思考〉，頁 235。

倘若稍有不慎，謠言便加速傳播，反而引起民眾內心的恐慌，演變更多更大的社會問題，從處理危機變成製造危機。災區饑民的流竄率若是偏高，其不安盲動性將隨之提高，系統性風險亦隨之大增。其次，放糧施粥榜若是處理不當，可能造成群聚效應，饑餓及疾病傳染接踵而至，演變成一場災難浩劫。另外，朝廷也有監控的設計，倘若地方官員的救荒措施及榜文公告有失當之處，災民可以列狀陳訴，也可以越訴，甚至逕赴登聞鼓院進狀陳理。

——原名〈宋朝民間對救荒榜的正負反應〉，宣讀於〔「中國十到十三世紀歷史發展」國際學術研討會暨中國宋史研究會第十四屆年會〕，武漢：武漢大學歷史學院，2010年8月20-21日。同名刊載於《宋史研究論文集（2010年）》，武漢：湖北人民出版社，2011年6月，頁155-176。

第十章
民資社倉

一　前言

　　眾所周知，高宗紹興二十年（1150），魏掞之於建寧府建陽縣創立宋代首座社倉，屬於一種社會互助組織。朱熹改良魏掞之社倉的運作方式，於孝宗乾道五年（1169）創立於建寧府崇安縣開耀鄉五夫里，其賑貸取息模式成為日後社倉的主要運作範本。淳熙八年（1181），朱熹奏請孝宗頒布社倉法於天下州郡，詔令聽從民便，鼓勵設置但不強迫。其主要特色有七：賑貸、同保結保、一料收息什二（小歉半息，大歉免息，其後僅收耗米百分之三）、地點鄉村、官方倉本（其後歸還）、士人管理、官方監督。[1]雖頒其法於天下，但聽其願從者，未具強制性，多數的地方官吏未正視此法，起初推廣成效不佳。[2]在韓侂冑死後，朱熹門人、理學同道和地方熱心人士推動之下，社倉設置日益廣泛，逐漸成為元明清的三大救濟糧倉系統之一。[3]

1　《朱文公文集》卷 77〈建寧府崇安縣五夫社倉記〉，頁 25-27；卷 99〈社倉事目勑命并跋語附〉，頁 15-22。

2　《朱文公文集》卷 80〈建昌軍南城縣吳氏社倉記〉，頁 22，「頒其法於四方，且詔民有慕從者聽，而官府毋或與焉。……吏惰不恭，不能奉承以布于下。是以至今幾二十年，而江浙近郡田野之民猶有不與知者，其能慕而從者僅可以一二數也。」從是記推測，許多州縣並未榜示此道詔文，包括南城縣，故云：「南城貢士包揚方客里中，適接尚書所下報可之符以歸，而其學徒同縣吳伸與其弟倫見之」。

3　以上簡述，見梁庚堯：〈南宋的社倉〉，頁 440-447；拙著：《取民與養民：南宋的財政收支與官民互動》，頁 413-424。

　　社倉創設後，運作模式呈現多元化的發展。劉宰從倉本來源、設置地點與經營模式來觀察社倉，頗為敏銳而深刻：

> 其本或出於官，或出於家，或出於眾，其事已不同。或及於一鄉，或及於一邑。或糶而不貸，或貸而不糶。吾邑貸於鄉、糶於市，其事亦各異。[4]

他認為南宋社倉呈現多樣的發展，倉本來源有官資、家資、眾資等三類。設置地點，僅限一鄉，也可能遍及全縣。至於經營方式，則有賑貸、賑糶兩種。劉宰的觀察大體是正確的，符合史實。本文討論的對象是非官方社倉，即劉宰所說的家資及眾資，以下合稱民資社倉。如黃震所言：「出於官者為官社倉，出於民為民社倉。」[5]

　　民資社倉大致可分為家資、眾資、官員倡捐等三類，可參考表10-1。家資者，由私人或家族捐獻而來，如婺州金華縣社倉潘景憲「出家穀五百斛者」，吳伸兄弟「發其私穀四千斛者以應詔旨」。眾資者，以集體勸率為主，財源不完全來同一家族，如「趙公汝謙行（江西）常平事，適下其法於郡縣，委公（知縣孫逢吉）勸率是邑。……曾不踰月，民樂於應命，自郭至鄉，為倉者九，且願輸已之積，無勤有司。」如知萍鄉縣孫逢吉「嘗斥俸餘，立兩倉於邑之西鄉」。官員倡捐者，理論上雖屬於民資社倉，但因捐獻者的身份，其屬性反而接近於官資社倉，既然如此，且僅有三例，故不擬列入討論。以上引文出處可參考表10-4。

4　《漫塘集》卷22〈南康胡氏社倉記〉，頁12。
5　《黃氏日抄》卷96〈麋弅行狀〉，頁2。

表10-1：南宋民資社倉倉本簡表

性質	社倉	小計
家資	袁州萍鄉縣丘君寶（19）、撫州金谿縣李沂（21）、撫州宜黃縣曹堯咨（22）、撫州臨川縣饒份（23）、建昌軍南城縣吳伸兄弟（25）、臨江軍新喻縣劉夢麟（29）、隆興府武寧縣田倫家族（32）、南康軍建昌縣胡泳兄弟（41）、紹興府會稽縣張宗文（46）、台州王若水（49）、台州黃巖縣趙處溫兄弟（51）、衢州龍游縣袁起予（53）、婺州金華縣潘景憲（54）、簡州許奕兄弟（77）、合州巴川縣趙飛鳳兄弟（79）	15
眾資	建寧府建安縣鄉先生和鄉大夫（9）、袁州萍鄉縣潘友文（18）、建昌軍藥弇（27）、隆興府李燔（30）、吉州吉水縣邑士（33）、吉州葉重開（35）、饒州餘干縣縣民（39）、台州黃巖縣王華甫（50）、慶元府昌國縣費詡（57）、鎮江府金壇縣劉宰（59）、武岡軍呂知軍（67）、岳州平江縣萬鎮（70）、蘄州廣濟縣藥溧（72）、合州巴川縣景元一（80）、合州巴川縣陳孜（81）	15
官俸	袁州萍鄉縣孫逢吉（17）、撫州臨川縣李縣令（24）、涪州趙汝廩（82）	3

說明：出處請參考表10-4，括號內為表10-4的序號。

　　本章旨趣在於民資社倉的運作模式，而非探討整個社倉制度。學界尚未有針對宋代民資社倉的專論，只作為社倉研究的議題之一。王德毅於一九七〇年所撰《宋代災荒的救濟政策》，將社倉視為民倉，有些社倉出現新的型態，或與義役、舉子倉結合，或再建平糴倉，或買田收租。[6]梁庚堯在此一基礎上，一九八二年發表〈南宋的社倉〉，將社倉視為民間組織，在「發展與演變」中討論過四點：以田產作為社倉的貸本，平糴式社倉的發展，社倉和舉子倉、義役等社會互助組織相結合，政府在社倉組織中所扮演角色日益增強。其中，〈南宋社倉表〉整理史例共有六十四例。[7]二〇〇五年張文《宋朝民間慈善活

6　王德毅：《宋代災荒的救濟政策》，頁 47-57。

7　梁庚堯：〈南宋的社倉〉，頁 455-467。

動研究》，亦附有〈南宋社倉表〉，增補前表七例，刪減二例，共計六十九例。張文將社倉分成三類，官方出資約佔百分之四十七點八，民間出資約佔百分之三十四點八，官方與民間共同出資約佔百分之五點八，不詳者約佔百分之十一點六。[8]本章蒐集八十四例，又比張文多出十五例。扣除重複者，官資社倉三十九例，約佔百分之四十六點四；民資社倉三十一例，約佔百分之三十六點九；官民合資二例（武岡軍呂知軍、涪州趙汝廩），約佔百分之二點四；不詳者十二例，約佔百分之十四點三。民資社倉又可細分為：家資十五例，眾資十五例，捐獻官俸三例。若計算重複者，各約佔百分之十七點九、十七點九、三點六。詳見表10-4。

本文要討論的議題，首先分析家資社倉，接著討論眾資社倉，最後討論經營方式。

二 家資社倉

朱熹創設崇安縣社倉經營得宜，於是孝宗淳熙八年（1181），將原先官本六百石米歸還建寧府[9]，成為形式上的民間社倉。剩下的倉本共計一千三百石，足以因應賑貸所需，朱熹趁機修改放貸的規定：

> 已將元米陸百石納還本府，其見管三千一百石，並是累年人戶納到息米，已申本府照會，將來依前斂散，更不收息，每石只收耗米三升。[10]

不再收取利息，只收耗米百分之三，這點讓百姓貸糧及還糧幾乎沒有

8　張文：《宋朝民間慈善活動研究》，頁15-26。

9　《朱文公文集》卷99〈社倉事目勅命并跋附〉，頁19。

10　《朱文公文集》卷13〈延和奏劄四〉，頁17。

任何壓力。這種官資社倉還本於官府的例子尚有不少，譬如張洽所創
臨江軍清江縣社倉，「時行社倉法，洽請於縣，借貸常平米三百石，
建倉里中，六年而歸其本於官，鄉人利之。」[11]張洽是朱熹門生，取
法於師，商借官糧成立社倉，六年經營有成，還本於官府。官資社倉
將倉本歸還官方後，理論上，財產權已非官方所有，成為社倉自行管
理的狀態，類似鄉里互助基金。民資社倉也有類似的發展，家族社倉
共計十五例，下表係依照倡辦人來分類：

表10-2：南宋家資型社倉倡辦人身份簡表

身份	社倉及倡辦人	小計
官員或寄居官	紹興府會稽縣張宗文（承務郎）、台州王若水（新台州司戶）、衢州龍游縣袁起予（承節郎）、簡州許奕（鄉官）	4
士人	撫州宜黃縣曹堯咨（力學工文）、撫州臨川縣饒仮（省元）、建昌軍南城縣吳伸兄弟（貢生學徒）、臨江軍新喻縣劉夢麟（士族、奉新監酒）、南康軍建昌縣胡泳兄弟（篤學進士）、婺州金華縣潘景憲（呂祖謙門人）、合州巴川縣趙飛鳳兄弟（鄉士）	7
富家	撫州金谿縣李沂（富之於貧）	1
不詳	袁州萍鄉縣丘君寶、隆興府武寧縣田倫家族、台州黃巖縣趙處溫兄弟	3

說明：出處請參考表10-4。

以下舉出三個資料較為充分的家族社倉來作討論：例一，浙東路
婺州金華縣潘氏社倉。孝宗淳熙十二年（1185），潘景憲稟持其師呂
祖謙遺志，又基於先父樂善好施的家風，於是「出家穀五百斛者，為
之於金華縣婺女鄉安期里之四十有一都」，創置社倉。[12]其規模，「自
葉山以至太中公（潘父）故居大墓之下，各為一社，期歲廣之，及九

11　《宋史》卷430〈道學傳四・張洽〉，頁12786。

12　《朱文公文集》卷79〈婺州金華縣社倉記〉，頁17。

而止。」[13]起初設置兩所，預定目標為九所。此例雖然未必是南宋最早的家族獨資社倉，時間上卻早於建昌軍南城縣吳伸兄弟社倉，然而後者卻成為日後家資社倉的典範，而非時間較早的前者。為何如此？原因不明。

例二，江西路建昌軍南城縣吳伸兄弟社倉。光宗紹熙五年（1194），貢士包揚將朝廷頒佈行下的社倉法攜回返鄉，吳伸吳倫兄弟知悉之後，頗有感觸，「發其私穀四千斛者，以應詔旨，而大為屋以儲之」，創立社倉。[14]該倉的倉本來自家族，其記事文未提及管理人及制度，是否為家族式管理，不能斷言。

朱熹為該倉寫記，文中提到吳伸兄弟所言，日後若是子孫不能守其志，「言之有司，請正其罪」。在他們心目中，官方仍扮演監督者的角色，得以正其罪。吳氏兄弟稟承「君師之教，祖考之澤，而鄉鄰之助」[15]，將自家穀斛捐獻成立社倉，以私產推動公益事業，官方監督在後。

吳氏兄弟雖非家資社倉的首例，比起張宗文、王若水、袁起予、潘景憲等人所建社倉來得晚些，卻為後人所熟悉，成為家資社倉的典範。日後陸續出現不少模仿者，如真德秀提到：「凡今有倉之地，如建昌南城（吳伸兄弟）、袁州萍鄉（宜世顯等人）等處，推行有法，人蒙實惠。」[16]吳伸兄弟是家資社倉的典範，宜世顯等人袁州萍鄉則是眾資社倉的典範。真德秀還提到：「撫之宜黃有曹君堯咨者，自其先世欲倣建昌吳氏為社倉，未果。」[17]曹堯咨自述也說：「建昌南城吳倫獨依其（朱熹）法，立六庾於私家，識者韙之。我先人亡恙時，慕其為

13 《朱文公文集》卷93〈潘景憲墓誌銘〉，頁12。
14 《朱文公文集》卷80〈建昌軍南城縣吳氏社倉記〉，頁22。
15 兩段引句見《朱文公文集》卷80〈建昌軍南城縣吳氏社倉記〉，頁22。
16 《西山先生真文忠公文集》卷10〈奏置十二縣社倉狀〉，頁16。
17 《西山先生真文忠公文集》卷36〈跋曹唐弼通濟倉記〉，頁22。

人，志未及施，不幸以歿。」[18]還有，魏了翁描述李大有創設社倉，「用朱文公及建（安）〔昌〕吳氏舊法」。[19]由上面引文可知，建昌軍南城縣吳氏的家資模式確實成為家資社倉的楷模。

例三，臨江軍新喻縣劉夢麟家族社倉。據記文記載，寧宗嘉定年間（1208-1224）：

> 西溪劉氏才二三十人，人貸穀二三十石，或百石，二百石止。然既得千七百餘石，貸之三穀，歲收息視鄉人殺其一，再歲殺其二，三歲則穀本可償矣。息自為本矣，穀則君穀，而鄉人之舉子者當能言矣。……為是倉者，奉新監酒劉夢麟……曰：「非我也，伊吾族之力也。」[20]

每位劉家捐助人，出穀從二十至二百石不一，平均每位出穀五十七石，不算太多。因此記文也客觀分析說：「喻西無富家，劉固士族，僅足爾」。（同前引）這起劉氏家資社倉創設三年之後，便還本於自家，既譽滿鄉里，又無虧於所得。所以社倉還本快速，實與利潤不低有關，下將詳論。

此外，「三歲則穀本可償矣，息自為本矣，穀則君穀」這句話，引起筆者的注意。劉夢麟家族收回本金之後，將孳生利息成為基金，用之運作社倉。朱熹社倉已是如此，原先暫借官穀成立，將本金歸還

---

18 曹堯咨〈通濟倉記〉，引《全宋文》冊 315 卷 7211，頁 2-3，原載於《同治宜黃縣志》。提到：「余兄弟能行之」字眼，可知亦為曹氏兄弟合力創置。舊題曹錫，《全宋文》冊 315 卷 7211，亦題名曹錫。然細讀原文，該記應為曹堯咨於慶元四年所撰，由其子曹錫於紹定六年摹刻。何以為證？內考證方面，原文提到「慶元元年，今天子講荒政」字眼，應為寧宗朝之事。外考證方面，真德秀：《西山先生真文忠公文集》卷 36〈跋曹唐弼通濟倉記〉，頁 22-23。記文標題曹堯咨所撰，名堯咨，字唐弼，名字互訓，而是跋亦提及其曹錫則字晉伯，殆無疑義。

19 《鶴山先生大全文集》卷 75〈李大有墓誌銘〉，頁 7。

20 《須溪集》卷 3〈社倉記〉，頁 2、4。

後，再以孳生利息運作下去。此處有個疑問，劉夢麟家族既已收回本金，此後該社倉由何人或何單位管理呢？很可惜劉辰翁〈社倉記〉並未提及。無論是劉家代管、鄉里士人共管或縣衙掌控，文本撰述人劉辰翁說：「子子孫孫與是倉終始」，顯示劉家與此座社倉關係密切。

關於家資的優劣。胡泳曾向劉宰提到家資社倉的好處，「會吾家積歲之贏，得穀六百斛以貸，蓋吾兄弟合謀為之」，「體統歸一，責任欲分」。「謀之同而異意無自生，行之決而異議不得搖」。倘若不如此，「體統不一，則彼此牽制，雖有善意不得施。責任不分，則意向偏曲，雖有良法不盡用。」[21]家資型社倉的優點在於：兄弟（或族人）同心，其力斷金。財產權原先屬於某一人或家族，較為單純，經營效率通常較高。黃震也提到家資的好處，他說：「蓋一家自為之計，而依法惟取二分之息，不借勢於官，不鳩粟於眾，故能至今無弊，利民為博。」[22]社倉錢糧非來自於官方或鄉人，自然不受鄉人所制約，官方的約束力也較為淡薄。再者，也不容易被外人侵奪倉產，眾資或官資社倉則不然，遭到私人侵奪或官方侵佔的情事時有所聞。

然而，成也蕭何，敗也蕭何，爭執亦來自蕭牆之內。兄弟既能同心協力，也可能異志掣肘。這種血緣型社倉的缺失，繫於兄弟或家族的情感，雖可以維持一代，但很難延續至下代或下下代，遲早面臨析戶分產的難題。劉宰意識此一問題，他用吐谷渾王阿柴的典故，聚合箭矢而人不能折之，強調家族團結的重要。「社倉之事猶是已，不然狡者欺之，頑者負之，強者奪之，吏之無識者侵漁之，社倉欲存得乎哉！」[23]家庭成員不睦、家產爭奪或族人不和，導致經營上的問題，這是家資型社倉的最大困境所在。

---

21 《漫塘集》卷 22〈南康胡氏社倉記〉，頁 12。

22 《黃氏日抄》卷 87〈撫州金谿縣李氏社倉記〉，頁 18。

23 《漫塘集》卷 22〈南康胡氏社倉記〉，頁 13。

三　眾資社倉

　　眾人合資經營方式在宋代頗為多見，時人多稱之「（連財）合本」、「財本相合」、「湊本」、「共本」、「共財」等。眾人合資行為存在於各種商業活動，就連撲買坊場也有合資撲買的現象。[24]至於官方或民間組織募集經費，也常見集資募款的方式，時人稱之「勸率」、「哀集」、「掊貲」、「醵金」等，許多義田、祠廟醮祭活動經常採取勸募眾人的方式，強迫或自願的形式都有可能。[25]

　　本文收集八十四史例當中，眾資社倉共計十五例，下表係依照倉本募集方式來分類：

表10-3：南宋眾資型社倉倡率募資身份簡表

性質	社倉	小計
官員或寄居官	建寧府建安縣社倉七所（鄉先生和鄉大夫與其里人相勉以義，買田積穀）、袁州萍鄉縣西社倉（常平趙汝謙知縣委縣尉潘友文，勸率是邑，民樂應命）、建昌軍槊弇社倉（知建昌軍分委富貴勸率諸邑）、隆興府李燔社倉（寄居官李燔哀穀創社倉）、台州黃巖縣社倉（縣令王華甫首勸善人義士以序來輸）、慶元府昌國縣社倉（率縣令費詡率鄉人士醵金）、鎮江府金壇縣社倉（寄居官劉宰，朋友相資，其餘率鄉之好事者）、武岡軍呂知軍（知軍呂朝散勸諭在城上戶）、岳州平江縣社倉（寄居官萬鎮率鄉中富而有德者）、蘄州廣濟縣社倉（縣宰槊溧，出於民為社倉）	10

24　宋代合資研究，可參考宮崎市定：〈合本組織の發達〉，頁 442-445；日野開三郎、草野靖：〈唐宋時代の合本に就いて〉，頁 50-60；今堀誠二：《中國封建社會の構成》三；斯波義信，莊景輝譯，《宋代商業史研究》，頁 453-460；姜錫東：《宋代商人和商業資本》，頁51-57；劉秋根：《中國古代合伙制初探》，頁 157-185。

25　如拙稿：〈試論南宋富民參與祠廟活動〉，頁 122-127，祠廟經費有獨資贊助、勸募大戶、攤派率錢三種形式。

| 士人 | 吉州吉水縣義惠社倉（邑士聚而眾倡）、吉州葉重開社倉（布衣校勘葉重開倡率同志）、合州巴川縣景元一等二十家社倉（鄉士）、合州巴嶽陳孜等人社倉（鄉士） | 4 |
| 不詳 | 饒州餘干縣大慈北鄉社倉（民凡七百二十四戶捨其貲產之券） | 1 |

說明：括號內係文獻原文。出處請參見表10-4。

　　以身份而言，眾資社倉募集錢糧在以官領民時代，現任官、寄居官和士人扮演居中的關鍵角色，特別是地方官領導的作用。下面舉出三例來細說：

　　例一，江西路袁州萍鄉縣社倉。倉本來源，先是官員捐俸，後為眾資。先是，孝宗淳熙年間，知縣孫逢吉「斥俸餘，立兩倉於邑之西鄉」；其後淳熙十六年（1189），縣尉潘友文欲增置九倉。茲摘錄鍾詠記事文如下：

> 趙公汝謙行常平事，適下其（朱熹社倉）法於郡縣，諉公（潘友文）勸率是邑。……民樂於應命，自郭至鄉為倉者九，且願輸己之積，無勤有司。[26]

此路常平司趙汝謙於先前曾倡設撫州金谿縣社倉（見表10-4），他把經驗移植到袁州萍鄉縣。此次該縣增置社倉，趙汝謙下令，縣尉潘友文配合，勸率鄉人獻納倉米。詳細情況如下：

> 淳祐十六年，續置九倉：縣側橫頭倉，宜世顯等米二百碩；神田倉，朱應辰等米百碩；盧溪倉，黃庶等米三百五十碩；宣風倉，孔晦等米一百九十五碩；大安倉，吳衛等米百碩；石塘倉，賀應叔等米三百碩；南金場倉，黎顯祖等米百三十一碩；西北耀村倉，李如壎等米百一十碩；上粟倉，柳承節等米百

26　《永樂大典方志輯佚》之《宜春志》，頁1846。

碩，凡九倉。縣尉潘友文奉倉臺命，勸諭士民，自出本米，各
建倉庾一方，甚以為利。[27]

縣尉潘友文「勸諭士民，自出本米」，顯然倉本來自眾資，稍後將討
論。其後萍鄉縣又增設一所社倉，「縣之北村黃橫口丘君寶一倉，乃
自出本米，歲收息二分，亦已附縣籍矣。」[28]《宜春志》又載：

> 自後上粟、大安里、耀村三倉皆廢久矣。宣風、盧溪、石塘三
> 倉紀綱廢弛，今未有任其責者。惟縣下東、西兩倉及孫令君
> 西、南兩倉、金場一倉，斂散如故。然皆久以本米給還其家，
> 止以所儲息米斂散，而歲止收一分之息。……建倉庾一方，甚
> 以為利。[29]

上粟（柳承節等人獻助）、大安里（吳衛等人）、耀村（李如壔等人）
等三所社倉已經廢止。宣風、盧溪、石塘等三所社倉，因為沒有適任
的管理人，也暫時停止運作。只剩下最初的西烏岡市、南米田市（知
縣孫逢吉創設），以及東、西（宜世顯、朱應辰等人）、金場（黎顯祖
等人），加上新設的北村黃塘口倉，這六所社倉仍保持營運。而前面
五所社倉已將倉本歸還給獻納人或官府，類似朱熹還倉本於官方的做
法。

　　上述眾資九所社倉的捐助人，宜世顯、朱應辰、黃庶、孔晦、吳
衛、賀應叔、黎顯祖、李如壔、柳承節等人，很可惜《宜春志》未能
提供細部的資料，讓我們知悉眾人如何出資？根據「勸諭士民」一
詞，似乎是士人和富民自由認捐；但從「勸率是邑」一詞，又可能是

27　《永樂大典方志輯佚》之《宜春志》，頁 1845。
28　《永樂大典方志輯佚》之《宜春志》，頁 1845。
29　《永樂大典方志輯佚》之《宜春志》，頁 1845。

半強迫捐納，依照當地鄉里體例來進行勸率。究竟是自由認捐，或者
是半強迫捐納，不能確定。

例二，寧宗慶元五年（1199），江東饒州餘干縣因鄉民請命於
州，創立一所眾資社倉。詳情如下：

> 本縣及大慈北鄉之民請於州，欲倣而行之（社倉法），乃掯其貲
> 產之券，質之州庫，為錢一千二百二十七貫有奇，得（來）
> 〔米〕七百石頒之，民凡七百二十四戶。息、耗視前，遲之五
> 年，息可償本。出納以尉，提督於縣。[30]

這起募資模式頗為特殊，七百二十四戶鄉民以自家的產業券契質押於
州庫，向饒州政府商借一千二百二十七貫餘，購買米糧七百石為倉
糧，於青黃不接時，借貸給鄉民。他們預估五年之後，可以將本金償
還給官府，拿回眾人的券契。

令人好奇的是，七百二十四戶鄉民以質押產業券契方式來創設社
倉，饒州知州竟然同意他們的請求。[31]為了保證這些鄉民履行還本約
定，所以有「出納以尉，提督於縣」的規定，藉此監督該座社倉的運
作，以保障饒州官府的權益。還有，這些產業券契的質押價值如何計
算出來？根據市價的可能性較低，或許依據二稅或家業錢的多寡來作
估算。

另外，本文認為質押借款模式或多或少與朱熹崇安縣社倉規定有
關，即是先向官方商借錢糧，經營賑貸有成效之後，再行歸還本金。
向地方政府質押地契借款成立社倉，就目前所見資料，這種募資模式
似乎是首見且唯一的社倉史例。然而，這種質借募資模式是宋朝民間

---

30 《永樂大典方志輯佚》引《番陽志》，頁 1815。

31 李之亮：《宋兩江郡守易替考》，頁 165，據《浙江通志》卷 182，判斷胡份知饒州
於慶元五年至嘉泰元年。

組織的首例，或者另見於其他民間組織？依理分析，這種質押募資必須具有營利性質，固定而豐厚的收入，將來才有歸還本金的可能。這所餘干縣社倉預估五年歸還本金，倘若將來不歸還，虧空官帑的話，並非知州所樂見。若說此座社倉為宋朝質押募資的首例，也讓人不安，不敢確定。由於資料有限，只能分析至此。

　　例三，潼川府路合州巴川縣有三所民資社倉，其中一所眾資社倉創立經過如下：

> 　　景元一等行之巴川，……合（一）〔二〕十家，為錢一千緡，歲得穀三百石，登熟則以價糴之。擇一人以掌其穀之數，期月穀價暴貴，細民不易，則收二分之息而糴之，以濟貧弱，以平市價。又擇一人以掌其緡之錢藏，明年其時復行其事。

景元一等人係採取常平賑糶方式，而非朱熹的賑貸模式。嚴格說來，「二分之息」不是利息，可能是耗剩、價差或利潤。故其文說：「於先生（朱熹）條目雖若稍異，然其所以惠利窮困之意大抵同也。」[32]此座社倉的營運人每年一換，可能是一種防腐設計，防範倉本被久任者侵佔。或許由二十家每年輪流當值，彼此分擔勞力及責任，擁有相同的權利及義務。這二十家的身份不明，度正記事文勸勉他們子孫讀書及講學，以便永續經營社倉。

　　眾資社倉有其困境，景元一已經意識到，他說：「是二十家其心固未嘗不一也，而數年之後不能保其無倦，他日若子若孫又不能保其行之無不廢。」[33]誠如所言。依照人性而論，無論家資或眾資社倉，第一代主事人或許基於慈悲之心，較能齊心協力，到了第二代未必如

---

32 兩處引文俱見度正：〈巴川社倉記〉，未見於《性善堂稿》，引自《宋代蜀文輯存》卷 76，頁 5。該文僅有此處云一十，其餘俱云二十。

33 度正：〈巴川社倉記〉，《宋代蜀文輯存》卷 76，頁 5。

此，可能各行其是，也可能唯利是圖，不同於原先的設計理念。

　　社倉功能的多元化發展也值得一談。梁庚堯認為：「首先提議設立平糶式社倉的，是陸九淵。」陸九淵根據其兄九韶在鄉里擔任社倉主事人的經驗，因而洞悉賑貸式社倉經營的局限性，從而提出賑貸式為主／賑糶式為輔的改良意見。[34]就目前資料所見，南宋最早採取賑糶式的社倉，係光宗紹熙四年（1193）張訴創立於紹武軍光澤縣的官資社倉。[35]朱熹曾為該社倉撰寫記事文，提到賑糶常平模式：「夏則損價而糶，以平市佑；冬則增價而糶，以備來歲。」此座社倉不同於朱熹崇安縣賑貸模式，其功能尚不止於賑糶常平而已，還有田畝基金（義田）的做法，更擴大社倉的功能至賑給貧嬰方面，類似舉子倉的功能。如朱熹說：「又買民田若干畝，籍僧田、民田當沒入者若干畝，歲收米合三百斛，并入于倉，以助民之舉子者」。[36]朱熹崇安縣社倉創立於孝宗乾道五年（1169），朝廷於淳熙八年（1181）將社倉法頒佈於全國，才過十二年，便陸續出現賑糶常平、購置田畝基金、擴大功能等多元化的發展。還有個現象，少數社倉未以社倉為名，而改以他種稱呼，如曹堯咨「通濟倉」[37]、吉州吉水縣「義惠社倉」[38]等，在在顯示社倉的多元性。

四　利潤與侵佔

　　朱熹所創社倉原本屬於官資民辦的性質，管理人以鄉里士人為

34　梁庚堯：〈南宋的社倉〉，頁 459，稍改詞意。

35　《朱文公文集》卷 80〈邵武軍光澤縣社倉記〉，頁 9，朱熹寫於「紹熙四年春二月丁巳」，故該社倉的創立時間可能更早些。

36　《朱文公文集》卷 80〈邵武軍光澤縣社倉記〉，頁 9。

37　《西山先生真文忠公文集》卷 36〈跋曹唐弼通濟倉記〉，頁 22。

38　《須溪集》卷 4〈吉水義惠社倉記〉，頁 25-27。

主[39]，這就是社倉的精神之一。學者們研究社倉時，已經注意到士人和社倉管理的關係。王德毅提到，「社倉為地方公益事業，由地方父老主其事，官司不予過問，尤能促進民智，培養人民的自治能力」。[40]是書意識到社倉組織的民間自治性質。梁庚堯觀察到，「社倉的民間組織性質之所以能夠維持不墜，……實繫於負責主持管理的鄉居士人。」[41]是文強調鄉居士人在社倉管理上至為重要。

　　民資民辦社倉的倉本來自民間，無論管理人是寄居官、士人或豪民，都是由民間人士來主導，而非地方官吏直接主導，已有若干民間半自治團體的色彩。根據《宜春志》記載，萍鄉縣社倉之中，「惟縣下東、西兩倉及孫令君西、南兩倉、金場一倉，斂散如故。然皆久以本米給還其家，止以所儲息米斂散，而歲止收一分之息。」東、西、金場三所社倉為眾資型社倉，而西、南二所社倉則是官資型社倉。[42]然而無論民資或官資社倉，若是將倉本歸還給原先捐助者之後，社倉無形成為一種擁有「公共資源」的官督民辦組織，鄉里共享。

　　令人好奇的是，民資社倉的發展，甚至包括歸還本金之後的官資社倉，究竟朝向何種方向發展？這是一個有趣的議題。除了王德毅和梁庚堯兩位提及士人掌控經營模式之外，下面將討論社倉發展的兩種形勢：一是採取牟利經營方式，部分走向私人化；二是豪家詭名借貸不還，經營不善，從而頹壞倒閉。

　　度宗咸淳七年（1271），知撫州黃震有句話頗有意思，他提到當地有些社倉，「有名雖文公而人不文公，其初雖文公而其後不文公，

39　《朱文公文集》卷13〈延和奏劄四〉，頁17-18，崇安縣社倉係朱熹「與本鄉土居官及士人數人同共掌管」。朱熹曾比較其社倉法與王安石青苗法的不同，後者「其職之也，以官吏而不以鄉人士君子」，同書卷79〈婺州金華縣社倉記〉，頁17。
40　王德毅：《宋代災荒的救濟政策》，頁55。
41　梁庚堯：〈南宋的社倉〉，頁467。
42　《永樂大典方志輯佚》之《宜春志》，頁1844-1845。

倚美名以侔厚利者亦已不少。」[43]其中，「倚美名以侔厚利者」究竟何意？我們不妨先從社倉賑貸的利息及耗剩等收入來切入。

以朱熹為例，崇安縣社倉的賑貸經營，「積有四年，盡以元本歸之官，而所贏凡三千一百石。」[44]到了寧宗慶元五年（1196），距離孝宗乾道五年（1169）創倉已有二十八年，朱熹提到：「嘗以民饑，請於郡守徐公嚞，得米六百斛以貸，而因以為社倉，今幾三十年矣，其積至五千斛」。[45]三十年營利，達到八倍餘之多。又如黃洽「請於縣，貸常平米三百石」，建倉於里中，六年即能歸還本金於官府。[46]又如南康軍胡泳兄弟社倉，「得穀六百斛以貸，……越二十年迄于今，合本息二千斛。」[47]經過二十年，獲利三倍多。又如鎮江府金壇縣社倉，「厥初得米僅二千三百石，行之數年，今五千餘石矣。」[48]數年之間，倉本倍增。

朱熹社倉法所收利息，「歲以夏貸而冬斂之，且收其息什之二焉」[49]，即是一熟二分利，一熟亦稱一料，約當半年利率百分之二十，折算年利率約百分之四十，此與王安石青苗法相同。當時農村借貸利息，半年息多為百分之五十以上，如宋末姚勉曾提到：「姦豪猾富，挾多貲以為不仁之具，惟知什五取厚息」。[50]儘管社倉在當時屬於低利息[51]，只要經營得宜，有效控制呆帳風險的話，獲利應該相當穩

---

43 《黃氏日抄》卷 87〈撫州金谿縣李氏社倉記〉，頁 18。

44 《永樂大典方志輯佚》引《番陽志》，頁 1815。

45 《朱文公文集》卷 80〈常州宜興縣社倉記〉，頁 17。

46 《宋史》卷 430〈道學傳四‧張洽〉，頁 12785。

47 《漫塘集》卷 22〈南康胡氏社倉記〉，頁 12-13。

48 《漫塘集》卷 10〈回知遂寧李侍郎〉，頁 5。

49 《朱文公文集》卷 79〈建寧府建陽縣長灘社倉記〉，頁 19。

50 《雪坡集》卷 36〈武寧田氏希賢莊記〉，頁 18。

51 梁庚堯認為，南宋官方認定合理的年息為三分至五分，富戶放債常取息自八分至一倍，苛刻者更取息數倍，《南宋農村經濟》，頁 179-180。其引《袁氏世範》卷 3〈假

健。無怪乎朱熹的崇安縣社倉原先倉本為六百斛，短短經營四年後，便能還本於官府。三十年後，本息加上滋生利息五千斛，為當初的八倍之多。

　　既然明瞭社倉獲利甚豐的道理，我們自然能夠理解前引黃震「倚美名以侔厚利者」這句話，此乃社倉私有化的誘因所在。黃震又提到：

　　　　文公記社倉，已預防其流弊，今行之以私者果或借之以豐己。[52]

黃震云「借之以豐己」，一種是強行借貸，欠債不還。另一種是假借社倉之名，進行糧食低買高賣、借貸營利之實，獲利甚豐，且借勢於官，具有正當性，受到政府法令的保護。獲利穩定加上法令保障，有些社倉走向營利化，甚至私人化。黃震又提到，撫州寄居官饒縣尉積米甚巨，「威制一州」，他霸據該州社倉，於荒年之際，竟然閉倉拒貸，以求日後糧價高漲，獲利豐厚。黃震不得已，只得派遣官員監臨社倉賑貸，以利救荒。[53]這座撫州社倉成為營利性糧倉，而非鄉里的賑貸社倉。饒縣尉所以雄據社倉，可能先以寄居官身份取得監管社倉之權，進而作為牟利經營的工具。

　　為何社倉的呆帳風險會降低呢？主要在於社倉法的都保擔保／填賠逋欠等相關規定，加上社倉得向官府請求代為追債，官方作為社倉營運的有效保障（這兩點下節還會詳論）。因此社倉經營對比其他民間營利事業，利潤其實不低，換言之，虧損風險不高。無怪乎，劉幸

貸取息貴得中〉云：「貸穀以一熟論，自三分至五分，取之亦不為虐，還者亦可無詞」，一年利息與一熟利息似有差異，故年息可能更高些。

52　《黃氏日抄》卷 91〈跋新豐饒省元倅義貸倉〉，頁 12。

53　《黃氏日抄》卷 75〈乞照應本州已監勸饒縣尉貸社倉申省狀〉，頁 5。

有「聞治所諸邑建倉，為利甚溥」之語。[54]不可諱言，仍舊有些社倉
結束經營，如前述的袁州萍鄉縣便有三所社倉廢止、三所社倉暫停運
作。原因待查，可能是經營不善、缺乏適任的管理人、遭人非法侵佔
或其他不明因素。

有些社倉「以一家之力自為之，而無關於官」。[55]令人好奇的是，
他們創立的原因為何？前面提到，孝宗淳熙十二年（1185），潘景憲
稟持先父和恩師的遺志，創置婺州金華縣社倉。他向朱熹透露：「此
吾父師之志，母兄之惠，而吾子之所建。」[56]寧宗嘉定七年（1214），
麋溧[57]「嘗推廣先儒法，以其出於官者為官社倉，出於民為民社
倉。」他知蘄州廣濟縣時，創立了社倉。[58]其子麋𡙇繼承父志，在理
宗朝時知建昌軍，創立社倉，也模仿乃父之法，分為官社及民社兩
類。麋𡙇「節淫窒蠹，得米二千斛貯官社；分委寓貴勸率諸邑，得米
谷餘二十萬石貯民社，以接養方來。復以酒息之贏例歸郡將者，委官
別掌，糴米二千餘石以平糶，佑助社倉之所不及。」[59]社倉經營方
式，賑貸及賑糶均有。

繼承先人遺志、家人同心，屬於心理層次。至於現實層面，因為
社倉賑貸只要經營得法，可以獲利甚豐，故有心人可能基於功利考
量，從事經營。表面是一所慈善救濟的賑貸社倉，實際卻是一間營利
謀私的借貸糧莊。這種情況發生在家資型的社倉最有可能。第六章曾
論及勸分，上戶與其荒年被強迫勸分，還不如捐出私糧，直接經營社
倉，這或許是創設社倉另一原因。

---

54 《漫塘集》卷10〈回知遂寧李侍郎〉，頁5。
55 語出《黃氏日抄》卷91〈跋新豐饒省元俔義貸倉〉，頁12。
56 《朱文公文集》卷79〈婺州金華縣社倉記〉，頁17。
57 《洪武蘇州府志》卷35〈人物志〉，原題「麋溧」，實為麋之誤。
58 《黃氏日抄》卷96〈麋𡙇行狀〉，頁2。
59 《黃氏日抄》卷96〈麋𡙇行狀〉，頁2。

　　豪家詭名借貸不還方面。晚宋林希逸曾擔憂社倉的走向，他說：
「曾未百年，此法亦敝，非蠹於官吏，即蠹於豪家」。[60]他並非首先擔
憂「蠹於豪家」的人，光宗紹熙元年（1190），社倉創設人之一的朱
熹早就意識到：

> 麻沙常平社倉，曾被一新登第人詭名借去一百餘石，次年適值
> 大赦，遂計會倉司人吏直行蠲放。緣此鄉俗視傚，全無忌憚，
> 視此官米便同己物，歲久月深，其弊愈甚。若不早加覺察，將
> 欠多人追赴使司，勘斷監納，佃戶即令召人劃佃。則數年之
> 後，根本蹙拔，鄉官徒守空倉，舉子之家無復得米之望矣。[61]

新登科人借貸不還之後，鄉人開始有樣學樣，群起效法，這座社倉遲
早得關門大吉。「視此官米便同己物」這句話值得注意，顯露宋人的
公私觀念，公家的米就是我家的米，不拿白不拿。寧宗嘉定時，朱熹
女婿黃榦也提到：

> 數年以來，主其事者多非其人，故有鄉里大家詭立名字，貸而
> 不輸，有至數十百石者，然細民之貸者則毫髮不敢有負。去冬
> 少歉，使趙公行部，豪猾詭名之徒所逋甚多，恐無以償，遂鼓
> 率陳詞，乞權免催。趙公遂從其請，而細民善良者亦觀望而不
> 輸矣，所在社倉索然一空。[62]

鄉里假名借貸而積欠不還，最後索然一空。此座建寧府社倉的敗亡原
因：一因集體共犯，特別是鄉里豪家的逋負侵奪倉本殆盡；二是地方
長官坐視不理，眼見呆帳嚴重卻放任不管。顯然，公私觀念、鄉里共

60　《竹溪鬳齋十一藁續集》卷 13〈跋浙西提舉司社倉規〉，頁 1。
61　《朱文公文集》卷 28〈答趙帥論舉子倉事・佃戶人戶欠米未有約束〉，頁 12。
62　《勉齋集》卷 18〈建寧社倉利病〉，頁 20。

同體意識、管理執掌制度、地方長官監督四者，對社倉發展之良窳影響甚巨。嘉定十七年（1224），真德秀也從產權觀念、管理更替的角度，分析社倉易生弊倖的原因：

> 某考之諸處社倉敗壞之由，蓋緣其始多是勸諭士民出本，因令管幹，往往視為己物，官司亦一切付之，不加考察，且無更替之期，安得不滋弊倖？

問題核心有三：一是管幹士民視倉本為己物，二是官司不加考察，三是管幹士民無更替之期。他提出兩個解決之道：一是「一切從官司出本」，二是「選擇佐官分任出納，鄉士之主執者不得獨專其權，兼令二年一替」。[63]當時南宋財力已不濟，由官司出本並不容易，故用官資社倉取代民資社倉的想法，僅能夠在少數財源寬裕的州縣實行，未必能夠行之全國。

筆者認為，社倉管理者的任期是關鍵所在。民資社倉的管理人，若非輪充，由少數人壟斷職位，從而發生掠奪以至敗壞，相信是遲早的事。有人說士人和寄居官操守較佳，由其擔任較可避免腐敗。然而這種想法其思考盲點在於：忽略士人也是人，少數人把持久了，難免有貪念之人趁機上下其手，侵奪或挪用。日人今堀誠二、渡邊紘良均曾批判社倉制度的弊端。[64]拋棄士大夫文本的視角，可以看清楚事情的真相。

除了管理任期之外，官方監控固然重要，但官府和士人也是必須防範的對象，他們也有挪用或侵奪社倉的可能性。特別是官府自壞其法，挪用倉本至他種用途，社倉案例雖不多，但常平倉及義倉則屢見

---

63 《西山先生真文忠公文集》卷 10〈申尚書省乞撥和糴米及回糴馬穀狀〉，頁 15。

64 今堀誠二：〈宋代社倉制批判〉；渡邊紘良：〈淳熙末年の建寧府—社倉米の昏賴と貸糧と—〉，頁 195-197、202-203。

不鮮。官府和士大夫本身可能便是制度的破壞者，但在以官領民的時代，這種弊端層出不窮。

Richard von Glahn認為，基於保障生存、彌補國家救濟系統的缺失、倡導儒學、穩定社會，這是南宋社倉出現的歷史背景。他還認為社倉取息方式難以獲得社會認同，富家參與程度也不高，加上社倉與政府倉儲組織多所重疊，社倉成為賑貸鄉村的企圖並未成功。[65]筆者認為，朱熹將社倉定位為鄉村賑貸，也與常平倉、義倉、廣惠倉有所區別，社倉在南宋基本是成功的，無庸置疑。然而，社倉遭遇最大的問題，不在於借貸取息、功能定位或富人參與度不高，而在於建立永續經營的管理者任期制度、防堵官府或私人侵奪資產，這兩點上。[66]

以往學者多側重社倉在鄉村救荒的面相，少從私有化的角度切入，本文由此出發，並非意圖詆毀社倉，而是以人性及現實的角度重新思考歷史現象。

五 都保填賠與義田代納

不可否認，借貸行為本身便是一種高風險投資，社倉有虧損的可能。如何處理欠錢不還的人，避免呆帳侵蝕倉本，在在考驗社倉主事人。朱熹的社倉法已經意識到欠債呆帳的問題，故有都保連坐及攤賠欠款的設計。本節以都保填賠與義田代納兩點來討論社倉呆帳問題。凡是借貸糧食必須經由都保立保，防止逃亡積欠之事。若是發生積

---

65 Richard von Glahn, "Community and Welfare: Chu Hsi's Community Granary in Theory and Practice", pp. 221-254.

66 真德秀欲改革社倉的缺失，據梁庚堯指出：「真德秀在潭州便用官米來設置社倉，同時分派官員和地方士人共同管理，並且建立士人管理職務的任期制度。」氏著：〈南宋的社會〉，頁 465-466。筆者認為倉本來源並非重點，而是建立管理任期制、防堵侵奪才是重點。

欠，本息則由其餘保戶負責攤賠，如此可以穩定本息的收入，確保社倉的運作。朱熹的〈社倉事目〉規定：

> 正身赴倉請米，仍仰社首、保正副、隊長、大保長並各赴倉，識認面目，照對保簿，如無偽冒重疊，即與簽押保明。〔其社首、保正等人不保，而掌主保明者聽。〕……保內一名走失事故，保內人情願均備取足，不敢有違。[67]

此一設計可以有效降低呆帳風險的發生，有利於社倉主事人；但有時逃戶者眾多時，卻讓保人苦不堪言。廣德軍於孝宗淳熙時設置社倉，有些貧民困於交納利息，以至於自經而死。到南宋晚年，這種情況依然未能改善，理宗朝黃震說：

> 余前歲負丞廣德（軍），……其法以十戶為甲，一戶逃亡，九戶倍備，逃者愈眾，倍者愈苦，久則防其逃也。或坐倉展息而竟不貸本，或臨秋貸錢而白取其息，民不堪命，或至自經。僉謂此文公法也，無敢議變。[68]

當時世人懾於朱熹盛名，不敢議論社倉法。黃震不以為然說：「法出於黃帝、堯、舜，尚當變通；法立於三代盛王，尚須損益。安有法本先儒而不可為之救弊，使法本於儒先，坐視其弊而不救，豈儒先所望於後之人哉？」[69]

然而，保人攤賠畢竟是一種消極做法，尚有積極的做法，便是成立社倉「義田」，藉此代納利息或是欠債。譬如萍鄉縣社倉，「縣西

---

67 《朱文公文集》卷 99〈社倉事目勅命并跋語附〉，頁 15-16、18。

68 《黃氏日抄》卷 87〈撫州金谿縣李氏社倉記〉，頁 17-18。

69 《黃氏日抄》卷 87〈撫州金谿縣李氏社倉記〉，頁 18；亦見《宋史》卷 438〈儒林傳八‧黃震〉，頁 12992。

倉，又以在倉積米出糶，得錢二千緡足，買民田一百畝，竢買及五千把，即盡蠲息米，如有欠折，即以田分米補湊，庶幾悠久，不致隳廢。」[70]此地西倉義田達到二百五十畝後[71]，便開始實行無息借貸，藉由義田來打消呆帳，頗有專款專用的味道。

　　部分民資社倉已採取購田收租的模式，購買田地，以田租作為賑荒的倉本。譬如建寧府建安縣社倉七所，「社倉之建，其原出於鄉先生、鄉大夫念饑民之無告，與其里人相勉以義，買田積穀」。[72]以田產作為社倉運作基金的模式，這在宋朝屢見不鮮。范仲淹買下田產，成立救濟家族的「義莊」，並成立義學。[73]此後，無論官方或民間都曾利用田產來從事社會救濟、家族互助、公共事務等。官方者，如寧宗開禧三年（1207），袁州成立待補莊，「斥公帑之贏，鬻田置產，……收其租，三歲一給，分餉赴補之士」。[74]民間者，如常熟縣「義役田地……，歲收租米麥……，已隨都分大小分撥與保正長，聽其任便收支，以助役費。」[75]梁庚堯也觀察到此一現象：「自北宋以來，許多公益事業都用田產來維持，如學校的學田、家族的義莊、義役的義役田等」。原因在於，「田產每年定時有田租的收入，使得這些公益事業能夠有固定的經費來源，比較容易持久。」[76]以義田田租取代社倉利息，更能彰顯原本社會互助組織的慈善理念。

---

70 《永樂大典方志輯佚》之《宜春志》，頁 1844-1845。

71 梁庚堯：〈南宋的社倉〉，頁 457、471 註 23，徵引《道光宜黃縣志》卷 31〈藝文志〉來折算，「每田一畝，準禾二十把。」

72 《八閩通志》卷 61〈恤政〉，頁 581-609。

73 推傑（Denis Twitchett）：〈范氏義莊：一〇五〇～一七六〇〉，頁 120-174；劉子健：〈宋初改革家──范仲淹〉，頁 134。

74 《全宋文》冊 294 卷 6699〈待補莊記〉，頁 210。

75 《全宋文》冊 333 卷 7605〈常熟縣義役申狀〉，頁 331。

76 梁庚堯：〈南宋的社倉〉，頁 456。

另外，有些社倉為了處理呆貸，採取義田代納利息的做法，黃震稱之「義貸」。他提到：「別買田六百畝，以其租代社倉息，約非凶年不貸，而貸者不取息。」[77]又說：

> 以其收息買田六百畝，永代人戶納息；且使常年不貸，惟荒年則貸之，而不復收息。凡費皆取辦於六百畝官田之租。[78]

正常的情況之下，社倉經營久了，滋生利息必然不少，購買義田是相當明智的選擇，因為田租收入相對較為穩定。宋末林希逸有句智慧的話：「蓋以粟之藏易弊，而田之入無窮。」[79]

不過，義田代納利息雖為賑貸式社倉解決後續的積欠問題，但仍比不上賑糶式社倉來得便利，錢貨兩訖，簡單明確，沒有都保擔保、積欠填賠、追討本金等後續行政程序。不過，賑糶式社倉也存在著盲點：就是人戶有錢才能購糧，當大規模災荒發生之時，倘若只有賑糶，貧民可能只有死路一條。對於貧民而言，賑貸式社倉仍有存在的必要。由此來看，義田代納是相當不錯的設計，彌補賑貸型社倉所衍生的問題。

六 小結

南宋社倉的資本來源與管理模式，雖以朱熹的官資型／賑貸式為主流，但呈現多元化的發展。崇安縣社倉創立於孝宗乾道五年（1169），淳熙八年（1181），朝廷頒佈朱熹賑貸式社倉法於全國，才過十二年，光宗紹熙四年（1193）張訢便創立賑糶式社倉。其後，陸續出現

---

77 《宋史》卷 438〈儒林傳八・黃震〉，頁 12992。
78 《黃氏日抄》卷 87〈撫州金谿縣李氏社倉記〉，頁 18。
79 《竹溪鬳齋十一藁續集》卷 13〈跋浙西提舉司社倉規〉，頁 1。

購置義田、功能擴大、倉名多樣化等發展。

　　民資社倉的倉本來源，有家資型、眾資型和官員捐俸型三種。營運方式，分為賑貸式及賑糶式，也有兩者兼具。

　　資金募集上，朱熹、門人弟子和再傳弟子所創立的社倉，多半引用朱熹的崇安縣社倉的模式，也多半先借調官資購糧，然後再以本息運作，最後歸還官糧，成為非官方資本。官資社倉的管理，多由寄居官和士人等地方領導人物自行管理，官方監督。民資社倉方面，官方的角色更加淡出，地方人士所任角色增強，特別是寄居官和士人，帶有「半自治團體」的味道。[80]

　　家資社倉方面，建昌軍南城縣吳伸兄弟的家資模式確實成為民間創設社倉的楷模之一。成員單純，經營效率較高，是家資型社倉的優點所在。不過，家庭成員的不睦或家產爭奪，導致經營上的問題，這是家資型社倉的最大困境所在。

　　眾人合資經營方式在宋代頗為多見，社倉和義田、祠廟醮祭活動也利用到勸募集資的方式。其集資錢糧，官員、居鄉官和士人仍扮演居中的關鍵角色。富人因自身富裕之故，參與公共事務自有其便利之處，在荒年之際可能成為官府首要的勸分對象，與其如此，還不如自己先捐出私糧來經營社倉。

　　饒州餘干縣七百二十四戶鄉民以自家的產業券契質押於州庫，向饒州政府商借錢貫而創立社倉。就目前所見，這種募資模式似乎是首創且唯一的社倉史例。然而，這種質借募資模式是宋朝民間組織的首例，或者另見於其他民間組織呢？無法確定。

　　無論官資或民資社倉，一但將倉本歸還原先捐助者之後，財產權似轉為社倉自行管理的狀態。然而，社倉的呆帳風險有效降低，「為

---

[80] 黃繁光認為義役組織已有半自治組織的味道，〈南宋義役的綜合研究〉，頁85-95。

利甚溥」，乃是社倉私有化的誘因。為何社倉的呆帳風險會降低呢？
主要在於社倉法的都保擔保／填賠逋欠等相關規定，社倉得向官府請
求代為追債。

表10-4：南宋社倉表

編號	路	地點	時間	倡辦人	倉所	規模	倉本	性質	出處
1	福建路	建寧府建陽縣：長灘	紹興廿年（1150）	魏掞之	1	1600石	官	貸	《救荒活民書》〈拾遺〉
2		——同縣：大闡	淳熙十三年（1186）	倉司宋若水、鄉官周明仲	1	數千斛	官	貸	《朱文公文集》卷79〈建寧府建陽縣長灘社倉記〉、〈建寧府建陽縣大闡社倉記〉、卷93〈宋若水墓誌銘〉
3		◆——同縣：開福寺、麻沙鎮（中興倉）、中興院、靖安里、和平里、興賢中里、興賢下里（長湍倉）、崇文里（將口倉）、北樂里[81]	不詳	不詳	9	不詳	不詳	不詳	《八閩通志》61/589
4		——崇安縣：五夫里	乾道五年（1169）	朱熹	1	600石	官	貸	《朱文公文集》卷77〈建寧府崇安縣五夫社倉記〉
5		——同縣：黃亭市、吳屯里、大安鋪[82]	乾道七年（1171）後	不詳	3	不詳	不詳	不詳	《永樂大典方志輯佚》之《建陽崇安縣》頁1200

81　前兩條長灘、大闡可能在此9所之中。

82　《永樂大典方志輯佚》引《建陽崇安縣》，頁 1200，「社倉四，並乾道七年以後置。⋯⋯今待制晦菴朱公熹云：『五夫里、黃亭市、吳屯里報恩院、大安鋪。』」除

6		——同縣（安撫司社倉）：回向院、靈陽院、黃材里、會仙里、豐陽里、長平里、仁義坊、大渾里、石臼里	不詳	帥司	9	不詳	官	貸	《八閩通志》61/590-591 ；《嘉慶崇安縣志》卷3〈公署·倉〉
7		——同縣（提舉司社倉）：張坂、東山、大王嶺、登山下、連墩、湖塘、吉亭、大坂	不詳	倉司	8	不詳	官	貸	同上
8		——建安縣	紹熙五年（1194）	監司	5	不詳	官	不詳	《永樂大典方志輯佚》之《建安志》頁1167
9		◆——同縣：東莨里、安泰里、建寧里、南材里、川石里、順陽里[83]	不詳	鄉先生、鄉大夫	7	不詳	眾	貸	《八閩通志》61/587
10		——松溪縣：善政鄉杉溪里	慶元三年（1197）（或二年）	不詳	1	不詳	不詳	不詳	《永樂大典方志輯佚》之《松溪縣志》頁1200；《八閩通志》61/590
11		——浦城縣：長樂里（永利倉）、東禮里	端平二年（1235）	不詳	2	不詳	不詳	不詳	《永樂大典方志輯佚》之《浦城縣志》頁1198；《八閩通志》61/588

五夫里社倉於乾道五年創始外，其餘崇安縣三倉應在乾道七年至慶元二年（朱熹逝世）之間創立，至於分別或一併設置，資訊不足。

83 此與前條有所出入，倉所五所或七所，倡議人及倉本也有所差異，故分置兩條。

12		——甌寧縣：崇安里、西鄉里、梓溪里、禾供里、禾義里、豐樂里、禾吉里、慈惠里、吉陽里、梅岐里、麻溪里、高陽里	不詳	不詳	12	不詳	不詳	不詳	《永樂大典方志輯佚》之《甌寧志》頁1195；《八閩通志》61/588
13		——同縣：順陽里、安泰里	慶元三年（1197）	知縣俞南仲	2	不詳	官	不詳	同上，頁1168
14		邵武軍光澤縣	紹熙四年（1193）	知縣張訢、士人李呂	1	1200斛	官	糴	《朱文公文集》卷80〈邵武軍光澤縣社倉記〉；《八閩通志》61/605
15		＃福州	慶元元年（1195）[84]	詹體仁	不詳	不詳	不詳	貸	《西山文集》卷47〈詹體仁行狀〉
16		興化軍莆田縣	紹定六年（1233）	知縣曾用虎	不詳	不詳	官	不詳	《後村先生大全集》卷88〈陳曾二君生祠〉
17	江南西路	袁州萍鄉縣：西烏岡市、南米田市	淳熙年間	知縣孫逢吉	2	206石	俸	貸	《永樂大典方志輯佚》之《宜春志》頁1844〈萍鄉縣西社倉記〉
18		——同縣：橫頭、神田、盧溪、宣風、大安、石塘、南金	淳熙十六年（1189）	縣尉潘友文、邑士鍾泳等人[85]	9	1586石	眾	貸	同上、《朱文公文集》卷84〈跋袁州萍鄉縣社倉記〉、《勉齋集》

---

84 李之亮：《宋福建路郡守年表》，頁 27，詹體仁知福州於紹熙五年十月，慶元元年八月罷。

85 《勉齋集》卷 19〈袁州萍鄉縣西社倉絜矩堂記〉，頁 15-17，「鍾唐傑」確定是鍾泳，「胡叔器」即是胡安之；至於「宜世顯」是否為宜師賢（九德），「柳承節」是

		場、西北耀村、上粟							卷17〈袁州萍鄉縣西社倉絜矩堂記〉
19		◆——同縣：北村黃塘口	不詳	丘君寶	1	不詳	家	貸	《永樂大典方志輯佚》之《宜春志》頁1845
20		撫州金谿縣	淳熙十五年（1188）	倉司趙汝謙	1以上[86]	不詳	官[87]	貸	《陸九淵集》卷1〈與趙監〉、卷9〈與黃監〉
21		——同縣	咸淳七年（1271）	李沂	1	不詳	家	貸	《黃氏日抄》卷87〈撫州金谿縣李氏社倉記〉、卷88〈撫州金谿縣李氏平糶倉記〉
22		——宜黃縣	慶元四年（1198）	曹堯咨[88]	1	不詳	家	不詳	《同治宜黃縣志》〈通濟倉記〉、《西山先生真文忠公文集》卷36〈跋曹唐弼通濟倉記〉

否為柳廷傑（宗顯）？則不能確定。

86 《陸九淵集》卷9〈與黃監〉，頁125，「趙丈舉行社倉，敝里亦立一倉」，推其文意，當在1倉以上。

87 陸九淵〈與陳教授書〉記載：「向來陸倉以歲歉，捐二千緡委羣主簿於熟鄉糴二千碩，為來歲賑濟之備。次年所用不多，餘者儲於縣前倉。前歲梭山所掌社倉，已支八百碩矣。」《陸九淵集》卷8，頁110。顯然，陸九韶所掌社倉倉本八百碩來自於縣前倉賑濟餘糧，即屬官資。

88 同治《宜黃縣志》〈通濟倉記〉，倡設者和作者均應為曹堯咨，而非其子曹錫。《西山先生真文忠公文集》卷36〈跋曹唐弼通濟倉記〉，曹堯咨字唐弼，足以說明。曹堯咨撰於寧宗慶元四年，其子曹錫摹刻於理宗紹定六年。

23		——臨川縣：新豐	咸淳年間	饒伋[89]	1	不詳	家	貸	《黃氏日抄》卷87〈撫州金谿縣李氏社倉記〉、卷91〈跋新豐饒省元伋義貸倉〉
24		——同縣	咸淳七年（1271）	李縣令	1	600石	俸	不詳	《黃氏日抄》卷87〈撫州金谿縣李氏社倉記〉
25		建昌軍南城縣	紹熙五年（1194）	吳伸吳倫兄弟	6	4000斛	家	貸	《朱文公文集》卷80〈建昌軍南城縣吳氏社倉記〉
26		——[90]	淳祐之前	知軍糜弇	不詳	2000斛	官	貸糶	《黃氏日抄》卷96〈糜弇行狀〉
27		——	同上	知軍糜弇	不詳	20萬斛	眾	貸	同上
28		臨江軍清江縣	嘉定元年（1208）前	張洽	1	300石	官	貸	《宋史》卷430〈張洽傳〉
29		——新喻縣	嘉定年間	劉夢麟	1	1700餘石	家	貸	《須溪集》卷3〈社倉記〉
30		隆興府	嘉定年間	運判李燔	不詳	不詳	眾	貸	《宋史》卷430〈李燔傳〉

89　《黃氏日抄》卷 87〈撫州金谿縣李氏社倉記〉，頁 18，提到：「新豐饒君景淵亦嘗以社倉求余為說，其法取息視文公尤輕，貸而負者去其籍而不責其償」。同書卷 91〈跋新豐饒省元伋義貸倉〉，頁 12，記載：「臨川新豐之饒氏獨變通其法，名曰義貸。……以一分八厘之息裁酌之，而收僅五厘。」兩篇所載，姓氏、地點、義貸均相同，內容前呼後應，當指同一社倉，饒伋字景淵。

90　《黃氏日抄》卷 96〈糜弇行狀〉，頁 2，描述社倉之前，提及「移建昌（軍）」，而非太平州當塗。

31		──南昌、新建縣	嘉定四年（1211）[91]	府丞豐有俊	11	米2000斛、錢千萬	官	糶	《絜齋集》卷10〈洪都府社倉記〉
32		──武寧縣	寶祐二年（1254）	田倫家族	2	貸600石、糶6萬緡	家	貸糶	《雪坡集》卷36〈武寧田氏希賢莊記〉
33		◆吉州吉水縣	嘉定十一年（1218）	邑士	1	1872餘石	眾	糶	《須溪集》卷4〈吉水義惠社倉記〉
34		◆──	淳祐十一年（1251）	倉司葉夢鼎	不詳	不詳	官	不詳	《宋史》卷414〈葉夢鼎傳〉
35		──	不詳	葉重開等	1	不詳	眾	不詳	《文山先生全集》卷10〈葉校勘社倉記〉
36		瑞州	端平三年（1236）[92]	知州陳韡	17	不詳	官	貸	《永樂大典方志輯佚》之《瑞陽志》頁1857
37		南安軍	景定四年（1263）	知軍饒應龍	1	2000緡省	官	貸	《永樂大典方志輯佚》引《南安郡志》頁1
38	江南東路	饒州餘干縣：福應鄉	紹熙五年（1194）[93]	轉運司、知縣江同祖	1	733石2斗	官	貸	《永樂大典方志輯佚》之《番陽志》頁1815

91　《絜齋集》卷10〈洪都府社倉記〉，頁150，提到：「將漕胡公」，疑為胡榘。據前引書卷10〈東湖書院記〉，頁148-149，記載：「秘閣胡公以江西計使兼鎮隆興，……（社倉營造）經始於辛未（嘉定四年）之仲秋，而告具于仲冬。」李之亮：《宋代路分長官通考》，頁689，嘉定三、四年，胡榘任江西運判。李之亮，《宋兩江郡守易替考》，頁326，嘉定四、五年，胡榘知隆興府。故暫繫於嘉定五年。

92　李之亮：《宋兩江郡守易替考》，頁536，陳韡知瑞州於端平二年，嘉熙元年罷。據此推測，以端平三年的機率較高。

93　《永樂大典方志輯佚》引《番陽志》，頁1815，疑「紹興五年」為紹熙五年。

39		──同縣：大慈北鄉	慶 元 五 年（1199）	鄉民	1	700斛	眾	貸	同上
40		宣、信、徽州、南康軍	嘉 定 八 年（1215）	倉司李道傳	不詳	不詳	官	不詳	《宋史》卷436〈李道傳傳〉
41		南康軍建昌縣：小蟹里	嘉定年間	胡泳兄弟	1	600斛	家	貸	《漫塘集》卷22〈南康胡氏社倉記〉
42		◆──同縣	嘉 定 八 年（1215）前	不詳	不詳	不詳	不詳	不詳	《永樂大典方志輯佚》之《南康志》 頁 1742-1743
43		──：建昌、都昌、星子縣	同上	知軍趙師夏	不詳	12000石	官	貸	同上
44		廣德軍	嘉 熙 四 年（1240）	知軍康植[94]	9	每 鄉 500擔	官	貸	《黃氏日抄》卷74〈更革社倉事宜申省狀〉〈更革社倉公移〉
45	兩 浙東路	紹興府會稽縣	淳 熙 九 年（1182）	諸葛千能	1	不詳	官	貸	《朱文公文集》卷99〈勸立社倉榜〉
46		──同縣？	淳 熙 九 年（1182）	張宗文	1	不詳	家	貸	同上
47		＃──同縣	紹 熙 元 年（1190）前	知縣王時會	不詳	不詳	官	不詳	《陸放翁全集·渭南文集》卷37〈王時會墓誌銘〉
48		──會稽、山陰縣	慶 元 二 年（1196）	倉司李大性	12	3270餘石	官	不詳	《嘉泰會稽志》卷13〈社倉〉

94　《黃氏日抄》卷 74〈更革社倉事宜申省狀〉，頁 3，僅言「嘉熙庚子（四年）之
　　歉，康知軍初傚朱文公法，刱置社倉」。李之亮：《宋兩江郡守易替考》，頁 286，康
　　植知廣德軍，嘉熙三年至淳祐七年。

49	#台州？	淳熙九年（1182）	王若水	1	不詳	家	貸	《朱文公文集》卷99〈勸立社倉榜〉
50	——黃巖縣	淳祐十年（1250）	知縣王華甫	1	7000石	眾	糶	《赤城後集》卷3車若水〈黃巖縣社倉記〉
51	——同縣	開慶元年（1259）	趙處溫兄弟	1	不詳	家	貸	《光緒黃巖縣志》卷6趙亥〈義莊田跋〉
52	——同縣	景定三年（1262）	知州趙景緯	66	不詳	官	不詳	《宋史》卷425〈趙景緯傳〉
53	衢州龍游縣？	淳熙九年（1182）	袁起予[95]	1	不詳	家	貸	同上
54	婺州金華縣	淳熙十二年（1185）	潘景憲	1	500斛	家	貸	《朱文公文集》卷79〈婺州金華縣社倉記〉

95 《朱文公文集》卷 99〈勸立社倉榜〉，頁 22，「尋據紹興府會稽縣鄉官，〔、〕新嘉興主簿諸葛修職名千能狀，乞請官米置倉給貸；〔。〕而致政張承務名宗文、新台州司戶王迪功名若水、衢州龍游縣袁承節名起予等，又乞各出本家米穀，置倉給貸。」學者對此榜所言設置地點及倉所看法不一，梁庚堯認為創立於兩地三處：紹興府會稽縣（諸葛千能、張宗文）、衢州龍游縣（袁起予）；諸葛為官資，張、袁為家資，不見王若水，見〈南宋的社倉〉，頁 7447。張文認為三地四處：紹興府會稽縣（諸葛千能、張宗文）、台州（王若水）、衢州龍游縣（袁起予）三處，諸葛為官資，袁、王、張則為家資，見《宋朝民間慈善活動研究》，頁 19。張文所言成理，本書亦贊同此說，但仍有些必須考量。筆者認為，因為榜文張貼時間為淳熙九年六月八日，朱熹時任浙東倉司，乞請人所在紹興府、台州、衢州均屬其轄郡，確有其可能。另由「各出本家米穀」推知，張宗文、王若水、袁起予的倉本均為家資。但張宗文部分，由於創設地點交代並不清楚，只能暫繫於紹興府會稽縣。另外亦不排除，諸葛千能（新嘉興主簿修職郎）、張宗文（致政郎）、王若水（新台州司戶迪功郎）、袁起予（衢州龍游縣承節郎）四人，原先均為紹興府會稽縣的寄居官，故創立地點均在該縣，此亦解釋得通。括號內標點可佐證張文所言，括號前標點則為另一假說。

55		──東陽縣	寶慶元年（1225）前	李大有	不詳	不詳	官	貸	《鶴山先生大全文集》卷75〈李大有墓誌銘〉
56		溫州平陽縣	嘉定元年（1208）？	汪縣令	1	不詳	官	貸	《慈湖先生遺書》卷2〈永嘉平陽陰均隄記〉
57		慶元府昌國縣	淳祐十二年（1252）	縣令費諲	1	田67畝	眾	糶	《大德昌國州圖志》卷2〈社倉〉
58	兩浙西路	常州宜興縣	紹熙五年（1194）	知縣高商老	11	2500餘斛	官[96]	貸	《朱文公文集》卷80〈常州宜興縣社倉記〉
59		鎮江府金壇縣	紹定年間	劉宰等人	1	2300石	眾	貸	《漫塘集》卷9〈回知遂寧李侍郎〉
60		◆湖州長興縣	紹定三年（1230）	不詳	不詳	不詳	官	不詳	《永樂大典》卷14626〈吏部13〉
61		◆浙西	理、度宗之交	倉司從事毛鼎新	不詳	錢40萬	官	不詳	《黃氏日抄》卷79〈毛鼎新墓誌銘〉
62		浙西	不詳	倉司陳卓山	不詳	不詳	官	貸	《竹溪鬳齋十一稿續集》卷13〈跋浙西提舉司社倉記〉
63	荊湖南路	潭州長沙縣	慶元元年（1195）	知縣饒幹	28	不詳	官	貸	《西山先生真文忠公文集》卷10〈奏置十二縣社倉狀〉

---

96 《朱文公文集》卷80〈常州宜興縣社倉記〉，頁17-18，「紹熙五年春，常州宜興大夫高君商老實始為之，於其縣善拳、開寶諸鄉，凡為倉者十一，合之為米二千五百有餘斛……。明年春，高君將受代以去，……苟非常得聰明仁愛之令如高君」。推其文意，高商老任縣令時推動，至於倉本究竟是眾資或官資？在文中看不出頭緒。

64		──：十二縣	嘉定十七年（1224）	帥司真德秀	72多	與前面28所共計95000餘石	官	貸	同上
65		◆──安化縣	咸淳六年（1270）前	縣尉毌廷瑞	1	1萬餘石	不詳	不詳	《疊山集》卷8〈毌廷瑞墓銘〉
66		#郴州	嘉泰元年（1201）前	不詳	不詳	不詳	不詳	不詳	《水心文集》卷23〈羅克開墓誌銘〉
67		武岡軍	寶慶三年（1227）	知軍呂知軍	1	2000石	眾、官	糶	《永樂大典方志輯佚》引《都梁志》頁2287
68		#湖南	不詳	張釜	不詳	不詳	不詳	不詳	《京口耆舊傳》卷7〈張釜〉
69	荊湖北路	常德府武陵縣	開禧末年（1207）	知府胡槻	不詳	每鄉100碩	官	貸	《永樂大典方志輯佚》之《武陵圖經》頁2401
70		岳州平江縣	淳祐十年（1250）後	寄居官萬鎮	1	100斛	眾	貸	《古今圖書集成》卷100〈經濟彙編·食貨典〉萬鎮〈澧州社倉規約序〉、《隆慶岳州府志》卷18
71	淮南西路	蘄州廣濟縣	嘉定七年（1214）	知縣槩溧	不詳	不詳	官	貸	《黃氏日抄》卷96〈槩弇行狀〉
72		◆──同縣	同上	知縣槩溧	不詳	不詳	眾	貸	《黃氏日抄》卷96〈槩弇行狀〉
73		黃州黃岡縣	嘉定十二年（1219）後	知縣劉洙	不詳	數千斛	官	不詳	《後村先生大全集》卷165〈劉洙墓誌銘〉；《洪

									武蘇州府志》卷35〈人物〉
74	成都府路	#成都府新繁縣	嘉定十四年（1221）？	魏文翁	不詳	300萬錢	官	不詳	《鶴山先生大全文集》卷81〈魏文翁墓誌銘〉
75		#漢州什邡縣	寶慶二年（1226）	知縣高崇	不詳	不詳	不詳	不詳	《鶴山先生大全文集》卷88〈高崇行狀〉
76		◆漢州	紹定年間	權漢州吳昌裔	不詳	不詳	官	不詳	《宋史》卷408〈吳昌裔傳〉
77		簡州等地	不詳	許奕兄弟	3	錢500萬	家	貸	《鶴山先生大全文集》卷69〈許奕神道碑〉
78	潼川府路	瀘州	紹定六年（1233）前	不詳（紹定6年知州魏了翁復置）	不詳	不詳	官	不詳	《宋史》卷437〈魏了翁傳〉
79		合州巴川縣：龍多	淳祐中	趙飛鳳兄弟	1	不詳	家	不詳	《宋代蜀文輯存》卷76度正〈巴川社倉記〉
80		——同縣：巴川	同上	景元一等20家	1	錢1000緡，歲穀300石	眾	糴	同上
81		——同縣：巴嶽之下	同上	陳孜等	1	不詳	眾	不詳	同上
82	夔州路	◆涪州	淳祐九年（1249）	知州趙汝廩	1	263500斛	俸、官	貸	《萬曆重慶府志》卷78韓伯異〈社倉祠記〉
83	京西南路	◆光化軍	嘉定年間	不詳	不詳	不詳	不詳	不詳	《宋史》卷413〈趙必愿傳〉

| 84 | 廣南西路 | 橫州 | | 紹定元年（1228） | 知州張垓 | 1 | 1000碩 | 官 | 貸 | 《輿地紀勝》卷113〈廣南西路‧橫州〉 |

說明：其一，梁庚堯社倉表共有六十四例，張文社倉表有六十九例，本章則有八十四例；「#」為張文所增補，「◆」為本文增補十五例。其二，本表考證之處，另以腳註行之。許多文本未詳細說明社倉的地點、倉本、經營方式、倡議者，難免有重複或少算的可能。

依照社倉個案而言，南宋十六路中，江南西路共計二十一例第一，福建路十六例第二，兩浙東路十三例第三，江南東路七例第四，荊湖南路六例第五，兩浙西路五例第六，成都府路、潼川府路各四例第七，淮南西路三例第八，荊湖北路二例第九，夔州路、京西南路、廣南西路各一例第十。利州路、淮南東路、廣南東路等三路沒有發現社倉史料。若依社倉所數多寡而言，荊湖南路一百零四所第一，兩浙東路八十九所第二，福建路六十四所第三，江南西路六十二所第四，兩浙西路十五所第五，江南東路七所第六，成都府路六所第七，潼川府路四所第八，淮南西路三所第九，荊湖北路二所第十，夔州路、京西南路、廣南西路各一所第十一。

南宋社倉在全國分佈相當不平均，就連每路也非常不平均。就拿明代中葉編纂《八閩通志》而言，所載全省南宋社倉共計四十九所，大多數位於建寧府，該府七縣之中，建安縣七所、甌寧縣十二所、浦城縣二所、建陽縣九所、松溪縣一所、崇安縣十七所、政和縣零所，合計四十八所，其他州郡僅有邵武軍光澤縣一所，異常集中，令人驚訝。[97]顯示朱熹於建寧府的倡導效應，但對福建其他諸郡則感染力不高。

八十四史例之中，家資社倉有十五例，眾資社倉有十五例，官員

---

97 《八閩通志》卷61〈恤政〉，頁581-609。

捐俸社倉有三例。家資、眾資及捐俸等民間資本共計三十三例（二例與官資重複），官資有四十一例（二例與民資重複），不詳者則有十二例。比較特殊的，福建路少見民間資本社倉，是否與朱熹模式有關？不能確定。依年代趨勢圖來觀察，顯然民間資本有加重的趨勢。

　　——原名〈南宋民資民辦社倉的再認識：公共化或私人化？〉，宣讀於〔「宋都開封與十至十三世紀中國史」國際學術研討會暨中國宋史研究會第十五屆年會〕，開封：河南大學歷史學院，2012年8月21日。

第十一章
百姓陳訴及越訴賑災弊病

一　前言

　　宋朝訴災分為三種：一是訴災傷狀的陳訴行為。二是陳訴或越訴官方救災不力，如陳訴救助方式[1]、減免諸種糜費[2]、抄劄未盡[3]等方面。官吏在訴災、檢放或賑濟之惰怠或不實，引起災民不滿，將之陳訴於治司或上司。三是民間富室違背救荒法令或政策的陳訴行為，如朱熹勸諭榜提到：「如有故違不肯糶米之人，即仰下戶經縣陳訴，從官司究實。」[4]又如「如牙人不遵今來約束，輒敢邀阻，解落牙錢，許被擾人盡時具狀，經使軍陳訴。」[5]第一種訴災見第一章，第二、三種則是本章的論旨。

　　百姓赴地方政府（縣、郡、監司）、尚書省或御史臺的陳訴內容，據《宋史》所載，大致有災情輕重、司法不公[6]、稅賦不均[7]、吏

1　《西山先生真文忠公文集》卷 6〈奏乞分州措置荒政等事〉，頁 21-25。亦見同卷〈奏乞撥米賑濟〉，頁 11-13；同卷〈奏乞倚閣第四等五等人戶夏稅〉，頁 25-28。

2　《朱文公文集》別集卷 9〈施行人戶訴狀乞覓〉，頁 12-13。

3　《朱文公文集》別集卷 10〈施行場所未盡抄劄戶〉，頁 9。

4　《朱文公文集》卷 99〈勸諭救荒〉，頁 11。

5　《朱文公文集》別集卷 9〈措置賑卹糶糴事件〉，頁 5。

6　《宋史》卷 463〈外戚傳上·劉承宗〉，頁 13545，載：「或有陳訴屈抑，經轉運、提點司區斷不當，即按鞫詣實，杖以下依法區理，徒以上驛聞，仍取繫囚躬親錄問，催促論決。」

7　《宋史》卷 267〈陳恕傳〉，頁 9202，載：「峽路諸州，承孟氏舊政，賦稅輕重不均，閬州稅錢千八百為一絹，果州六百為一絹。民前後擊登聞鼓陳訴，歷二十年，

治不法[8]、估籍民產[9]、官府採購[10]等方面。當時的陳訴行為，類似今日的民眾請願、訴願或行政救濟的廣泛稱謂。宋人的行政術語與今日不盡相同，就以訴願為例，據臺灣省政府編印《認識訴願》，定義訴願為：「廣義的訴願亦稱為任意的訴願，即人民因行政機關違法或不當之行政處分，使其權利或利益受到損害時，向該處分機關或該機關之上級機關請求救濟之方式」。[11]訴願的第一定義，「向該處分機關請求救濟之方式」，宋朝稱為「陳訴」。訴願的第二定義，「向該處分機關之上級機關請求救濟之方式」，宋朝則稱為「越訴」，越級陳訴之意。[12]

本章界定「越訴」，採取廣義的說法，包括越訴上司、上御史臺及擊登聞鼓院等行為。本章的越訴範圍僅限於訴災，而不論差役、賦稅、詞訟、人事等方面。本章史料雖不多，但鑑於事關本書宏旨，故獨立成章，而未併入他章。以下討論，先從陳訴救荒不實開始，到越訴上司，再到越訴御史臺及登聞鼓院。

詔下本道官吏，因循不理。」

8　《宋史》卷 21〈徽宗本紀三〉，頁 398，政和七年五月「辛丑，……以監司、州、縣共為姦贓，令廉訪使者察奏，仍許民徑赴尚書省陳訴。」

9　《宋史》卷 385〈錢端禮傳〉，頁 11831，載：「端禮籍人財產至六十萬緡，有詣闕陳訴者，上（孝宗）聞之，與舊祠。」同書卷 173〈食貨志上一〉，頁 4180，理宗淳祐「十一年九月，敕曰：『監司、州、縣不許非法估籍民產，戒非不嚴，而貪官暴吏，往往不問所犯輕重，不顧同居有分財產，壹例估籍，殃及平民。或戶絕之家不與命繼；或經陳訴許以給還，輒假他名支破，竟成乾沒……。』」

10　《宋史》卷 186〈食貨志下八〉，頁 4555，寧宗「嘉定二年，以臣僚言，輦轂之下，買物於鋪戶，無從得錢。凡臨安府未支物價，令即日盡數給還，是後買物須給見錢，違，許陳訴於臺。」

11　盧文蔚等：《認識訴願》，頁 1。

12　宋朝的稅役越訴，參考拙著：《取民與養民：南宋的財政收支與官民互動》，頁 587-622。

二　陳訴賑災不力

徽宗重和元年（1118），房州災傷，有數百人百姓向州府陳訴，知州李惲將狀首劉均等人科斷，派遣公人監勒。七十三歲的劉均因受不了監禁之苦，得病身故。隔年，朝廷下詔將李惲除名勒停。[13]相信這不是孤例，還有許多案例未被記錄下來。此一史例說明，災民陳訴災情於治司，通常很容易惱惹長令，在官官相衛的官場倫理上，可能危及災民自身的安全。

孝宗淳熙九年（1182），浙東倉司朱熹受理不少災民的陳訴，包括官吏賑荒不力、豪民勸分偽詐。紹興府「山陰、會稽縣人戶不住遮道告訴，抄劄不盡，漏落不實」。[14]紹興府嵊縣土豪黃彥等列狀陳訴該府賑濟官密克勤偷盜官米，以致饑民羸困瘦弱。[15]婺州金華縣貧乏人戶俞九等列狀哀訴，進納補官朱熙績不曾搬米到場賑糶，以致一村人民饑餓。金二陳訴朱熙績，賑糶減扣升斗。朱熹奏請朝廷，將之「重賜黜責，以為豪右奸猾不恤鄉鄰之戒。」[16]紹興府上虞縣「災傷，委是至重，而本縣不受人戶投訴，反將投訴人戶刷具舊欠，監繫門頭，及出招子催督稅賦……。其不到者，即差公人下鄉追捉，搔擾尤甚，乞覓尤多。人戶不勝其苦，一日之間，遮臣泣訴者至五七百狀。」[17]該名知縣不恤民災，硬是要照常催稅，災民只好向上級監司泣訴。朱熹巡視衢州江山縣時，有士民向他詞訴：知縣王執中「多將不應禁人

13　《宋會要》食貨1之5（61之73），宣和元年三月二十六日。

14　《朱文公文集》卷16〈奏紹興府都監賈祐之不抄劄飢民狀〉，頁20。

15　《朱文公文集》卷16〈奏紹興府都指使密克勤偷盜官米狀〉，頁26-27。

16　《朱文公文集》卷16〈奏上戶朱熙績不伏賑糶狀〉，頁28-29。

17　《朱文公文集》卷17〈奏巡歷沿路災傷事理狀〉，頁23。同書卷17〈奏衢州守臣李嶧不留意荒政狀〉，頁1，衢州亦有類似的情況。

非法收禁，人數極多，……務要科罰錢物。」不過，朱熹鑑於此事非其職權，加上知縣並未貪贓枉法，並未立即處置此次詞訴。等到該縣發生饑荒，王執中坐視不理，朱熹才申奏朝廷將他罷黜。[18]如何面對這些不作為而怠惰的官員，就連大儒朱熹都如此無奈，更何況一般災民。

敢向官戶陳訴賑災不力，通常是大戶，一來他們是鄉親利益的代言人，二來因為影響他們的利益最多。由於他們是鄉里領袖，官府也得正視他們的陳請。

三　越訴災情

北宋初年《宋刑統》承繼唐律，「諸越訴及受者，各笞四十。」[19]越訴不僅不合法，還要加以科笞。太祖乾德二年（964）正月詔：「若從越訴，是紊舊章。……違者先科越訴之罪，卻送本屬州縣，據所訴依理區分。」送回原轄官衙科罪。其理由在於「設官分職，委任責成」，各個行政層級皆有職掌，不得紊亂既有的體制。[20]現存最早准許越訴史料見於神宗熙寧六年（1073）六月，《長編》記載：

> 司農寺言：「開封酸棗、陽武、封邱縣民千餘人赴寺訴免保甲教閱，已牓諭無令越訴。蓋畿縣令佐或非時追集，以故致訟。……」上批：「今正當農時，非次追集，於百姓實為不便，令提點司劾違法官吏以聞，自今仍毋得禁民越訴。」[21]

---

18 《朱文公文集》卷21〈申知江山縣王執中不職狀〉，頁9。

19 《唐律疏義箋解》卷24〈鬪訟律〉，頁1674；《宋刑統》卷24〈鬪訟律〉，頁378。

20 《宋大詔令集》卷198〈禁越訴詔〉，頁729；《宋會要》刑法3之10，乾德二年正月二十八日。

21 《長編》卷245熙寧六年六月壬辰，頁5970。

這條史料顯示，神宗朝將越訴合法化，多少與新政推動有關係，無論引發民怨或官員執行不力，都可透過百姓越訴，跳過官僚行政層級，讓朝廷能夠盡快、充分地瞭解民意，藉此排除新政執行的障礙。越訴所以合法化另有兩點可能：更加強化中央集權，藉此監察地方官員枉法濫權；又可另闢上層機構和百姓溝通的管道，適時反映民意。[22]考量集權中央與監督地方，擺脫行政階層的思維。

北宋初年，禁止越訴的範圍還包括訴災在內，《宋刑統》根據後周廣順二年（952）十月二十五日敕：

> 今後諸色詞訟及訴災沴，並須先經本縣，次詣本州、本府。仍是逐處不與申理及斷遣不平，方得次第陳狀，及詣臺省，經匭進狀。其有蓦越詞訟者，所由司不得與理，本犯人准律文科罪。[23]

神宗朝允許越訴，依理判斷，允許訴旱越級是遲早的事，可惜未見到相關的記載。直到哲宗紹聖二年（1095）十月，因京畿路災民越訴御史臺，哲宗下詔：「府界提點司選差官，體量以聞。」[24]徽宗以後史例不少，詳見於後。寧宗時《慶元條法事類》規定：「諸奉行手詔及寬恤事件違戾者，許人越訴。」[25]

大致而言，荒政越訴的類別有四種：

一是越訴災情，如遮道越訴之類。高宗紹興六年（1136）三月，

---

22 拙著：《取民與養民：南宋的財政收支與官民互動》，頁 588-606，稍作修改。郭東旭看法與本書不同，他認為：「越訴的限制到宋徽宗政和以後發生了變化，在某些問題上開始准許人們越訴。這一變化的出現，與北宋末的政局不穩，吏治腐敗有直接的關係。」〈論南宋的越訴法〉，頁 337。

23 《宋刑統》卷 24〈鬬訟律〉，頁 378。

24 《宋會要》食貨 1 之 4（61 之 73-73），紹聖二年十月十九日。

25 《慶元條法事類》卷 16〈文書門一〉，頁 336。

四川制置大使席益提到：「去年十二月六日聖旨節文：諸路旱傷去處，令轉運司審實，如委及四分以上，權住給賣。臣自入界以來，百姓遮道，陳訴困窮，皆稱去秋旱傷，田畝所收，多者不過四五分，少者纔一二分。又緣官中羅買甕遏，米穀價例踴貴，無從得食，盡有菜色。」[26]席益到任入境時，災民趁機陳訴災情，希望能獲得長官的賑恤。又如孝宗淳熙八年（1181），朱熹「任南康軍日，適值旱傷，深慮檢放搔擾下戶。偶有士人陳說，乞將五斗以下苗米人戶免檢全放，當時即與施行，人以為便。」[27]朱熹接受這群士人的陳說，將秋苗五斗以下的人戶免予檢覆，全數蠲放，災民不必受到檢放流程之苦。又如寧宗嘉定七年（1214）江東轉運副使真德秀上奏說：「去歲宣城、南陵、蕪湖、繁昌、貴池、銅陵、青陽等縣，皆被水災，檢放之時，多不及數目。自臣到任，來訴者多，事已後時，無從覈實，而參之眾言，宣城尤甚，故前者輒上倚閣殘零之請。」[28]這是災荒之下宋朝官民互動的一環，災民們針對官方救災的缺失或不力，得向地方長官陳訴，或向上級越訴，以彌補荒政的缺憾，也算是社會安全瓣之一。

二是檢放不實。地方官吏施行荒政，訴災、檢放、蠲減若有不公不義之事，亦可向官府陳訴之，甚至越訴。[29]以《宋會要》為例，徽宗於宣和六年（1124）三月下詔：「今後人戶經所屬訴災傷而檢放不實，州郡、監司不為伸理，許赴本路廉訪所及尚書省、御史臺越訴。」[30]針對檢放不實，宋廷屢次重申允許災戶越訴，紹興十八年（1148）十二月二十二日高宗御言[31]、二十五年（1155）十一月十九

---

26 《要錄》卷 99 高宗紹興六年三月壬辰，頁 1632-1633。

27 《朱文公文集》卷 13〈延和奏劄四〉，頁 17。

28 《歷代名臣奏議》卷 248〈荒政〉，頁 3。

29 《朱文公文集》卷 99〈再放苗米分數榜〉、〈約束檢旱〉，頁 27。

30 《宋會要》食貨 1 之 6（61 之 74），宣和六年三月二十四日。

31 《宋會要》食貨 1 之 9-10（61 之 76），紹興十八年十二月二十二日。

日赦文[32]、二十六年（1156）二月五日指揮[33]、隆興元年八月二十日指揮[34]，類似的指揮還有不少，多半是重複申明。還有，朱熹〈再放苗米分數榜〉、〈約束檢旱〉也有提及。越訴雖成為百姓的合法權利，但前提是必須朝廷授予。從時間點來看，高宗初年未有重申的記錄，這恐怕與宋金戰爭有些關聯，避免災民越訴引發不必要的官民緊張。

越訴的行政層級，按理推論，縣、州檢放不實，也可逕赴監司越訴，如徽宗宣和六年三月二十四日詔，許赴本路廉訪所越訴。又如寧宗朝《慶元條法事類》規定：「諸稅租應開閣減免除放而不為開閣減免除放，……並許人戶經監司越訴。」[35]還有，朝廷下令監司督責州縣檢放不實的指揮頗多，以落實行政監督之權。朝廷甚至允許赴中央政府越訴，相關詔令也不少，如上引宣和六年三月二十四日詔，允赴尚書省及御史臺越訴；如紹興十八年十二月二十二日御言，允赴尚書省越訴。

訴災或越訴有地域的差異性，如哲宗紹聖二年（1095），京畿路酸棗、封邱兩縣百姓因田旱乞請縣邑檢放，縣官卻不受理，認為他們妄訴，於是百姓向御史臺越訴。詔令同意侍御史的建議：「下府界選官，同本縣官長周行檢視，如民田實荒，即當蠲放。」[36]兩縣在天子腳下，百姓可就近越訴檢放不公，也較容易引起朝廷君臣們的注意，至於遠方的州縣百姓就沒有如此幸運。

三是蠲減不實。孝宗淳熙二年（1175）四月，江西、湖南以頻年旱傷，第四、五等人戶秋苗特減一半，並從上供前物數額除免，以避

---

32 《宋會要》食貨1之10（61之76），紹興二十五年十一月十九日。

33 《宋會要》食貨1之10（61之76），紹興二十六年二月五日。

34 《宋會要》食貨1之11（61之76），隆興元年八月二十日。

35 《慶元條法事類》卷47〈賦役門一〉，頁629。

36 《宋會要》食貨1之4（61之72-73），紹聖二年十月十九日。

免敷擾及民。孝宗特別說：「不得輒有敷擾，許人戶越訴，將違戾官吏重作施行。」[37]寧宗嘉定八年（1215）五月，「去年江浙災傷州郡，多為官司掩蔽，減放租稅率不以實」。朝廷下令：「如違，許人戶越訴。」[38]

四是未禁遏糴。理宗寶慶三年（1227），監察御史汪剛中提到：「豐穰之地，穀賤傷農，凶歉之地，濟糴無策，惟以其所有餘濟其所不足，則飢者不至於貴糴，而農民亦可以得利。」凶荒救濟，光靠政府力量是不夠的，必須吸引外地糧食前來，以有餘濟不足，如此才能以最小的成本達到最大的功效。所以他建議：「申嚴遏糴之禁，凡兩浙、江東西、湖南北州縣有米處，並聽販鬻流通；違，許被害者越訴，官按劾，吏決配，庶幾令出惟行，不致文具。」朝廷同意之。[39]許多地方官基於自保，往往禁止本地糧食外流，所以朝廷申嚴遏糴是必要的。

還有個疑問，究竟越訴是常制或是特例？常制是指無論何時百姓得以越訴，特例是皇帝下詔准許後方得越訴。依《慶元條法事類》來判斷，既然諸種越訴得以編入政府法令彙編，應該屬於常法及常例，並非重申或下詔之後方才生效。

有些地方人士懂得利用越訴，以確保自我利益，或藉此控訴或箝制地方官。譬如度宗咸淳七年（1271）知撫州救荒之時，「訪聞六姓上戶買游士以假大義，分謀幹以愬膚受，伺候倉臺，乘機投訴，必欲撓敗見行荒政。」[40]試圖向上級控訴，製造地方輿論，迫使地方官讓

---

37 《兩朝聖政》卷 54 淳熙二年四月乙卯，頁 2。

38 《宋會要》刑法 3 之 139，嘉定八年五月一日。

39 《宋史》卷 178〈食貨志上六〉，頁 4343。

40 《黃氏日抄》卷 78〈七月初一日勸勉宜黃樂安兩縣賑糶未可結局榜〉，頁 14。

步。這種情況亦見於司法訴訟方面，[41]譬如饒州留又一越經臺部，控訴監司，藉此脫罪。據吳勢卿說留氏這種「一等豪民」，「其聲價非特可與州郡相勝負，抑可與監司相勝負矣」。[42]又如婺州譁徒張夢高「唆使無賴，上經臺部，威成勢立，莫敢誰何！」[43]顯見地方勢力藉由越訴，可以向地方官施壓，這是越訴的另一種效果。

四　擊登聞鼓院與上御史臺

登聞鼓出現於西晉，到南北朝尚未有專門機構及制度。唐代開始制定登聞鼓制度，以通下情，接受上訴、舉告、請願、自薦、議論軍國大事等進狀。宋朝承襲之，初設匭院，隸屬諫院，太宗太平興國九年（984）改稱登聞院，真宗景德四年（1007），以鼓司為登聞鼓院，登聞院為登聞檢院，作為官僚系統以外朝廷獲取社會訊息的重要途徑之一。進狀人有舉人、僧道、草澤、致仕官、貶官、選人、命婦等人。進狀內容有獄訟上訴、舉告官員不法、議論政事、集體請願（如訴災）、自薦等事項。[44]

災民向上司機關越訴，如登聞鼓院、御史臺之類，也是反制地方官阻抑訴災或檢放不實的途徑之一。以下討論四起案例：

例一，真宗大中祥符九年（1016），北方諸路蝗旱，其中以河北東路最為嚴重。真宗鑑於地方勘災不實，下詔曰：「諸州縣七月已後訴災傷者，準格例不許，今歲蝗旱，特聽受其牒訴。」此詔引發了一連串的反應，百姓越級訴災者增多。同年九月，河北東路「博州蝗

41　柳立言：〈青天窗外無青天：胡穎與宋季司法〉，頁 235-282。

42　《名公書判清明集》卷 12〈懲惡門・豪民越經臺部控拒監司〉，頁 458-459。

43　《名公書判清明集》卷 12〈懲惡門・撰造公事〉，頁 482。

44　黃豔純：〈下情上達的唐宋登聞鼓制度〉，頁 213-234。

旱，民有訴而州縣抑輸常賦，運司不為之理。」[45]從這裏很清楚看出，博州官員視輸納常賦重於蝗旱訴災，不受理百姓訴災，於是真宗「詔遣官按視，即蠲之。」[46]

同年十月，大名府民眾伐登聞鼓訴旱，又說當地官員不接納其訴災言詞。於是朝廷遣使按視，確定事實後，蠲其稅賦。[47]大名府位於河北東路南方，距離京畿路不遠，其百姓透過擊登聞鼓，控訴官吏不受理其訴災。隔月，大名府、澶、相等州民伐登聞鼓訴旱災及霜災。宰臣議請轉運司訪察。真宗卻回說：「比者轉運司固言無災傷，故州縣不為蠲減。雖慮支計不充，然朝廷矜恤之意不可稽也。」於是派遣常參官分往按視，蠲其稅賦。[48]真宗質疑這種官官相護的處理方式，容易造成災民訴災無效。

為何此次河北東路竟有兩起百姓「伐登聞鼓」訴災呢？蝗旱大災橫跨大中祥符九年（1016）到天禧元年（1017），災情頗為嚴重。顯然地方官隱瞞災情，並延遲申報，其中的關鍵角色便是轉運使。這兩次災民敲擊登聞鼓驚動到皇帝，真宗和宰輔也表達看法。真宗瞭解官僚體系官官相衛的弊病，不願再透過科層組織來視察災情。真宗展延訴災詔令的政治作用，從這次旱蝗之災可以看得很清楚，百姓「伐登聞鼓」訴災，都獲得真宗積極的回應，遣官按視而蠲稅，讓災民獲得補償。不過，僅有京畿附近的災民才有機會到汴京擊登聞鼓，南宋行在臨安府也是類似，可以直接向朝廷和皇帝訴災，其他的天下百姓則受限於路途，沒有這種特殊的管道。

---

45 上引兩條俱見《長編》卷 88 大中祥符九年九月己未，頁 2018-2019。

46 《長編》卷 88 大中祥符九年九月庚申，頁 2019。

47 《宋會要》食貨 70 之 162，大中祥符九年十月三日；《長編》卷 88 大中祥符九年十月壬申，頁 2021。

48 《長編》卷 88 大中祥符九年十一月戊申，頁 2027；《宋會要》食貨 70 之 162，大中祥符九年十一月八日。

例二，哲宗紹聖二年（1095）十月，京畿路酸棗、封邱兩縣百姓因為田旱向縣邑訴災，縣官卻不受理，未下鄉檢放，反而認為他們妄訴。逼不得已，當地災民越訴到御史臺。哲宗下詔：「府界提點司選差官，體量以聞。」[49]兩縣尚處於天子腳下，百姓可就近越訴檢放不公，相較之下，容易引起朝廷君臣的注意，其他遠方的州縣百姓可能就沒有如此幸運。這點前面已論及。

例三，兩年之後，紹聖四年（1097）十二月，發生駭人聽聞的案件，據御史蔡蹈奏言：

> 臣竊見本臺近日節次接過開封府東明縣百姓六百九十八狀，計一千八百五十九戶，為陳論今歲夏旱，依條披訴災傷。本縣不為收受，內一百十七狀，計二百七十六戶，稱係（涇）〔經〕縣，不押；不顯官員名位，外五百八十一狀，計一千五百八十三戶，稱主簿權，不押。

未受理的訴災傷狀為數眾多，兩種類型共計六百九十八狀，一千八百五十九戶，顯見地方官員漠視災民訴災權利之嚴重。災民不得已，只好向御史臺越訴，控告開封府東明縣知縣李升、主簿何夷非法從事。蔡蹈繼續向哲宗說：「臣伏思京師為諸夏之根本，天子施德布惠，必先及之……。至於國門之外，數舍之遠，農畝歲荒，而民無所赴訴，是豈陛下優養畿甸農民之意乎？畿甸之近，且猶如此，則其他邑災傷，民被扼塞，既遠在數千里外，不能皆赴臺察，則陛下何從知之乎？」[50]蔡蹈提到優養京畿百姓的事實，難免有差別待遇。天高皇帝遠，距離京城越遠，朝廷掌握的災情越可能背離真實。

例四，高宗紹興六年（1136）三月，成都潼州府夔州利州路安撫

---

49 《宋會要》食貨 1 之 4（61 之 73-73），紹聖二年十月十九日。
50 兩條長引俱見《長編》卷 493 紹聖四年十二月癸卯，頁 11718-11719。

制置大使席益提到：「緣蜀民自來不曉陳訴災傷，是致州郡、漕司不曾依條減放。間雖有檢放去處，並不以寔。」[51]這是老實話，不僅是川陝災民不懂得訴災而已，一般百姓也是如此，更甭提赴登聞鼓院、御史臺越訴。

朝廷是否重視登聞鼓制？端視帝王的態度，不一而論。譬如太宗便相當重視，甚至親自聽決。淳化四年（993）十月，一位京畿百姓擊登聞鼓，陳訴家奴弄丟一頭小豬，太宗詔令賜千錢賠償他。太宗對宰相說：「似此細事悉訴于朕，亦為聽決，大可笑也。然推此心以臨天下，可以無冤民矣。」[52]太宗事必躬親，故較積極處理登聞鼓制。

如前所述，宋廷授予稅戶得以越訴的權利，對於地方官抑制訴災與檢放不實等弊端，產生一些嚇阻力。根據筆者的研究，宋廷賦予百姓向上級政府越訴的權利，承認越訴的合法性，出現在神宗朝左右，而確立於徽宗朝。既可強化中央集權，監察地方官濫權；又可另闢上層機構與百姓的溝通管道，適時反映民意。

五　小結

災民陳訴災情於治司，通常很容易惱惹官員，在官官相衛的官場倫理上，可能危及災民自身的安全。敢向官戶陳訴賑災不力，通常是大戶，一來他們是鄉親利益的代言人，二來因為影響他們的利益最多。由於他們是鄉里領袖，官府也得正視他們的陳請。

北宋初年承繼唐律，不允許越訴，並科答越訴者。現存最早准許越訴的史料，見於神宗熙寧六年，其合法化的過程，多少與新政推動有關係。越訴得以合法化的原因，大致有二：更加強化中央集權，藉

51　《宋會要》食貨 63 之 6，紹興六年三月二十五日。

52　《長編》卷 34 淳化四年十月丁丑，頁 757。

此監察地方官員枉法濫權；又可另闢上層機構和百姓溝通的管道，適時反映民意。另外，災民向上司機關越訴，如登聞鼓院、御史臺之類，也是反制地方官阻抑訴災或檢放不實的途徑之一。

荒政越訴的類別，有越訴災民、檢放不實、蠲減不實、未禁遏糶等四種。訴災或越訴有地域的差異性，天子腳下較容易受到注意，較不利於偏遠地區。

災民們對官方救災的缺失或不力，得向地方長官陳訴，或向上級越訴，藉此來施壓，逼迫官方積極賑荒。不過，在以官領民的時代，可以預期的是，百姓陳訴或越訴，無論有效與否，百姓雖能越訴，但並不能決定結果，決定權在上司、更高層的官員或皇帝。儘管未必有實際上的效果，卻得以彌補官方荒政的缺憾，筆者也曾研究宋朝布衣上書，無論越訴或布衣上書，這些都是社會安全瓣的設計。[53]地方勢力亦藉著越訴向地方官施壓，此為越訴另一種效應，俱屬於宋朝官民互動的一環。

表11-1：宋廷允許百姓陳訴及越訴賑災弊病例舉表

	時間	內容	出處
1	徽宗宣和三年（1121）	蠲免租賦及除放公私負債欠，仰州縣明行曉諭，如敢違令或宛轉督索者，並許民戶越訴。	《宋會要》食貨70/179
2	宣和六年（1124）	今後人戶經所屬訴災傷而檢放不實，州郡、監司不為伸理，許赴本路廉訪所及尚書省、御史臺越訴。	《宋會要》食貨1/6
3	高宗紹興廿八年（1158）	平江府、紹興府、湖州諸縣災傷所有已前積欠稅賦，並予除放。其人戶私債並欠坊場酒錢，並候三年外理還。如官司尚敢追	《宋會要》食貨63/15

---

53 拙著：〈宋代的布衣上書〉，頁 1-54。

		索搔擾，令監司自覺察，具名聞奏，仍許越訴。	
4	紹興廿九年（1159）	已降赦文，諸路州縣民戶積欠租稅等並已放免至二十五年終。州縣尚敢依前催理，官吏作弊，以資妄用，令監司覺察違戾去處，當職官吏按劾聞奏，重行決責，人吏斷配，許人戶經赴台省越訴。（三月十四日、二十一日詔）	《宋會要》食貨63/16
5	孝宗隆興元年（1163）	災傷之田，既放苗稅，所有私租，亦合依例放免。若田主依前催理，許租戶越訴。	《宋會要》食貨63/21
6	乾道四年（1168）	兩浙、江東、西路乾道五年夏稅、和買折帛錢，並權予減半輸納一年。如州縣輒敢過數取民一文以上，許人詣檢鼓院進狀陳訴。	《宋會要》食貨63/30
7	乾道六年（1170）	建康府、太平州被水縣邑，身丁錢放免一年，如違，許人戶越訴。	《兩朝聖政》48/13、《宋會要》食貨12/18
8	淳熙元年（1174）	江西、湖南累經災傷，淳熙元年秋苗特與蠲放一半，如州縣輒敢違戾拘催，許人戶越訴。	《兩朝聖政》53/11
9	淳熙二年（1175）	湖南頻年旱傷，第四、五等人戶合納秋苗特蠲一半，仍禁戢不得輒有敷擾，許人戶越訴。	《兩朝聖政》54/2
10	淳熙七年（1180）	如有故違不肯糶米之人，即仰下戶經縣陳訴，從官司究實。	《朱文公文集》99/11

第十二章
災荒下的抗議、騷動及民變

一　前言

　　兩宋雖沒有像唐末黃巢、明末李自成之類的大規模民變，但小型變亂層出不窮。據華山的估計，南宋一百五十二年之間（1127-1279），文獻上有記錄可查的民變，大概兩百多起。[1]然而，王世宗曾統計高宗朝的變亂，即已達三百三、四十起之多。[2]劉馨珺則統計南宋荊湖南路的變亂，至少有七十四起。[3]顯然，華山的南宋民變的數字似乎估計過低，故黃寬重推測，應在六百次以上。[4]

　　古人早已意識到，災荒饑民易於生變，《周禮》〈地官司徒〉的荒政措施當中，第十二項即是「除盜賊」。重視儒學經典的宋人，自然也經常論及，如仁宗慶曆三年（1043）諫官余靖提到：「若水旱之後，盜賊滋長，世之常也。」[5]宋朝推行荒政的歷史背景，其實有內在、外在兩方面驅力，儒家愛民恤民思想為內在驅力，恐懼民變發生而威脅政權的安危為外在驅力。倘若不致力救荒於先，則民變騷動於後，兩宋臣僚持此論述者頗多，茲以《歷代名臣奏議》說明之：

1　華山：〈南宋紹定、端平間的江、閩、廣農民大起義〉，頁 256。
2　王世宗：《南宋高宗朝變亂之研究》，頁 17-60。
3　劉馨珺：《南宋荊湖南路的變亂之研究》，頁 102-112。
4　黃寬重：〈宋代變亂研究的檢討〉，頁 225。
5　《長編》卷 141 慶曆三年五月己丑，頁 3380。

表12-1：《歷代名臣奏議》〈荒政〉的凶歲常起盜賊說表

姓名	論點	出處
田錫	其憂患不獨在邊防，而叛亂在內地也。	243/14
歐陽脩	今若不加存卹，將來繼以凶荒，則飢民之與疲怨者相呼而起，其患不比王倫等偶然狂叛之賊也。	243/18
賈黯	盜賊之起，本由貧困。	243/21
包拯	蓋年凶則民飢，飢則盜起；盜起則姦雄出，姦雄出則不可制矣。	243/24
宋祁	饑弱者就死，強惡者為盜。盜賊既廣，討捕必嚴，兵盜相挐，邦國深患。	244/5
司馬光	臣竊惟淮南、兩浙今歲水災，民多乏食，往往群輩相聚，操執兵仗，販鬻私鹽，以救朝夕。至有與官軍拒鬭相殺傷者，若浸淫不止，將成大盜，朝廷不可不深以為憂。	244/1
司馬光	今歲開封府界、南京、宿、亳、陳、蔡、曹、濮、濟、單等州，霖雨為災，稼穡之田悉為洪荒。百姓羸弱者流轉它方，餓死溝壑，強壯者起為盜賊。	244/6
司馬光	彼老弱不轉死溝壑，壯者不起為盜賊，將安歸乎！	244/11
蘇轍	若此月不雨，飢饉必至，盜賊必起。保甲之餘，民習武事，猖狂嘯聚，為患必甚。	244/21-22
蘇轍	河北流移，道路不絕，京東困弊，盜賊群起。	245/21
劉安世	是以歲或不登，民輒菜色，強者轉而為盜賊，弱者不免於餓殍。	245/13
劉安世	比聞崔謀鎮白晝驚劫，愚民急迫，豈有常心！與其委於溝壑，不若亡命為盜，以幸萬一之免。竊恐因此飢饉，寇賊充斥，使關中之民不得安堵，非細故也。	245/14
文彥博	深慮向去小民艱食，即聚為寇盜。	245/20
上官均	臣聞賊盜之多常起於凶歲。	245/21
陳次升	陝右之民，今既闕食，豈能安土，弱者必散而之它路，強者必嘯聚而為盜。	245/27-28
司馬康	若復一不稔，則公私困竭，盜賊可虞。	245/28

葉夢得	若復以闕食轉徙，……若或聚為盜賊，則為患又不止此。……饑民犯法至死，謂如攘取餅餌之類，或因拒捍傷犯變主，遂為彊盜坐死等。	246/6、8
洪适	小民艱食，……或有聚眾強糴而相殺傷者，或有逢縣尉而持刃拒抗。	246/12
真德秀	池陽道路出沒剽掠，休寧縣數百人入令、丞廳求糴濟，建昌縣百十人劫隆興府界居民，苟非饑窮迫身，何忍至此！……使不至飢餓流亡，散為盜賊，以遺朝廷憂。	248/4-5
袁甫	竊聞金陵諸邑，流民群聚，皆來自淮西。荷戈持刃，白晝肆掠，動輒殺傷。……所在蟻聚，剽劫成風，逃亡之卒皆入其黨，江南奸民率多附和。	248/18

俗語說：「屋漏偏逢連夜雨」，此句頗為適合形容災害效應。當家庭收入僅能維持基本生存之時，其承受災害的能力其實不高，災害將使之更加貧窮，或失去生命。國家的情況也類似，最怕災害、戰爭、民變接踵而至，讓政府和百姓沒有喘息的機會，很容易威脅原有的社會秩序，甚至危害政權的生存。災荒及艱食易起盜心，眾所周知，不足為奇，宋人所論甚多，上表僅以《歷代名臣奏議》為例。

社倉創設與饑民剽掠有密切的關係，魏掞之創立社倉的初衷，即與高宗紹興十九年（1149）的饑民兇寇杜八子、廿年（1150）張大一及李大二之亂有關：

> 自建炎初，劇盜范汝為竊發於建之甌寧縣，朝廷命大軍討平之。然其民悍而習為暴，小遇歲飢，即群起剽掠。去歲因旱，凶民杜八子者乘時嘯聚，遂破建陽。是夏，張大一、李大二復於回源洞中作亂，……布衣魏掞之謂民之易動，蓋因艱食，……遂置倉於長灘鋪。自是歲斂散如常，民賴以濟，草寇遂息。[6]

6　《要錄》卷161 紹興二十年九月丙申，頁 2623。

朱熹創設社倉也多少與饑民生變有關，他於〈建寧府崇安縣五夫社倉記〉說：乾道四年（1168），「建人大饑。……俄而盜發浦城，距境不二十里，人情大震，藏粟亦且竭。」[7]

二　緩刑與嚴刑之議

《周禮》〈地官司徒〉十二種荒政之中，「緩刑」為第三。此處所言緩刑，並非暫緩刑責之意，而是災荒之際用刑稍輕，表現體恤百姓之情。荒政緩刑，多指為首者貸死，將為首者杖脊刺配，免其一死；[8]或是為首者論死，從者從輕處分，甚至釋放勿論。宋人崇揚儒學，因此《周禮》這套說法深植人心，故不少士大夫主張緩刑之說。《宋史》〈刑法志〉便觀察到兩宋荒政緩刑的特質，其云：「凡歲饑，強民相率持杖劫人倉廩，法應棄市，每具獄上聞，輒貸其死。」[9]饑民劫財盜糧，若以盜法科之，從重論處，依法應當棄市，實際上經常寬貸死罪。

相對於其他民變，宋朝對於饑荒民變較為寬大，兩宋不少的皇帝抱持緩刑的態度。譬如太宗淳化五年（994）京西、江、浙大饑，「饑民多相率持棒投劵富家，取其粟」。依法應坐強盜罪，故「棄市者甚眾，蔡州民張渚等三百一十八人皆當抵死。知州張榮、推官江嗣宗共議，取其為首者杖脊，餘悉從杖。」其案上奏後，太宗下詔褒揚二人。其後，太宗還刻意囑咐臨行的體量安撫使者說：「彼皆平民，因飢取餱糧，以圖活命爾，若其情非鉅蠹，悉為末減，不可從強盜之科，其凶狠難制為患閭里者，可便宜從事。」於是全活者甚眾。此

後，「應因饑持杖劫人家藏粟，止誅為首者，餘悉以減死論」成為慣例。[10]

真宗咸平元年（998）三月，京兆府「穀貴，民多持杖發窖藏，合從強盜法」論處。知府奏請：「察其情本止為艱食，請自今犯者特貸死，徒罪減等，俟麥登仍舊。」真宗從之。[11]光州「歲大饑，群盜發民倉廩，吏以法當死。」知州王堯臣反對說：「此飢民求食爾，荒政之所恤也。」於是，奏請朝廷以減死論。「其後遂以著令，至今用之。」同樣的，處州「歲饑，有持杖盜發囷倉者」。知州陳從易「請一切減死論，於是全活千餘人。」[12]

仁宗皇祐三年（1051），京東、淮、浙等七路發生饑荒，信州有民劫米而傷主者，依罪當死。仁宗關注此案，對輔臣說：「饑而劫米則可哀，盜而傷主則難恕。雖然，細民無知，終緣饑爾。」於是貸其死罪。[13]至和元年（1054）九月，經筵官楊安國主張嚴懲饑民為亂（詳見於後），仁宗則說：「不然，天下皆吾赤子也。一遇饑饉，州縣不能存恤，饑莩所迫，遂至為盜，又捕而殺之，不亦甚乎？」[14]仁宗處置寬厚。

部分大臣反對寬刑，主要理由基於：倘若如此，無異將變相鼓勵饑民生變。真宗天禧元年（1017），「天雄軍時蝗旱，民饑，無賴輩剽刦積聚」，知軍馬知節「戮其為首者三人於市」。[15]他的強硬作風與真

10　《皇朝編年綱目備要》卷 5 淳化五年正月，頁 96。《宋史》卷 200〈刑法志二〉，頁 4987，誤繫於真宗時。

11　《皇朝編年綱目備要》卷 6 咸平元年三月，頁 116。

12　以上兩則俱見《救荒活民書》卷下〈王堯臣乞飢民減死〉，頁 12-13。

13　《皇朝編年綱目備要》卷 14 皇祐三年八月，頁 321。

14　《長編》卷 177 至和元年九月己巳，頁 4280；《宋史》卷 200〈刑法志二〉，頁 4988。

15　《長編》卷 90 天禧元年九月癸卯，頁 2079。

宗態度不同。〈刑法志〉提到，仁宗朝有兩位質疑當時緩刑的做法，值得長引，一是知諫院司馬光：

> 蓋以饑饉之歲，盜賊必多，殘害良民，不可不除。頃年嘗見州縣官吏，有不知治體，務為小仁。遇凶年，劫盜斛斗，輒寬縱之，則盜賊公行，更相劫奪，鄉村大擾。不免廣有收捕，重加刑辟，或死或流，然後稍定。今若朝廷明降敕文，豫言與減等斷放，是勸民為盜也。百姓乏食，當輕徭薄賦、開倉振貸以救其死，不當使之自相劫奪。……臣恐國家始於寬仁，而終於酷暴，意在活人而殺人更多也。[16]

司馬光認為緩刑只是小仁小義，徒然勸民為盜，騷擾鄉里。表面是寬仁，實際卻酷暴，適得其反，造成無辜死亡的人更多。當前之計，唯有輕徭薄賦、開倉賑貸，才是荒政之道。司馬站在現實的角度，不拘束於五經，就事論事。二是經筵官楊安國，他對仁宗說：

> 所謂緩刑者，乃過誤之民耳，當歲歉則赦之，閔其窮也。今眾持兵杖劫糧廩，一切寬之，恐不足以禁姦。[17]

不過，仁宗不認同他的看法，詳參前面引文。主張嚴懲饑民劫掠者，又如孝宗乾道四年（1168）五月，某臣僚認為：

> 今歲諸道間有荒歉之所，饑民乘勢劫取富民廩穀，有司往往縱釋不問，深慮滋長不已。頃紹興間，嚴陵小饑，民有率眾發人廩者。守臣蘇簡知不可長，梟其首謀四人，故雖年饑而郡境帖

---

16 《宋史》卷 200〈刑法志二〉，頁 4988。

17 《長編》卷 177 至和元年九月己巳，頁 4280；《宋史》卷 200〈刑法志二〉，頁 4988。

然。使甲戌衢州之變，守臣亦能出此，豈余七、余八敢聚眾生
變哉！臣以謂不幸而遇歉歲，賑救不可不極其至，而禁亂亦不
得不極其嚴。凡有劫取升斗以上者，皆以多寡為罪輕重，庶幾
銷患未形，民得安堵，比之養禍成變，始以兵討定，萬不侔
矣。[18]

　　他認為小禍端釀成大災難，紹興二十四年（1154）衢州之變是也，所
以主張應嚴懲肇事的饑民，不得寬貸。多數主張懲處者，主要基於殺
雞儆猴，藉此嚇阻變亂再度發生，若不懲處的話，恐怕有人效尤。

　　平亂的長令臨機專斷，將首謀者處死，文獻記載案例不少。如孝
宗時，「有因告糴殺人者，會赦免，（陳）居仁曰：『此亂民也，釋之
將覆出為惡。』遂誅之。……知福州。入境，有饑民嘯聚，部分迓兵
遮擊之，首惡計窮，自經死。」[19]首惡知道逮捕後必定處死，與其被
官民折磨致死，不如選擇自經。理宗開慶元年（1259）冬，射陽湖饑
民嘯聚，兩淮制置使·知揚州杜庶說：「吾赤子也」，「戮止首惡數
人」。[20]陳居仁、杜庶均論死饑民盜首。下面還有例舉表，可一併參
考。

表12-2：宋臣主張災荒盜賊輕處重懲觀點例舉表

主張輕處者（人物／出處）		主張重懲者（人物／出處）	
張榮、江嗣宗	《宋史》200/4987〈刑法志二〉	楊安國	《宋史》153/4988〈刑法志二〉
張詠	《安陽集編年箋注》50/1568〈張詠神道碑銘〉	司馬光	《宋史》153/4988〈刑法志二〉

18　《宋會要》兵13之26乾道四年五月十五日。
19　《宋史》卷406〈陳居仁傳〉，頁12274。
20　《宋史》卷412〈杜庶傳〉，頁12384。

馬尋	《宋史》300/9972〈馬尋傳〉	陳居仁	《宋史》406/12274〈陳居仁傳〉
李士衡	《范文正公集》11/19〈李士衡神道碑〉	某臣僚	《宋會要》兵13/26
王堯臣	《救荒活民書》下/12-13		
陳從易	《救荒活民書》下/13		
張景憲	《全宋文》71/1555/305〈張景憲行狀〉		
朱倬大父	《宋史》372/11534〈朱倬傳〉		
趙善俊	《宋史》247/8761〈宗室傳四〉		

　　北宋君臣的處理態度不一，寬厚或嚴懲均有人主張，南宋依然如此。南宋主張貸死的例子，如高宗紹興六年（1136）三月詔曰：「盜劫米穀食物之屬，不曾毆傷人罪至死者，聽知、通酌情減等刺配。俟麥成日如舊。」[21]至中期，汪綱「調桂陽軍平陽縣令，……歲饑，旁邑有曹伍者，群聚惡少入境，彊貸發廩，眾至千餘，挾界頭、牛橋二砦兵為援」。汪綱收服砦兵，砦官「皆皇恐伏地請死，杖其首惡者八人，發粟振糶，民賴以安。」[22]寧宗時，崔與之「宰建昌新城，素號難治，……歲適大歉，民有強發廩者，公折其手以狥，因請自劾，守大異之。」[23]崔與之雖對首亂者貸死，但折斷其手，也算重懲。

　　朱熹主張用強盜律論處饑民為亂者，其勸諭救荒榜提到：「貧民下戶……如妄行需索，鼓眾作鬧，至奪錢米。如有似此之人，定當追捉根勘，重行決配遠惡州軍。其尤重者，又當別作行遣。」[24]他又

21　《要錄》卷99紹興六年三月辛未，頁1624。
22　《宋史》卷408〈汪綱傳〉，頁12305。
23　《文溪集》卷11〈崔與之行狀〉，頁5。
24　《朱文公文集》卷99〈勸諭救荒〉，頁11。

說：

> 州縣旱傷去處，慮有無知村民，不務農業，專事扇惑聚眾，輒
> 以借貸為名，於村疃之間廣張聲勢，亂行逼脅，以至劫掠居民
> 財物米穀。〔此項當司檢準律：強盜，不得財徒二年，一疋徒
> 三年，二疋加一等，十疋及傷人者絞，殺人者斬。其持杖者，
> 雖不得財流三千里，五匹絞，傷人者斬。〕[25]

朱熹所徵引律文見於《唐律疏義》、《宋刑法》[26]，為了嚇阻饑民劫掠
成風，宋朝承襲唐律的嚴格律令，對於持有杖槍等武器的搶糧饑民之
懲處更加嚴厲。

寧宗嘉定四年（1211）閏二月，下詔恪守賑恤令，並言：「盜發
不即捕者，重罪之。」[27]這道詔令造成官員從嚴處置民間變亂，誅殺
風氣日盛。徐清叟不滿於官兵大量屠殺民變起事者，他說：

> 邇者，江右、閩嶠，盜賊竊發，監司、帥守，未免少立威名，
> 專行誅戮，此特以權濟事而已，而偏州僻壘，習熟見聞，轉相
> 傚傚，亦皆不俟論報，輒行專殺，欲望明行禁止，一變臣下嗜
> 殺希進之心，以無墜祖宗立國仁厚之意。[28]

徐氏強調宋朝本以仁厚立國，而官兵為求晉官加爵，不惜誅殺過度，
希望能禁止此一嗜殺之風。

---

25 《朱文公文集》卷 99〈約束糶米及劫掠榜〉，頁 26。
26 《唐律疏議箋解》卷 19〈賊盜律〉，頁 1377-1378；《宋刑統》卷 19〈賊盜律〉，頁
   300。
27 《續編兩朝綱目備要》卷 12 嘉定四年閏二月丁未，頁 228。
28 《宋史》卷 420〈徐清叟傳〉，頁 12572。

三 安撫或鎮壓的選擇

飢民索糧無處、求助無門之下，於是挺而走險。大致而言，宋代
盜賊模式，可分為五類：一是飢民型，以強奪地主、富民或過境商旅
錢糧為主，滿足生存所需，或是宣洩不滿或怨懟。本身規模多半不
大，臨時起義居多，每當官府招安或鎮壓之時，很快便歸降或撫平。
如仁宗皇祐元年（1049）河北大水，「民流京東，盜賊多起，……
（劉）夔至鄆（州），發廩振饑民，賴全活者甚眾，盜賊衰止」。[29]或
者，依附其他盜賊集團，如哲宗元祐六年（1091），「深恐淮南群盜不
止，流入潁州界，縱不能為大害，但飢民附之，徒黨稍眾」。[30]二是游
寇型，多為饑荒流民組成，沒有自己的盤根地，到處劫掠或伺機搶奪
民財為主。三是土寇型，如梁山泊之類，屯聚某處，佔地為王，多據
山丘或險要之地。薛季宣提到高宗紹興年間，「閩部八郡山賊，自建
炎後磐據巖險」[31]；光宗時桂陽郡，「群聚惡少……挾界頭、牛橋二砦
兵為援，地盤踞萬山間」[32]。四是鹽盜或茶盜型，在行政邊區從事走
私鹽、茶等禁榷商品，具有武器裝備。五是海盜型，以海上掠奪船隻
財物，或從事走私貿易。

宋朝對付饑民變亂的方法，計有四種：一是寬恤百姓，加強賑
濟。如太祖時賈黃中「造糜粥，以濟飢民，……盜悉解去。」[33]前引
皇祐元年劉夔鄆州之例亦是。熙寧四年（1071）四月，神宗批示說：

---

29 《長編》卷 166 皇祐元年二月己巳，頁 3985。

30 《蘇東坡集》奏議集卷 10〈乞賜度牒糴斛斗準備賑濟淮浙流民狀〉，頁 532。

31 《薛季宣集》卷 33〈薛徽言行狀〉，頁 506。

32 《宋史》卷 204〈汪綱傳〉，頁 12305。

33 《宋太宗皇帝實錄》卷 76 至道二年正月，頁 5-6；《宋史》卷 265〈賈黃中傳〉，頁
   9161。

「聞宿州之民乏食，盜賊充斥，人不安處，……乃所至全無武備，若不速賑濟，必聚為盜賊。」[34] 紹興二十九年（1159）三月，高宗說：

> 輕徭薄賦，所以息盜。歲之水旱，所不能免，儻不寬恤，而惟務催科，有司又從而加以刑罰，豈使民不為盜之意。故治天下當以愛民為本。[35]

「輕徭薄賦，所以息盜」這句話頗具代表性。孝宗隆興二年（1164），「流民迫於饑寒，相扇為盜，……欲望申報江東、浙西轉運常平司，廣行賑濟，務令實惠及民。」[36]

　　二是誘募饑民為兵。這是宋初以來的政策，邵博記錄宋太祖遺訓：「吾家之事，唯養兵可為百代之利，蓋凶年饑歲，有叛民而無叛兵；不幸樂歲變生，有叛兵而無叛民。」[37] 仁宗時，益州路「歲饑，……盜賊間發，（轉運使明）鎬……募民為兵，人賴以安。」[38] 如高宗紹興元年（1131），「南劍州將樂縣百姓昨因闕食，遂致嘯聚作過，訪聞已受官司招安」。[39] 又如理宗開慶元年（1259）冬，射陽湖饑民嘯聚，兩淮制置使・知揚州杜庶「遣將招刺，得丁壯萬餘」。[40]

34　《長編》卷 222 熙寧四年四月丙子，頁 5409-5410。

35　《要錄》卷 181 紹興二十九年三月丙子，頁 3009。高宗稍早於二月己酉說：「輕徭薄賦，自無盜賊」，同卷，頁 3005。

36　《宋會要》兵 13 之 24 隆興二年十二月十日。其他類似的例子，如《文定集》卷 4〈御劄再問蜀中旱歉〉，頁 38；《宋史》卷 178〈食貨志上六〉，頁 4343；同書卷 388〈周執羔傳〉，頁 11899。

37　《邵氏聞見後錄》卷 1，頁 1。據〈點校說明〉說，該書成書於高宗紹興二十七年（1157），距離北宋開國已遠，引文或許是當時歸納北宋初年歷史經驗，未必是太祖所言。

38　《東都事略》卷 63〈明鎬傳〉，頁 5；《宋史》卷 292〈明鎬傳〉，頁 9769。

39　《宋會要》兵 13 之 7，紹興元年七月七日。

40　《宋史》卷 412〈杜庶傳〉，頁 12384。

　　三是勸其自新或獎予授官，宋人稱之「招安」。仁宗時，知青州李士衡面對饑荒盜寇充斥，仍然決定「俟其自新」，並放出消息說：「賊輩為魁所制，爾能伺而梟之，吾將以功論。」果然不久，「盜有梟二魁之首獻者，餘皆散亡」。[41]劉子健曾以「包容政治」之說來解釋南宋初年招安盜賊政策，將強盜收編為官兵，而軍隊主要來源也是盜賊。[42]孝宗時，趙善俊「知建州，歲饑，民群趨富家發其廩，監司議調兵掩捕，善俊曰：『是趣亂也。』諭許自新，平米價，民乃定。」[43]度宗咸淳末，安吉軍「歲饑，民相聚為盜，……（知州趙良淳）命僚屬以義諭之，眾皆投兵散歸，其不歸者，眾縛以獻。」[44]

　　四是軍事鎮壓，可細分為溫和、強力型兩種。溫和型，重懲首者，輕處從者。嘉泰二年（1202），莆田縣「歲凶，部卒並饑民作亂，（縣尉陳）仲微立召首亂者戮之。」[45]寧宗嘉定十年（1217），朝廷同意臣僚奏言：「天台饑甿，結集惡少，……乞頒告諸路監司、郡守督促巡尉，日下收捕，……脅從許之自新，復安生業。」[46]強力型，則以武力鎮壓為主，不惜趕盡殺絕。

　　加強賑恤與募民為兵兩者有其積極性，不僅弭平變亂，更是恤民之舉。勸降招安與軍事鎮壓兩者有恩有威，端視平亂者的策略及心態。不過，實際上可能是多元並行，如理宗端平元年（1234）六月，臣僚奏言：

41　《范文正文集》卷 11〈李士衡神道碑銘〉，頁 19。

42　劉子健：〈背海立國與半壁山河的長期穩定〉，頁 34。

43　《宋史》卷 247〈宗室傳四‧趙善俊〉，頁 8761。

44　《宋史》卷 451〈趙良淳傳〉，頁 13265。

45　《宋史》卷 422〈陳仲微傳〉，頁 12618。

46　《宋會要》兵 13 之 47 嘉定十年八月二十七日。亦可參考《宋史》卷 408〈王霆傳〉，頁 12315。

> 建陽、邵武群盜嘯聚，變起於上戶閉糶。若專倚兵威以圖殄
> 滅，固無不可；然振救之政一切不講，饑饉所迫，恐人懷等死
> 之心，附之者日眾。

所以他建議朝廷並用鎮壓、懷柔策略，一方面「厲兵選士，盪定已竊
發之寇」，另方面「發粟振饑，懷來未從賊者之心，庶人知避害」，如
此「賊勢自孤，可一舉而滅矣。」[47]

四　災民騷動的分類

　　災民抗議訴災或檢放不公，宋人稱為「鬧訴」。由於災民群情激
憤，集體訴災難免出現失序的狀況。如寧宗嘉定八年（1215）七月，
某臣僚提到：「秧槁，群趨鬧訴於官府之庭」。[48]由於事關切身的權
益，災民若是訴災不實，遭人告發，可能引發爭執。如南宋中期寧國
府南陵縣，「歲儉，郡官行視，民有怨家互訐以訴災不實，聚眾挺
刃，夾橋欲鬪」。[49]

　　饑民搶糧發廩方面。遇秋糧歉收，地方富室儲糧較豐，他們趁機
抬高價格，因此有心為政的地方長令常強迫他們糶米。旱澇饑荒之
際，富室自顧不暇，甚至閉糶不出，於是饑民奪糧掠財在所難免，有
時因為本地儲糧有限，甚至劫掠到他郡。黃榦提到建寧府設置社倉的
動機，便是上戶閉糶以致饑民搶糧：

> 閩中之俗，建寧最為難治。山川險峻，故小民好鬪而輕生，土
> 壤狹隘，故大家寡恩而嗇施。……大家必閉倉以俟高價，小民

47　《宋史》卷 178〈食貨志上六〉，頁 4343。
48　《宋會要》瑞異 2 之 29，嘉定八年七月二日。
49　《漫塘集》卷 29〈洪琰墓誌銘〉，頁 22。

亦群起殺人以取其禾。閭里為之震駭，官吏困於誅捕，苟或負
固難擒，必且嘯聚為變。[50]

這種閉糶生變並未因社倉設置而終止，理宗端平元年（1234），臣僚
奏言：「建陽、邵武群盜嘯聚，變起於上戶閉（糴）〔糶〕。」[51]饑民強
迫地主或富民發廩，或是搶奪其存糧，其史例可參考表12-3，不再贅
述。饑民強迫官倉發廩者，亦可參考表12-3。針對上戶閉糶，囤積糧
食圖利，「遏糶致盜」，於是高宗紹興六年（1136）下詔：「閉糶者斷
遣」，[52]詳見本書勸分部分。

　　從表12-3得知，災民騷動的訴求，有抗議訴災或檢放不公、官倉
發廩、民倉發廩、賑濟錢糧、減免稅賦、蠲減確實、懲處不法官吏、
懲處為富不仁者等。騷動的方式，則有集體陳情、搶糧劫掠、攻擊民
倉、攻擊官署或官倉、變亂。這些饑民騷動的共同性，大多為求生
存，挺而走險，不是發洩怨氣，便是搶糧劫掠，或是攻擊官府。原本
為求生存的饑民們，經過集體行動，產生共同經歷之後，可能發展成
具有凝聚力的暴力團體，落草為寇，或者投奔其他盜賊，或者走向反
政府的道路。

　　寧宗嘉定八年（1215），江東路轉運副使真德秀提到：

據休寧縣申，民戶金十八等數百人突入丞、令廳，求糶官米，
令、丞開倉給之，不足以繼。又據江西安撫司牒，建昌縣百姓
方念八等百十人入靖安縣，強發富室倉米。又據建昌縣申，百
姓王七八等劫掠民戶吳彥聰等家穀。池州道間亦有近放黥徒誘
聚飢民，剽掠客旅，江流浮尸而下，莫知主名。若不急為措

50　《勉齋集》卷18〈建寧社倉利病〉，頁19-20。
51　《宋史》卷178〈食貨志上六〉，頁4343。
52　《宋史》卷178〈食貨志上六〉，頁4343。

置，則弱者轉於溝壑，強者聚為盜賊。[53]

真氏將饑民騷動分為三種模式：一是脅迫官方糶濟，二是發廩搶米，三是依附盜賊。金十八屬於第一類，方念八、王七八屬於第二類。這兩類多為臨時起義，規模小而零星，又沒組織，只要措置得當，賑濟得宜，很容易消弭變亂。如太祖開寶九年（976），知宣州賈黃中「以己俸造糜粥，以濟饑民，全活者以千數，設法招誘，盜悉解去。」[54] 當時宋廷於前一年征服南唐，不久便發生饑民變亂，卻如此快速平息，足見官員措置態度至為關鍵。相反地，倘若官員懈怠輕忽，或處置失當，可能使情勢愈發嚴重。高宗紹興二十四年（1154），「時飢民俞八等嘯聚為盜，而（知衢州王）曔措置乖方，諸盜結集至千餘人」。[55] 由此可見主事長令處置至為關鍵。

第三類依附盜賊，投靠舊有盜賊麾下，或被盜賊吸收，如哲宗元祐六年（1091），「猶恐淮南群盜不止，流入潁州界，……但饑民附之，徒黨稍眾」。[56]高宗初年范汝為民變，因大量饑民加入，迅速壯大，屢敗官兵。[57]寧宗嘉定十五年（1222）的荊南永、道兩州饑荒，真德秀提到：

> 道州江華縣凶徒竊發，饑民群附，遂至猖獗。……仍多方招誘

53　《西山先生真文忠公文集》卷 6〈奏乞分州措置荒政等事〉，頁 21。亦見同卷〈奏乞撥米賑濟〉，頁 11-12，較為簡略。

54　《宋太宗皇帝實錄》卷 76 至道二年正月，頁 5-6；《宋史》卷 265〈賈黃中傳〉，頁 9161。

55　《要錄》卷 166 紹興二十四年六月甲辰，頁 2720。《中興小紀》卷 36 紹興二十四年六月辛丑，頁 431，「時衢州飢民嘯聚為盜，而守臣王曔措置乖方，且有（賊）〔贓〕污不法之事。」

56　《蘇東坡全集》《奏議集》卷 10〈乞賜度牒糴斛斗準備賑濟淮浙流民狀〉，頁 532。

57　《要錄》卷 36 建炎四年八月癸巳，頁 697，「時方艱食，飢民從之者甚眾。」

饑民，近已獲到賊首，餘黨相繼降附。……今道州承連年旱、
疫、蟲、澇之餘，又有盜賊、疾癘之苦，百姓饑餓，父子相
棄。……雖賊黨漸平，然饑民易動，一方之事尚多隱憂。[58]
饑荒的發生，饑民四處覓食，倘若有心人煽動，而官方的賑災行動又
延遲滯礙的話，盜賊可能隨時再起。同樣是真德秀，理宗紹定三年
（1230）他提到：「道州管下有賊人蘇師軍等聚集作過，已涉數年，
尚未敗獲。緣本州連年災傷，飢民從之者多，遂頗猖獗。」[59]上述史
例顯示，由於大量饑民加入，使得不少的民變聲勢迅速壯大。

以上是真德秀的分類，本書根據表12-3，將饑民騷動分為抗議型
（訴災不公、官吏失職）、搶糧型（官倉、民倉、攔路劫掠）、盜賊型
（有據點或山寨）、變亂型（走向反政府）等四類。抗議型史例較
少，但實際上未必如此，可能因破壞力不大，故文本記載較少。如南
宋中期寧國府南陵縣，「歲儉，郡官行視，民有怨家互訐以訴災不
實，聚眾挺刃，夾橋欲鬪」。[60]文獻未必記載此類的群體械鬥。搶糧、
盜賊及變亂很難區別，有時只是程度大小。譬如表12-3的編號 1「宣
州歲饑，民多起為盜賊」，很難確切歸類。

以上是筆者的「理念型」（ideal type）分類，雖然不是絕對正確，
但也歸納自眾多史例，並非憑空創造。迪特爾·魯赫特（Dieter
Rucht）研究一九五〇年到一九九七年德國抗議事件，將之分類成訴
請性、秩序性、示威性、對抗性、暴力性等五類[61]，其與本書不盡相
同，係因為研究主題、時空背景之不同，但二書的分類原則均將事件
的性質及輕重納入考量之中。

---

58 《西山先生真文忠公文集》卷 9〈申尚書省乞撥米賑卹道州饑民〉，頁 28-29。
59 《西山先生真文忠公文集》卷 9〈申樞密院措置收捕道州賊徒狀〉，頁 24。
60 《漫塘集》卷 29〈洪琰墓誌銘〉，頁 22。
61 引自查爾斯·蒂利、西德尼、塔羅：《抗爭政治》，頁 22。

五　小結

　　兩宋不少的皇帝對饑民生變抱持緩刑的態度，太宗首先確立此一
方針，「應因饑持杖劫人家藏粟，止誅為首者，餘悉以減死論」，成為
日後慣例。然而，部分的大臣則反對寬刑，其主要理由基於：倘若如
此，無異將變相鼓勵饑民生變。

　　從表12-3得知，饑民型變亂的特質，以強奪地主、富民或過境商
旅錢糧為主，滿足生存所需，或是宣洩不滿或怨懟。即是，饑民的集
體騷動或變亂，不是搶糧求生存，便是抗議政府的不當政策、官吏的
不公施政，尋求利益再分配。本身規模多半不大，臨時起義居多，每
當官府招安或鎮壓之時，很快便歸降或撫平。或者，為其他盜賊集團
吸收。宋朝對付饑民變亂的方法，計有加強賑恤、募民為兵、勸降招
安、軍事鎮壓等四種。真德秀認為饑民騷動有四種：一是脅迫官方糶
濟，二是發廩搶米，三是依附盜賊，四是抗議官方。本書則將饑民騷
動分為抗議型、搶糧型、盜賊型、變亂型等四種模式。

　　民間騷動變亂與朝廷恤民仁政的互動可能有兩種情況：一是惡性
循環，變亂愈頻繁，仁政愈萎縮，鎮壓愈嚴厲。二是良性循環，變亂
不斷，頻施仁政，變亂規模不大。據科塞（Lewis A. Coser）指出，
社會衝突有消極及積極作用，既能起分裂作用，也能促進內部團結或
進行調整，避免體制過於僵化。此書強調社會衝突的積極功能。[62]即
是說，變亂是一種測驗，測試政府施政方向，民心向背與否？在歷朝
歷代之中，宋朝君臣較為重視荒政，將賑濟饑民立為施政要項。宋代
饑民較少形成大規模變亂，應與此一態度有關。

62　科塞：《社會衝突的功能》，頁135-139。

表12-3：宋朝饑民抗議、騷動及民變表

編號	年代	方式	類型	官方態度	出處
1	太宗太平興國元年（976）	宣州歲饑，民多起為盜賊	盜賊	招誘	《宋太宗皇帝實錄》76/5
2	太平興國	洛陽歲旱艱食，多盜	盜賊	不詳	《宋史》274/9363〈翟守素傳〉
3	淳化四年（993）	自七月雨不止，陳、潁、宋、亳間盜賊群起	盜賊	不詳	《長編》34/753
4	同年	王小波以饑民眾，不為官司所恤，遂相聚為盜[63]	盜賊	鎮壓	《長編》249/6072
5	淳化五年（994）	京西、江、浙大饑，饑民多相率持棒投券富家取其粟	搶糧	鎮壓，為首者杖脊，餘悉從杖	《皇朝編年綱目備要》5/96
6	真宗咸平元年（998）	京兆府穀貴，民多持杖發窖藏	搶糧	鎮壓，犯者特貸死	《皇朝編年綱目備要》6/116
7	大中祥符末[64]	益州變張詠賑糶之法，窮民無所濟，復為寇	盜賊	知州王曙復之賑糶	《救荒活民書》下/15
8	天禧元年（1017）前	天雄軍（大名府）蝗旱，民饑，無賴輩剽刻積聚	搶糧	鎮壓，知軍馬知節戮為首者三人於市	《長編》90/2079

63　《長編》卷 249 熙寧七年正月癸亥，頁 6072。王小波的起因，王安石持饑民說，據《皇宋通鑑長編紀事本末》卷 13〈李順之變〉，頁 163，則說課利過重以致貧民日多，參與者為貧民，而非饑民。持貧民說者，又如《宋朝事實》卷 17〈削平僭偽〉，頁 21；《隆平集》卷 20〈妖寇傳〉，頁 11。貧民說較為原始，而且王安石饑民說有護衛市易法之嫌，故以前者為是。

64　《救荒活民書》所云王文康，即王曙，文康為其謚號。據李之亮：《宋川陝大郡守臣易替考》，頁 8，大中祥符八年至天禧二年，王曙知益州。

9	天禧元年（1017）	東齊大歉，盜賊充斥	盜賊	招誘，河北都轉運使李士衡縱群盜妻子，俟其自新，有盜梟二賊魁首至者	《長編》91/2103、《范文正公集》11/19〈李士衡神道碑〉
10	天禧初	虔州歲大饑，有持杖盜取民穀者	搶糧	不詳	《宋史》300/9978〈陳從易傳〉
11	真宗時	襄州饑，人或群入富家掠囷粟	搶糧	不詳	《宋史》300/9972〈馬尋傳〉
12	真宗時	光州歲大饑，群盜發民倉廩	搶糧	法當死，知州王堯臣奏請減死論	《救荒活民書》下/12〈王堯臣乞飢民減死〉
13	真宗時	處州歲饑，有持杖盜發囷倉者千餘人	搶糧	知州陳從易請減死論	《救荒活民書》下/13〈王堯臣乞飢民減死〉
14	仁宗明道元年（1032）	淮南民大饑，有聚為盜者	盜賊	鎮壓	《長編》111/2577
15	明道二年（1033）	京西旱蝗，盜賊稍稍起，23人	盜賊	鎮壓	《長編》116/2732、《歐陽修全集》居士外集15/476〈桑懌傳〉
16	寶元、康定（1038-1040）	益州路歲歉，民無積蓄，盜賊間發	盜賊	招誘，募民為兵	《東都事略》63/5〈明鎬傳〉
17	慶曆三年（1043）	陝西歲屬大饑，群盜嘯商、虢之郊，從千餘至二千餘人	盜賊	鎮壓	《長編》145/3519、《韓魏公家傳》4/1790
18	慶曆八年（1048）	淮南西路蘄、黃等州旱澇，盜賊充斥，大者近百人，小者數十人	盜賊	不詳	《包拯文集》2/149〈請差災傷路分安撫〉
19	皇祐元年（1049）	民流京東，盜賊多起	盜賊	發廩賑濟	《長編》166/3985
20	皇祐三年（1051）	信州有饑民劫米而傷主者	搶糧	貸死	《宋會要》兵11/24
21	皇祐五年	近歲小有水旱，輒	盜賊	不詳	《歷代名臣奏議》

	（1053）	流離餓莩，起為盜賊			243/21
22	嘉祐四年（1059）	京西大饑，潁州寇盜	盜賊	不詳	《安陽集編年箋注》49/1525〈趙宗道墓誌銘〉
23	仁宗時	歲饑，太行多盜，二百餘人	盜賊	鎮壓	《宋史》325/10504〈劉平傳〉
24	仁宗時	祁縣天大旱，人乏食，群盜剽	盜賊	勸分富家	《宋史》298/9905〈司馬池傳〉
25	治平四年（1067）（神宗即位）	京東災傷州軍頻有盜賊	盜賊	鎮壓	《宋會要》兵11/
26	神宗熙寧四年（1071）	宿州之民乏食，盜賊充斥，五百人以上	盜賊	賑濟	《長編》222/5410
27	熙寧八年（1075）	密州歲比不登，盜賊滿野	盜賊	不詳	《蘇東坡全集》前集32/386〈超然臺記〉
28	元豐三年（1080）	河朔饑，盜起	盜賊	不詳	《宋史》353/11146〈鄭僅傳〉
29	哲宗元祐四年（1089）	京西、關陝去歲不登，秦鳳路崔謀鎮白晝驚劫	盜賊	不詳	《歷代名臣奏議》245/14
30	元祐五年（1090）	閩中災傷尤甚，盜賊頗眾	盜賊	不詳	《蘇東坡全集》奏議集8/492〈奏浙西災傷第一狀〉
31	元祐六年（1091）	今秋廬、濠、壽等州皆饑，壽州盜賊已漸昌熾，十餘人或二三十人	盜賊	賑濟	《蘇東坡全集》奏議集10/532〈乞賜度牒羅斛斗準備賑濟淮浙流民狀〉
32	徽宗建中靖國元年（1101）	畿內饑，多盜	盜賊	鎮壓	《宋史》322/10443〈吳中復傳〉

33	北宋末	崇安饑民剽食，二百人	搶糧	鎮壓	《宋史》372/11534〈朱倬傳〉
34	高宗建炎四年（1130）	建州范汝為因刃傷人至死，遂作亂，時方艱食，飢民從之者甚眾，數萬餘	變亂	鎮壓	《中興小紀》9/111；《要錄》36/697；《京本通俗小說》〈馮玉梅團圓〉
35	紹興元年（1131）	南劍州將樂縣百姓，昨因闕食，遂致嘯聚作過	搶糧	招安	《宋會要》兵13/7
36	紹興五年（1135）	今歲亢旱滋久，荒歉日廣，民窮盜起，饒、信山谷間有劫掠道塗者	搶糧	鎮壓	《要錄》91/1525
37	同上	去歲旱傷，湖南尤甚，郴、衡、桂陽草盜紛起	盜賊	鎮壓	《中興小紀》20/242
38	紹興六年（1136）	自仲冬闕食，城內白晝剽劫，盜賊迫於饑窮，持杖剽奪行旅舟船，道路幾於阻絕，十數為群	搶糧	鎮壓	《要錄》98/1614
39	紹興十三年（1143）[65]	嚴陵小饑，民有率眾發人廩者	搶糧	守臣蘇簡梟其首謀四人	《宋會要》兵13/26
40	紹興十九年（1149）	建寧府因旱，凶民杜八子者乘時嘯聚，遂破建陽	盜賊	安撫使調兵擊之	《要錄》161/2623；《朱文公文集》79/18〈建寧府建陽縣長灘社倉記〉
41	紹興廿年（1150）	去年旱，是夏，建寧府民張大一、李	盜賊	安撫使調兵擊之	《要錄》161/2623

---

65 李之亮：《宋兩浙路郡守年表》，頁 515，蘇簡知嚴州，紹興十二年三月二十四日至十四年三月二十六日，姑置紹興十三年。

		大二於回源洞中作亂			
42	紹興廿四年（1154）	衢州饑民俞七俞八等嘯聚為盜，千餘人，焚倉庫、殺平民	盜賊	守臣王曦措置乖方，朝廷派兵往捕，遂平	《要錄》166/2720、《宋會要》兵13/26
43	紹興廿九年（1159）	去冬災傷去處，江西間聞有數人為群剽掠，艱食之人不得已而為之	搶糧	不詳	《要錄》181/3005、《宋會要》食貨63/16
44	紹興三十年（1160）	成都府路歲饑，雙流朱氏獨閉糴，邑民群聚發其廩	搶糧	不詳	《宋史》247/8758〈宗室傳四〉
45	孝宗	建州歲饑，民群趨富家發其廩	搶糧	許自新	《宋史》247/8761〈宗室傳四〉
46	隆興二年（1164）	兩淮流民迫於饑寒，相扇為盜	盜賊	恩威並行	《宋會要》兵13/24
47	乾道元年（1165）	湖南旱饑，郴州宜章縣抑民市乳香，盜起掠郡縣，有李金者，號劇賊，萬數[66]	盜賊	鎮壓	《朱文公文集》97/4〈劉珙行狀〉、《全宋文》282/6396/159〈陳達善墓誌銘〉
48	乾道三年（1167）	時歲大旱，饒州安仁縣旁境饑民百十為群，攫食偷活惡少年乘之為盜	搶糧	鎮壓	《全宋文》287/6525/293程卓〈吳儆行狀〉
49	乾道四年（1168）	蜀中旱歉，廣安軍渠江縣界有強盜結黨，肆行劫掠，十	搶糧	鎮壓	《文定集》4/38〈御劄再問蜀中旱歉〉

66　《朱文公文集》卷 88〈劉珙神道碑〉，頁 20，「乾道元年，湖南旱飢，郴州宜章民李金以縣抑買乳香，急乘眾怒，猝起為亂，眾逾萬人。」除了旱饑因素，尚有敷買乳香因素。

		餘人			
50	同上	恭州有饑民，鄉村竊盜頗眾，近四百人	盜賊	賑濟	《文定集》4/39〈御劄再問蜀中旱歉〉
51	同上	今歲諸道間有荒歉之所，饑民乘勢劫取富民廩穀	搶糧	縱釋不問	《宋會要》兵13/26
52	同上	建寧府民饑，俄而盜發浦城	盜賊	不詳	《朱文公文集》77/25〈建寧府崇安縣五夫社倉記〉
53	乾道六年（1170）	閩、粵、江西歲饑，盜起	盜賊	賑濟	《宋史》388/11899〈周執羔傳〉
54	乾道八年（1170）	適歲饑，雙流縣朱氏閉糴，邑民群聚發其廩	搶糧	籍朱氏米，黥盜米者	《宋史》247/8758〈宗室傳四〉
55	淳熙六年（1179）	處州遂昌縣小歉，盜竊公行	盜賊	鎮壓	《攻媿集》104/1467〈黃仲友墓誌銘〉
56	淳熙九年（1182）	衢州江山縣饑民奪糧	搶糧	不詳	《朱文公文集》21/10〈申知江山縣王執中不職狀〉
57	淳熙十四年（1187）	建寧府奸猾乘穀貴，導饑民群趨富家發其廩	搶糧	監司議調兵掩捕，知州趙善俊曰是趣亂也，揭榜許自新，而論有力者平其價	《文忠集》63/20〈趙善俊神道碑〉
58	淳熙間	福州有饑民嘯聚	盜賊	鎮壓，首惡計窮自經死	《宋史》406/12274〈陳居仁傳〉
59	約光宗	桂陽軍平陽縣歲饑，帬聚惡少入境，彊貸發廩，眾至千餘，挾界頭、牛橋二砦兵為援	搶糧	勸降，杖其首惡八人，發粟賑糶	《宋史》408/12305〈汪綱傳〉

60	寧宗初	建昌軍新城縣歲適大歉，民有強發廩者	搶糧	鎮壓，知縣崔與之折其手足以徇	《文溪集》6/5〈崔與之行狀〉、《宋史》406/12257〈崔與之傳〉
61	寧宗	寧國府南陵縣歲儉，民有怨家互訐以訴災不實，聚眾挺刃，夾橋欲鬥	抗議	主簿坐橋上，眾莫敢越	《漫塘集》29/22〈洪琰墓誌銘〉
62	嘉泰二年（1202）	莆田縣歲凶，部卒並饑民作亂	變亂	鎮壓	《宋史》422/12618〈陳仲微傳〉
63	嘉定元年（1208）	時江湖方艱食，飢民及汰去之兵多附黑風峒羅世傳，數萬	變亂	鎮壓	《續編兩朝綱目備要》11/194嘉定元年二月
64	嘉定八年（1215）	建昌縣百姓方念八等人入鄰路靖安縣，強發富室倉米，百十人	搶糧	不詳	《西山先生真文忠公文集》6/21〈奏乞分州措置荒政等事〉
65	同上	建昌縣百姓王七八等人劫掠民戶吳彥聰等家穀	搶糧	不詳	《西山先生真文忠公文集》6/21〈奏乞分州措置荒政等事〉
66	同上	池州道間黥徒及饑民掠殺客旅	搶糧	不詳	《西山先生真文忠公文集》6/21〈奏乞分州措置荒政等事〉
67	嘉定十年（1217）	天台縣饑甿，結集惡少，以借糧為名，恐喝彊取財者相繼，交鬥互敵，殺傷甚多，若衢、婺、饒、信亦寖漸有此	搶糧	鎮壓	《宋會要》兵13/47
68	嘉定十六年（1223）	近來浙西有被水潦去處，小寇間作	盜賊	鎮壓	《宋會要》兵3/36

69	理宗紹定三年（1230）	道州連年災傷，饑民從之賊人蘇師軍者多，遂頗猖獗，二百餘人	盜賊	鎮壓	《西山先生真文忠公文集》9/24〈申樞密院措置收捕道州賊徒狀〉
70	同上	湖南衡州峒亂及饑荒，安仁、浦陽富室閉糴，有嘯聚強糴者	搶糧	不詳	《後村先生大全集》145/15〈余嶸神道碑〉
71	端平元年（1234）	福建建陽、邵武群盜嘯聚，變起於上戶閉糴	盜賊	不詳	《宋史》178/4343〈食貨志上六〉
72	端平二年（1235）	歲饑，盜起金壇、溧陽之間	盜賊	鎮壓	《宋史》421/12591〈包恢傳〉
73	嘉熙元年（1237）	金陵諸邑流民群聚，荷戈持刃，白晝肆掠，動輒殺傷	盜賊	不詳	《歷代名臣奏議》248/18
74	嘉熙三年（1239）	兩淮饑民渡江者多剽掠，其首張世顯尤勇悍，擁眾三千餘人，世顯陰有窺寧國府城之意	搶糧	以計擒斬之	《宋史》407/12283〈杜範傳〉、416/12467〈吳淵傳〉
75	嘉熙四年（1240）	歲歉，華亭縣以時多盜	盜賊	縣尉王德文搜捕殆盡無遺類	《全宋文》353/42〈王德文壙記〉
76	淳祐年間	合州時旱，境內嘯聚相扇，眾不下千，首惡謀掠府	盜賊	不詳	《全宋文》352/357〈陽枋行狀〉下
77	淳祐十二年（1252）	信州玉山縣饑民嘯聚為亂	搶糧	不詳	《宋史全文》34/2301、《宋史》411/12356〈牟子才傳〉
78	理宗末	吉州城內外遠近群起剽掠米糧錢物者，一日剽其家者數百人，奪其廩粟	搶糧	不詳	《巽齋文集》4/12〈與王吉州論郡政〉

79	開慶元年（1259）	高郵軍流民邦傑聚眾三千為盜；射陽湖饑民嘯聚	盜賊	知軍勦其渠魁，餘黨悉散；兩淮制置使杜庶戮止首惡數人	《宋史》 408/12315〈王霆傳〉、412/12384〈杜杲傳〉
80	度宗咸淳七年（1271）	撫州金谿縣有饑民群擾富室	搶糧	不詳	《黃氏日抄》78/3〈四月初十日入撫州界再發曉諭貧富昇降榜〉
81	咸淳十年（1274）	安吉州歲饑，民相聚為盜	盜賊	鎮壓	《宋史》 451/13265〈趙良淳傳〉

附注：多數的民間騷動起因有多種因素，並非單一因素所能解釋，上表只是臚列變亂有饑荒因素的史例。上表的史料蒐集，部分借助於何竹淇編：《兩宋農民戰爭史料彙編》（上、下編），另多蒐集四成案例。八十一史例之中，饑民集體行動的類型，抗議一例，搶糧三十三例，盜賊四十四例，變亂三例。

結束語

一　歷史意義

　　說起來殘忍，人們通常是事後諸葛，災難是人類進步的動力之一。遠的歷史不說，就拿近十年的新聞而言：日本阪神大地震發生促進了地震預警系統的發展，東日本大地震讓世人驚覺再多的堤防也很難阻擋海嘯襲擊，福島核電廠的脆弱使人疑慮核電的安全性；地球暖化現象使人們反省追求工業發展的後遺症，破壞寶貴的自然環境；臺灣莫拉克風災三日降雨二千五百公釐，甲仙小林村滅村，刺激政府對災難的應變反應等。面對不可預期的災變發生之時，倘若系統可以掌控，並適時修正原先致災的缺失，則此一災害傷害將降至最低程度，成為體制改良的進步的動力之一。倘若災難過於龐大，超過系統所能承載或負擔，或者是系統不願意修正原先的體制，那麼顛覆系統的革命力量很可能從此產生，最後推翻此一系統。

　　相對於東漢、唐朝、明朝的覆亡，多少與饑荒或民變有所關係。無論北宋或南宋，騷動及民變的數量雖多，但未形成全國型民變，饑荒生變自然也在控制範圍之內。在歷朝歷代之中，宋朝君臣較為重視荒政，將賑濟饑民立為施政要項。宋代饑民較少形成大規模變亂，與此態度有關。

　　宋代，處於一個處於社會階層及經濟發展的大試驗時代，官方的荒政措施亦然，成就豐碩。一如義倉，太祖建隆四年（963）復置義倉，此後置廢不定，至哲宗紹聖元年（1094）確立，其與隋唐不同之

處，原本功能設計為二稅附加稅及無償賑給，接近於社會保險的性
質。[1]二如以工代賑，自仁宗皇祐二年（1050）范仲淹賑饑杭州開
始，其後制定成法令。以工代賑，將災民等候賑濟導向到興修營造，
有效運用賑濟資源，消除饑民的盲動不安，又能完成公共工程，一舉
三得。三如廣惠倉，嘉祐二年（1057）韓琦議請以戶絕田租賑恤鰥寡
孤獨等人，並將之制度化，始設廣惠倉，救濟社會弱勢者。四如青苗
借貸，神宗朝王安石變法的青苗法，給予農民有償性低利借貸。五如
神宗元豐元年（1078）制定〈乞丐法〉，一部以政府救濟社會弱勢者
和乞丐為主的法條，比起英國伊莉莎白一世（Elizabeth I）於一六〇
一年頒布〈濟貧法〉（The Poor Law of 1601）早了五百多年，該法由
政府承擔社會救助的責任，取代教會和私人捐助。[2]六如徽宗朝的居
養院、安濟坊及漏澤園，以救濟社會弱勢者為主，這是世界最早的官
方機構。七如袁甫於寧宗嘉定十二年（1219）在湖州創立嬰兒局，為
世界最早專門收養棄嬰的育幼院。[3]八如官方賑荒措施，以賑糶、賑
貸、賑給（含煮粥造飯、給酒糟）、勸分、養濟（救濟弱勢）、以工代

1　宋朝義倉與隋唐不盡相同，參見楊博淳：〈損有餘補不足：宋朝義倉研究〉，〈北宋
　　義倉置廢表〉，頁 142-143。

2　〈乞丐法〉見拙著：〈宋代的乞丐〉，頁 45。〈濟貧法〉見 Charles Zastrow 著，張英
　　陣、彭淑華、鄭麗珍譯：《社會福利與社會工作》，頁 16-17、79-80。

3　梁其姿：《施善與教化：明清的慈善組織》，頁 28；拙著：《取民與養民：南宋的財
　　政收支與官民互動》，頁 434-435。史料見《蒙齋集》卷 12〈湖州嬰兒局增田記〉，
　　頁 169。有些學者認為孝宗隆興二年鄭作肅於湖州設置「散收養遺棄小兒錢米所」
　　為第一所專設機構，其實這是誤讀。從《嘉泰吳興志》卷 8〈公廨〉，頁 7，「令乳
　　母每月抱所乳嬰兒赴州呈驗訖」，既然每月一呈驗，想必寄養於乳母家中，官方只
　　是補助錢米，該所並未育嬰專門機構，位於州學齋館廳西，可能只是辦公場所。至
　　於理宗淳祐九年（1249）正月，朝廷接受知臨安府趙與懽奏請，「給沒官田五百畝
　　有奇，付本府創慈幼局，以養遺棄嬰兒」，則是在嬰兒局之後，並非始創。《宋史全
　　文》卷 34 淳祐九年正月癸亥，頁 2284，亦見《宋史》卷 43〈理宗本紀三〉，頁
　　840。宋代棄嬰收養可參考洪偉珠：〈宋朝兒童收養〉。

賑等六種為主，其中的賑貸、勸分、養濟、以工代賑等四種尤具時代意義。宋朝賑貸始於太祖建隆元年（960），青苗法、社倉法也是賑貸的衍生物；勸分補官始於太宗淳化五年（994），動員民間力量協助官方賑荒；官方養濟陸續有前述的廣惠倉、〈乞丐法〉、居養院、安濟坊、漏澤園及嬰兒局等措施。

　　民間發展方面。一如范仲淹創設義莊，揭櫫補助血緣宗族弱勢者為宏旨，成為歷史上的典範，不斷有模仿者。二如社倉，高宗紹興二十年（1150）魏掞之創設社倉，孝宗乾道五年（1169）朱熹改良之，淳熙八年（1181）朝廷同意朱熹請求，頒行其法於全國。朱熹社倉的特色有七：賑貸、同保結保、一料收息什二、地點鄉村、官方倉本、士人管理、官方監督。其後，營運方式呈現多元的發展，民資、賑糶、購置義田陸續出現。三如荒政資料及理論整理，多為私人編纂的著作。根據李華瑞研究，呂祖謙《歷代制度詳說》〈制度篇〉敘述歷代荒政條目；董煟《救荒活民書》彙集各類救荒方法，頗具實用性，影響力直到清代；趙汝愚《宋朝諸臣奏議》、祝穆《古今事文類聚》、章如愚《群書考索》、林駉《古今源流至論》、方仁榮及鄭瑤《景定嚴州續志》等文獻都有設有荒政專門條目。[4]以上都是頗具創意的新制度與新理念，深深影響後世官方及民間的社會救濟事業，不僅在中國歷史有其意義，甚至具有世界歷史的意義。元明清三代的社會救濟方式，大多開創於或定型於宋朝，而民間群體性的濟貧活動要到宋代才較為常見，民間制度性的濟貧措施也要到宋代才完全確立。[5]

　　兩宋皇帝多自認救荒恤民是其天職，但這觀念並非始於宋代。自《周禮》荒政十二以來，中國便確定政府為災荒救濟的主體，就算兩

4　上述宋朝荒政與社會福利制度發展，部分參考李華瑞：〈略論南宋荒政的新發展〉，頁 263，略改內容。

5　梁庚堯：〈中國歷史上民間的濟貧活動〉，頁 623、635-638。

宋勸誘富民賑濟、明清民間慈善事業的發達，仍未改變以官方為主、民間為輔的模式。西歐中古中晚期與宋朝約略同時間，多由家庭或鄰里互助，或由教會承擔救助責任，此與中國發展模式不盡相同。前面提及，伊莉莎白一世〈濟貧法〉始由政府承擔社會救助責任，實際執行工作則由教會和私人捐助來協助。此一濟貧法有其時代意義，視貧窮為社會問題，將對象分成有工作能力的窮人、無工作能力的窮人、失依兒童三類。第一類窮人，提供他們低賤工作機會，拒絕者被視為懶惰，必須加以懲罰或囚禁。第二類窮人，以老人、身心障礙者、懷孕及育嬰婦女等窮人為主，分為濟貧院內安置照顧（院內安置），或院外補助衣食（院外救濟）。無親人照顧的失依兒童，安排男童當學徒至二十四歲，女童做女僕至二十一歲或結婚。[6]此法案的重點在於，安置窮人工作或救助，懲處不配合者。宋神宗元豐元年（1078）〈乞丐法〉則實踐儒學仁政理想，照顧無法自我照料的貧弱老幼之人，特別是乞丐，他們是政府撫育的對象。

　　宋朝重視荒政的動力何在？主要基於儒家理念的復興，強調惠民恤民。基於傳統民本及牧民的階級思維，官方統領百姓，對其有照顧的義務；百姓對朝廷則有絕對順從及忠誠的義務，而非爭取個人的權利。《宋史》總結宋朝荒政的歷史意義，其云：

> 宋之為治，一本於仁厚，凡賑貧恤患之意，視前代尤為切至。
> 諸州歲歉，必發常平、惠民諸倉粟，或平價以糶，或貸以種
> 食，或直以振給之，無分於主客戶。不足，則遣使馳傳發省
> 倉，或轉漕粟於他路。或募富民出錢粟，酬以官爵；勸諭官
> 吏，許書曆為課；若舉放以濟貧者，秋成官為理償。又不足，

6　整理自 Charles Zastrow 著，張英陣、彭淑華、鄭麗珍譯：《社會福利與社會工作》，
　　頁 16-17、79-80。

則出內藏或奉宸庫金帛,鬻祠部度僧牒。東南則留發運司歲漕
米,或數十萬石或百萬石濟之。賦稅之未入、入未備者,或縱
不取,或寡取之,或倚閣以須豐年。寬逋負,休力役,賦入之
有支移、折變者省之,應給鬻鹽、若和糴及科率追呼不急妨農
者罷之。薄關市之征,鬻牛免算,運米舟車除沿路力勝
錢。……民之流亡者,關津毋責渡錢;道京師者,諸城門振以
米,所至舍以官第或寺觀,為淖糜食之,或人日給糧。可歸業
者,計日併給遣歸。無可歸者,或賦以閑田,或聽隸軍籍,或
募少壯興修工役。老疾幼弱不能存者,聽官司收養。[7]

宋朝官方救荒確實集前代之大成,又能推陳出新,後世元明清多因循
繼承,少有變革。

宋人如何看待本朝荒政呢?宋高宗對大臣說:

《詩》、《書》所載二帝三王之治,皆有其意,而不見其施設之
詳。太祖以英武定天下,仁宗以兼愛結天下,此朕家法,其施
設之詳可見於世者也。朕當守家法而求二帝三王之意,則治道
成矣。[8]

宋高宗推崇太祖和仁宗的仁政,詳實可徵,可比堯舜二帝、禹湯文三
王的治道,此為本朝「家法」。光宗時,留正推崇本朝常平之法,也
說到仁政家法:

祖宗設常平之法,最為嚴密,雖奉敕支移,許以執奏。以史考
之,每遇水旱,凡所謂荒政者,無一不舉,而其積蓄最多,其

7　《宋史》卷 178〈食貨志上六〉,頁 4335-4336。《文獻通考》有段文詞相近,但僅
　　用於讚揚仁宗、英宗二帝,卷 26〈國用考四〉,頁 252。
8　《要錄》卷 144 紹興十二年二月辛未,頁 2310。

惠澤最廣者，常平也。今觀壽皇（孝宗）聖訓，屬意常平以惠
窮困者，如此豈非我朝之家法歟？[9]

點明常平荒政為宋朝的家法。我們或許認為宋朝皇帝在乎歷史的形
象、後世的評價，或是黎民百姓的反應。進而懷疑宋朝荒政帶有政治
緣飾的味道，有些形式主義，也可能矯情做作。另一方面，宋朝的文
人政治與儒學教育的興盛，加上皇帝與士大夫共治天下的政治氛圍之
下，仁政恤民在宋廷的施政順序在優先之列。起初是一種「政治包
裝」，但講久了、做久了，也內化成為宋朝的時代特色之一。多數的
宋朝皇帝在乎自己寬厚仁恤的形象，這點從太祖、太宗以來即有此一
風氣，皇帝的仁政形象代代相傳，可謂祖宗家法之一。

宋太祖首先樹立起重視救荒的典範，太宗承襲之，形成恤民仁政
的祖宗家風，最具關鍵。有些學者認為恤民政策是「騙取民心」，所
說並非妄言，在政治上確為統治策略的一種；基於「惻隱之心」，這
是可以理解的，神宗以後君主接受儒學薰陶，仁政愛民深植其心，雖
不中亦不遠矣。另外，宋朝外乏於武功，只得內修於仁政，在國威的
自卑感作祟之下，恤民救荒為其最佳的選擇。南宋中興之後，受辱於
金人，持續此一仁政國策，其中以孝宗最具代表性，詳見第三章。其
次，恤民仁政亦帶有朝代比賽的味道，宋朝不遜於三代，功高於漢
唐，可以一較長短。這個理論也適合解釋宋朝君主的恤民意圖，體恤
災民並非僅基於憐憫之心，而是另有深意，既可樹立宋朝的仁政形
象，並定位本朝的歷史地位，又可轉移國勢積弱不振的難堪，用之解
決或轉移宋朝無法達到漢唐武功的內在焦慮感。元人馬端臨總結宋朝
蠲減仁政說：「宋以仁立國，蠲租已責之事，視前代為過之，而中興
後尤多。州郡所上水旱、盜賊、逃移，倚閣錢穀，則以詔旨徑直蠲

9 　《兩朝聖政》卷49乾道六年八月己酉，頁6。

除，無歲無之，殆不勝書。」[10]本書認為南宋更致力於恤民仁政的動機，當與重賦養兵有關。就北宋而言，內政恤民是國策，藉此彌補外王武功的缺憾；就南宋而言，在重稅養兵、北敵環伺的艱困環境之下，朝廷必須表現更加恤民，消除內在的焦慮，獲得政權的正當性。換言之，兩宋的荒政不僅是恤民仁政而已，也是安邦定國的統治策略，一種政治設計包裝，講求功效的工具性格。此為本書所揭示宏旨之一。

二　核心根幹

其一，賑恤是恩賜施捨或法定權利？眾所周知，宋廷賑濟災民是恩賜施捨的行為，故災民接受政府賑濟通常是被動的，而非主動的。宋朝百姓訴災存在著三個側面：

對於百姓而言。訴災雖是災民的權利之一，但未必產生實際的賑災效果，因為申報的權力掌握在地方官的手中，或許會被官吏置之不理或怠忽輕慢。還有，災民陳訴災情於治司，通常很容易惱惹長令，在官官相衛的官場倫理上，可能危及災民自身的安全。通常大戶較敢向地方官陳訴賑災不力，一來他們是鄉親利益的代言人，二來因為影響他們的利益最多，損失可能最大，故不得不陳訴。由於他們是鄉里領袖，官府也得正視他們的陳請。

北宋初年承繼唐律，不允許越訴，並科笞越訴者，大約在神宗熙寧六年（1073）開始允許有限度的越訴。越訴得以合法化，大致有三點原因：一是朝廷藉此瞭解對新政不滿的聲浪，進而稍加消弭之。二可藉此加強化中央集權，監察地方官員枉法濫權。三可另關官方和百

10　《文獻通考》卷27〈國用考五〉，頁261。

姓溝通的管道，適時反映民意。陳訴災情、越訴官吏不法與擊登聞鼓
院，雖然是宋廷賦予百姓的少數權利，但在以官領民的宋代，可以預
料的是，百姓陳訴或越訴無論有效與否，百姓雖能越訴，但並不能決
定最後的結果，決定權在上司或更高層的官員。此外，個人越訴還得
擔心秋後算帳，危及身家性命，擊登聞鼓院更是遙不可及。透過集體
訴災或越訴的形式，或許可以有效對地方官施壓，地方官基於畏懼上
司、朝廷或皇帝責難怪罪，多少得認真面對賑荒工作。筆者曾經研究
過布衣上書，無論越訴或布衣上書，均屬於社會安全瓣的設計。地方
勢力亦可藉由越訴向地方官施壓，產生另一種效應，俱屬於宋朝官民
互動的一環。

　　對於地方官而言。有擔當的地方長官可以藉由保明方式，處理百
姓失於訴災的遺憾。再者，百姓失於披訴，或者披訴不及，中央和地
方長官奏請而獲得皇帝首肯，也可直接進行檢放或賑濟。地方官吏處
理訴災、檢放、抄劄及蠲減之不實，多與地方財用不足有關，或不願
檢放，或選擇性檢放。宋朝地方政府對於基層社會的控管能力儘管不
弱，但因荒政涉及行政技術層面頗多，有些並非單憑州縣政府有限的
資源所能應付，必須委託、動員或授權民間力量來協助地方事務，或
者下放部分救濟權力給地方勢力。以參與賑荒或社會救助工作而言，
可分為四種形式：一是委任寄居官，從事檢放、抄劄、賑救、勸分、
出售度牒、社倉等工作，由第二、四章徵引朱熹及黃榦史例可知，朱
熹和劉如愚寓居崇安縣鄉里之時，還曾經協助該縣的勸分工作。二是
動員社倉從事賑貸或賑糶，寄居官和士人頗多參與社倉建置，社倉管
理工作多半委託士人或鄉賢。[11]三是勸誘富室賑糶、賑貸或賑給，誘

---

11 民資社倉詳見第十章，官資社倉者，如袁燮〈洪都府社倉記〉提到：「郡捐錢千
　萬，屬里居之賢連江宰陶君武泉、幕友裴君萬頃，擇士之堪信仗者分糶之，以待來
　歲之用。」《絜齋集》卷 10，頁 150。

之以賞格官爵或貧富相資，或行之斷遣、等第科配，討論見第六章。四是出售度牒，協助地方政府募集賑荒錢糧，無論自願或科配，多以富室為主體。[12]

對於朝廷而言。讓百姓得以訴災，是朝廷監控地方官吏的方式之一，為了避免統治失靈，下情無法上達，此與強幹弱枝國策的精神相通。統治策略上，朝廷試圖以恤民仁政鞏固其統治基礎，這點已論之於前。

其次，荒政與強幹弱枝國策的互動關係。單就行政效率來看，毫無疑問，由縣令、佐親自就地檢視災情最為方便。為何宋廷不信任縣邑官員呢？這是宋初的政治大氣候使然，鑑於唐末五代藩鎮割據，力行強幹弱枝國策。就算委派地方長吏，仍是多道行政手續，光是等待朝廷頒布檢田使臣的人事命令，便已曠日廢時，延宕救荒工作。原本立意良善的恤民德政，因為強幹弱枝的緣故，反而成為效率極低的擾民苛政。

真宗天禧元年（1017），為了減少不必要的行政流程，避免檢覆的煩擾，改由州郡派遣檢覆官，協同縣令、佐親檢災傷田所。日後大致承襲這種州縣協同檢放制。官員擅權發廩的處置，亦與此同步調整。由此觀察，北宋過度的強幹弱枝，到了真、仁宗朝開始進行細部微調，避免效率不彰，但基本上仍未違背強幹弱枝的根本精神。

其三，動員民間資源賑災方面，以下分為四個面相來說明：

（一）賑災資源上官主民輔的鬆動。災害造成政府財政的雙重損失，一是收入減少，二為支出增加。災害使得人民財產損失，可能無法及時納稅服役，加上朝廷蠲減或延期納稅，使得財政收入減少。再

---

12 郭文佳：〈民間力量與宋代社會救助〉，頁 45-50，他認為勸分、度牒和義莊是宋朝民間力量進行社會救助的主要形式。其中的義莊，以家族血緣急難救助為主，並未參與官方賑荒工作。

者，災害讓人民破家蕩產，朝廷必須提供適合的急難救助，造成財政支出增加。根據現代的災害經濟學，災害損失補償分為自我補償、政府補償、社會補償三種。[13]自我補償無關本書宏旨，可摒除不論，其餘兩項，倘若未遇戰事，宋朝大致以政府補償為主，社會補償為輔。換言之，賑災資源大致以官方力量為主，民間力量為輔。

宋朝肇建以來，實行強幹弱枝，大中央而小地方，社會救濟以政府力量為主，從檢災到賑濟均得申奏朝廷請示。宋朝邊患不斷，養兵眾多，在國計有限的情況之下，必須有賑災的配套措施，方能長治久安。宋朝賑災的錢糧財源，大致有常平倉及義倉錢米、朝廷撥給（錢、糧、度牒等）、截留上供（綱運）、上司撥給或調借、挪借本司、調借他司、勸誘富人等七類。

張文指出，宋朝社會救濟的特點之中，救濟主體上，北宋主要依賴政府，南宋以後，逐漸依賴社會力量。[14]這個觀察大致正確。南宋逐漸仰賴民間資源，尤其是富民，原因何在？主要原因有三：一是南宋疆域縮小，中央財政時好時壞，地方財用也不足，加上邊患問題，有時難以因應賑災需求。特別在戰爭期間，財政排擠性較強，如宋夏戰爭、兩宋之際宋金戰爭、隆興用兵、開禧北伐、滅金戰爭、宋蒙戰爭等。遭逢此時，官方救荒相當仰賴民間資源的挹注，直到戰事緩和。南宋晚年，宋金、宋蒙戰事接踵而至，邊防及軍需供應吃緊，和糴壓力增大，動員民間資源更加明顯，持續至宋亡。二是常平倉及義倉錢糧經常被挪用，功能不彰，有些州縣甚至名存實亡，官方能夠動用賑災的錢糧因而減少。三是中下等人戶應對災害的能力下降。李華

---

13 鄭功成：《災害經濟學》，頁 196-198、273-274，稍改其詞。

14 張文：《宋朝社會救濟研究》，頁 363-364。他指出三項特點，正文所引為第一項，還有兩項：其次，政府行為內，北宋以中央救濟為主，南宋後，地方上的作用越來越大。其三，救濟方式從行政性向市場性及社會化方向轉化。

瑞指出，較之北宋，南宋民間應對災害的能力下降許多，原因有三：
（1）土地日益集中，四、五等人戶蓄糧減少，客戶更難獲得保障。
（2）糧食商品化程度提高，三等以上人戶蓄糧也減少。（3）中央財
政不斷侵奪地方財政，促使地方官府不斷搜括民間。[15]

爰是之故，在中央及地方財政不足、常平倉及義倉錢糧被挪用、
中下戶等家庭蓄糧減少的情況之下，官方賑災措施必須經常動員民間
資源。不是購糧於市場，便是勸誘富民，不然便是鼓勵成立社倉。儘
管如此，無論在檢放、勸分、社倉、和糴上，官方仍保留其主導性，
就算到晚宋亦然。

（二）不抑兼併、貧富相資、富人養民到官為理索。每當災荒之
際，單靠差役體制去動員民間資源，不是容易的事情。倘若沒有施政
的正當性，光憑嚴刑峻罰，地方勢力未必盡然配合，特別是地方豪宗
和富民。官方雖可進行勸分，必須有論述的說帖，才能合理化政策。

唐代均田制崩潰，宋朝不抑兼併，出現若干保護富人的論述，這
些言論某方面合理化富人擁有田產的正當性。在此社會發展之下，士
大夫陸續出現貧富相資、富人養民與官為理索等說法。貧富相資的討
論，詳見本書第五至六章，這理念讓勸分有個適當的切入點，宋廷得
以說服富人參與官方賑荒。譬如蘇轍曾說：「能使富民安其富而不
橫，貧民安其貧而不匱，貧富相恃，以為長久，而天下定矣。」[16]地
方官視田主賑貸為理所當然，可補強官方力量的不足。晚宋胡太初也
說：「蓋田主資貸佃戶，此理當然，不為科擾，且亦免費官司區
處。」[17]《晝簾緒論》為官箴，具有一定的代表性。「富人為天子養小
民」的理念，富人既然享受朝廷不抑兼併的恩賜，勢必得回報朝廷、

---

15 李華瑞：〈論宋代的自然災害與荒政〉，頁 4。

16 《蘇轍集》欒城三集卷 8〈詩病五事〉，頁 72。

17 《晝簾緒論》卷 11〈賑恤篇〉，頁 21。

奉獻百姓，可作為穩定社會的力量。故葉適說：「縣官不幸而失養民
之權，轉歸於富人，其積非一世也。」無論在佃耕、貸種、借貸、雇
傭、傳食、科斂方面，無一不歸諸富人之養。[18]

　　土地私有制的確立，加上民間經濟力量活躍，當官方資源不足之
時，自然而然想要動員民間資源，藉之輔助朝廷仁政恤民的統治策
略。不過，宋廷自始至終沒有真正興起保護富人的浪潮，仍視富人為
編戶之一，僅是掌控或動員的對象及工具。若是善加利用，富人可協
助穩定社稷，維持國家長治久安。養民，本為政府之責，如今卻能順
勢轉化於富人身上，此為本書揭示「先公庾後私家」的意義之一。

　　（三）牧民思維的盲點。官方和士大夫站在統治立場，殷望百姓
以小我成就大我，從而強迫民間配合動員，甚至侵奪民產。以災荒檢
放為例，蠲減範圍不局限於官方財產，也會強迫民間參與。譬如延後
交納民間欠債、私地私屋錢等，其精神與勸諭富民賑荒一致。再以社
倉為例，民資社倉的管理職務倘若由少數士人所壟斷，發生產業掠
奪，以至敗壞，不令人意外。有人說士人和寄居官的操守較佳，由其
擔任較能避免腐敗。然而此一思考盲點在於：士人也是人，少數人把
持久了，難免有貪念之人侵奪挪用，弊端層出不窮。另外，官府本身
可能就是制度的破壞者，挪用社倉錢糧，也是必須防範的對象。常平
倉及義倉被官方挪用屢見不鮮，官資社倉亦然。

　　（四）富人因應之道。富民並非全然都是身體柔軟、聽話乖巧的
順民，他們在饑荒之時可能囤糧閉糶，其原因有四：一是儲糧求生
存，二是有利可圖，前兩點顯而易見。三是避免暴露財產資訊，成為
日後科配的常額慣例，於是當下隱蔽蓄糧。四是預備官方科配所需，
避免將來措手不及，故需要囤積糧食。為何宋朝富戶賑荒主動性低，

---

18 《葉適集》水心別集卷 2〈民事下〉，頁 657。

而被動性高呢？除了上述四點之外，還有兩點值得注意：勸分補官作為鼓勵民間賑濟的誘因之一，但宋廷未必全然遵守原先的承諾，賞格通常會打折扣，或食言而肥，使得勸分補官的效果遞減。其次，富戶主動賑荒之後，日後官方倘若又實施勸分，恐怕仍得再次輸糧，一頭牛剝兩層皮。因此，勸分難免造成富戶和官方處於對立的狀態，富戶不是協助配合，便是靜觀其變，或囤糧閉糴。

對比明清民間組織於賑災的活躍，宋朝以政府領導民間為主，富人扮演配角，而非主角，被動者為多。然而，富人在勸分上沒有參與感，更無榮譽感可言，反而被剝削感比較強烈。文獻描述勸分富人，多呈現消極被迫，缺乏積極主動，閉糴者多於開廩者，如黃震賑災撫州即是。此為士大夫意識下的社會組織形態，也反映到官民賑災救濟活動上。富人是被支配者，而非支配者。劉子健曾經指出宋朝社團無法順利發展的制度層面原因：「君主和政府，獨霸獨占統治權，絕對不容許社團，分去任何一小部分。他們更深怕，有人利用社團的力量起來反抗。」[19]官方願意讓民間人士從事公共事務的話，民間才較具發展空間。公共事務若非官方主導，官員也沒人掛名，全由民間人士主持，就算做得好，也顯得地方官無能，臉上無光。民資社倉及義役組織雖獲得朝廷允許設置，仍須仰賴地方官的支持，這種鄉里「半自治團體」具有「官督民辦」的色彩，官方保留最後的監控權力。[20]「以官領民」與「以民輔官」是宋朝地方社會政治的兩大側面，不可偏廢其一。官府和富民之間未必是對立的，也可能是互補的，或者可說既互補又對立。

---

19 劉子健：〈劉宰和賑饑〉，頁 358-359。

20 義役參考黃繁光：〈南宋義役的綜合研究〉，頁 91-92。上述部分史觀已見於拙著：《取民與養民：南宋的財政收支與官民互動》，頁 2。

三 紅花綠葉

除了各章小結之外，「表10-4南宋社倉表」及「表12-3宋朝饑民抗議、騷動及民變表」值得參考，筆者再贅言十二點，分述如下：

一是宋朝的荒政定義。本書重新整理董煟《救荒活民書》，將其宋朝荒政概念分為：倉儲制度、錢糧調度、賑災方式、社會救助、蠲減稅課、糧食買賣、生產復員、刑罰寬仁、天人感應等九類，可細分為五十項。

二是災民自訴災情。災民必須先填寫訴災狀，個別或集體訴災都可以，不必透過公吏或差役系統。災民自訴的精神，與夏秋二稅相同，法令鼓勵稅戶自行輸納二稅於受納場，並抑制攬納戶代輸。

三是抄劄戶口。北宋中期之後，抄劄確實成為另一套戶籍輔助制度，大人小兒、男女盡數抄劄，登錄每戶全部口數。在神宗元豐元年（1078）〈乞丐法〉頒行之後，濟貧抄劄成為經常性工作。抄劄給曆多半集中於經常性的社會救濟，藉此登錄社會弱勢者（鰥寡孤獨無依者和乞丐），以便發放賑濟物資。至於臨時性的災荒救濟，抄劄戶口只是一種賑災措施，不是絕對而必要的程序，並非每年都抄劄。至於賑災是否進行抄劄？端視主事官員的規劃而定。

四是授予地方官吏勸分斷遣。高宗紹興六年（1136）之後，針對不聽勸分與閉糴囤糧者，授予官方長官斷遣之權，屬於一種行政裁量權。官方官酌情，得以強糴餘糧，或動用刑威，譬如透過訓斥、枷項、械繫、笞杖，甚至籍產、刺配等懲處。

五是勸分補官。勸分賞格以無償賑給者為主，因為捐獻錢糧對宋廷貢獻度較大。有償糴濟者為輔，富人虧損有限，對朝廷貢獻度較低，故賞格折半。有償糴貸者，富人可以收回借款，故賞格折三分之

一。後二者的賞格折算比例集中出現於孝宗乾道年間。

六是官為理索。官方倡導貧富相資之說，並保證官府將為債權人追討債務，以利勸諭富民參與賑荒活動。並將官為理索編入法典之中，官方充當保證人，以公權力處理借貸不還。此一作為，讓政府勸分富人更具正當性。

七是賑貸的作用。賑貸是宋朝官方賑災的重要措施之一，借貸錢糧以照顧災民的基本需求及災後復業為主。既可以達成荒政恤民的目的，也可以保護農民生產，穩定國家的二稅收入。既是政治資產的投資，也是財政資產的投資。賑貸的種類，有糧食、錢財、種子三種，後二者多著眼於災後復業。南宋貸種比貸糧的比例還高，顯示賑貸日趨偏向災後復員的功能。

八是擅權發廩。地方政府賑災之時，行政層級各有立場。有些上司不滿於下屬違制擅權發廩賑災，或許基於財計不足之故，或許怒於權力遭到侵犯。有些擅發行為，還涉及政治鬥爭。敢於擅發的地方官，有不少為名人賢臣，他們所以敢於積極從事，當與其名聲效應有關，行事較具正當性。不過，也有人批評這些擅權發廩的地方官別有所圖，質疑他們沽名釣譽。

九是文本解讀。宋寧宗嘉定八年（1215），江南東路轉運副使真德秀賑災措施，首先採行監司分工制，規劃好監司各自的責任州郡。其後，他和都司立場左異，隱含著「儒臣」清流官僚和都司「才吏」技術官僚的對立。真德秀賑災以官方資源為主，寧失之寬，勿失之嚴。都司卻批評他，誇大災情，好名自矜。存世的時人文獻以清流官僚居多，才吏官僚甚少，經細讀文本之後，發現不全是君子和小人之爭。雙方在邊防兵費（顧惜經費）／救災濟民（民命所在）的兩端，沒有交集，各執一詞。地方官欲收攬民譽，其於災傷放稅或賑恤過度

之事，屢有所聞。如太宗至道二年（996）開封府[21]、哲宗元祐六年（1091）浙西等災傷[22]。雖未必盡然如此，但荒政與國計孰重孰輕，恤民與好名孰真孰假，有時很難去抉擇或分辨。

　　十是訊息傳播。訊息較封閉的古代，一般民眾的訊息來源很少，在饑荒期間，官方榜文張告的目的，原本為了解決災情與穩定民心，倘若稍有不慎，謠言便加速傳播，反而引起饑民內心的恐慌，盲動性隨之提高，系統性風險隨之大增，從處理危機變成製造危機。還有，放糧施粥榜倘若處理不當，將造成群聚效應，饑餓及疾病傳染接踵而至，演變成一場災難浩劫。

　　十一是民資社倉的歷史意義。南宋社倉資本來源與管理模式，雖以朱熹的官資型／賑貸式為主流，賑糶式社倉出現於光宗紹熙四年（1193）張訴社倉，呈現多元化的發展。民資社倉的倉本來源，有家資型、眾資型和官員捐俸型三種。營運方式，分為賑貸式及賑糶式，也有兩者兼具。地方人士的角色增強，特別是寄居官和士人，也有富人，帶有「半自治團體」的味道。從黃榦〈建寧社倉利病〉得知，豪家詭名借貸而積欠不還，鄉人群起效法，最後索然一空，侵奪殆盡。從黃震〈乞照應本州已監勸饒縣尉貸社倉申省狀〉得知，有些社倉為少數人所把持，走向營利化的道路。

　　十二是荒政的地域差異性。經濟先進地區優於落後地區，政治核心地帶優於邊陲地帶，州縣治所優於其他轄境，城鎮優於鄉村。訴災或越訴也有地域的差異性，偏遠地區較為不利，天子腳下較容易受到注意，甚至還可以越訴御史臺或擊登聞鼓院。

---

21 《長編》卷 39 至道二年五月辛丑，頁 823；卷 42 至道三年十一月丙寅，頁 888。
22 《長編》卷 462 元祐六年七月辛未，頁 11033，賈易所言。

參考文獻

一 徵引史源（姓氏筆劃依序）

〔元〕文天祥　《文山先生全集》　臺北　臺灣商務印書館　1967年　四部叢刊本

〔宋〕方萬里、羅濬　《寶慶四明志》　北京　中華書局　1990年　宋元方志叢刊本

〔宋〕王之望　《漢濱集》　臺北　臺灣商務印書館　1983年　文淵閣四庫全書本

〔宋〕王明清　《揮麈錄》前錄、後錄、三錄、餘話　石家莊　河北教育出版社　1995年　歷代筆記小說集成本

〔宋〕王　柏　《魯齋集》　臺北　臺灣商務印書館　1983年　文淵閣四庫全書本

〔宋〕王　栐　《燕翼詒謀錄》　臺北　木鐸出版社　1982年　新點校本

〔宋〕王庭珪　《盧溪文集》　臺北　臺灣商務印書館　1983年　文淵閣四庫全書本

〔宋〕王　珪　《華陽集》　北京　中華書局　1985年　叢書集成初編本

〔宋〕王象之　《輿地紀勝》　北京　中華書局　1992年　宋鈔本

〔宋〕王　稱　《東都事略》　臺北　國立中央圖書館　1991年　善本叢刊本

〔宋〕王　鞏　《隨手雜錄》　臺北　臺灣商務印書館　1983年　文淵閣四庫全書本

〔宋〕王應麟 《玉海》 臺北 臺灣商務印書館 1983年 文淵閣
　　四庫全書本

〔宋〕包　拯 《包拯集》 臺北 捷幼出版社 1993年 新點校本

〔宋〕史能之 《咸淳毗陵志》 北京 中華書局 1990年 宋元方
　　志叢刊本

〔宋〕司馬光 《溫國文正司馬公文集》 臺北 臺灣商務印書館
　　1988年 四部叢刊初編本（輔本：《司馬溫公文集》 臺北
　　新文豐出版公司 1985年 叢書集成新編本）

〔清〕札降阿 《道光宜黃縣志》 臺北 成文書局 1970年 中國
　　方志叢書本

〔宋〕朱　熹 《朱文公文集》 臺北 臺灣商務印書館 1967年
　　四部叢刊初編本

〔宋〕江少虞 《事實類苑》 臺北 臺灣商務印書館 1983年 文
　　淵閣四庫全書本

〔宋〕宋　慈 《洗冤集錄》 姜麗蓉譯注 瀋陽 遼寧教育出版社
　　1996年

〔宋〕宋綬、宋敏求 《宋大詔令集》 北京 中華書局 1962年
　　叢書集成初編本

〔元〕完顏納丹等 《通制條格》 杭州 浙江古籍出版社 1986年
　　黃時鑑點校本

〔宋〕呂祖謙 《宋文鑑》 北京 中華書局 1992年 齊治平點校本

〔宋〕李之儀 《姑溪居士全集》 北京 中華書局 1985年 叢書
　　集成初編本

〔宋〕李元弼 《作邑自箴》 臺北 臺灣商務印書館 1967年 四
　　部叢刊續編本

〔宋〕李元綱 《厚德錄》 北京 中華書局 1985年 叢書集成初

編本

〔宋〕李心傳 《建炎以來繫年要錄》 北京 中華書局 1988年
叢書集成初編本 簡稱《要錄》

〔宋〕李心傳 《建炎以來朝野雜記》 北京 中華書局 2010年
徐規點校本 簡稱《朝野雜記》

〔宋〕李 攸 《宋朝事實》 石家莊 河北教育出版社 1995年
歷代筆記小說集成本

〔宋〕李昂英 《文溪集》 臺北 臺灣商務印書館 1983年 文淵
閣四庫全書本

〔唐〕李隆基 《大唐六典》 西安 大秦出版社 1991年 廣池千
九郎校注本

〔宋〕李 綱 《李綱全集》 長沙 岳麓書社 2004年 王瑞明點
校本

〔宋〕李 燾 《續資治通鑑長編》 北京 中華書局 2004年 新
點校本 簡稱《長編》

〔宋〕汪應辰 《文定集》 臺北 新文豐出版公司 1985年 叢書
集成新編本

〔宋〕周必大 《文忠集》 臺北 臺灣商務印書館 1983年 文淵
閣四庫全書本

〔宋〕周 南 《山房集》 臺北 臺灣商務印書館 1983年 文淵
閣四庫全書本

〔宋〕周 密 《齊東野語》 張茂鵬點校 北京 中華書局 1997年

〔宋〕林希逸 《竹溪鬳齋十一稾續集》 臺北 臺灣商務印書館
1983年 文淵閣四庫全書本

〔宋〕林表民 《赤城集》 臺北 臺灣商務印書館 1983年 文淵
閣四庫全書本

〔唐〕長孫無忌等　劉俊文箋解　《唐律疏議箋解》　北京　中華書局　1996年

〔宋〕邵　博　《邵氏聞見後錄》　北京　中華書局　1997年　劉德權、李劍雄點校本

〔明〕俞文豹　《吹劍錄》　《宋人劄記八種》　臺北　世界書局　1980年　讀書劄記叢刊本

〔宋〕姚　勉　《雪坡集》　臺北　臺灣商務印書館　1983年　文淵閣四庫全書本

〔明〕姚廣孝等　《永樂大典》　臺北　世界書局　1962年

〔宋〕施　宿　《嘉泰會稽志》　北京　中華書局　1990年　宋元方志叢刊本

〔宋〕洪　邁　《容齋隨筆》　臺北　臺灣商務印書館　1979年　人人文庫本

〔宋〕───　《夷堅志》　臺北　明文書局　1982年　新點校本

〔宋〕胡太初　《晝簾緒論》　臺北　藝文印書館　1970年　百部叢書集成　百川學海本

〔明〕胡宗憲、薛應旂　《浙江通志》　上海　上海書店　1990年　天一閣藏明代方志選刊續編本

〔宋〕范仲淹　《范文正公集》　臺北　臺灣商務印書館　1967年　四部叢刊初編本

〔宋〕范成大　《吳郡志》　北京　中華書局　1990年　宋元方志叢刊本

〔元〕徐元瑞　《吏學指南》　杭州　浙江古籍出版社　1988年　新點校本

〔宋〕徐自明　《宋宰輔編年錄校補》　北京　中華書局　1986年　王瑞來點校本

〔清〕徐　松　《宋會要輯稿》　北京　中華書局　1987年　北平圖
　　　書館本　簡稱《宋會要》

〔宋〕徐經孫　《矩山存稿》　臺北　臺灣商務印書館　1983年　文
　　　淵閣四庫全書本

〔宋〕徐夢莘　《三朝北盟會編》　上海　上海古籍出版社　1987年
　　　許涵度本　簡稱《會編》

〔漢〕班　固　《漢書》　臺北　鼎文書局　1974年　新點校本

〔宋〕留　正　《皇宋中興兩朝聖政》　臺北　文海出版社　1967年
　　　宋史資料萃編第一輯本　簡稱《兩朝聖政》

〔宋〕真德秀　《西山先生真文忠公文集》　臺北　臺灣商務印書館
　　　1967年　四部叢刊初編本

〔宋〕真德秀　《大學衍義》　濟南　山東友誼書社　1991年

〔宋〕袁　采　《袁氏世範》　石家莊　河北教育出版社　1996年
　　　歷代筆記小說集成本

〔元〕袁　桷　《延祐四明志》　北京　中華書局　1990年　宋元方
　　　志叢刊本

〔明〕袁應祺　《萬曆黃巖縣志》　臺北　新文豐出版公司　1985年
　　　天一閣藏明代方志選刊本

〔宋〕袁　燮　《絜齋集》　北京　中華書局　1985年　叢書集成初
　　　編本

〔宋〕馬光祖、周應谷　《景定建康志》　北京　中華書局　1990年
　　　宋元方志叢刊本

〔今〕馬蓉等點校　《永樂大典方志輯佚》　北京　中華書局　2004年

〔元〕馬端臨　《文獻通考》　北京　中華書局　1991年　萬有文庫
　　　十通本

〔明〕張文耀　《萬曆重慶府志》　北京　國家圖書館　2010年　著

　　　名圖書館藏稀見方志叢書本

〔宋〕張方平　《張方平集》　鄭州　中州古籍出版社　2000年　鄭
　　　涵點校本

〔明〕張四維　《名公書判清明集》　北京　中華書局　2002年　新
　　　點校本

〔宋〕曹彥約　《昌谷集》　臺北　臺灣商務印書館　1983年　文淵
　　　閣四庫全書本

〔元〕脫脫等　《宋史》　臺北　鼎文書局　1983年　新點校本

〔宋〕陳　均　《皇朝編年綱目備要》　北京　中華書局　2006年
　　　許沛藻點校本

〔宋〕陳　宓　《復齋先生龍圖陳公文集》　上海　上海古籍出版社
　　　2002年　續修四庫全書據南京圖書館清抄本

〔宋〕陳　造　《江湖長翁集》　臺北　臺灣商務印書館　1983年
　　　文淵閣四庫全書本

〔宋〕陳　著　《本堂集》　臺北　臺灣商務印書館　1983年　文淵
　　　閣四庫全書本

〔宋〕陳傅良　《止齋先生文集》　臺北　臺灣商務印書館　1967年
　　　四部叢刊初編本

〔清〕陳夢雷　《古今圖書集成》　臺北　鼎文書局　1985年

〔宋〕陳　襄　《州縣提綱》　徐梓編注　《官箴——做官的門道》
　　　北京　中央民族大學出版社　1996年

〔明〕陶宗儀　《說郛》　北京　中華書局　1995年　宛委山堂一百
　　　廿卷本

〔宋〕陸九淵　《陸九淵集》　北京　中華書局　1980年　鍾哲點校本

〔宋〕陸　游　《陸放翁全集》　北京　中國書店　1986年

〔今〕曾棗莊、劉琳　《全宋文》　上海　上海辭書出版社　2006年

〔宋〕曾　鞏　《隆平集》　臺北　文海出版社　1967年　宋史資料萃編第一輯本

〔今〕程毅中等點校　《京本通俗小說》　南京　江蘇古籍出版社　1994年　中國話本大系本

〔民國〕程　勣　《劉氏傳忠錄》　北京　北京圖書館出版社　2000年　北京圖書館藏家譜叢刊本

〔元〕馮福京　《大德昌國州圖志》　北京　中華書局　1990年　宋元方志叢刊本

〔明〕黃仲昭　《八閩通志》　福州　福建人民出版社　2006年　新點校本

〔清〕黃任、郭賡武　《乾隆泉州府志》　上海　上海書店　2000年　中國地方志集成本

〔清〕黃宗羲　《宋元學案》　臺北　華世出版社　1987年　陳金生、梁運華點校本

〔明〕黃淮、楊士奇　《歷代名臣奏議》　上海　上海古籍出版社　1989年　永樂本

〔宋〕黃　榦　《勉齋集》　臺北　臺灣商務印書館　1983年　文淵閣四庫全書本

〔元〕黃　震　《黃氏日抄》　臺北　大化書局　1984年　乾隆三十三年刊本

〔元〕黃　震　《戊辰修史傳》　臺北　新文豐出版公司　1988年　四明文獻集本

〔宋〕楊仲良　《皇宋通鑑長編紀事本末》　哈爾濱　黑龍江人民出版社　2006年　李之亮點校本　簡稱《長編本末》

〔宋〕楊　簡　《慈湖先生遺書》　臺北　新文豐出版公司　1986年　叢書集成新編本

〔民國〕傅增湘　《宋代蜀文輯存》　臺北　新文豐出版公司 1973年

〔宋〕葉紹翁　《四朝聞見錄》　北京　中華書局　1997年　沈錫
　　　麟、馮惠民點校本

〔宋〕葉　適　《葉適集》　臺北　河洛圖書出版社　1975年　新點
　　　校本

〔宋〕董　煟　《救荒活民書》　臺北　臺灣商務印書館　1983年
　　　文淵閣四庫全書本　（輔本：臺北　藝文印書館　1966年
　　　珠叢別錄本）

〔宋〕熊　克　《中興小紀》　福州　福建人民出版社　1984年　顧
　　　吉辰、郭群一點校本

〔宋〕趙汝愚　《宋朝諸臣奏議》　上海　上海古籍出版社　1999年
　　　新點校本

〔宋〕劉克莊　《後村先生大全集》　臺北　臺灣商務印書館　1967
　　　年　四部叢刊初編本

〔宋〕劉　宰　《漫塘集》　臺北　臺灣商務印書館　1983年　文淵
　　　閣四庫全書本

〔宋〕劉辰翁　《須溪集》　臺北　新文豐出版公司　1986年　叢書
　　　集成新編引豫章叢書本

〔宋〕劉　敞　《公是集》　臺北　新文豐出版公司　1985年　叢書
　　　集成新編本

〔後晉〕劉昫等　《舊唐書》　北京　中華書局　1995年　新點校本

〔宋〕劉時舉　《續宋編年資治通鑑》　臺北　臺灣商務印書館
　　　1983年　文淵閣四庫全書本

〔宋〕樓　鑰　《攻媿集》　北京　中華書局　1985年　叢書集成初
　　　編本

〔宋〕歐陽守道　《巽齋文集》　臺北　臺灣商務印書館　1983年

文淵閣四庫全書本

〔宋〕蔡 戡 《定齋集》 臺北 新文豐出版公司 1989年 叢書
集成續編之常州先哲本

〔宋〕魯應龍 《閑窗括異志》 石家莊 河北教育出版社 1995年
歷代筆記小說集成本

〔宋〕黎靖德 《朱子語類》 臺北 文津出版社 1986年 王星賢
點校本

〔明〕盧 熊 《洪武蘇州府志》 臺北 成文出版公司 1983年
洪武十二年鈔本

〔宋〕衛 涇 《後樂集》 臺北 臺灣商務印書館 1983年 文淵
閣四庫全書本

〔宋〕錢若水 范學輝校注 《宋太宗皇帝實錄校注》 北京 中華
書局 2012年

〔宋〕薛季宣 《薛季宣集》 上海 上海社會科學院出版社 2003
年 張良權點校本

〔元〕謝枋德 《疊山集》 臺北 臺灣商務印書館 1966年 四部
叢刊續編本

〔宋〕謝深甫等 《慶元條法事類》 哈爾濱 黑龍江人民出版社
2002年 戴建國點校本

〔明〕謝 鐸 《赤城後集》 北京 書目文獻出版社 1988年 北
京圖書館古籍珍本叢刊本

〔宋〕韓琦 李之亮、徐正英箋注 《安陽集編年箋注》 成都 巴
蜀書社 2000年 含《韓魏公家傳》

〔宋〕魏了翁 《鶴山先生大全文集》 臺北 臺灣商務印書館
1967年 四部叢刊初編本

〔清〕魏大名 《嘉慶崇安縣志》 北京 國家圖書館 2010年 著

名圖書館藏稀見方志叢書本

〔宋〕竇儀等 《宋刑統》 臺北 新宇出版社 1985年 新點校本

〔宋〕蘇 軾 《蘇東坡全集》 北京 中國書店 1992年

〔宋〕蘇 轍 《蘇轍集》 臺北 河洛圖書出版社 1975年 叢書
集成初編本

〔宋〕不著撰人 《宋史全文續資治通鑑》 哈爾濱 黑龍江人民出
版社 2005年 李之亮點校本 簡稱《宋史全文》

〔宋〕不著撰人 《續編兩朝綱目備要》 北京 中華書局 1995年
汝企和點校本

〔宋〕不著編人 《京口耆舊傳》 出版不明 文瀾閣四庫全書點校本

〔宋〕不著編人 《名公書判清明集》 北京 中華書局 2002年
新點校本

〔今〕北京大學古文獻研究所編 《全宋詩》 北京 北京大學出版
社 1998年

二 徵引論著（姓氏筆劃依序）

（一）中文專書（含中譯）

王文濤 《秦漢社會保障研究——以災害救助為中心的考察》 北京
中華書局 2007年

王世宗 《南宋高宗朝變亂之研究》 臺北 國立臺灣大學出版委員
會 1989年

王明蓀、韓桂華編 《戰後臺灣歷史學研究1945~2000第四冊：宋遼
金元史》 臺北 國立臺灣大學出版中心 2004年

王建秋 《宋代太學與太學生》 臺北 中國學術著作獎助委員會
1965年

王曾瑜　《宋朝階級結構》　石家莊　河北教育出版社　1996年

———　《荒淫無道宋高宗》　石家莊　河北人民出版社　1999年

王德毅　《宋代災荒的救濟政策》　臺北　中國學術著作獎助委員會　1970年

王曉龍　《宋代提點刑獄司制度研究》　北京　人民出版社　2008年

包偉民　《宋代地方財政史研究》　上海　上海古籍出版社　2001年

石　濤　《北宋時期自然災害與政府管理體系研究》　北京　社會科學文獻出版社　2010年

布勞（Peter Blau）　孫非等譯　《社會生活中的交換與權力》　臺北　桂冠圖書公司　1991年

朱傳譽　《宋代新聞史》　臺北　中國學術著作獎助委員會　1970年

朱瑞熙、程郁　《宋史研究》　福州　福建人民出版社　2006年

艾力克‧賀佛爾（Eric Hoffer）　旦文譯　《群眾運動》　臺北　久大文化公司　1988年

余英時　《朱熹的歷史世界：宋代士大夫政治文化的研究》　北京　三聯書店　2004年

何竹淇　《兩宋農民戰爭史料彙編》（上、下編）　北京　中華書局　1976年

吳永猛　《中國佛教經濟發展之研究》　臺北　文津出版社　1975年

吳廷燮　《北宋經撫年表‧南宋制撫年表》　北京　中華書局　1984年

李之亮　《宋兩江郡守易替考》　成都　巴蜀書社　2001年

———　《宋兩湖大郡守臣易替考》　成都　巴蜀書社　2001年

———　《宋兩淮大郡守臣易替考》　成都　巴蜀書社　2001年

———　《宋兩浙路郡守年表》　成都　巴蜀書社　2001年

———　《宋福建路郡守年表》　成都　巴蜀書社　2001年

———　《北宋京師及東西路大郡守臣考》　成都　巴蜀書社　2001年

───── 《宋川陝大郡守臣易替考》　成都　巴蜀書社　2001年

───── 《宋代路分長官通考》　成都　巴蜀書社　2003年

李昌憲　《宋代安撫使考》　濟南　齊魯書社　1997年

李華瑞　《宋夏關係史》　北京　中國人民大學出版社　2010年

汪聖鐸　《兩宋財政史》　北京　中華書局　1995年

林文勛　《中國古代『富民』階層研究》　昆明　雲南大學出版社　2008年

科塞（Lewis A. Coser）　孫立平等譯　《社會衝突的功能》　北京　華夏出版社　1989年

查爾斯‧蒂利（Charles Tilly）、西德尼‧塔羅（Sidney Tarrow）　李義中譯　《抗爭政治》　南京　譯林出版社　2010年

邱雲飛　《中國災害通史‧宋代卷》　鄭州　鄭州大學出版社　2008年

姜錫東　《宋代商人和商業資本》　北京　中華書局　2002年

高明士主編　《中國史研究指南Ⅲ：宋史‧遼金元史》　臺北　聯經出版公司　1990年

梁太濟、包偉民　《宋史食貨志補正》　杭州　杭州大學出版社　1994年

梁其姿　《施善與教化：明清的慈善組織》　臺北　聯經出版公司　1997年

梁庚堯　《南宋的農村經濟》　臺北　聯經出版公司　1985年

郭文佳　《宋代社會保障研究》　北京　新華出版社　2005年

曹家齊　《宋代交通管理制研究》　開封　河南大學出版社　2002年

張　文　《宋朝社會救濟研究》　重慶　西南師範大學出版社　2001年

───── 《宋朝民間慈善活動研究》　重慶　西南師範大學出版社　2005年

張苙雲　《組織社會學》　臺北　三民書局　1986年

斯波義信　莊景輝譯　《宋代商業史研究》　臺北　稻禾出版社
　　　1997年

黃敏枝　《唐代寺院經濟的研究》　臺北　國立臺灣大學文學院
　　　1971年

黃寬重　《晚宋朝臣對國是的爭議——理宗時代的和戰、邊防與流
　　　民》　臺北　國立臺灣大學文學院　1978年

奧爾森（Mancur Olson）　董安琪譯　《集體行動的邏輯》　臺北
　　　允晨文化公司　1989年

楊宇勛　《取民與養民：南宋的財政收支與官民互動》　臺北　國立
　　　臺灣師範大學歷史研究所　2003年

葉　坦　《富國富民論：立足於宋代的考察》　北京　北京出版社
　　　1991年

廖　寅　《宋代兩湖地區民間強勢力量與地域秩序》　北京　人民出
　　　版社　2011年

趙效宣　《宋代驛站制度》　臺北　聯經出版公司　1983年

虞雲國　《宋光宗宋寧宗》　長春　吉林文史出版社　1997年

劉子健　《中國轉向內在：兩宋之際的文化內向》　南京　江蘇人民
　　　出版社　2002年

劉秋根　《中國古代合伙制初探》　北京　人民出版社　2007年

劉馨珺　《南宋荊湖南路的變亂之研究》　臺北　國立臺灣大學出版
　　　委員會　1994年

蔡漢賢、李明政　《社會福利新論》　臺北　松慧公司　2007年

鄧小南　《祖宗之法：北宋前期政治述略》　北京　三聯書店 2006年

鄧　拓　《中國救荒史》　北京　北京出版社　1998年

鄭功成　《災害經濟學》　北京　商務印書館　2010年

盧文蔚　《認識訴願》　臺中　臺灣省政府訴願審議委員會　1999年

戴建國　《宋代刑法史》　上海　上海人民出版社　2008年

譚其驤　《中國歷史地圖集第六冊》　上海　地圖出版社　1982年

Charles Zastrow　張英陣、彭淑華、鄭麗珍譯　《社會福利與社會工作》　臺北　洪葉文化公司　1998年

（二）中文論文（含中譯）

小島毅　龔穎譯　〈宋代天譴論的政治理念〉　《中國的思維世界》　南京　江蘇人民出版社　2006年

王文書　〈宋代借貸業研究〉　保定　河北大學宋史研究中心博士論文　2010年

王明蓀　〈宋初的反戰論〉　《宋史論文稿》　臺北　花木蘭出版社　2008年

王曾瑜　〈宋朝鄉村賦役攤派方式的多樣性〉　《錙銖編》　保定　河北大學出版社　2006年

───　〈宋朝賣官述略〉　《點滴編》　保定　河北大學出版社　2010年

王　顏　〈論唐宋時期社會救助機制的變化及特點〉　西安　陝西師範大學碩士論文　2007年

包偉民　〈中國九到十三世紀社會識字率提高的幾個問題〉　《杭州大學學報》　1992年4期

───　傅俊　〈宋代「鄉原體例」與地方官府運作〉　《浙江大學學報》　2008年3期

佐竹靖彥　〈《作邑自箴》研究──對該書基礎結構的再思考〉　《佐竹靖彥史學論集》　北京　中華書局　2006年

李瑾明　〈南宋時期荒政的運用和地方社會──以淳熙七年（1180）南康軍之饑饉為中心〉　《宋史研究論叢第八輯》　保定

河北大學出版社　2007年

李華瑞　〈北宋荒政的發展與變化〉　《文史哲》　2010年6期

──　〈宋代的捕蝗與祭蝗〉　《山西大學學報》　2011年6期

──　〈宋朝的訴災制度〉　《視野、社會與人物──宋史、西夏史研究論文集》　北京　中國社會科學出版社　2012年

──　〈宋代救荒中的檢田、檢放制度〉　《視野、社會與人物──宋史、西夏史研究論文稿》　北京　中國社會科學出版社　2012年

──　〈勸分與宋代救荒〉　《視野、社會與人物──宋史、西夏史研究論文集》　北京　中國社會科學出版社　2012年

──　〈略論南宋荒政的新發展〉　《視野、社會與人物──宋史、西夏史研究論文集》　北京　中國社會科學出版社　2012年

──　〈抄劄救荒與宋代賑災戶口的調查統計〉　《歷史研究》　2012年6期

──　〈論宋代的自然災害與荒政〉　《首都師範大學學報》　2013年2期

杜　偉　〈兩宋社會保障探析〉　長沙　湖南師範大學碩士論文　2005年

汪聖鐸　〈宋朝賣官鬻爵辨析〉　《宋代社會生活研究》　北京　人民出版社　2007年

車錫倫、周正良　〈驅蝗神劉猛將的來歷和流變〉　《中國民間文化　稻作文化與民間信仰調查》　上海　學林出版社　1992年

吳滔、周中建　〈劉猛將信仰與吳中稻作文化〉　《農業考古》　1998年1期

幸宜珍　〈北宋的救災程序與方法〉　《史轍：東吳大學歷史學系研

究生學報》 5期 2009年

———— 〈北宋救災執行的研究〉 臺北 東吳大學歷史學系碩士論
文 2010年

林文勛 〈宋代「富民」與災荒救濟〉 《唐宋鄉村社會力量與基層
控制》 昆明 雲南大學出版社 2005年

————、黎志剛 〈宋代的貧富分化及政府對策〉 《宋史研論文集
（2008）》 昆明 雲南大學出版社 2009年

———— 〈保富論：一種充分體現時代特徵的嶄新經濟思想〉 《唐
宋社會變革論綱》 北京 人民出版社 2011年

祁志浩 〈宋朝「富民」與鄉村慈善活動〉 《中國古代『富民』階
層研究》 昆明 雲南大學出版社 2008年

邱佳慧 〈從社倉法的推行考察南宋金華潘氏家族發展〉 《淡江史
學》 25期 2013年

洪倖珠 〈宋朝兒童收養〉 嘉義 國立中正大學歷史學系碩士論文
2012年

柳立言 〈青天窗外無青天：胡穎與宋季司法〉 《中國史新論・法
律史分冊——中國傳統法律文化之形成與轉變》 臺北 聯
經出版公司 2008年

徐東升 〈展限、住催和倚閣——宋代賦稅緩征析論〉 《中國史研
究》 2007年4期

草野靖 徐世虹譯 〈宋代的頑佃抗租和佃戶的法律身份〉 《日本學
者研究中國史論著選譯》第八卷 北京 中華書局 1993年

高柯立 〈宋代的粉壁與榜諭：以州縣官府的政令傳布為中心〉
《政績考察與信息渠道：以宋代為重心》 北京 北京大學
出版社 2008年

張小聰、黃志繁 〈清代江西水災及社會應對〉 《田祖有神——明

清以來的自然災害及其社會應對機制》 上海 上海交通大學出版社 2007年

張 文 〈荒政與勸分：民間利益博弈中的政府角色——以宋朝為中心的考察〉 《中國社會經濟史研究》 2003年4期

——— 〈中國古代報災檢災制度述論〉 《中國經濟史研究》 2004年1期

——— 〈兩宋鄉村社會保障模式初探〉 《宋史研究論文集（2010年）》 武漢 湖北人民出版社 2011年

張志強 〈驅蝗避災：宋代禳蝗對象的形塑與轉變〉 「中國十到十三世紀歷史發展」國際學術研討會暨中國宋史研究會第十四屆年會 武漢 武漢大學歷史學院 2010年8月20-21日

梁庚堯 〈豪橫與長者：南宋官戶與士人居鄉的兩種形象〉 《宋代社會經濟史論集》 臺北 允晨文化公司 1997年

——— 〈南宋的社倉〉 《宋代社會經濟史論集》 臺北 允晨文化公司 1997年

——— 〈中國歷史上民間的濟貧活動〉 《宋代社會經濟史論集》 臺北 允晨文化公司 1997年

推傑（Denis Twitchett） 孫隆基譯 〈范氏義莊：一〇五〇～一七六〇〉 《儒家思想的實踐》 臺北 臺灣商務印書館 1980年

郭文佳 〈論宋代災害救助程序〉 《求索》 2004年9期

——— 〈民間力量與宋代社會救助〉 《新鄉學院學報》 2008年3期

郭東旭 〈論南宋的越訴法〉 《宋朝法律史論》 保定 河北大學出版社 2001年

陳明光 〈唐宋田賦的「損免」與「災傷檢放」論稿〉 《中國史研

　　　　究》　2003年2期

斯波義信　方健、何忠禮譯　〈漢陽軍：1213-1214年的事例〉（原名
　　　　〈荒政の地域史─漢陽軍（一二一三～四年）の事例─〉）
　　　　《宋代江南經濟史研究》　南京　江蘇人民出版社　2001年

華　山　〈南宋紹定、端平間的江、閩、廣農民大起義〉　《宋史論
　　　　集》　濟南　齊魯書社　1982年

黃寬重　〈南宋變亂研究的檢討〉　《南宋軍政與文獻探索》　臺北
　　　　新文豐出版公司　1990年

───　〈從中央與地方關係互動看宋代基層社會的演變〉　《10-
　　　　13世紀中國文化的碰撞與融合》　上海　上海人民出版社
　　　　2006年

黃繁光　〈南宋義役的綜合研究〉　《漢學研究之回顧與前瞻（歷史
　　　　哲學卷）》　北京　中華書局　1995年

黃豔純　〈下情上達的唐宋登聞鼓制度〉　《政績考察與信息渠
　　　　道──以宋代為重心》　北京　北京大學出版社　2008年

楊宇勛　〈史彌遠年譜──以宮廷政爭、宋蒙金三國關係、崇揚道學
　　　　為中心〉　《文史論集》　臺南　國立成功大學歷史語言研
　　　　究所　創刊號　1990年

───　〈宋代的乞丐〉　《興大人文學報》　33期　2003年

───　〈宋代的布衣上書〉　《成大歷史學報》　27期　2003年

───　〈試論南宋富民參與祠廟活動〉　《淡江史學》　25期
　　　　2013年

───　〈晚宋的軍糧科糴（1217-1263）〉　《中國中古史研究》
　　　　13期　2013年

楊博淳　〈損有餘補不足：宋朝義倉研究〉　嘉義　國立中正大學歷
　　　　史學系碩士論文　2012年

楊聯陞　〈朝代間的比賽〉　《國史探微》　臺北　聯經出版公司　1991年

萬國平　〈宋代救災文化研究〉　臺北　中國文化大學史學系碩士論文　2008年

漆　俠　〈宋代商業資本和高利貸資本〉　《宋史研究論文集》　開封　河南人民出版社　1984年

趙冬梅　〈試述北宋前期士大夫對待災害信息的態度〉　《宋史研論文集（2008）》　昆明　雲南大學出版社　2009年

廖健凱　〈權相秉國——史彌遠掌政下之南宋政局〉　臺北　臺灣師範大學歷史學系碩士論文　2013年

蔡惠如　〈南宋的家族與賑濟：以建寧地區為中心的考察〉　臺北　國立政治大學碩士論文　2004年

劉子健　劉紉尼譯　〈宋初改革家——范仲淹〉　《中國思想與制度論集》　臺北　聯經出版公司　1981年

———　〈背海立國與半壁山河的長期穩定〉　《兩宋史研究彙編》　臺北　聯經出版公司　1987年

———　〈劉宰和賑饑〉　《兩宋史研究彙編》　臺北　聯經出版公司　1987年

劉川豪　〈從《西山文集》看救荒物資的籌措〉　2011年區域社會史學術研討會　臺北　淡江大學歷史學系　2011年11月18日

劉秋根　〈試論兩宋高利貸資本利息問題〉　《宋史研究論叢》　保定　河北大學出版社　1990年

蔣復璁　〈宋代一個國策的檢討〉　《宋史新探》　臺北　正中書局　1975年

鄭銘德　〈宋代士大夫眼中的富民〉　新竹　國立清華大學歷史研究所博士論文　2009年

────　〈南宋地方荒政中朝廷、路與州軍的關係──以朱熹、陳
　　　宓、黃震為例〉　《成大歷史學報》　41期　2011年

────　〈宋代地方官員災荒救濟的勸分之道──以黃震在撫州為
　　　例〉　《第二屆海峽兩岸「宋代社會文化」學術研討會論文
　　　集》　臺北　中國文化大學歷史學系　2012年

（三）外文專書

今堀誠二　《中國封建社會の構成》　東京　勁草書房　1991年

（四）外文論文

小川策之介　〈北宋期の福祉事業について〉　福岡　中國書店
　　　　　　2000年

大崎富士夫〈富弼の流民救濟法〉　《東洋の政治經濟（廣島文理科
　　　　　　大學東洋史學研究室紀要第二冊）》　廣島　廣島大學
　　　　　　1949年

今堀誠二　〈宋代社倉制批判〉　《師大學刊》一集　國立北京師範
　　　　　　大學　1942年

戶田裕司　〈黃震の廣德軍社倉改革──南宋社倉制度の再檢討〉
　　　　　　《史林》　73卷1期　1990年

────　〈救荒・荒政研究と宋代在地社會への視角〉　《歷史の
　　　理論と教育》　84期　1992年

────　〈朱熹と南康軍の富室・上戶──荒政から見た南宋社會
　　　──〉　《名古屋大學東洋史研究報告》　17期　1993年

日野開三郎、草野靖　〈唐宋時代の合本に就いて〉　《東洋史研
　　　　　　究》　17卷1期　1958年

赤城隆治　〈宋末撫州救荒始末〉　《中嶋敏先生古稀記念論集》

東京　中嶋敏先生古稀記念論集事業會　1981年

周藤吉之　〈南唐‧北宋の沿徴〉　《宋代經濟史研究》　東京　東京大學出版會　1971年

─────　〈北宋末‧南宋初期の私債および私租の減免政策──宋代佃戶再論〉　《宋‧高麗制度史研究》　東京　汲古書院　1992年

─────　〈北宋前期の舉放‧課錢と王安石の青苗法──有利債負法をめぐって〉　《宋‧高麗制度史研究》　東京　汲古書院　1992年

近藤一成　〈知杭州蘇軾の救荒策──宋代文人官僚政策考──〉　《宋代の社會と文化（宋代史研究會研究報告第一集）》　東京　汲古書院　1983年

柳田節子　〈宋代鄉原體例考〉　《宋代の規範と習俗》　東京　汲古書院　1995年

宮崎市定　〈合本組織の發達〉　《宮崎市定全集9五代宋初》　東京　岩波書店　1992年

高橋芳郎　〈宋代浙西デルタ地帶における水利慣行〉　《北海道大學文學部紀要》　1981年1期

渡邊紘良　〈淳熙末年の建寧府──社倉米の昏賴と貸糧と──〉　《中嶋敏先生古稀記念論集》　東京　中嶋敏先生古稀記念論集事業會　1981年

Richard von Glahn, "Community and Welfare: Chu Hsi's Community Granary in Theory and Practice", Robert Hymes and Conrad Schirokauer, eds. *Ordering the World: Approaches to State in Sung Dynasty China* (Berkeley: University of California Press, 1993).

史學研究叢書・歷史文化叢刊 0602006

先公庾後私家

——宋朝賑災措施及其官民關係

作　　者　楊宇勛

責任編輯　吳家嘉

編　　輯　游依玲、楊子葳

發 行 人　林慶彰

總 經 理　梁錦興

總 編 輯　張晏瑞

編 輯 所　萬卷樓圖書股份有限公司

　　　　　臺北市羅斯福路二段 41 號 6 樓之 3

　　　　　電話 (02)23216565

　　　　　傳真 (02)23218698

發　　行　萬卷樓圖書股份有限公司

　　　　　臺北市羅斯福路二段 41 號 6 樓之 3

　　　　　電話 (02)23216565

　　　　　傳真 (02)23218698

　　　　　電郵 SERVICE@WANJUAN.COM.TW

香港經銷　香港聯合書刊物流有限公司

　　　　　電話 (852)21502100

　　　　　傳真 (852)23560735

ISBN 978-957-739-845-1

2013 年 12 月初版

定價：新臺幣 520 元

如何購買本書：

1. 轉帳購書，請透過以下帳戶

　　合作金庫銀行 古亭分行

　　戶名：萬卷樓圖書股份有限公司

　　帳號：0877717092596

2. 網路購書，請透過萬卷樓網站

　　網址 WWW.WANJUAN.COM.TW

大量購書，請直接聯繫我們，將有專人為

您服務。客服：(02)23216565 分機 610

如有缺頁、破損或裝訂錯誤，請寄回更換

國家圖書館出版品預行編目資料

先公庾後私家：宋朝賑災措施及其官民關係
/ 楊宇勛著. -- 初版. -- 臺北市 ：萬卷樓,
2013.12

　面；　公分. -- (史學研究叢書. 歷史文化叢
刊)

ISBN 978-957-739-845-1(平裝)

1.CST: 農業災害 2.CST: 賑災 3.CST: 宋代

433.092　　　　　　　　　　102026666